工程管理丛书

Project Management Series

工程施工组织与管理

Project Construction Organization and Management

（第2版）

曹吉鸣 编著

同济大学出版社
TONGJI UNIVERSITY PRESS
·上海·

图书在版编目(CIP)数据

工程施工组织与管理 / 曹吉鸣编著. --2版. --上海：同济大学出版社，2016.2（2023.1重印）

ISBN 978-7-5608-6060-2

Ⅰ. ①工… Ⅱ. ①曹… Ⅲ. ①建筑工程一施工组织②建筑工程一施工管理 Ⅳ. ①TU7

中国版本图书馆CIP数据核字(2015)第256197号

工程施工组织与管理（第2版）

曹吉鸣　编著

责任编辑　由爱华　　责任校对　徐春莲　　封面设计　陈益平

出版发行　同济大学出版社　　www.tongjipress.com.cn

（地址：上海市四平路1239号　邮编：200092　电话：021-65985622）

经　　销　全国各地新华书店

印　　刷　常熟市大宏印刷有限公司

开　　本　787mm×1 092mm　1/16

印　　张　18.75

印　　数　29 501—34 600

字　　数　468 000

版　　次　2016年2月第2版

印　　次　2023年1月第6次印刷

书　　号　ISBN 978-7-5608-6060-2

定　　价　49.00元

前 言

随着经济建设和改革开放事业的进一步发展，我国建成了一大批工业、民用和公共设施项目，涌现了大量现代建设科技成果和先进的施工管理方法。一个工程项目的全寿命周期包括决策、规划、设计、施工及竣工验收、运营等多个阶段，需要投入大量的人、财、物，也涉及政策法规、技术、经济、合同、信息管理等各个领域。只有在精心组织前期策划、规划和设计等工作的基础上，合理规划、严密组织、认真实施施工阶段的各项生产建设任务，才能取得综合经济效益和社会效果，并为后期的运营创造良好的条件。

工程施工组织与管理是研究在市场经济条件下，工程施工阶段统筹规划和实施管理客观规律的一门综合性边缘学科，它需要运用建设法规、组织、技术、经济、合同、信息管理及计算机等各方面的专业知识，实践性很强。它的研究对象是各种类型的施工项目，研究范围包括施工项目的组织理论、施工方法和实施管理，主要任务是针对各类不同的项目建设特点，结合具体自然环境条件、技术经济条件和现场施工条件，总结工程项目施工组织的基本原则和规律，从系统的观点出发研究施工项目的组织方式、施工方案、施工进度、资源配置、施工平面设计等施工规划设计方法，探讨施工生产过程中的技术、质量、进度、资源、现场、信息等动态管理的控制措施，从而能高效低耗地完成建设项目的施工任务，保证施工项目质量、安全、工期、造价目标的实现。

在2011年版《工程施工组织与管理》的基础上，第2版编者结合从事施工项目管理工作的经验和教学体会，吸收了国内外最新的研究成果和工程实践，系统地介绍了工程施工管理的理论方法、组织设计、实施规划和目标控制，讨论了项目施工阶段各项管理工作的内容和措施，并附有施工组织设计案例。

本书由同济大学建设管理与房地产系曹吉鸣编著，共分为8章。具体写作分工如下：曹吉鸣，第1,2,3,4,5章；刘亮，第6,7章；贾广社、胡文发，第8章。申良发、马腾、李冲、吴云康、曹曼、陈倩、仲毅等在资料的收集和整理过程中做了大量工作。

在编写过程中，得到同济大学经济与管理学院建设管理与房地产系师生、同济大学复杂工程管理研究院、上海市第二建筑工程(集团)有限公司、同济大学出版社及有关单位的大力支持，在此一并表示衷心的感谢！

本书可作为高等学校工程管理专业及土木工程类专业的教材，也可作为各类工程建设、设计、施工、咨询等单位有关技术、经济、管理人员的参考书。由于编者的学术水平和实践经验有限，书中难免有错误之处，恳请读者给予批评指正。

编者

2015年8月于同济大学

目　录

第 1 章　绪论

工程施工是将建设意图和蓝图变成现实的建筑物或构筑物的生产活动，是工程建设全寿命周期中的重要阶段。它围绕着特定的建设条件和预期的建设目标，遵循客观的自然规律和经济规律，应用科学的管理思想、理论、方法和手段，进行生产要素的优化配置和动态管理，以控制投资，确保质量、工期和安全，提高工程建设的经济效益和社会效益。

工程项目的施工组织与管理工作首先需要熟悉工程建设的特点、规律和工作程序，熟悉客观施工条件；其次，要掌握施工生产要素及其优化配置与动态控制的原理和方法，科学而缜密地编制工程项目的施工组织设计文件；另外，要能正确而灵活地应用组织理论选择组织管理模式，应用组织机制有效而协调地实施管理目标的控制。本章着重介绍工程施工管理相关概念及其特点、工程建设程序、施工组织设计、施工管理的理论和方法等内容。

1.1　工程施工管理概述

1.1.1　工程与工程管理

工程(Engineering)是人类为了生存和发展，实现特定的目的，运用科学和技术，有组织地利用资源所进行的造物或改变事物性状的集成性活动。工程是连接科学发现、技术发明与产业发展之间的桥梁。科学技术转化为现实生产力、科技成果的转化、技术创新的实现，都要经过工程活动变成现实并检验其可靠性和有效性。

一般来说，工程具有技术集成性和产业相关性。工程管理的内涵极为宽泛，中国工程院工程管理学部将其界定为四个方面，分别为：①工程建设实施中的管理(包括规划、论证、设计、施工、运行过程中的管理)；②复杂的新型产品、设备、装备的开发、制造、生产过程中的管理；③重大的技术革新，技术改造、转型、转轨及国际接轨中的管理；④涉及产业、工程、科技的重大布局，战略发展研究的管理。按以上四个范围，我国目前的固定资产投资均属于工程管理的范畴。

工程管理是指为实现预期目标，有效地利用资源，对工程全寿命周期的一系列活动进行的决策、计划、组织、指挥、协调与控制等的总称。一般来说，工程管理具有系统性、综合性、复杂性的特点。工程管理实质上是一门交叉学科，涉及自然科学、工程技术、管理科学、系统科学、生态科学等多门学科。工程管理与其他学科的关系，如图 1-1 所示。

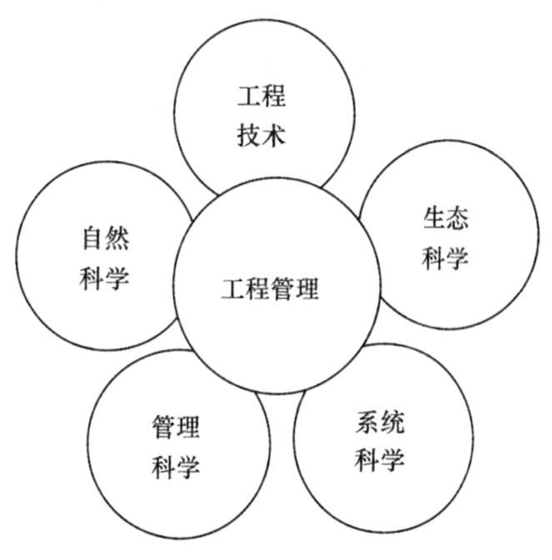

图 1-1　工程管理与其他学科的关系

建设工程管理的任务可以概括为：业主、设计、承包商、供应商等工程参与方针对预定的工程质量、投资、工期、安全四大目标，运用经济、技术、管理和法律的方法与手段，有效地利用有限的资源，对工程决策、规划、设计、施工、交付和运行等阶段实施全方位、全过程的管理

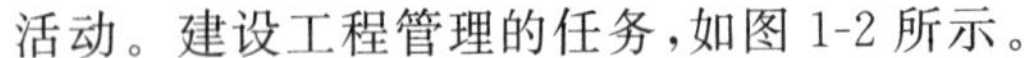

活动。建设工程管理的任务,如图1-2所示。

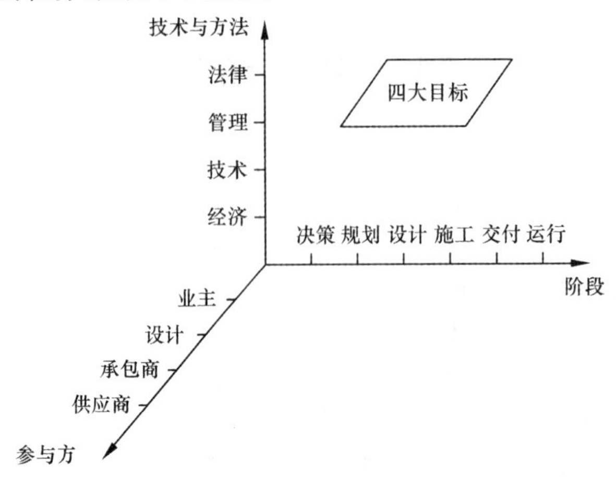

图1-2 建设工程管理的任务

改革开放以来,我国已完成一大批举世瞩目、世界一流水平的大工程,如长江三峡工程、青藏铁路工程、载人航天工程、上海虹桥交通枢纽等,形成了具有我国特色的工程管理理论和实践经验。

1.1.2 工程施工管理的概念

工程建设是实现国民经济持续发展和社会进步,不断提高综合国力和人民群众物质文化生活水平的固定资产扩大再生产活动。每一个建设项目都必须经过投资决策、计划立项、勘察设计,施工安装和竣工验收等阶段的工作,才能最终形成满足特定使用功能和价值要求的建设工程产品以投入生产或使用,如高楼大厦、工厂车间、交通道路、桥梁隧道、港口码头、空港机场等。

工程施工是将建设意图和蓝图变成现实的建筑物或构筑物的生产活动,是工程建设全过程的一个重要阶段,也是一个"投入一产出"的过程,即投入一定的资源,经过一系列的转换,最后以建筑物或构筑物的形式产出并提供给社会的过程。为确保实现预期的产出,需在转换过程的各个阶段实施监控,并把执行结果与事先制定的标准进行比较,以决定是否采取纠正措施,此即反馈机制。建设产品的"投入一施工生产一产出"过程,如图1-3所示。

图1-3表示工程施工主体单位以 X_i 表示投入的资源,一般包括土地、劳动、资本(包括金融资本、物质资本和社会资本)、信息等,通过施工生产,最后将产出(产品或服务) Y_i 提供给顾客,该过程不仅是一个物质的转换过程,而且是一个价值增值过程,即要求 $\sum Y_i \geqslant \sum X_i$,同时要谋求 $Y^* = f(X_1, X_2, \cdots, X_i, \cdots, X_n)$ 最优。

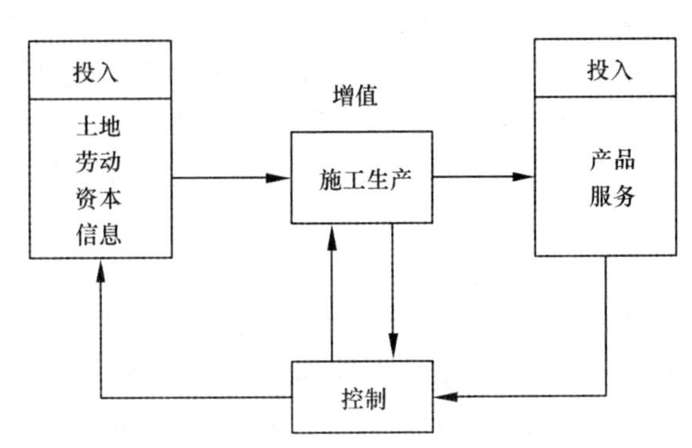

图1-3 建设产品的投入—控制—产出过程

工程施工管理是指业主、设计、承包商、供应商等工程施工参与方,围绕着特定的建设条件和预期的建设目标,遵循客观的自然规律和经济规律,应用科学的管理思想、管理理论、组织方法和手段,进行从工程施工准备开始到竣工验收、回访保修等全过程的组织管理活动,旨在实现生产要素的优化配置和动态管理,控制投资,确保质量、工期和安全,提高工程建设的经济效益、社会效益和环境效益。

施工组织与管理是对工程施工项目全过程的计划、组织、指挥、协调、监督和控制的活动,它贯穿于工程施工全过程的各个环节,覆盖了组织、规划、控制、指挥和协调等各项管理职能。工程施工管理既包括业主方的施工管理,也包括施工方、设计方及供应方的施工管理,主要内容有:施工组织方式分析、承发包模式的选择、组织结构的设置等组织的职能,施工方案选择、进度计划制定、施工现场布置等规划职能,进度、质量、成本和安全等控制职能,还包括施工现场指挥和协调职能。工程项目(产品)单件性生产的特点决定工程施工组织与管理不同于一般工业制造业在工厂车间进行连续批量生产的组织方式。

1.1.3 工程施工管理的特点

按照企业可以承担的产品的生产范围或者产品的多样化程度,传统的制造业可分为成批生产、大量生产和单件性生产。而建筑产品的单件性、位置固定、形式多样、结构复杂和体积庞大等基本特征决定了工程施工具有生产周期长、资源使用的品种多、用量大和空间流动性高等单件性和小批量生产的特点。一般而言,工程施工管理具有以下四个方面的特点。

1. 生产流动性大

建筑工程的固定性决定了产品生产的流动性。一般的工业产品都是在固定的工厂、车间内进行生产,而建筑产品要随其建造地点的变动而流动,人、机、料等生产要素还要随着工程施工程序和施工部位的改变而不断地在空间流动,只有经过事先周密的设计组织,确保人、机、料等互相协调配合,才能使施工过程有条不紊,连续且均衡地进行。

2. 外部制约性强

不同建筑产品结构、构造、艺术形式、室内设施、材料、施工方案等方面均各不相同,工程施工不仅要符合设计图纸和有关工艺规范的要求,还受到建设地区的自然、技术、经济和社会条件的约束。

3. 完工周期长

建筑产品体形庞大需要耗费大量的人力、物力和财力,加上建筑产品地点的固定性,施工活动的空间具有局限性,各专业、工种间还受到工艺流程和生产程序的制约,从而导致建筑产品生产完工周期长。

4. 协调关系复杂

工程施工过程中,不仅涉及业主、设计、监理、总包商、分包商、供应商等工程施工参与方在工程力学、建筑结构、建筑构造、地基基础、水暖电、机械设备、建筑材料和施工技术等多专业、多工种方面的分工合作,还需要城市规划、征用土地、勘察设计、消防、"七通一平"、公用事业、环境保护、质量监督、科研试验、交通运输、银行财政、机具设备、物质材料、电水气等的供应、劳务等社会各部门和各领域的审批、协作和配合,施工组织关系错综复杂,综合协调工作量大。

1.2 工程建设程序

建设程序是指建设项目从计划决策、竣工验收到投入使用的整个建设过程中各项工作必须遵循的先后顺序。它反映了建设活动的客观规律和相互关系,是人们长期工程建设实践过程中技术经济和管理活动的理性总结。根据几十年建设工作实践,我国已逐步形成了一整套符合基本建设客观规律的、科学的基本建设程序。实践证明,凡是遵守建设规律的建设项目,建设目标一般完成得比较圆满;反之,会受到各种挫折和惩罚,甚至造成严重损失。

现行的基本建设程序可概括为八个步骤,即项目建议书、项目可行性研究、项目设计、项目建设准备、建筑安装施工、生产准备、竣工验收和交付使用。基本建设程序,如图1-4所示。

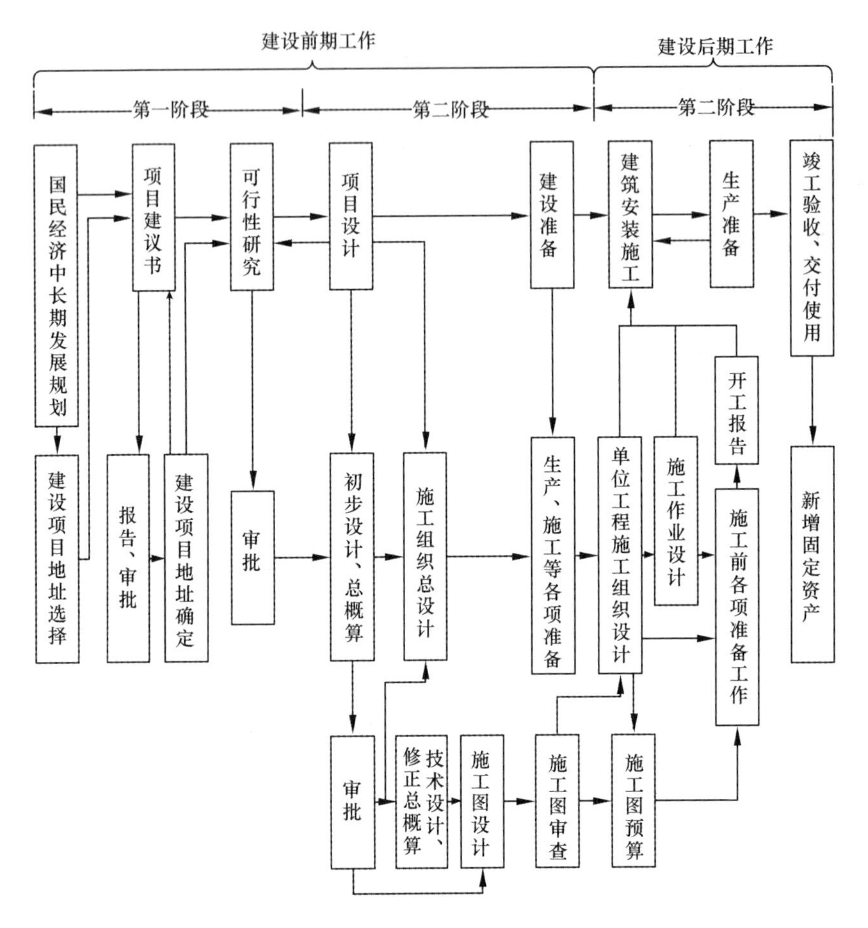

图1-4 基本建设程序简图

1.2.1 项目建议书

项目建议书是建设某一具体项目的建议文件,是基本建设程序中最初阶段的工作,是投资决策前对拟建项目的轮廓设想。项目建议书的主要作用是为了推荐一个拟建项目的初步说明,论述建设的必要性和可行性,以及获利的可能性,以确定是否进行下一步工作。项目建议书的内容一般应包括:建设项目提出的必要性和依据;项目方案、拟建规模和建设地点的初步设想;资源情况、建设条件、协作关系等方面的初步分析;投资估算和资金筹措设想;经济效益和社会效益的估计。

建设单位根据国民经济和社会发展的长远规划、行业规划、地区规划等要求,经过调查、预测分析后,提出项目建议书。项目建议书按要求编制完成后,按照现行的建设项目审批权限进行报批。

1.2.2 可行性研究

可行性研究是对建设项目在技术上与经济上(包括微观效益和宏观效益)是否可行进行科学分析和论证工作,是技术经济的深入论证阶段,为项目决策提供依据。可行性研究是建设项目决策阶段的核心组成,关系到整个建设项目的前途和命运,必须深入调查研究,认真进行分析,做出科学的评价。在这一工作阶段,一般包括可行性研究、编制可行性研究报告、审批可行性研究报告和成立项目法人等四大环节。

可行性研究的主要任务是通过多方案比较,提出评价、意见,推荐最佳方案。可行性研究的内容可概括为市场(供需)研究、技术研究和经济研究三项。具体地说,工业项目的可行性研究的内容是:项目提出的背景、必要性、经济意义、工作依据与范围,需求预测和拟建规模,资源材料和公用设施情况,建厂情况和厂址方案,环境保护,企业组织定员及培训,实际进度建议,投资估算数和资金筹措,社会效益及经济效益。在可行性研究的基础上,编制可行性研究报告。

建设单位应当在建设项目可行性研究阶段报批建设项目环境影响报告书、环境影响报告表或者环境影响登记表。建设项目环境影响报告书,应当包括建设项目概况,建设项目周围环境现状,建设项目对环境可能造成影响的分析和预测,环境保护措施及其经济、技术论证,环境影响经济损益分析,对建设项目实施环境监测的建议,环境影响评价结论等内容。

可行性研究报告批准后,作为初步设计的依据,不得随意修改和变更。如果在建设规模、项目方案、建设地区、主要协作关系等方面有变动及突破投资控制数时,应经原批准机关同意。可行性研究报告经批准,项目才算正式立项。

1.2.3 建设项目设计

我国建设项目设计的工作模式,有两阶段设计和三阶段设计之分,通过规定各阶段设计文件应达到的设计深度来控制设计质量和建设投资规模。

一般进行两阶段设计,即初步设计和施工图设计。技术上比较复杂而又缺乏设计经验的项目,在初步设计后加技术设计。

1. 初步设计

初步设计阶段的任务,是进一步论证建设项目的技术可行性和经济合理性,解决工程建设中重要的技术和经济问题,确定建筑物形式、主要尺寸、施工方案、总体布置,编制总体施工组织设计和设计概算。初步设计由主要投资方组织审批,其中大中型和限额以上项目,要报国家计划和行业归口主管部门备案。初步设计文件经批准后,总体布置、建筑面积、结构形式、主要设备、主要工艺过程、总概算等,无特殊情况,均不得随意修改、变更。如果初步设计提出的总概算超过可行性研究报告总投资的10%以上或其他主要指标需要变更时,应说明原因和计算依据,并报可行性研究报告原审批单位同意。

初步设计的主要内容包括:①设计依据;②指导思想;③建设规模;④工程方案确定依据;⑤总体布置;⑥主要建筑物的位置、结构、尺寸和设备;⑦总概算;⑧经济效益分析等。

建设项目的初步设计,应当按照环境保护设计规范的要求,编制环境保护篇章,并依据经批准的建设项目环境影响报告书或者环境影响报告表,在环境保护篇章中落实防治环境污染和生态破坏的措施及环境保护设施投资概算。

2. 技术设计

技术设计阶段是根据已批准的初步设计来编制的。对于一般的中小型建设工程可不设置该设计阶段。而对于大中型建设项目,通常利用该阶段进一步解决初步设计中重大的技术问题,如生产的工艺流程、建筑结构设计计算、设备的选型和数量的确定等。通过技术设计阶段使建设项目的设计更完善、更具体,经济、技术、质量等各方面的指标做得更好。

3. 施工图设计

施工图设计是按照初步设计和技术设计所确定的设计原则,对不同专业进行的详细设计,并分别绘制各专业的工程施工图。各专业必须按设计合同的要求,按期完成设计任务,提交完善的施工图纸,保障建设项目后续工作的顺利实施。

施工图设计的主要内容包括:进行细部结构设计,绘制出正确、完整和尽可能详尽的工程施工图纸,编制施工方案和施工图概算。其设计的深度应满足材料和设备订货、非标准设备的制作、加工和安装、编制具体施工措施和施工预算等的要求。

1.2.4 项目建设准备

项目建设准备内容包括为勘察、设计、施工创造条件所做的建设现场、建设队伍和建设装备等方面的各项准备活动。主要包括:①征地、拆迁和场地平整;②完成施工用水、电、路等工程;③材料和设备的招标采购及组织施工招标投标;④办理各项建设行政手续;⑤编制项目管理实施规划等。

项目在报批开工前,必须由审计机关对项目的有关内容进行开工前审计。审计机关主要是对项目的资金来源是否正当、落实,项目开工前的各项支出是否符合国家的有关规定,资金是否按有关规定存入银行专户等进行审计。新开工的项目还必须具备按施工顺序所需要的工程施工图纸,否则不能开始建设。

建设准备工作完成后,在公开招标前,编制项目投资计划书,按现行的建设项目审批权限进行报批。大中型工业建设项目和基础设施项目,建设单位申请批准开工要经国家发改委统一审核后编制年度大中型和限额以上建设项目开工计划并报国务院批准。部门和地方政府无权自行审批大中型和限额以上建设项目的开工报告。年度大中型和限额以上新开工项目经国务院批准,国家发改委下达项目计划的目的是实行国家对固定资产投资规模的宏观调控。

1.2.5 建筑安装和施工

建设项目经批准新开工建设,项目即进入了建设实施阶段。项目新开工时间,是指建设项目设计文件中规定的任何一项永久性工程(无论生产性或非生产性)第一次正式破土开槽开始施工的日期。不需要开槽的工程,以建筑物的正式打桩作为正式开工。铁道、公路、水库等需要进行大量土、石方工程的,以开始进行土方、石方工程作为正式开工。

施工准备工作是为了创造有利的施工条件,保证施工活动的顺利进行,同时,通过施工准备工作,进一步明确各项施工的技术特点、难点和目标要求,使相应的技术和管理措施更具针对性和有效性并能具体落实到位。施工准备工作要从总体到局部,贯穿于工程开工之前和工程施工安装活动的全过程。单位工程开工前的施工准备工作主要内容如下。

1. 设计交底和图纸会审

为了能够按照设计图纸的要求顺利地进行施工,使从事建筑施工技术和经营管理的工程技术人员充分地了解和掌握设计图纸的设计意图、结构与构造特点和技术要求,并通过审查发现设计图纸中存在的问题和错误。一般由建设单位或监理单位主持，由设计单位和施工单位参加，三方进行设计图纸的会审。图纸会审时，首先由设计单位的工程设计负责人向与会者说明拟建工程的设计依据、意图和功能要求，并对特殊结构、新材料、新工艺和新技术提出设计要求；然后施工单位根据自审记录以及对设计意图的了解，提出对设计图纸的疑问和建议；最后在统一认识的基础上，对所探讨的问题逐一地做好记录，形成“图纸会审纪要”，由建设单位正式行文，参加单位共同会签、盖章，作为与设计文件同时使用的技术文件和指导施工的依据，以及建设单位与施工单位进行工程结算的依据。

2. 施工组织设计文件

承包商应根据施工合同界定的施工任务，在投标阶段编制的施工组织规划的基础上，结合所掌握的现实施工条件，包括合同条件、法规条件和现场条件，并根据本企业对该工程施工的管理方针和预期的目标，进一步深化技术、经济、管理和组织措施，形成可操作性的详细施工组织设计文件，用于指导现场的施工作业和管理活动。

3. 组织架构

选派施工项目经理，组建项目经理部，并明确施工项目管理的指导方针和责任目标，包括工程质量、施工成本、施工工期和施工安全目标。以便在施工项目经理责任制的条件下，发挥本企业技术和管理的整体优势，全面正确履行工程施工合同，以最经济合理的施工方案和有效的管理方法，确保在规定的工期内，完成质量符合规定标准的施工任务，并取得预期的施工经营效益。

4. 施工预算

施工预算是根据施工图预算、施工图纸、施工组织设计或施工方案、施工定额等文件进行编制的。施工预算是现场施工的计划成本或现场目标成本，它是根据施工图纸和施工方案的技术组织措施在分部分项工程人工、材料和机械使用费分析的基础上，结合本企业的施工管理水平和消耗标准(施工定额)，参照现行市场价格计算的成本指标。它是承包商内部控制各项成本支出、考核用工、“两算”对比、签发施工任务单、限额领料、基层进行经济核算的依据。

5. 合同策划

进行施工总分包及技术咨询服务等各类合同结构、合同管理及风险控制的策划，包括专业分包、劳务分包、材料构配件供应、技术咨询、检验试验、观测测量等方面的分发包或委托。通过确立合同关系和明确相互责任权利，构建以施工项目经理部为核心，各方协调运作的现场目标管理及风险控制的施工管理综合系统。

6. 施工现场布置

承包商的施工项目经理部组建之后，应及时派往施工现场，着手组织施工现场的各项布置工作，以创造良好的开工条件，保证工程按合同规定的时间开工。主要包括：①及时完成工程定位和标高引测的基准点设立，并按规定的程序和要求做好相应的技术复核，以确保工程定位和各类标高引测、基准的正确性；②修筑现场施工临时通路和施工场区四周围墙及必要的防护安全隔离设施；③埋设并接通施工现场临时给水排水、排污、供气、供热等管道及渠沟系统；④设置变电站和高压电线、电缆等施工现场临时供电线路系统，以及通讯设施线路系统等；⑤准备和搭建施工现场材料物资堆场及仓库，划定施工模板、钢筋加工制作与清理等所需要的作业场所；⑥布置砂浆、混凝土搅拌机械以及起重和垂直运输机械；⑦修建现场办公、保安、门卫及生产生活所必需的各类临时建筑物和构筑物；⑧布置与现场施工有关的各种宣传标牌和警示标牌，如施工管理的组织机构图、施工现场平面布置图、工程形象进度图、安全生产宣传牌、危险区域或场点的警示牌及车辆、行人引路标志等,创建规划文明的施工现场管理环境。

根据项目的建设规模、系统构成、建设资金安排、施工条件、项目动用目标要求等具体情况,中小型建设项目或单项工程系统、单位工程建筑物一般列为一个施工总体规划和部署,组织建设施工安装;大型或特大型建设项目、城市新开发区或大型居住区等,一般需进行分期分批建设,每期工程项目的构成,形成一个相对独立的,有配套使用条件的交工系统。每期的建设规模,各期之间的平行或搭接情况,决定着建设施工的组织方式,建设速度和建设工期,影响着施工成本和经济效益。

1.2.6 生产准备

对于工业、商业及服务性建设项目,在施工竣工及验收前还要进行生产准备。生产准备是项目投产前由建设单位负责的一项重要工作,是工程试车总体规划的内容之一,是衔接建设和生产的桥梁,是建设阶段转入生产经营的必要条件。建设单位应及早组织生产准备部门及聘请设计、施工、生产、安全等方面的专家,做好下列生产准备工作。

(1) 编制生产准备工作纲要,明确生产准备的总体要求、目标、任务和计划安排;

(2) 组建领导机构、工作机构,建立负责人员、工作职责、工作标准、工作流程等相应规定;

(3) 招收并培训各级管理人员、专业技术人员、技能操作人员,前期介入,参与设备的安装、调试和工程验收;

(4) 签订原料、材料、协作产品、燃料、水、电等供应及运输的协议;

(5) 进行工具、器具、备品、备件等的制造或订货;

(6) 编制运营技术资料、图纸、操作手册等;

(7) 其他必要的生产准备。

1.2.7 竣工验收

竣工验收是工程建设过程的最后一环,是全面考核基本建设成果、检验设计和工程质量的重要步骤,也是基本建设转入生产或使用的标志。对于政府投资的建设项目,竣工验收也是向国家交付新增固定资产的过程。竣工验收对促进建设项目及时投产、发挥投资效益及总结建设经验,都有重要的作用。

根据国家现行规定,所有建设项目按照批准的设计文件所规定的内容和施工图纸的要求全部建成,工业项目经负荷试运转和试生产考核能够生产合格产品,非工业项目符合设计要求,能够正常使用,都要及时组织验收。

建设项目竣工验收、交付生产和使用,应达到下列标准:①生产性工程和辅助公用设施已按设计要求建完,能满足生产要求;②主要工艺设备已安装配套,经联动负荷试车合格,构成生产线,形成生产能力,能够生产出设计文件中规定的产品;③生产福利设施能适应投产初期的需要;④生产准备工作能适应投产初期的需要。

建设项目竣工后,建设单位应当向审批该建设项目环境影响报告书、环境影响报告表或者环境影响登记表的环境保护行政主管部门,申请该建设项目需要配套建设的环境保护设施竣工验收。环境保护设施竣工验收,应当与主体工程竣工验收同时进行。

1.3 工程施工组织设计

施工组织设计是拟建工程的施工规划纲要和指导工程投标、签订合同、施工准备到竣工验收全过程施工管理而编制的技术经济文件，负责编制施工组织设计的主体有建设单位、施工总包单位和分包单位，其内容随着工程建设程序各工作环节的逐步展开，深度由战略性到实施性逐步细化，在各个不同施工阶段发挥了越来越重要的作用。

1.3.1 施工组织设计的产生和发展

在建国初期，我国推行计划经济体制下的国家基本建设管理模式，建设项目从立项到实施完成投入生产或使用，实行全面计划管理制度，施工组织设计制度就是这种计划管理制度的重要组成内容。从本质上说，在计划经济体制年代所形成的工程建设施工组织设计制度，是一种运用行政手段和计划管理方法来进行工程项目施工生产要素配置和管理的一种手段。

按照这种管理模式，首先在建设项目初步设计阶段，除了要求按深度完成工程本身的初步设计内容外，还要求设计主持单位提出配套的"项目施工条件"设计。例如，满足建设项目施工需要，提出开辟新的砂石开采基地建设计划；建立施工机械修配厂的计划，或建筑材料运输装卸码头的修建计划等。其次，在工程技术设计或扩初设计阶段，要求设计部门对整个建设项目的建设工期和施工总体部署提出规划，即完成"建设项目施工组织总设计"文件，为组织施工技术物资供应和调集施工队伍提供指导和依据。接着，当施工任务用行政指令分配到有关施工单位之后，被调集承担施工任务的单位，还需要根据建设项目施工组织总设计的要求和目标，结合本单位的特点和具体条件，编制由本单位负责施工的全部工程项目或单项工程施工组织总设计，然后再根据工程的进一步分解和展开程序，编制直接用于指导现场施工的单位工程施工组织设计，主要分部或分项工程的施工组织设计等。

随着我国建设领域体制改革和对外开放的深入，市场经济体系已初步建立并走向完善，工程建设管理普遍实行项目法人责任制、招标投标制和多种合同形式的承发包模式，法律法规不断加强。施工组织设计的内涵已经发生了深刻的变化，从过去行政手段的计划管理方式逐步向以满足工程建设市场需求的方向转变，最主要的是通过市场引入竞争机制来实现施工生产要素的配置和现场的生产布局，引入了大量现代化的管理理论和方法，并成为投标文件中技术标的主要组成部分。不论是从编制内容的深度和广度，还是实施的作用和效果，都取得了明显的进步，成为我国当前市场经济条件下工程建设的一项重要的、不可替代的法定技术制度。

施工组织设计文件包含了施工组织构架、施工总体部署或具体方案、施工生产进度计划、施工平面和各项技术组织措施等内容，是一个兼有施工技术含量又有施工组织安排和控制措施的综合性技术和管理文件。在大型工程施工开始前，施工组织设计落实施工总体规划和现场部署，分析设计文件的可施工性；在工程招投标过程中，施工组织设计是编制投标报价和技术标书评定的重要依据，中标后还作为签订合同的组成部分；在施工准备工作阶段，施工组织设计又是指导物资采购、安排现场平面布置的蓝图；在工程施工阶段和竣工验收阶段，施工组织设计提供人力和物力、时间和空间、技术和组织方面的统筹安排，成为必不可少的生产组织和目标控制的专业手段。

1.3.2 施工组织设计的分类

施工组织设计按照编制的主体、涉及的工程范围和编制的时间及深度要求，可以分为不同的类型，发挥不同的作用。

1. 按编制的主体分类

按编制的主体可分为建设单位(特别是大型项目的建设指挥部)编制的施工组织总设计(或称施工大纲)，还有施工单位(包括施工总承包商和分包)编制的施工组织设计、单位工程施工组织设计、分部分项工程施工组织设计等。

1) 建设单位编制的施工组织总设计

建设单位(包括业主、开发商、建设指挥部等机构)为实施工程施工管理，组织施工投资、质量和进度目标的控制，安排现场平面布置，需要根据工程的建设工期和动用时间目标的要求，编制施工组织总设计文件，确定各主要工程的施工方案、资源及进度安排，明确施工的展开程序和总体部署，进而确定工程的投资使用计划，确定建设施工前期的全场性施工准备工作内容。

对于大型工业、交通和公共设施项目，工程施工管理体制和承发包模式具有多种形式，一般采用建设指挥部或筹建处的方式组织工程的实施，为了统筹规划施工方案，合理部署施工现场条件，充分利用社会资源，往往由建设指挥部或筹建处主持编制建设方施工组织总设计。如果建设单位委托工程监理单位进行工程施工管理(即建设监理或工程监理)，监理规划文件也就成为组织和部署施工的技术经济文件一部分，体现了建设方的施工组织总设计的要求，并通过施工合同条件的约束，使之成为承包商编制具体施工组织设计或施工项目管理规划的依据。

2) 施工单位编制的施工组织设计

施工单位根据工程施工合同所界定的施工任务，组织施工项目管理。其任务，一是全面正确地履行工程施工承包合同，实现对发包方所要求的工程质量、交工日期及其他相关服务的承诺；二是通过施工管理的实施，实现施工企业的预期经济效益，即成本控制和效益目标，并确保施工过程的安全。因此，施工单位必须编制工程施工组织设计文件，并报监理单位或建设单位审批。

工程施工总分包是建筑业生产社会化的基本方式。施工总包单位对工程施工合同负责，分包单位对施工分包合同负责，包括专业工程分包、劳务作业分包和材料设备采购供应分包等。在施工总包方的施工组织设计指导下，分包方也要编制相应的分包施工组织设计文件，提交总包方审核和确认后，才能作为指导施工作业活动的依据。

建设单位、施工总承包单位和施工分包单位的施工组织设计文件，构成了工程施工系统的施工组织设计文件体系。它们之间既保持着总体与局部、综合与专业、指导与保证的内在联系，也反映着不同编制主体在共同目标下，实施自主管理，灵活运用技术能力和管理经验考虑。按编制主体分类的施工组织设计文件体系，如图1-5所示。

2. 按编制的对象分类

施工组织设计按编制的对象分类，主要是指根据建设项目的分解结构，分别编制不同层次、不同范围、不同深度的施工组织设计文件。

1) 工程施工组织总设计

工程施工组织总设计是以整个建设项目为对象进行编制的。一般是指大、中工业交通工程和公共基础设施工程，必须进行分期分批建设，确定施工总体部署的要求，以及各部分的衔

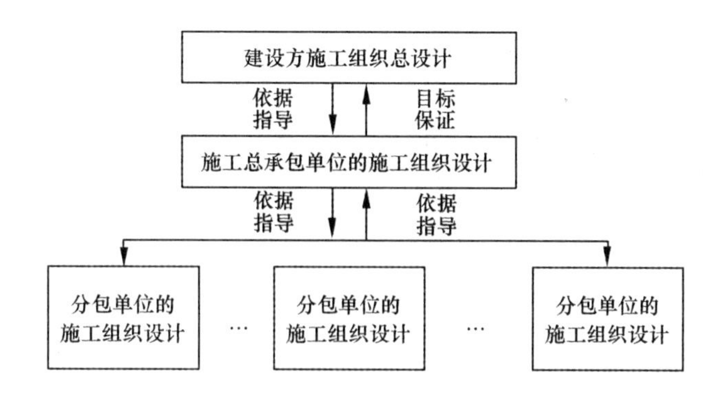

图1-5　按编制主体分类的施工组织设计文件体系

接和相互关系，工程施工组织总设计对整个工程施工活动做出统筹规划、分步实施、有序展开的战略性规划。

2）单项工程施工组织设计

单项工程是建设项目中的一个独立的交工系统。它具有独立的设计文件，可以单独组织施工，建成后可以单独发挥生产能力或效益的工程。例如，大型冶金工业建设工程具有炼铁、炼钢、轧钢和各种钢材产品生产系统，以及原料码头、原料堆场、原料输送系统、发电厂、水循环与处理系统等，其中每一项都是一个单项工程，为进行全面施工部署和施工管理目标的控制，必须编制各单项工程施工组织设计文件。

3）单位工程施工组织设计

单位工程一般是指具有独立设计文件可以单独组织施工安装活动的单体工程，即单个建筑物或构筑物。在工业建设项目中，单位工程是单项工程的组成部分，如某个车间是一个单项工程，则车间的厂房建筑是一个单位工程，车间的生产设备安装也是一个单位工程。而一般的民用建筑，则以一幢建筑物的土建工程（包括地基与基础、主体结构、地面与楼面、门窗安装、屋面工程和装修工程）和建筑设备安装工程（包括给水排水、煤气、卫生、工程、暖气通风与空调工程、电气安装工程和电梯）共同构成一个单位工程。

单位工程施工组织设计，是建设项目或单项工程施工组织总设计的进一步具体化，直接用于指导单位工程的施工准备和现场的施工作业技术活动。

4）主要分部分项工程的施工组织设计

在单位工程施工过程中，对于施工技术复杂、工艺特殊的主要分部分项工程，一般都需要单独编制施工组织设计。例如，深基坑工程、大型土方石方工程、大体积混凝土基础工程、现场预应力钢筋混凝土构件、钢结构网架拼装与吊装工程、玻璃幕墙工程等。

3．按编制的时间和深度分类

施工组织设计文件编制的时间和深度要求，是根据工程建设程序来决定的。建设项目或单项工程的施工组织总设计是在建设工程前期工作阶段编制，一般与初步设计或技术设计同步，用于指导建设项目或单项工程的施工总体部署，为工程项目施工招标的组织、发包方式和合同结构的选择等工作提供依据；单位工程和主要分部分项工程的施工组织设计，一般是在施工图设计及审查完成后、工程开工前的施工准备期间进行编制的。

从工程施工承包单位的角度，以中标签订承包合同为界，按照编制时间和深度要求，可分为投标前的施工组织设计（或技术标书）和中标后的施工组织设计（深化设计）。

1）投标前的施工组织设计

投标前的施工组织设计（或技术标书）是投标单位在总工程师的主持下，根据招标文件的要求和所提供的工程背景资料,结合本企业的技术与管理特点,考虑投标竞争因素,对工程施工组织与管理提出的具体构想,其中重点是技术方案、资源配置、施工程序,以及质量保证和工期进度目标的控制措施等,它构成投标文件技术标书的一部分。而且,以其技术方案优势和特色,体现施工成本的优势,并有力地支撑商务标书竞争力。

因此,投标前的施工组织设计既用于工程施工投标竞争,也为中标后深化施工组织设计提供依据。

2）中标后的施工组织设计

中标后的施工组织设计,一般由施工项目经理主持,组织施工项目经理部技术、质量、预算部门的有关人员,在施工合同评审的基础上,根据施工企业所确定的施工指导方针和项目责任目标要求,编制详细的施工组织设计文件,并按企业内部规定的程序和权限进行审查批准后,报监理工程师审核确认,作为现场施工的组织与计划管理文件,予以贯彻落实。

由于施工合同界定的施工任务和范围不同,中标后的施工组织设计的范围应以施工合同为依据,必须在充分理解工程特点、施工内容、合同条件、现场条件和法规条文的基础上进行编制。

1.3.3 施工组织设计的内容

施工组织设计编制的内容,应根据具体工程的施工范围、复杂程度和管理要求进行确定。原则上应使所编成的施工组织设计文件,能起到指导施工部署和各项作业技术活动的作用,对施工过程可能遇到的问题和难点,又有缜密的分析和对策措施,体现出其针对性、可行性、实用性和经济合理性。

1. 施工组织总设计的内容

施工组织总设计通常包括如下的内容。

1）工程概况及施工条件分析

工程概况包括:①工程的性质、规模;②建设单位、设计单位、监理单位;③功能和用途、生产工艺概要(工业项目);④项目的系统构成;⑤建设概算总投资、主要建筑安装工程量、建设工期目标;⑥规划建筑设计特点;⑦主要工程结构类型;⑧设备系统的配置与性能等。

施工条件分析主要包括:

(1) 施工合同条件。如开、竣工时间目标,工程质量标准及验收办法,工程款支付与结算方式,工期及质量责任的承担与奖罚办法等。

(2) 现场条件。如水文地质及气象条件,周围地上、地下建筑物、构筑物、道路管线等情况及保护要求与措施,场外道路交通、物料运输条件,施工期间可临时利用的建筑物、构筑物及设施,需要拆除和搬迁的障碍物和树木,施工临时供电、供水、排水、排污条件等。

(3) 法规条件。如施工噪声控制,渣土运输与堆放的限制,交通管制,消防保安要求,环境保护与建设公害防治的法律规定等。

2）施工总体部署

施工总体部署是一种战略性的施工程序及施工展开方式的总体构想策划,它包括:工程项目分期分批实施的系统划分,各期施工项目的组成;施工区段的划分和流向顺序的安排;施工管理组织系统的建立、合同结构和施工队伍相互关系与协调方式的确定;施工阶段的划分和各阶段的任务目标;开工前的施工准备工作项目及其完成的时间目标;施工展开阶段各专业施工的交叉、穿插和衔接关系及其工作界面的划分要求;配合主要施工项目所需要的技术攻关、技术论证，试验分析的相关工作的安排；施工技术物资，包括特种施工机械设备、装置及主要材料、构配件、工程用品等的采购、加工和运输工具的落实等。

总之，通过施工总体部署的描述，阐明施工条件的创造和施工展开的战略运筹思路，使之成为全部施工活动的基本纲领。

3）施工总进度计划

施工总进度计划是指施工组织设计范围内全部施工项目的施工顺序及其进程的时间计划，它包括工程交工或动用的计划日期，各主要单位工程的先后施工顺序及其相互交叉搭接关系、建设总工期和主要单位工程施工工期，是指导各项分进度计划和物资供应计划的依据。

4）主要施工机械设备及设施配置计划

在施工组织总设计中，要根据工程的特点、实物工程量和施工进度的要求，做好主要施工机械设备及各类设施配置的计划安排，包括各阶段施工机械设备的类型、需要数量的确定，施工现场供电、供水、供热等需要量的测算及配置方案，工地材料物资堆场及仓库面积的确定与安排，现场办公、生活等所需临时房屋的数量及配置、搭设方案，还包括施工现场临时道路及围墙的修建等，集中统一解决全场性施工的设施的配置问题。

5）施工总平面图

工程施工对象用地范围内的现场平面布置图，称为施工总平面图。在施工总平面图上，用规定比例和专用图例，标志出一切地上、地下的已有和拟建的建筑物、构筑物及其他设施的位置和尺寸；标志出施工临时道路，临时供水、供电、供热、供气管线；仓库堆场，现场行政办公及生产和生活服务设施，永久性测量放线标桩等的位置。

2. 单位工程施工组织设计的内容

单位工程施工组织设计是指导具体施工作业活动，实施质量、工期、成本和安全目标控制的直接依据。在工程实践中，人们把它的基本内容概括为施工方案、施工进度计划、施工平面图和施工组织架构。单位工程施工组织设计内容，如图1-6所示。

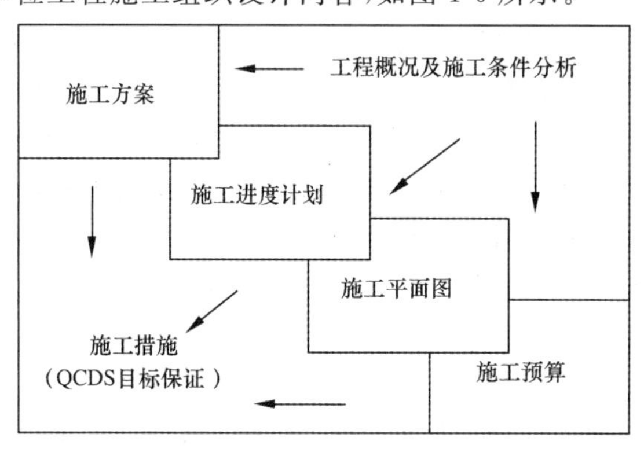

图1-6　单位工程施工组织设计内容

1）工程概况及施工条件分析

工程概况是对单位工程的建筑、结构、装修、设备系统的设计规格、特点和性质、用途等进行简明描述，施工项目的名称、性质、规模、结构类型、建筑特点、参与单位等信息等。

施工条件分析，除了具体描述单位工程的施工合同条件、现场条件和相关法规条件外，还要进一步分析履行合同风险、实施目标控制的重点和难点、有利和不利因素等。

2）施工方案

施工方案是单位工程施工组织设计的核心，对于施工工艺选择、机械设备的布局、施工流向和顺序等确定、劳动力的组织安排和施工目标控制起决定性作用。

施工方案包括施工技术方案和组织方案两个方面。

(1) 施工技术方案。它是着重解决施工工艺、方法、手段。例如，高层建筑施工常用的大模板、滑升模板、爬升模板施工工艺等，大型深基础施工常用的轻型井点、喷射井点等降低地下水的方法，深层水泥搅拌桩、连续墙、拉伸钢板桩等进行基坑围护的方法，土石方施工机械、泵送混凝土设备、垂直运输机械、工具式钢管脚手架等施工手段的配置问题等，均要通过施工技术方案的系统研究做出选择决定。

(2) 施工组织方案。它是为有效提高技术方案的具体实施效率和应用效果而进行的施工区段划分，作业流程和流向的设计，劳动力的组织安排及其工作方式的确定等。

一个完整的施工方案应该在技术和组织方面很好地结合起来，达到技术先进合理，经济适用，安全可靠。施工方案的表达除了用文字做出说明外，通常还根据需要使用一些工作原理简图、施工顺序框图、作业要领示意图等来直观明确地表达。

1）施工进度计划

单位工程施工进度计划包括时间计划和劳动力、主要建筑材料、构配件、施工机械设备、模板、脚手架等资源计划，主要内容有计划工期目标的确定、施工作业活动顺序和流向的安排，工艺逻辑和组织逻辑的优化选择，各项施工作业持续时间、资源配置等。归纳起来说，关键的是两个问题：一是计划工期必须符合施工组织总设计规定的目标或施工合同规定的工期；二是进度计划必须建立在物质保证的基础上，满足施工人、财、物的供应要求。

2）施工平面图

根据所需布置的内容看，单位工程施工平面图大致可以分为两部分内容。一是在整个施工期间为生产服务、相对位置固定、不宜多次搬移的设施，如施工临时道路、供水供电管线、仓库加工棚、临时办公房屋等；二是随着各阶段施工内容的不同采取相应动态变化的布置方案，如基础阶段、结构阶段、装修阶段各有侧重点。

因此，单位工程施工平面图往往也习惯分为单位工程施工总平面图和单位工程阶段性施工平面图。前者着重解决一次固定后不再搬移的设施布置，并对各阶段性施工平面图的空间规划提供指导；后者则主要突出阶段性施工材料物资及机械设备、工器具的布置。当然，随着主体结构施工的进展，逐步形成多层次的立体平面空间，为后期建筑装修和设备安装创造立体空间条件。

3）施工预算

施工预算是根据经济合理的施工方案及施工单位自己的施工定额编制的现场施工计划成本文件，为施工资源的配置和消耗提供依据。

一旦施工预算按工程部位和成本要素划分明确，则单位工程在施工中的材料采购、机械设备租赁、劳务分包等，均可分别按照施工预算的标准，利用市场竞争机制进行询价和采购，择优而用，并应按照施工预算进行限额领料、签发作业任务单，核算消耗和效率。

在实际施工过程中，大多将施工预算单独编制，独立于单位工程施工组织设计文件。

4）施工措施

施工措施是指为贯彻落实施工方案、进度计划、施工平面图和预算成本目标，从技术、安全、质量、经济、组织、管理、合约(分包及采购等施工所必需的合同)等方面提出有针对性的、可操作的要求，用文字和必要的图表进行描述，以便于现场管理者和作业人员理解和掌握要领，使得质量、成本、工期、安全目标处于预控和过程受控状态，故也称之为目标(QCDS)保证措施。除此以外，还有针对专项工程的冬季或雨季施工措施。

1.4 工程施工管理的理论与方法

随着社会和经济的高速发展、科学技术的进步，涌现出大量现代管理科学的理论与方法，并且有不少已经应用在工程施工管理工作中，取得了明显的社会和经济效益。其中，建筑供应链管理、精益建设、并行工程等现代管理理论的基本原理和方法，对于提升工程施工管理理论水平，指导工程施工管理实践，无疑会有诸多启示和帮助。

1.4.1 建筑供应链管理

供应链管理(Supply Chain Management, SCM)这一新的管理模式来源于制造业，最初重点是放在库存管理上，现在的供应链管理则把供应链上的每个企业作为一个不可分割的整体，使各企业分担的采购、生产、分销和销售的职能成为一个协调发展的有机体，目标在于增加各供应链成员合作、提高透明度、加强联系，是一种超越组织和横跨功能的管理模式。

1. 建筑供应链及其管理的含义

建筑供应链的概念是从“供应链”概念基础上发展而来的。美国生产与库存控制协会(American Production and Inventory Control Society, APICS)将供应链定义为：①供应链是自原材料供应直至最终产品消费，联系跨越供应商与用户的整个流程；②供应链涵盖企业内部和外部的各项功能，这些功能形成了向消费者提供产品或服务的价值链。

近来供应链的概念更加注重围绕核心企业的网链关系，不但注重核心企业、网链关系，而且强调战略伙伴关系的重要，将供应链看成是围绕核心企业，通过对信息流、物流、资金流的控制，从采购原材料开始，制成中间产品及最终产品，最后由销售网络把产品送到消费者手中，将供应商、制造商、分销商、零售商直到最终用户连成一个整体的功能网链结构。典型的供应链模型，如图1-7所示。

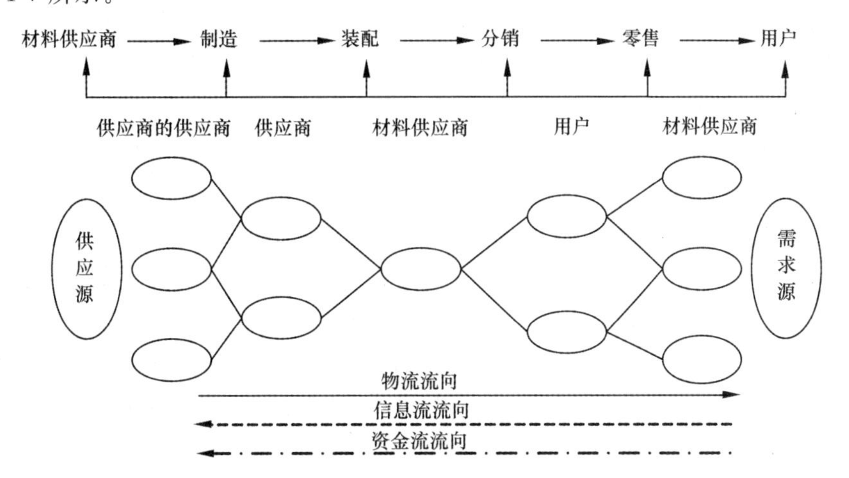

图1-7 典型的供应链模型

20世纪90年代以来，供应链管理在实践中的成功应用受到了建设领域很多学者和组织的关注。由于SCM倡导供应链上下游集成化、协同化的双赢战略管理思想,人们认为将SCM的基本原理应用到建设领域很可能成为最佳的建设管理模式。在建设领域应用SCM的建设管理模式称为建筑供应链管理(Construction Supply Chain Management,CSCM)。

建筑供应链是从业主有效需求出发,以总承包商为核心企业,通过对信息流、物流、资金流的控制,从中标开始至施工、竣工验收以及售后服务的过程中将材料供应商、工程机械设备供应商、分包商、业主等连成一个整体的功能性网链结构。建筑供应链结构模型,如图1-8所示。

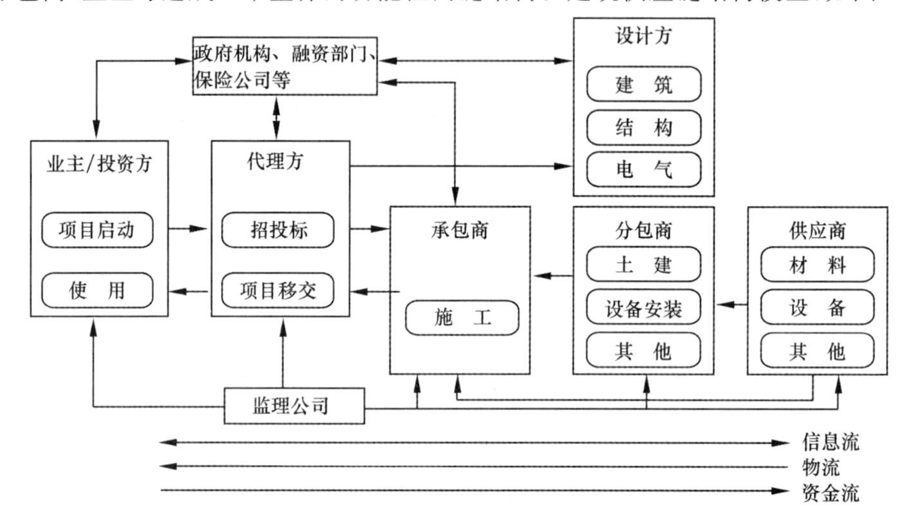

图1-8 建筑供应链结构模型

从图1-8可以看出,建筑供应链至少涉及四主要的利益主体,即业主方、设计方、承包方和供应方。设计方包括建筑设计、结构设计、设备设计等设计分包单位,承包方包括土木工程、设备安装等分包商,而且各分包商还有自己的供应商。

基于SCM的基本原理,结合建筑业的自身特点,可以给出建筑供应链管理(CSCM)的定义:CSCM是指以承包商为核心,采取设计单位、承包商、业主和供应商之间协作双赢的商务战略,采用先进的信息技术,对建设项目生产涉及的所有活动和参与方进行集成化统一管理与控制,以达到将业主所需的建筑产品在正确的地点、正确的时间,按照正确的数量、正确的质量、正确的状态交付用户使用,并使整条供应链以最少的总成本产生最大的效益。

2. 建筑供应链管理原理

供应链管理的方法、手段、技术等的研究和应用离不开供应链管理原理的指导。以下归纳了六条主要的建筑供应链管理原理。

1) 资源集成原理

资源集成原理认为:在经济全球化迅速发展的今天,企业必须放弃传统的基于纵向思维的管理模式,朝着新型的基于横向思维的管理模式转变。企业必须横向集成外部相关企业的资源,形成"强强联合,优势互补"的战略联盟,结成利益共同体去参与市场竞争,以实现提高服务质量的同时降低成本、快速响应顾客需求的同时给予顾客更多选择的目的。

2) 系统原理

系统原理认为:供应链是一个系统,是由相互作用、相互依赖的若干组成部分结合而成的具有特定功能的有机整体。供应链的系统特征主要体现在其整体功能上,这一整体功能是组成供应链的任何一个成员企业都不具有的特定功能,是供应链合作伙伴间的功能集成,而不是简单叠加。

3）多赢互惠原理

多赢互惠原理认为：供应链是相关企业为了适应新的竞争环境而组成的一个利益共同体，其密切合作是建立在共同利益的基础之上，供应链各成员企业之间是通过一种协商机制，来达到一种多赢互惠的目标。

4）合作共享原理

合作共享原理具有两层含义，一是合作，二是共享。合作原理认为：由于任何企业所拥有的资源都是有限的，它不可能在所有的业务领域都获得竞争优势，因而企业要想在竞争中获胜，就必须将有限的资源集中在核心业务上；共享原理认为：实施供应链合作关系意味着管理思想与方法的共享、资源的共享、市场机会的共享、信息的共享、先进技术的共享以及风险的共担。

5）需求驱动原理

需求驱动原理认为：供应链的形成、存在、重构，都是基于一定的市场需求，在供应链的运作过程中，用户的需求是供应链中信息流、产品、服务流、资金流运作的驱动源。在供应链管理模式下，供应链的运作是以订单驱动方式进行的，商品采购订单是在用户需求订单的驱动下产生的，然后商品采购订单驱动产品制造订单，产品制造订单又驱动原材料（零部件）采购订单，原材料（零部件）采购订单再驱动供应商。

6）快速响应原理

快速响应原理认为：在全球经济一体化的大背景下，随着市场竞争的不断加剧，经济活动的节奏也越来越快，用户在时间方面的要求也越来越高。用户不但要求企业要按时交货，而且要求的交货期越来越短。因此，企业必须能对不断变化的市场做出快速反应，必须要有很强的产品开发能力和快速组织产品生产的能力。

1.4.2 精益建设

1990年，丹尼尔·鲁斯、詹姆斯·沃麦克和丹尼尔·琼斯出版了《改造世界的机器》一书，第一次提出了精益生产的概念，并预言："精益生产方式必将在工业的各个领域取代大量生产方式与残存的单件生产方式，成为20世纪标准的全球生产体系。"

1. 精益生产的原理

精益生产源于日本丰田汽车公司的生产管理方式——丰田生产方式（Toyota Production System，TPS）。丰田生产方式是由丰田英二、大野耐一等人从20世纪50年代开始，根据丰田汽车公司资金缺乏、市场不稳定的实际情况，经过近30年的努力而创立和完善的生产管理方式。

精益生产定义如下：精益生产是组织和管理产品开发、作业、供应商和客户关系的业务系统，与过去的大量生产系统相比，精益生产消耗较少的人力、空间、资金和时间，制造最少缺陷的产品，准确地满足客户需要。

《改变世界的机器》一书将精益生产特征归纳为五个方面：工厂组织、产品设计、供货环节、顾客和企业管理。归纳起来，精益生产的主要特征为：对外以用户为"上帝"，对内以"人"为中心，在组织机构上以"精简"为手段，在工作方法上采用"团队力量"（Team Work）和"并行工程"（CE），在供货方式上采用"JIT方式"，在最终目标方面追求"零缺陷"。如果把精益生产体系看作一幢大厦，它的基础就是在计算机网络支持下的、以小组方式工作的并行工作方式。在此基础上的三根支柱就是：

(1) 全面质量管理。它是保证产品质量，达到零缺陷目标的主要措施。

(2) 准时生产和零库存。它是缩短生产周期和降低生产成本的主要方法。

(3) 成组技术，这是实现多品种、按顾客定单组织生产、扩大批量、降低成本的技术基础。

一个企业组织内实施精益生产的主要思路，可以概括为“一个基础”和“三个方面”。“一个基础”就是实施精益生产的技术条件，具体分为以下四个方面。

(1) 采用团队工作方式。单打独斗的时代过去了，团队被称为扁平化组织的低层细胞，一个有活力的公司将由产品小组、新品开发小组、经营管理小组等各式各样的团队组成。

(2) 5S管理。5S管理是建立并保持一个有序且清洁的工作环境的方法。它基于这样的逻辑，即在工作场所实施整理、整顿、清扫、清洁和素养，这是生产高质量产品和服务、减少不增值活动的基本要求。

(3) 持续改进(PDCA循环)。通过计划、执行、检查、实施这个过程的不断循环，不断提升管理水平，这是改善活动的基本过程。

(4) 完善的物流管理。物流对企业来讲，就像一个人的循环系统一样，可见其重要性。

实施精益生产的“三个方面”分别是全面生产维护——TPM(设备管理)、准时化生产——JIT(生产管理)和全面质量管理——TQM(质量管理)。

2. 精益生产基本原则

1) 正确地定义价值(Value)

在精益思想中，正确定义产品的价值包括以下内容：①以客户的观点来确定企业从设计到生产到交付的全部过程，实现客户需求的最大满足；②将生产全过程的多余消耗减至最少，不将额外的花销转嫁给用户；③将商家和客户的利益统一起来，而不是过去那种对立的观点。

2) 识别价值流(Value Stream)

价值流是指在产品生产过程中，从原材料转变为成品，并给它赋予价值的全部活动。这些活动包括：从概念到设计，到投产的技术过程；从订单处理到计划，再到送货的信息过程；从原材料到产品的物质转换过程，以及产品全生命周期的支持和服务过程。精益思想将所有业务过程中消耗了资源而不增值的活动叫做浪费。识别价值流就是发现浪费和消灭浪费。识别价值流的方法是“价值流图分析(Value Stream map Analysis)。

3) 流动(Flow)

精益思想要求创造价值的各个活动流动起来，强调的是不间断地“流动”。精益将所有的停滞作为企业的浪费，号召“所有的人都必须和部门化的、批量生产的思想做斗争”，用持续改进、JIT、单件流(one－piece flow)等方法在任何批量生产条件下创造价值的连续流动。

4) 拉式生产(Pull)

“拉动”就是按客户的需求投入和产出，使用户精确地在需要的时间得到需要的东西。实行拉动以后用户或制造的下游就像在超市的货架上一样取到他们所需要的东西，而不是把用户不太想要的产品强行推给用户。拉动原则由于生产和需求直接对应，消除了过早、过量的投入，而减少了大量的库存和现场在制品，大量地压缩了提前期。流动和拉动将使产品开发时间减少50%、订货周期减少75%、生产周期降低90%，这与传统的改进相比简直是个奇迹。

5) 尽善尽美(Perfection)

不断地用价值流分析方法找出更隐藏的浪费，做进一步的改进，这样的良性循环成为趋于尽善尽美的过程。“尽善尽美”是永远达不到的，但持续地对尽善尽美的追求，将造就一个永远充满活力、不断进步的企业。

总而言之,按照“过程、人和技术的集成”的观点,全面地认识精益思想,将帮助企业把握建立精益企业的要点,具有较好的可操作性。

3. 精益建设及其应用

在1992年,丹麦学者劳力·科斯凯拉(Lauris Koskela)提出要将包括精益生产在内的制造业生产原则应用到建筑业,并于1993年在精益建设国际集团(International Group of Lean Construction,IGLC)大会上首次提出“精益建设”(Lean Construction)的概念。

目前国际上对于精益建设尚无一个确切的定义。美国建筑工业协会(Construction Industry Institute,CII)在研究报告“精益生产原则在施工中的应用”(*Application of Lean Manufacturing Principles to Construction*)中认为:“精益建设是一个在项目执行中满足或超越所有顾客的需求,消除浪费,以价值流为中心追求完美的连续过程。”

精益建设过程能够促使有限的资源得到最合理的应用,增加建筑业企业的利润,改善其业绩。例如,日本已经将精益生产和减少生产缺陷方面的原理应用于建筑业企业中,使得建设项目的工期缩短了10%,事故率降低了95%。澳大利亚Jennings房屋建筑公司早在20世纪五六十年代就开始了类似于精益建设的生产过程探索,其生产过程中贯彻的就是现代所谓的“精益思想”。Jennings公司的日常经营体现了连续的生产流程、灵活的产品生产、严格的质量控制等精益思想所包含的内容,通过应用这种精益生产方式,公司业绩得到了大幅提升。有关统计数据表明,发现采用精益建设进行施工管理比采用传统项目管理模式可使施工人员可减少50%,建筑材料库存可减少90%,施工总工期缩短10%,利润增加20%,施工质量提高3倍。

1.4.3 并行工程

并行工程(Concurrent Engineering ,CE),亦称同步工程(Simultaneous Engineering),是国际工程领域中重要的研究方向。它是对产品设计及其相关过程(包括制造过程和支持过程)进行并行、一体化设计的一种系统化工作模式。这种工作模式力图使开发者从一开始就考虑到产品全生命周期中的所有因素,包括质量、成本、进度和用户需求。

1. 串行生产模式

在传统的设计中,“市场调研—概念设计—详细设计—过程设计—加工制造—试验验证—设计修改”这一基本串行流程被广泛应用,串行开发模式和组织模式通常是递阶结构,各阶段的工作是按顺序进行的,一个阶段的工作完成后,下一阶段的工作才开始,各个阶段依次排列,各阶段都有自己的输入和输出。产品串行生产模式,如图1-9所示。

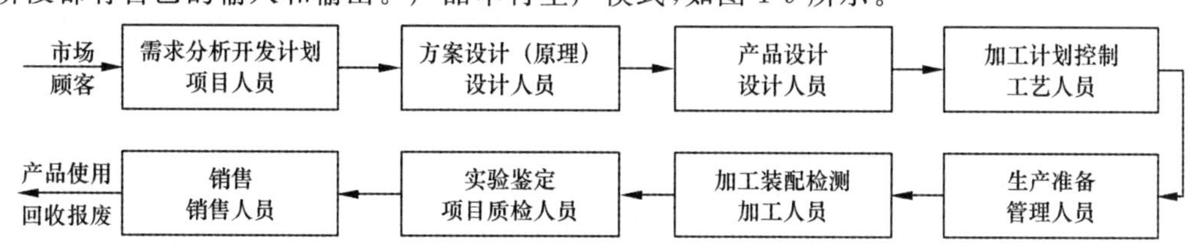

图1-9 产品串行生产模式

这种串行工程方法是基于英国政治经济学家亚当·斯密的劳动分工理论。该理论认为分工越细,工作效率越高。因此,串行方法是把整个产品开发全过程细分为很多步骤,每个部门和个人都只做其中的一部分工作,而且是相对独立进行的,工作做完以后把结果交给下一部门。西方国家把这种方式称为“抛过墙法”(throw over the wall),开发人员按要求完成本职工作后将成果抛向下游,出现问题后则抛回上游。这样的工作是以职能和任务分工为中心的,不一定存在完整的、统一的产品概念。“抛过墙”式的产品开发方式,如图1-10所示。

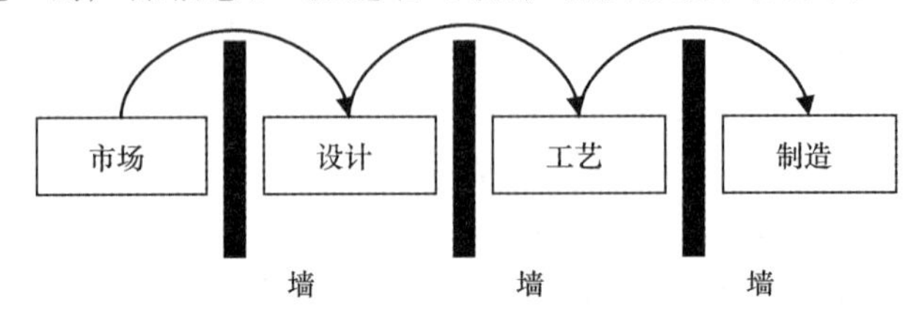

图1-10 “抛过墙”式的产品开发方式

由于各部门间缺乏经常交流,且参与产品开发的人员往往对自己在整个过程中的角色缺乏清晰的认识,上、下游活动间可能存在不可调和的冲突。当最终产品的可制造性、可装配性或可维护性较差,不能很好地满足用户需求时,就需重新回到产品设计阶段。这使得产品开发过程变成了设计、加工、实验、修改设计的大循环,而且可能多次重复这一过程,造成在传统的产品开发过程中存在很多大的反馈,从而导致设计改动量大,产品开发周期长,产品成本高的结果。

2. 并行工程的概念

并行工程是站在产品设计、制造全过程的高度,针对传统的产品串行生产模式而提出的一种工程方法论,是集成地、并行地设计产品及其相关的各种过程的系统方法。它要求产品开发人员在设计一开始就考虑整个生命周期中从概念形成到报废处理的所有因素,通过宏循环和微循环的信息流闭环体系进行信息反馈,使产品在开发的早期就能及时发现产品开发全过程的问题,从而缩短了产品开发周期,提高了产品质量,降低了成本。

美国国防高级研究项目局(Defense Advanced Research Projects Agency ,DARPA)于1987年12月提出了发展并行工程的DICE计划(DARPA's Initiative in CE, 1988—1992年)。为了配合DARPA发出的倡议,美国西弗吉尼亚大学于1988年设立了并行工程研究中心(CERC),许多软件公司、计算机公司开始对支持并行工程的工具软件及集成框架进行了开发。之后,并行工程在国际上引起了各国的高度重视,纷纷成立相应的并行工程研究中心,并开展实施一系列以并行工程为核心的政府支持计划,如美国DICE计划、欧洲ESPRIT计划以及日本的IMS计划等。

并行工程的含义可以归纳为以下五方面。

(1) 并行有序地工作。并行并非指齐头并进,而是要求有序搭接地工作,并行强调在产品开发的早期就能考虑其生命周期各阶段的问题,具有并行处理产品全生命周期各阶段问题的能力。

(2) 产品全寿命周期的功能、信息和过程集成。并行工程的工作是在计算机集成制造的基础上进行的,在产品生命周期的全过程中实现功能集成、信息集成、过程集成。

(3) 以并行设计为主体。并行设计贯穿了产品开发的全过程,通过产品数字化定义,实现无纸生产。

(4) 群组协同工作。并行工程的实施需要建立一支来自不同企业或企业内不同部门的技术与管理人员所组成的团队,进行群组协同工作(Team work),形成动态联盟。

(5) 上下游共同决策机制。采用计算机辅助手段,实现数据共享,配合生产加工过程,及时沟通信息。

并行工程是对传统产品开发模式的一种变革，这种变革体现在三个方面：在组织方面，通过组建多学科小组来促进设计过程的协作与并行；在管理力面，通过改革管理方式和机构重组，建立扁平化的生产管理模式，实现跨时域、跨功能、多目标的决策与协调；在技术方面，不仅继承和发展了传统的CAD/CAM技术，而且还采用了多种并行工程的使能工具（如DFX工具）及集成技术。

据有关统计数据，实施并行工程，因为生产工艺从设计阶段开始就得到了优化，从而不会出现忽略加工问题的产品设计要求，使早期生产中工程变更的次数减少一半以上；因为在产品设计过程的前期就考虑了投资、经营、销售，以及加工、装配、维修等问题，使废品率、返修率减少75%，使制造成本降低30%～40%；专业知识相异的人的协同工作提高了交叉学科的创造力，使产品的开发周期缩短40%～60%。

3. 并行工程理论的应用

虽然建筑产品与其他制造业产品有着本质的区别，但是这并不阻碍并行工程理论在建筑工程领域的成功实施应用。Love和Cunasekaran给出了并行建筑的三个基本要素。

(1) 对设计和建造过程中的下游相关环节进行识别；

(2) 减少或消除过程中的不增值活动；

(3) 建立并授权多专业工作小组。

与其他制造行业相比，建筑工程实施并行工程的有利因素在于：建筑产品的发起人是业主，而建筑产品的最终用户一般也是业主。业主在建筑工程建设过程中的特殊地位和它所起到的统筹协调作用。

在建筑行业，芬兰技术研究中心（Valtion Teknillinen Tutkimuskeskus）的科斯凯拉（Koskela）和霍维拉（Huovila）最先对并行工程进行了研究，介绍并行工程及解释并行工程和其他类似Fast Track Construction的不同；在1995年，美国建筑工业协会（CII）也开始发起对并行工程的研究，并把并行工程列为五种有可能在不增加费用的情况下缩短工期的控制进度法之一。

De la Garzaet al提出了建筑企业应用并行工程的指南，他认为并行工程的实施就是依靠平衡以下的三个因素得以实现：第一，在组织结构方面，通过建筑行业“宏观公司”的矩阵式组织解决；第二，在交流形式方面，通过电子信息交换技术解决；第三，在产品研发方面，通过是项目成员尽早参与，设计—建造一体化安排来解决。

贾法里（Jaafari）认为并行建设有八个基本原则：

(1) 将不同阶段整合到一个阶段；

(2) 对项目的相关信息进行整合；

(3) 建立一个“合成”小组代表项目参与各方；

(4) 由“合成”小组重组工作过程；

(5) 预见性的管理、计划和排序；

(6) 将整个生命周期的项目信息整合；

(7) 项目一体化；

(8) 建立直接实时的组内及组间交流平台。

在工程施工领域首先研究并行工程实现途径的是ToCEE（Towards a Concurrent Engineering Environment），其目标是发展一种能支撑并行工程运行的信息交换系统。这个系统被期望能提升工程质量、缩短施工周期,减少大约20%的成本,从而给建筑业带来利益。ToCEE的焦点集中于几个影响信息交换的协调和管理的关键点,包括:产品及文件的分配模型,特别是模型内部及模型之间的可操作性、争议管理、信息流管理、版本管理、电子文档的正规化、监督、预测和成本管理。

第 2 章　工程施工组织的基本原理

工程施工是建筑产品生产专业技术与管理相结合的系统活动，精心规划、设计和施工是现代建筑业生产经营活动的基本方针。由于工程施工具有单件性生产、多专业工种协同配合、作业活动交叉衔接多、施工周期长、受环境条件影响大等特点，因此，必须遵守施工的客观规律，通过科学合理地进行施工任务的组织。

本章着重介绍工程施工生产要素、施工项目的工作分解与综合、施工生产流水施工的原理，以及施工现场管理的机构和人员配置等，分析和研究现实施工组织与计划管理的问题，以掌握施工组织的工作思路和基本方法。

2.1　施工生产要素

生产要素一般是指人的要素、物的要素及其结合因素，通常将劳动者和生产资料列为最基本的要素。工程施工（即建筑业产品生产）和一般工业制造业的产品生产有着共同的地方，那就是都要通过生产要素（4M1E），即劳动主体——人（Man）；施工对象——材料、半成品（Material）；施工手段——机具设备（Machine）；施工方法——技术工艺（Method）；施工环境——外部条件（Environment）。另外，构成施工生产要素的还有资金（Money）、信息（Information）以及土地（Land）等资源。随着科学进步和生产发展，还会有新的生产要素进入生产过程，生产要素的结构也会发生变化。工程施工组织与管理的任务，就是通过对施工生产要素的优化配置和动态管理，以实现施工项目的质量、成本、工期和安全的管理目标。施工生产要素构成，如图 2-1 所示。

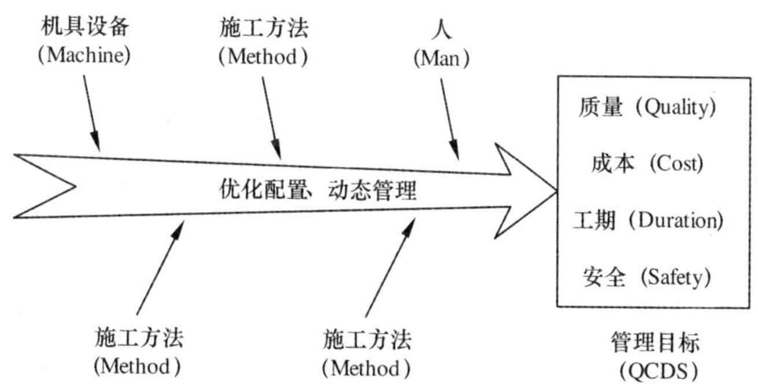

图 2-1　施工生产要素构成

2.1.1　施工劳动力

由于建筑生产活动还是属于劳动密集型行业，劳动力需求量比较大。我国改革开放以来，随着经济的持续快速发展，大量农村剩余劳动力向城市转移，形成了令人瞩目的建筑劳务群体。农村来的建筑劳务工人在建筑业从业总人数当中占有相当大的比例。因此，必须了解建筑业劳动用工的特点，劳动力的来源，从而提出使用和管理要求。

1. 建筑业劳动用工的特点

就整个建筑行业来说,劳动用工的主要特点有以下三个方面。

1) 需求量较大

建筑业是一个劳动密集型的行业、现场生产作业,手工操作的工作量大。尽管随着工厂化、机械化和自动化程度的不断提高,可以改变建筑业的生产方式,减少现场用工量,降低劳动强度,并且将其作为行业技术进步的方向予以重视。但从行业的生产特点来看,建筑行业仍然是吸纳劳动力容量最大的行业之一。

2) 需求波动明显

建筑业的生产规模,受国家经济和社会发展政策的影响,取决于固定资产投资规模的大小。固定资产投资增加,建筑业的生产规模扩大,对劳动力的需求也就增多,反之则减少。

3) 人员流动性强

所谓流动性,即建筑业的劳动力,可根据建筑市场的发展变化,在不同地区之间流动,随着国际经济的一体化和国内建筑市场的开放,跨地区、跨国界承担施工项目变得越来越普遍。

工程施工通常是由许多专业工种来共同完成一个工程项目,诸如泥抄工、木工、钢筋工、电焊工、混凝土工、粉刷工、油漆工等数十种之多。或者说,工程施工通常是先将工程的施工部位或内容,分解成分部、分项工程,然后将其分别交给指定的专业或混合的劳动组织(班组或施工队)来完成施工作业。因此,施工承包单位的现场施工管理机构(通常称施工项目经理部),在配备劳动力时,不论是由企业内部配备自有固定工人,还是通过建筑市场进行劳务分包,从总体上说,都不是一个个工人进行招募后定岗使用,而是成建制地配套招用,即劳务分包方式,以保持其工种的配套性、协调性。

2. 建筑业劳动用工的方式

自从建筑业管理体制进行改革,引入招标承包制和工程项目管理方法之后,施工企业在管理体制上已普遍实行管理层和劳务作业层的分离。按照我国施工企业资质等级,分为施工总承包企业、专业施工承包企业和劳务承包企业。施工总承包企业和专业施工承包企业承担主要负责施工项目管理,实行施工项目经理责任制和施工项目成本核算制,全面进行施工项目的质量、成本、工期和安全目标的控制,履行本企业对业主(发包方)承诺的责任和义务。劳务承包企业作为外部建筑生产要素市场的分包施工单位,同样通过劳务合同,建立与项目经理部的劳务发包与承包关系,确定了它们之间相对的管理位置。劳务承包企业实行作业管理和作业成本核算,并在项目经理部的指导、协调和监督下展开作业技术活动,对作业的质量、成本、工期和安全目标负责,从而使施工项目的劳动力优化配置和动态管理成为可能。

现阶段建筑劳动用工组织形式正逐步从零星化、松散型的个人承包制向有组织的劳务派遣和劳务企业形态发展,推行建筑业农民工劳务派遣制度,发展和壮大建筑劳务分包企业。这种成建制的劳务用工模式,不仅实现了农村劳动力向城镇建筑业跨地区的有序转移,而且有利于提供建筑劳务的整体素质,维护建筑市场秩序。

2.1.2 施工机械设备

施工机械设备是施工企业生产力重要组成部分,是完成各项施工任务和实现生活保障的重要工具。随着科学技术的发展,施工机械设备的种类、数量、型号越来越多,它对提高建筑业施工现代化水平发挥着巨大的作用。特别是现代化的高层、超高层建筑及隧道、地铁、水坝等大型土木工程的施工,更离不开现代化的施工机械设备和装置。我国建筑企业的设备装备率成逐年上升趋势,这也标志着我国建筑机械化的发展已经从手工操作、半机械化、部分工种工程机械化,逐步走上建筑工程综合机械化的过程。我国建筑业企业主要技术装备指标,如表 2-1 所示。

表 2-1　我国建筑业企业主要技术装备指标

年份	自有施工机械设备年末总台数(台)	自有施工机械设备年末总功率(万千瓦)	自有施工机械设备年末净值(万元)	技术装备率(元/人)	动力装备率(千瓦/人)
2007	1365566	3292.09	5826179	12393	7.0
2008	1339329	3511.89	6846247	14502	7.4
2009	1387998	3620.36	7927430	15277	7.0
2010	2244827	3207.19	7219362	12515	5.6
2011	1246856	3694.42	10074666	22643	8.3
2012	1260582	3738.9	8146746	17796	8.2

资料来源:国家统计局,《中国统计年鉴》(2014),中国统计出版社

施工机械设备的选择是施工组织设计的一项重要工作内容,应根据工程项目的建筑结构形式、施工工艺和方法、现场施工条件、施工进度计划的要求进行综合分析做出决定。对于某一种施工机械设备的选择,其目标是技术上先进、适用、安全、可靠,经济上合理以及保养维护方便。其中,机械设备的性能参数满足工程的需要是前提,例如,高层建筑施工中起重机械的选择应从起重高度、回转半径、最大起重量等参数去分析能否满足施工的需要,在几种性能规格能满足要求的机械设备中,选定经济合理、使用和维护保养方便的机种。

大型工程所需要的施工机械设备、模具等种类及数量都很多。如何从综合的使用效率来全面考虑各种类型的机械设备能形成最有效的配套生产能力,通常应结合具体工程的情况,根据施工经验和有关的定性、定量分析方法做出优化配置的选择方案。例如大型基坑开挖时降低地下水设备的配置;挖土机与运土汽车的配置;主体工程钢模板配置的数量与周转使用顺序的设计等等,都可以通过分析优化,使其在满足施工需要的前提下,配置的数量应尽可能少,以使协同配合效率尽可能最高。

2.1.3 建筑材料、构配件

材料是劳动对象,是指人们为了获得某些物质财富而在生产过程中以劳动作用其上的一些物品。建筑材料按其在施工生产中的地位和作用,可分为主要材料、辅助材料、燃料和周转性材料等。

(1) 主要材料(包括原料)。构成产品主要实体的材料是主要材料,如建筑工程所消耗的砖、瓦、石料、水泥、木材、钢材等。

(2) 辅助材料。不构成产品实体但在生产中被使用、被消耗的材料是辅助材料,如混凝土工程中掺用早强剂、减水剂,管道工程的防腐用沥青等。

(3) 燃料。燃料是一种特殊的辅助材料,产生直接供施工生产用的能量,不直接加入产品本身之内,如煤炭、汽油、柴油等。

(4) 周转性材料。周转性材料是指不加入产品本身,而在产品的生产过程中周转使用的材料。它的作用和工具相似,故又称“工具性材料”。如建筑工程中使用的模板、脚手架和支撑物等。

由于建筑及土木工程消耗的材料、构配件品种多、数量大,并且作为劳动对象,绝大部分直接构成工程的实体。因此,对工程的质量、成本、进度和工期都会产生重要的影响。

从施工组织的角度,不仅要根据工程的内容和施工进度计划编制各类材料、半成品、构配件、工程用品的需要量计划,为施工备料提供依据,而且需要从管理角度,对材料构配件的采购、加工、供应、运输、验收、保管和使用等各个环节进行周密的考虑。尤其应从施工均衡性方面,考虑各类材料构配件的均衡消耗,配合工程施工进度,及时组织材料构配件有序适量地分批进场,进而控制堆场或仓库面积,节约施工用地。

2.1.4 施工方法

施工方法不仅指施工过程中应用的生产工艺方法,还包括施工组织与管理方法、施工信息处理和协调方法等广泛的技术领域。随着我国一大批基础设施和教科文卫系统场馆的建设,涌现了大量具有国际先进水平的高难度施工工艺技术,同时也推动了虚拟组织、合作伙伴关系、精益建设、供应链管理、可持续发展等组织管理理论和方法的应用。

由于建筑工程目标产品的多样性和单件性的生产特点,使施工生产方案具有很强的个性,如深基础、高耸建筑、大跨度建筑等;另外,同类建筑工程的施工又是按照一定的施工规律循序展开的。因此,通常需将工程分解成不同的部位和施工过程,分别拟订相应的施工方案来组织施工。这又使得施工方案具有技术和组织方法的共性。例如,高层建筑物的地基与基础工程和桥墩桥台的地基与基础工程,因工程性质、施工条件的不同,其施工方案总体上说是各不相同的,带有明显的个性特征。但是,从施工过程的分析,它们都包含桩基工程、土方工程和钢筋混凝土工程等的施工工艺,运用类似的施工技术和组织方法,又有其共性的一面。通过这种个性和共性的合理统一,形成特定的施工方案,是经济、安全、有效地进行工程施工的重要保证。

施工方案主要内容包括确定合理的施工顺序和施工流向,主要分部分项工程的施工方法和施工机械,以及工程施工的流水组织方法。对于同一个工程,其施工方案不同,会产生不同的经济效果。需同时设计多种施工方案进行择优,其依据是要进行技术经济比较,技术经济比较分定性比较和定量比较两种。

2.1.5 施工环境

施工环境主要是指施工现场的自然环境、劳动作业环境及管理环境。由于建设工程是在事先选定的建设地区和场址进行建造,因此,施工期间将会受到所在区域气候条件和建设场地的水文地质情况的影响,受到施工场地和周边建筑物、构筑物、交通道路以及地下管道、电缆或其他埋设物和障碍物的影响。在施工开始前制订施工方案时,必须对施工现场环境条件进行充分的调查分析,必要时还需做补充地质勘察取得准确的资料和数据,以便正确地按照气象及水文地质条件,合理安排冬季及雨季的施工项目,规划防洪排涝、抗寒防冻、防暑降温等方面的有关技术组织措施,制订防止近邻建筑物、构筑物及道路和地下管道线路等沉降或位移的保护措施。

施工现场劳动作业环境,大至整个建设场地施工期间的使用规划安排,科学合理地做好施工总平面布置图的设计,使整个建设工地的施工临时道路、给排水及供热供气管道、供电通讯线路、施工机械设备和装置、建筑材料制品的堆场和仓库、现场办公及生活或休息设施等的布置有条不紊,安全、通畅、整洁、文明,消除有害影响和相互干扰,物得其所、使用简便,经济合理。作业环境小至每一施工作业场所的料具堆放状况,通风照明及有害气体、粉尘的防备措施条件的落实等。

建筑工程在施工阶段还会对周围环境产生影响，如植被破坏及水土流失、对水环境的影响、施工噪声的影响、扬尘、各种车辆排放尾气、固体材料及悬浮物、施工人员的生活垃圾等。对施工现场主要环境因素的控制是文明施工的一个重要内容，也是企业实施ISO14001:2004环境管理体系和SA8000社会责任国际标准体系(Social Accountability 8000 International Standard)的一项重要任务。因此，在施工过程中要树立环境意识、审查环保设计，并制定环保措施，通过绿色施工，最终达到污染预防、达标排放和持续改进的目标。

另外，一个建设项目或一个单位工程的施工项目，通常有设计单位、施工承包商、材料设备供应商，以及政府监管部门、社区企业、周围居民等诸多利益相关者共同参与，相互间建立一个互助、双赢的和谐合作环境是项目顺利进行与企业良性发展的重要条件。每个单位的诚信建设是和谐合作环境的基础，同时还要建立和协调好外部关系，确定了它们之间的管理关系或工作关系。这种关系能否做到明确而顺畅，这就是管理环境的重要问题。

2.2 施工项目工作分解结构

工作分解结构(WBS，Work Breakdown Structure)是现代工程项目分解和综合的系统分析方法。它是以可交付成果为导向对项目要素进行的分组，逐层归纳和定义项目的工作目标和范围，是制定施工项目组织结构、进度计划、资源需求、成本预算、信息管理、风险管理计划和采购计划等的重要基础。

2.2.1 工作分解结构图

工作分解结构图是将项目按照其内在结构或实施过程的顺序进行逐层分解而形成的结构示意图。它包含了实施项目所必须进行的全部活动，并将其分解到相对独立的、内容单一的、易于核算与检查的工作单元，并能把各工作单元在项目中的地位与构成直观地表示出来。

工作分解结构(WBS)每下降一层就代表对项目工作更加详细的定义和描述。项目可交付成果之所以应在项目范围定义过程中进一步被分解为WBS，是因为较好的工作分解可以：防止遗漏项目的可交付成果；帮助项目经理关注项目目标和澄清工作职责；建立可视化的项目可交付成果，以便估算工作量和分配工作；帮助改进时间、成本和资源估计的准确度；帮助项目团队的建立和获得项目人员的承诺；为绩效测量和项目控制定义一个基准。

由于工作分解既可按项目的内在结构，又可按项目的实施顺序编制。项目本身复杂程度、规模大小也各不相同，从而形成了WBS图的不同层次。某软件园项目的工作分解结构，如图2-2所示。

2.2.2 工作分解结构的原则

工程施工项目的工作分解结构应符合下列一般原则。

1. 完整性原则

各级工作分解结构应保持项目内容的完整性，不能遗漏任何必要的组成部分。任何一个单元I分解为I_1，I_2，…，I_n，则在工作内容上I_1，I_2，…，I_n之和应为I，完成了I_1，I_2，…，I_n，则I应完成。同样，I的工期应横跨I_1，I_2，…，I_n的工期，I_1，I_2，…，I_n的成本之和应为I的总成本。

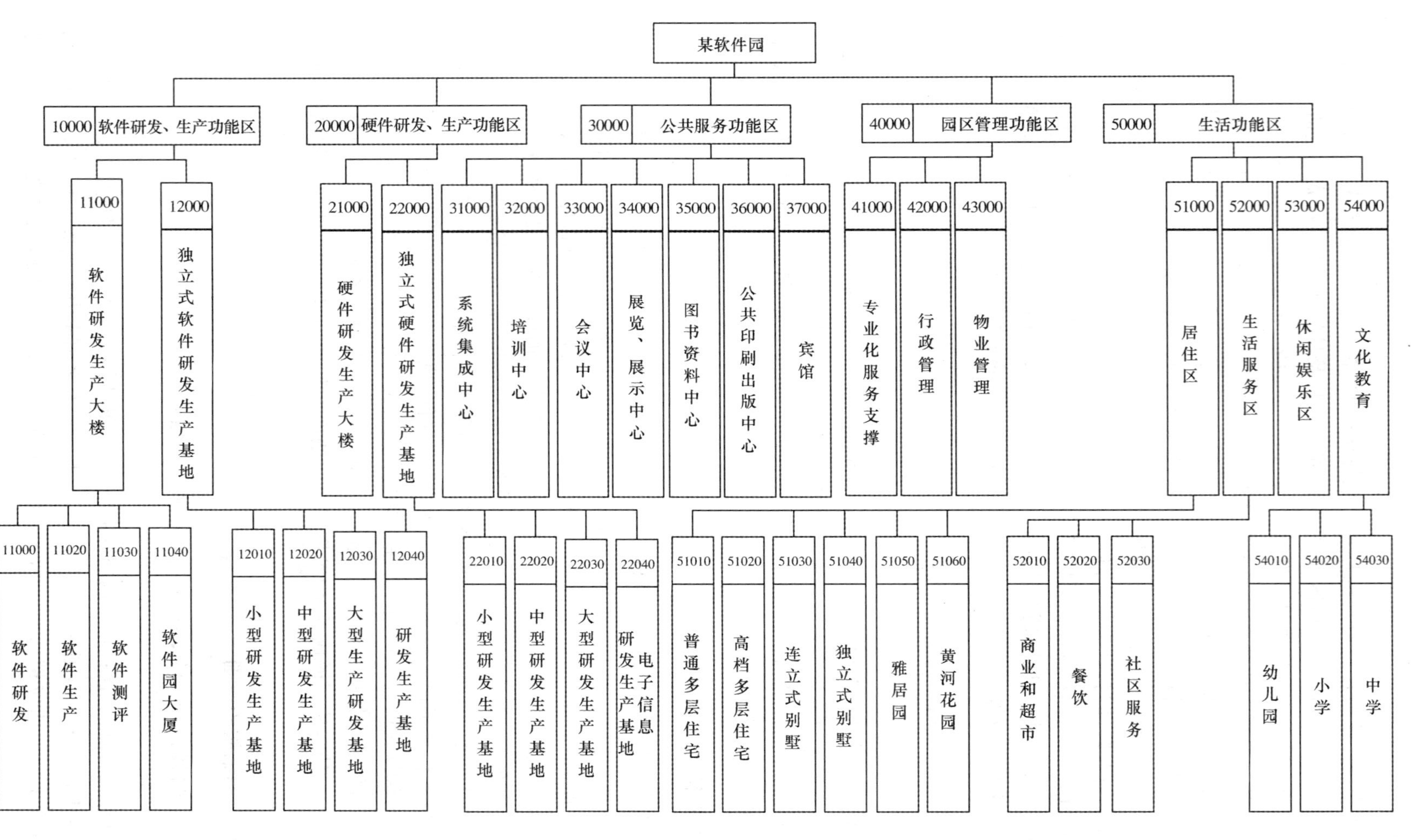

图 2-2 某软件园项目的工作分解结构

2. 线性原则

一个项目单元 I_i 只能从属于一个上层单元 I，不能同时交叉属于 2 个上层单元 I 和 J，即工作分解结构应为线性的树型结构。

3. 同属性原则

相同级别的项目单元应具有相同的属性，例如图 2-2 中，第二级工作结构分解中“10000 软件研发功能区”是按照功能分区划分出来的，则第二级其他项目都是按照功能划分的。

4. 独立性原则

项目单元应能区分不同的责任者和不同的工作内容，项目单元应有较高的整体性和独立性，单元之间的工作责任、界面应尽可能小且明确，这样会方便施工目标和责任的分解与落实，方便进行成果评价和责任的分析。

2.2.3 工作分解结构的编码

项目工作分解结构的编码基础是项目结构分解，项目分解结构没有统一的模式，一般可以参考以下五个原则进行。

(1) 考虑项目进展的总体部署；

(2) 考虑项目的组成；

(3) 有利于项目实施任务的发包和进行，并结合合同结构；

(4) 有利于项目目标的控制；

(5) 考虑项目组织结构的特点等。

编码由一系列符号(如文字)和数字组成，编码工作是信息处理的一项重要工作的基础工作。为了简化工作分解结构的信息交流过程，常用编码技术对其进行信息转换。例如，在图 2-2 所示的某软件园项目的工作分解结构图中，编码由五位数组成：第一位数表示处于第 1 级的项目功能分区的编码；第二位数表示处于第 2 级的工作单元的编码；第三和第四位数是处于第 3 级的更细更具体的工作单元的编码；依次类推。在 WBS 编码中，任何等级的一位工作单元，是其全部次一级工作单元的总和。如第二个数字代表子工作单元(或子项目)——即把原项目分为更小的部分。于是，整个项目就是子项目的总和。所有子项目的编码的第一位数字相同，而代表子项目的第二位数字不同，再后面两位数字是零。

与此类似，子项目代表 WBS 编码第二位数字相同、第三位数字不同，最后一位数字是零的所有工作之和。例如，图 2-2 中子项目 22000“独立式硬件研发生产基地”，是所有 WBS 编码第一位为 2 并且第二位数字 2、第三位数字不同的工作单元之和，它由小型研发生产基地(22010)、中型研发生产基地(22020)、大型研发生产基地(22030)和浪潮电子信息研发生产基地(22040)等组成的。

在工程施工安排过程中，WBS 的编码除了采用上述的数字形式外，还有采用英文字母来表达，或者采用数字和字母混合的方式，分别表示工作类别、工作具体内容、工作阶段、工作执行机构等信息。

2.2.4 工作分解结构的建立

创建 WBS 是指将复杂的项目分解为一系列明确定义的项目工作，并作为随后计划活动的指导文档。创建 WBS 的可以运用以下两种思路。

1. 自上而下的方法

从项目的目标开始,逐级分解项目工作,直到参与者满意地认为项目工作已经充分地得到定义。该方法由于可以将项目工作定义在适当的细节水平,对于项目工期、成本和资源需求的估计可以比较准确。

2. 自下而上的方法

从详细的任务开始,将识别和认可的项目任务逐级归类到上一层次,直到达到项目的目标。这种方法存在的主要风险是可能不能完全地识别出所有任务或者识别出的任务过于粗略或过于琐碎。

在运用WBS对施工项目进行分解时,应遵循以下步骤:

1)根据项目的规模及复杂程度,确定工作分解的详细程度

如果分解得过粗,可能难以体现计划内容;分解过细,会增加计划制定的工作量。因此在工作分解时要考虑下列因素。

(1)分解对象。若分解的是大而杂的项目,则可分层次分解,对于最高层次的分解可粗略,再逐级往下,层次越低,可越详细;若需分解的是相对小而简单的项目,则可以详细一些。

(2)使用者。对于项目经理分解不必过细,只需要让他们从总体上掌握和控制计划即可;对于计划执行者,则应分解得较细。

(3)编制者。编制者对项目的专业知识、信息、经验掌握得越多,则越可能使计划的编制粗细程度符合实际的要求;反之则有可能不当。

在WBS图中,分解的详细程度是用级数的大小来反映的,对于同一项目,级数愈小,说明分解愈粗略;级数愈大,说明分解愈详细。

2)根据工作分解详细程度,将施工项目进行分解,直至确定的、相对独立的工作单元

WBS的分解可以采用多种方式进行,包括:按产品的物理结构分解;按产品或项目的功能分解;按照实施过程分解;按照项目的地域分布分解;按照项目的各个目标分解;按实施部门分解;按管理职能分解等。

WBS的最低层次的项目可交付成果称为工作包(Work Package),它具有以下四个特点:

(1)工作包可以分配给一位负责人进行计划和执行;

(2)工作包可以通过子项目的方式进一步分解为子项目的WBS;

(3)工作包可以在制定项目进度计划时,进一步分解为活动;

(4)工作包可以由唯一的一个部门或个人负责。

工作包的定义应考虑80小时法则(80-Hour Rule)或两周法则(Two Week Rule),即任何工作包的完成时间应当不超过80工作小时。在每个80工作小时或少于80工作小时结束时,检查和汇报该工作包完成情况。

3)根据收集的信息,建立WBS词典(WBS Dictionary)来描述各个工作部分

WBS词典通常包括工作包描述、进度日期、成本预算和人员分配等信息。对于每个工作包,尽可能详细地说明其性质、特点、目标、工作内容、资源输入(人、财、物等),进行施工成本和时间估算,并确定负责人及相应的组织机构。

2.2.5 工作分解结果应用

一个建设项目的工程施工构成是一个有机的系统,通常是按工程构成分解成若干施工系统,通过招标投标确定施工承包单位。而施工单位根据施工合同界定的施工范围,将施工项目

再按工程部位和专业施工内容，再度分解，直至能直接组织施工队组进行施工作业的基本单元，即分项工程为止。

例如，某国际机场建设项目的工作分解结构，如图 2-3 所示。其中，包含 8 区 25 个大项，每一大项下又有若干具体的单位工程。为了有条不紊地全面展开该建设项目的施工，必须按工程的分解结构，分别组织各子系统内的工程项目施工招标投标，配置施工资源，组织施工安装作业技术活动和管理，并进行建设总目标的控制。

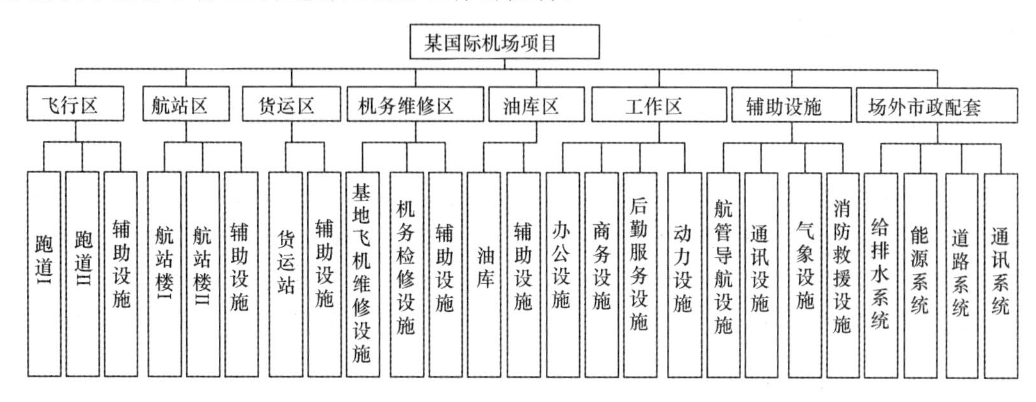

图 2-3　某国际机场项目分解结构

对于承包商而言，一份标书或合同所界定的施工项目，可能是一个建设项目系统中的某一单位工程或单项工程，也可能就是一个独立的单位工程。无论属于哪种类型，在组织施工的时候，同样需要先进行施工项目的构成分解，以便进行具体施工作业的任务分工和施工顺序的安排。某市地铁一号线工程项目工作分解结构，如图 2-4 所示。

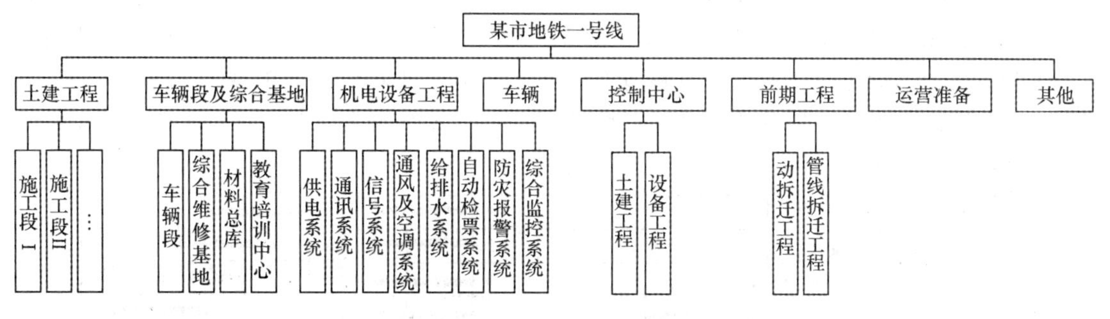

图 2-4　某市地铁一号线工程项目工作分解结构

如果把工程施工所形成的建筑物、构筑物、道路、桥梁、隧道，以及管道线路工程等实体，广义地统称为建筑产品，建筑产品与其他工业产品生产相比，最明显的特征就是它的单件性生产。每一个建筑产品都有其特定的使用功能，按照设计图纸所规定的规格标准完成施工之后，经竣工验收合格，即具备了预定的使用功能。但在很多情况下，具备这种使用功能，还不一定能实现它的使用价值。例如，一个居住小区，其中有多幢不同类型的建筑物，每一幢就是一个完整的建筑产品，但能满足居住要求，还必须具备很多配套的条件，至少该小区要在水通、电通、路通以及必要的生活辅助设施建成以后才能形成居住条件。同样，工业建筑项目中，一个车间的建成，虽然提供了一个有独立使用功能的建筑产品，但也还有待与其配套的工艺上有相互联系的其他车间或设施建成后，才能形成预定的生产条件和能力。因此，建筑产品除了单件生产的特点之外，还有其在使用上的整体性特点。

建设项目投资活动的最终目的,并不是孤立地着眼于每一个单位建筑产品的质量、成本和工期,而是着眼于各个单位工程所组成的整个建设项目或单项工程系统的综合功能和综合效益目标,这就是建设项目管理的宗旨。也就是说,在施工任务组织的时候,是从工程项目的分解结构来考虑施工任务的安排,同时,又要着眼于工程项目系统整合的目标来进行项目总目标的控制。如图 2-3 所示的某国际机场工程建设项目,以通航为建设进度控制总目标进行项目管理,只有在所有单位工程都配套建成之后,才能具备通航条件。不难理解,这种建筑产品的单件性生产与整体性使用的要求,决定着对施工展开方式的选择和施工任务的组织方法。

2.3 流水施工生产组织方式

从投资的角度考虑,总是希望一个建设项目能在尽可能短的时间内建成,以发挥其投资的经济效益和社会效益。然而,建设项目的建设工期,与整个建设项目的施工展开方式和开工顺序有关。为了正确选择施工展开方式和进行施工任务的组织,以满足建设工期的要求,必须了解不同施工展开方式的特点及其对建设工期的影响,掌握施工项目开工顺序的基本规律。

2.3.1 工程施工方式及其特点

如同任何产品的生产方式一样,建筑产品的施工组织方式分为依次施工、平行施工和搭接施工。究竟采用什么样的组织方式,需要根据产品需求、施工工期、资源供应、现场条件等多种因素决定。

1. 依次施工

以建筑物的群体工程为例,如果在一个建筑小区共拟建 m 幢房屋,依次施工是指先建好一幢房屋,再来建第二幢房屋,依此类推。只需一个施工单位投入相应的人力物力(r)进行施工,这种方法虽然同时投入的劳动力和施工资源需要量少,现场设施简单,施工规模小,可以节省施工固定成本,但整个项目的建设工期长,如果一幢房屋的施工工期为 T_0,则建设总工期为 mT_0,如图 2-5(a)所示。

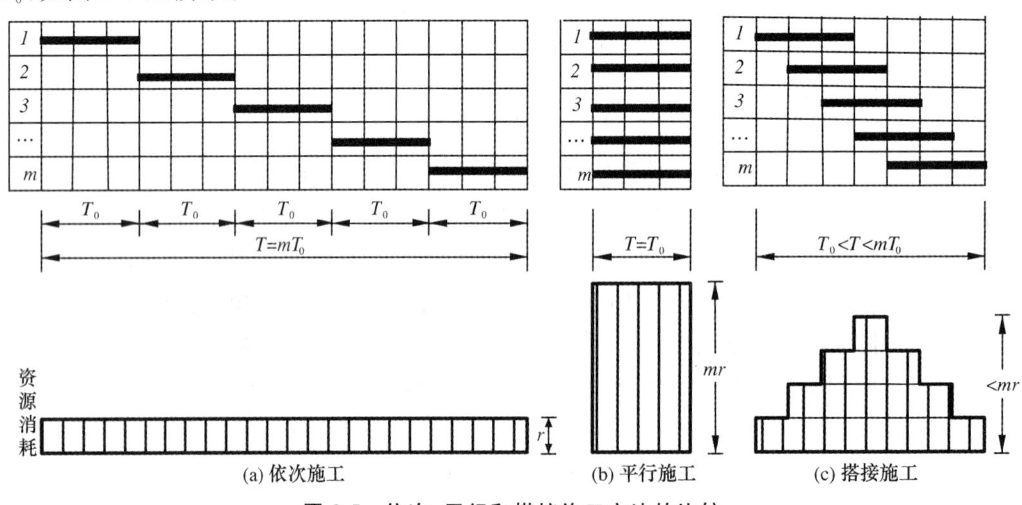

图 2-5　依次、平行和搭接施工方法的比较

2. 平行施工

平行施工是指所有 m 幢房屋同时开工,同时竣工。这样工期虽然可以大大缩短,建设总

工期仅为一幢房屋的施工工期(T_0),但建筑工人专业工作队(组)数目却大大增加,物资资源的消耗集中(mr),这些情况都会给施工带来不良的经济效果。平行施工,如图 2-5(b)所示。

3. 搭接施工

最常见的施工方法是搭接施工,它既不是将 m 幢房屋依次地进行施工,也不是平行施工,而是陆续开工,陆续竣工。这就是说,把房屋的施工搭接起来,而其中有若干幢房屋处在同时施工状态,但形象进度各不相同。搭接施工有利于控制施工总规模,减少施工现场大型临时设施的数量,降低施工固定成本;同时,在合理划分施工任务的情况下,可使一个单位承建多幢房屋(建筑产品)的施工,组织流水施工;克服平行施工方式中分别配置施工设施,各自调集施工人员和机械设备,增加进出场及安装与拆卸费用的弊端。搭接施工,如图 2-5(c)所示。

在各施工过程连续施工的条件下,把搭接施工中各幢房屋的建造过程最大限度地相互搭接起来,就是流水施工。流水施工保证了各施工队(组)的作业活动和物资资源的消耗具有连续性和均衡性。

流水作业是工业生产过程的一种组织方式,把它应用于工程施工过程的组织,即流水施工。由于建筑业的生产条件和资源配置方法与一般工业制造业有着不同的特点,所以工程施工的流水作业不像工厂化生产那样定型,而是要结合具体工程的特点和施工条件,通过施工组织设计文件的编制,进行专门的流水施工设计,将各专业工种的作业技术活动,有条不紊地组织起来,从而实现建筑产品的生产过程。

2.3.2 流水施工的主要参数

在组织工程流水施工时,用以表达流水施工在施工工艺、空间布置和时间安排方面开展状态的参数,统称为流水参数。流水施工的主要参数,按其性质的不同,一般可分为工艺参数、空间参数和时间参数三种。

1. 工艺参数

工艺参数中最有代表性的参数是施工过程(也称为工作、活动)。在组织工程项目流水施工时,将拟建工程项目的整个建造过程分解为若干个施工单元,其中每一个单元称为一个施工过程,一般用“n”表示。

组织流水施工时,首先要将某一专业工程(如土建工程、给排水工程、电气工程、暖通空调工程、设备安装工程、道路工程等)划分成若干个分部工程,如土建工程可划分成基础工程、钢筋混凝土主体结构工程、砖石工程、楼地面工程、屋面工程、装饰工程等。然后将各分部工程再分解成若干个施工过程(又称分项工程或工序),如分部工程中的钢筋混凝土主体结构工程可分解为钢筋混凝土梁、板、柱。钢筋混凝土梁、板、柱又有支设模板、绑扎钢筋、浇筑混凝土、养护、拆模等施工过程组成。

在分解施工项目时要根据实际情况决定,粗细程度要适中。划分太粗,则所编制的流水施工进度不能起到指导和控制作用;划分大细,则在组织流水作业时过于繁琐。通常一个系统或子系统施工过程数在 20～30 个为宜。

2. 空间参数

在组织工程项目流水施工时,用以表达流水施工在空间布置上所处状态的参数,称为空间参数。空间参数包括工作面和施工段。

1) 工作面

施工工作面亦称工作前线,是指提供人工或机械进行操作的活动范围和空间。工作面的大小表明了施工对象上能安置多少工人操作或布置施工机械、设备的面积,反映相应工种的产量定额、建筑安装工程操作规程和安全规程等的要求,随各施工过程的性质、施工方法和使用的工具、设备不同而变化。

在流水施工中,有的施工过程在施工一开始,就在整个操作面上形成了施工工作面,一般以A表示。例如,打桩、地基处理、开挖基槽等就属此类工作面,不受前面工作时间的约束。但是,也有一些工作面的形成是随着前一个施工过程的结束而形成的。例如,在现浇钢筋混凝土的流水作业中,支设模板、绑扎钢筋、浇筑混凝土等都是前一个施工过程的结束,为后一个施工过程提供了工作面。在确定一个施工过程的工作面时,不仅要考虑前一施工过程可能提供的工作面的大小,还要符合安全技术、施工技术规范的规定以及劳动生产率等因素。总之,工作面的确定是否恰当,直接影响到流水施工的规模和速度。

2) 施工段

在组织流水施工时,通常把施工对象在平面上划分为若干个劳动量大致相等的施工区域,这些区域称为施工段,一般以 m 表示。

划分施工段的目的,是为了组织流水施工,保证不同的施工班组能在不同的施工段上同时进行施工,并使各施工班组能按一定的时间间隔转移到另一个施工段进行连续施工,既消除等待、停歇现象,又互不干扰。

施工段划分的原则:①施工段的数目要合理。施工段过多,工作面难以满足要求,施工段界限复杂;施工段过少,则会引起劳动力、机械和材料供应的过分集中,搭接时间过少;②各施工段的劳动量应大致相等,以保证各施工班组施工节奏均衡;③施工段的划分界限要以保证施工质量且不违反操作规程的要求为前提,一般应尽可能与结构自然界线相一致,如温度缝、抗震缝和沉降缝等处;④对于多层建筑物,既可在平面上划分施工段,也可在竖向上划分施工段(或称施工层)。

在组织多层房屋的流水施工时,为使各施工班组能连续施工,上一层的施工必须在下一层对应部位完成后才能开始。即各施工班组做完第一段后,能立即转入第二段;做完第一层的最后一段后,能立即转入第二层的第一段。因此,每一层的施工段数 m 必须大于或等于其施工过程数 n,即 $m \geqslant n$。

3. 时间参数

在组织工程项目流水施工时,用于表达流水施工在时间排列上所处状态的参数,均称为时间参数。它包括流水节拍、流水步距、技术间歇时间、组织间歇时间等。

1) 流水节拍

在组织流水施工时,每个专业施工班组在各个施工段上完成各自的施工任务所需要的工作持续时间,称为流水节拍,通常以 K_i 表示。

流水节拍的大小,可以反映出流水施工速度的快慢、节奏强弱和资源消耗量的多少。根据其数值特征,一般将流水施工分为等节奏专业流水、异节奏专业流水和非节奏专业流水等施工组织方式。

影响流水节拍数值大小的因素主要有:工程项目施工时所采取的施工方案、各施工段投入的劳动力人数或施工机械台班数、工作班次以及该施工段工程量的多少。其数值的确定,可根据各施工段的工程量、能够投入的资源量(工人数、机械台班数和材料量等),按式(2-1)计算:

$$K_i = \frac{Q_i}{S_i \cdot R_i \cdot N_i} = \frac{Q_i \cdot H_i}{R_i \cdot N_i} = \frac{P_i}{R_i \cdot N_i} \tag{2-1}$$

式中 K_i——某专业施工班组在第 i 施工段的流水节拍；

Q_i——某专业施工班组在第 i 施工段上完成的工程量；

S_i——某专业施工班组的计划产量定额；

H_i——某专业施工班组的计划时间定额；

P_i——某专业施工班组在第 i 施工段需要的劳动量或机械台班数量；

R_i——某专业施工班组投入的工作人数或机械台数；

N_i——某专业施工班组每工日的工作班次。

2）流水步距

在组织工程项目流水施工时，相邻两个专业施工班组先后进入同一施工段开始施工时的合理时间间隔，称为流水步距。流水步距通常以 $b_{i,i+1}$ 表示。

确定流水步距要：①满足相邻两个专业施工班组在施工顺序上的相互制约关系；②保证各专业施工班组都能连续作业；③保证相邻两个专业施工班组在开工时间上最大限度地、合理地搭接。不同类型的流水施工，它们流水步距的分析和判断方法繁简程度不同。

3）工艺间歇

根据施工过程的工艺性质，在流水施工组织中，除了考虑两相邻施工过程之间的流水步距外，必要时还需考虑合理的工艺间歇时间，如基础混凝土浇捣以后，必须经过一定的养护时间，才能继续后道工序——墙基础的砌筑；门窗底漆涂刷后，必须经过一定的干燥时间，才能涂刷面漆等等，这些由工艺原因引起的等待时间，成为工艺间歇时间。工艺间歇以 $G_{i,j+1}$ 表示。

4）组织间歇

组织间歇是指施工中由于考虑组织技术的因素，两相邻施工过程在规定的流水步距以外增加的必要时间间隔，以便施工人员对前道工序进行检查验收，并为后道工序作必要的施工准备。如基础混凝土浇捣并经养护以后，施工人员必须进行墙身位置的弹线，然后才能砌基础墙；回填土以前必须对埋设的底下管道检查验收等等。组织间歇以 $Z_{i,j+1}$ 表示。

工艺间歇和组织间歇在具体组织流水施工时，可以一起考虑，也可以分别考虑，但它们是两个不同的概念，其内容和作用也不一样。灵活应用工艺间歇和组织间歇的时间参数特点，对于简化流水施工的组织有特殊的作用。

2.3.3 流水施工的开展顺序

按照流水施工原理，各项流水作业的先后主次关系，有其内在的规律性。长期的工程施工经验表明，正确合理的施工程序，应该按照先场外后场内、先地下后地上、先深后浅、先主体后附属、先土建后设备、先层面后内装的基本要求展开施工。

1. 先场外，后场内

工业建设项目或大型基础设施项目，应先进行厂区外部的配套基础设施工程施工，如材料物资运输所需要的铁路专用线、装卸码头、与国道连接的公路，变电站，围堤，蓄水库等等，这些配套设施工程的建成，可以为场区内部工程施工创造交通运输、动力能源供应等方面的有利条件。然后根据场外的条件，布置对应的临时设施。

2. 先地下，后地上

地基处理、基础工程、地下管线和地下构筑物等工程，应按设计要求先行施工到位后再进行地上建筑物和构筑物的施工，要避免和防止地下施工对上部主体工程地基的影响。当然，由于施工技术的发展，对于主体建筑物也有可能采用逆筑法施工，以克服施工场地拥挤，充分利用空间、利用先行完成的上部结构承载能力安装起重设备吊运土方,达到缩短工期甚至降低施工成本的良好效果,但这都必须建立在技术方案安全可靠、经济效果可行的基础上所进行的施工技术创新。

在地下工程施工中,对于埋置深度不同的基础,如不同的设备基础,设备基础与建筑物基础,管沟基础与其他地基基础之间,应注意先深后浅,以防止和避免深基础施工而扰动其他地基与基础的稳定性和承载能力。

3. 先主体,后附属

这里的主体工程是指主要建筑物,应该先行组织施工;附属工程可以认为是主体工程以外的其他工程,其广义的内容有主要建筑物的附属用房、裙房、配套的零星建筑,以及建筑物之外的室外总体工程,如道路、围墙、绿化、建筑小品等等,它们之间在施工程序上的先后关系,对充分利用施工场地、保证工程质量、缩短施工工期、降低工程施工成本都有重要的意义。

4. 先土建,后设备

土建工程和设备安装工程在施工过程往往有许多交叉衔接,但在总体的施工程序安排上,应以土建工程先行开路,设备安装相继跟进,使二者配合紧密,相互协调,互创工作面恰到好处。

设备安装工程,既指建筑设备,如给水排水、煤气卫生工程、暖气通风与空调工程、电气照明及通信线路工程、电梯安装工程等,也包括工业建筑的生产设备安装工程。建筑设备安装应紧跟土建施工进度,相继穿插完成综合留洞和管线预埋,对于大型机器设备应在安装部位的土建工程围护封闭之前吊运至待装地点。土建施工要随时顾及设备安装的要求,注意设备基础的位置、标高、尺寸和预埋件的正确性,为设备就位安装创造条件;避免和防止土建装修中湿粉、铺粘和喷涂作业的施工垃圾粉尘对设备的污染。

5. 先屋面,后内装

建筑工程应在做好屋面防水层和楼面找平层之后,才能进行下层的室内精装修装饰工程,以免因雨天屋面渗漏而污染室内的墙面和楼地面。

2.3.4 流水施工的图表表达形式

流水施工的展开方式可以用线条型图表来直观简明地表达。因此,为了掌握流水施工的基本原理,先要了解常用线条型施工进度表的内容和表达形式。

1. 横线型施工进度表

横线型施工进度表的左边按照施工的先后顺序列出各施工部位(施工对象)施工活动(施工过程)的名称;右边是施工进度,用水平线段在时间坐标下画出工作进度线;右下方画出每天所需要的劳动力(或其他物资资源)动态曲线,它是由施工进度表中各项工作的每天劳动力需要量按时间叠加而得到的。横线型施工进度表,如图2-6所示。

2. 斜线型施工进度表

斜线型施工进度表是将横线图中的工作进度线改为斜线表达的一种形式。一般是在表的左边列出施工对象名称,右边在时间坐标下画出工作进度线。斜线图一般只用于表达各项工作的连续作业,即流水施工的进度计划,它可以直观地反映出两相邻施工过程之间的流水步距,即先后两相邻施工过程在连续作业的条件下,依次开始施工作业的时间差。斜线型施工进度表,如图2-7所示。

从图2-6和图2-7所表达的内容,可归纳出流水施工的要点如下。

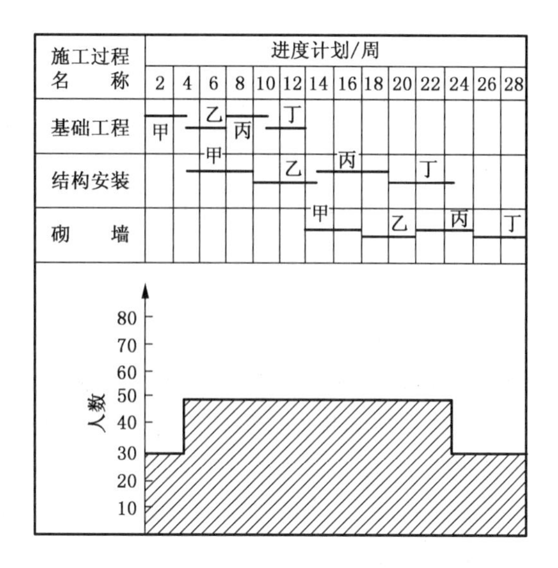

图 2-6 横线型施工进度表

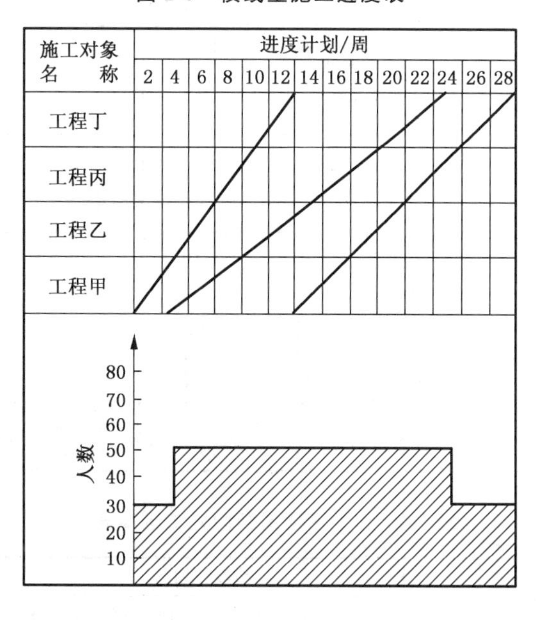

图 2-7 斜线型施工进度表

(1) 全部施工对象划分为若干区段，一般称为施工段，并确定施工作业活动的流向，如上图中的工程甲、乙、丙、丁为四个施工段，施工流向是先甲后乙，再丙到丁。

(2) 全部施工作业活动划分为若干施工过程(或工序)，每一施工过程可以交给一个作业队组(专业的或混合的)完成规定的作业任务，并且根据规定的施工流向依次进行作业。

(3) 各施工过程在保证其工艺先后顺序的前提下进行搭接施工，并尽可能使每一施工过程都实现连续作业，避免因等待前一施工过程的完成而出现作业等待造成窝工损失。

(4) 根据以上要求组织流水施工作业的同时，应尽可能使施工进度计划的安排符合均衡施工的要求。均衡施工意味着施工物资资源投入的均衡性，即施工高峰与低谷期间的资源需要量都尽可能接近于平均需要量，无大起大落情况，以便控制施工现场各类设施配置的合理规模。

【例 2-1】 有一个三跨工业厂房的地面工程，施工过程分为：①地面回填土并夯实；②铺设道渣垫层；③浇捣石屑混凝土面层。根据工程量和劳动定额可计算各施工过程的持续时间和每天出勤人数,如表 2-2 所示。

表 2-2 工程量和劳动定额计算表

施工过程	人数/人	施工时间/天			
		A 跨	B 跨	C 跨	合计
填土夯实	30	3	3	6	12
铺设垫层	20	2	2	4	8
浇混凝土	30	2	2	3	7

按照上述条件,可安排两种不同的施工进度计划。图 2-8 和图 2-9 分别表示该项工程作业活动有间断的施工进度计划和作业活动均连续进行的施工进度计划,显然二者都是可行的。在理论上前者称为一般搭接施工,后者称为流水施工。流水施工在本质上也属于一般搭接施工的范畴。对于作业活动间断的搭接施工,实践中往往通过生产调度或安排缓冲工程的施工任务进行调节,以避免窝工情况的出现。

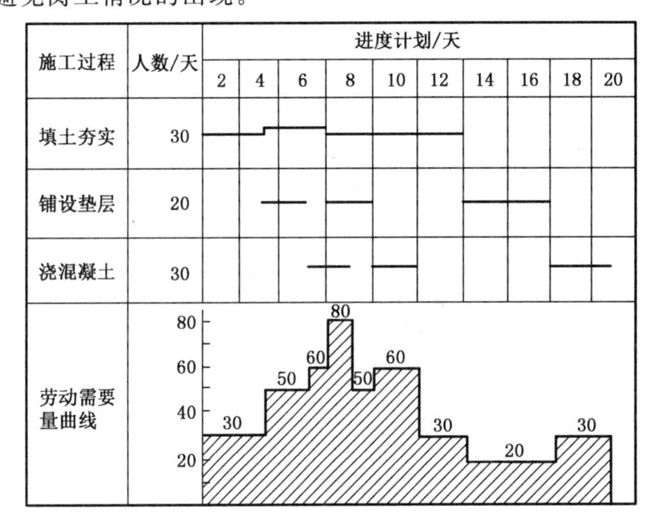

图 2-8 作业活动间断的施工进度表

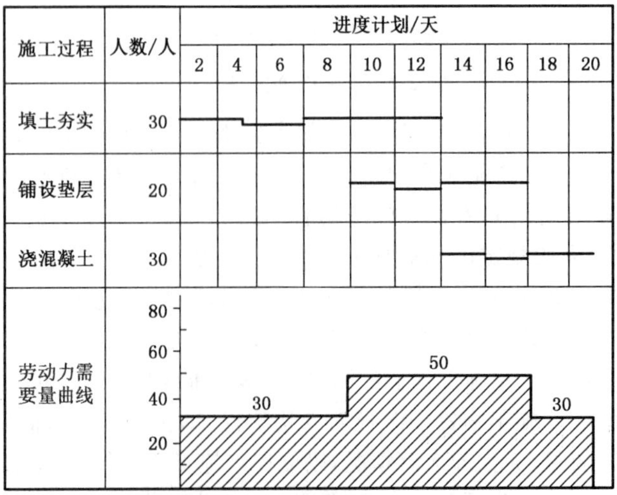

图 2-9 作业活动连续的施工进度表

通过以上对同一项施工项目的两种不同进度安排方案的比较，可以看出图 2-8 进度计划的施工高峰时期，每天需要劳动力 80 人，而低峰时期仅需要 20 人，相差比较悬殊。一般情况下施工现场的临时设施的配置数量，要参照施工高峰的需要量来考虑，以满足施工的需要。因此，施工均衡性对节省施工成本有较大的影响。而图 2-9 所示的进度计划显然明显地改善了这种不均衡性。

必须指出，在实际组织施工、编制施工进度计划时，对于一个单位工程或群体工程，虽然不必要也不太可能按照理论方法过于细腻而准确地计算施工的资源需要量均衡性指标，进而去改善或调整施工方案和进度计划。然而，凭借长期施工管理的经验，尽可能追求施工均衡性，却是对施工组织管理工作的基本要求。

2.3.5 流水施工的基本计算

按照流水施工的要点，先通过一系列流水参数的计算，才能具体进行流水施工进度计划的设计。从图 2-12 可以看出，当要求各项作业活动全过程必须连续进行而不出现间断时，流水施工工期等于各相邻施工过程流水步距与最后一个施工过程持续时间之和。

当有 n 个施工过程时，共有 $n-1$ 个流水步距。因此，工期可表达为

$$T=\sum_{i=1}^{n-1} b_{i,j+1}+t_n \tag{2-2}$$

式中 T——流水施工工期；

$b_{i,i+1}$——流水步距；

t_n——最后一个施工过程的持续时间，即 $t_n=\sum_{i=1}^{m} t_i$。

如果考虑工艺间歇和组织间歇时间，则流水施工工期的计算公式可调整为

$$T=\sum_{i=1}^{n-1} b_{i,i+1}+t_n+\sum G+\sum Z \tag{2-3}$$

式中 $\sum G$——一个专业流水组中全部工艺间歇的总和；

$\sum Z$——一个专业流水组中全部组织间歇的总和。

由于流水节拍的设定不同，等节奏专业流水、异节奏专业流水和无节奏专业流水等施工组织方式中流水步距的计算方法也不同。

1. 等节奏专业流水

等节奏流水施工是指在有节奏流水施工中，各施工过程在各施工段上的流水节拍都相等的流水施工，也称为固定节拍流水施工或全等节拍流水施工。

等节奏流水施工是一种理想的流水施工方式，其特点如下：①所有施工过程在各个施工段上的流水节拍均相等；②相邻施工过程的流水步距相等，且等于流水节拍；③假设一个施工过程一般采用一个专业工作队，即每一个施工过程成立一个专业工作队，由该队完成相应施工过程所有施工段上的任务。

当然，它必须通过把施工对象划分为工程量基本相等的若干个施工段，以及施工过程投入的机械设备和人员的合理配置等来实现。必须指出它只是专业流水组织的一种特例。

由于等节奏流水施工中所有施工过程流水步距之和($b_{i,i+1}$)等于$(n-1)K$，最后一个施工

过程的持续时间(t_n)等于mK,故工期可按式(2-4)计算:

$$T=(n-1)K+mK+\sum G+\sum Z=(n+m-1)K+\sum G+\sum Z \quad (2-4)$$

【例2-2】 某住宅的基础工程,施工过程分为:①土方开挖;②铺设垫层;③绑扎钢筋;④浇捣混凝土;⑤砌筑砖基础;⑥回填土。各施工过程的工程量及每一工日(或台班)产量定额,如表2-3所示。

表2-3 工程量及产量定额表

序号	施工过程	工程量	单位	产量定额	每段劳动量	人数(台数)	流水节拍 K
①	土方开挖	560	m^3	65	—	1	2
②	铺设垫层	32	m^3	—	—	—	—
③	绑扎钢筋	7600	kg	450	—	2	2
④	浇捣混凝土	150	m^3	1.5	—	12	2
⑤	砌筑砖基础	220	m^3	1.25	—	22	2
⑥	回填土	300	m^3	65	—	1	—

分析表2-3所给的条件,可以看出铺设垫层施工过程的工程量比较少;填土与挖土相比,数量少得多。因此,为简化流水施工的计算,可将垫层与回填土这两个施工过程所需要的时间,作为组织间歇来处理,各自预留一天时间,总的施工间歇时间为$\sum Z=2$天。另外,考虑浇捣混凝土和砌基础墙之间的工艺间歇也留2天,即$\sum G=2$天。从而该基础工程的施工过程数可按$n=4$进行计算。

显然,这个基础工程要组织成等节奏专业流水,首先在施工段的划分上,应使各施工过程的劳动量在各段上基本相等。根据建筑物的特征,可按房屋的单元分界,划分四个施工段,即$m=4$。接着,找出其中的主导施工过程。一般应取工程量较大、施工组织条件(即配备的劳动力或施工机械)已经确定的施工过程作为主导施工过程。本例土方开挖由一台挖土机完成,这是确定的条件,所以,可列为主导施工过程,其流水节拍为

$$K=\frac{Q_m}{S\cdot R}=\frac{Q}{m\cdot S\cdot R}=\frac{560}{4\times 65\times 1}\approx 2(\text{天})$$

其余施工过程,可根据主导施工过程所确定的流水节拍K,反算所需要的人数。

绑扎钢筋:$R_2=\dfrac{Q_2}{m\cdot S_2\cdot K}=\dfrac{7600}{4\times 450\times 2}\approx 2(\text{人})$

浇混凝土:$R_3=\dfrac{Q_3}{m\cdot S_3\cdot K}=\dfrac{150}{4\times 1.5\times 2}\approx 12(\text{人})$

砌墙基:$R_4=\dfrac{Q_4}{m\cdot S_4\cdot K}=\dfrac{220}{4\times 1.25\times 2}=22(\text{人})$

根据计算所求得施工人数,应复核施工段的工作面是否能容纳得下(本例假设能容纳得下,复核从略)。

由此,可以根据等节奏专业流水工期计算公式,算得:

$$T=(n+m-1)K+\sum G+\sum Z=(4+4-1)\times 2+2+2=18(\text{天})$$

如果确认该计划工期能满足管理目标的要求,则可据此绘制出如图2-10所示的施工进度

计划，用于指导现场施工作业安排。$T=(m+n-1)K+\sum G+\sum Z$

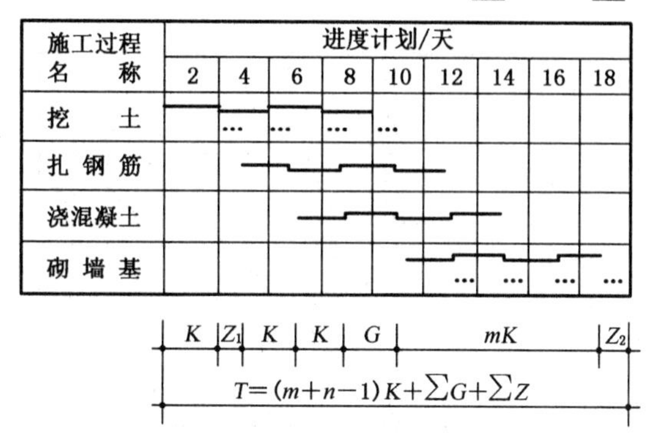

其中：组织间歇用…表示；工艺间歇留空白表示

图 2-10 基础工程等节奏专业流水图表

2. 异节奏专业流水

异节奏流水施工是指在有节奏流水施工中，各施工过程的流水节拍各自相等而不同施工过程之间的流水节拍不尽相等的流水施工。在通常情况下，组织等节奏流水施工是比较困难的。但是，如果施工段划分得合适，保持同一施工过程各施工段的流水节拍相等是不难实现的。使某些施工过程的流水节拍成为其他施工过程流水节拍的倍数，即形成成倍节拍流水施工。

根据一个施工过程中投入的施工队伍数量，成倍节拍流水施工可分为一般的成倍节拍流水施工和加快的成倍节拍流水施工。为了缩短流水施工工期，大多采用加快的成倍节拍流水施工方式。

1）一般成倍节拍流水施工

一般的成倍节拍流水施工的特点如下：①同一施工过程在其各个施工段上的流水节拍均相等；不同施工过程的流水节拍不等，但其值为倍数关系；②相邻专业工作队的流水步距不相等，其数值取决于前后两个施工过程的流水节拍的大小；③假设每一施工过程采用一支专业工作队，因此专业工作队数等于施工过程数；④各个专业工作队在施工段上能够连续作业，但施工段上有停歇。

计算一般成倍节拍流水施工的工期，主要在于求出各施工过程的流水步距（$b_{i,i+1}$），分析一般的成倍节拍流水施工的规律，可得出流水步距的计算公式为

$$B_{i,i+1}=\begin{cases}K_i & K_i\leqslant K_{i+1}\\ mK_i-(m-1)K_{i+1}, & K_i>K_{i+1}\end{cases} \tag{2-5}$$

【例 2-3】 某施工企业承建四幢板式结构职工宿舍工程，施工过程分为：①基础工程；②结构安装；③室内装修；④室外工程。当一幢房屋作为一个施工段，并且所有施工过程都安排一个工作队或一台安装机械时。各施工过程的流水节拍，如表 2-4 所示。

表 2-4 施工过程的流水节拍表

施工过程	基础工程	结构安装	室内装修	室外工程
流水节拍/天	$K_1=5$	$K_2=10$	$K_3=10$	$K_4=5$

根据表2-4中的资料可知，该工程适合组织成倍节拍流水施工。成倍节拍流水施工进度计划表，如图2-11所示。

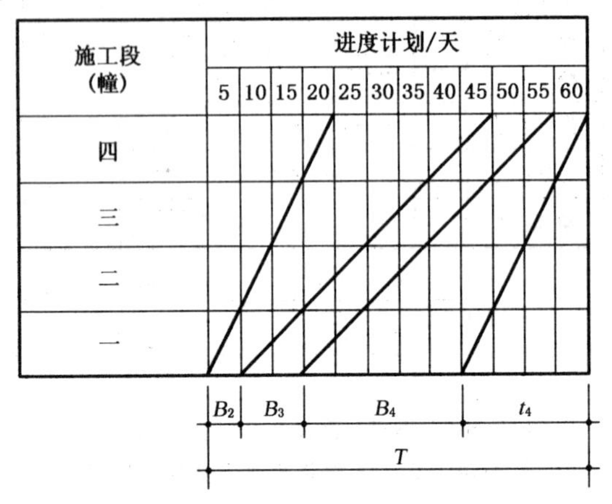

图2-11 成倍节拍流水施工

其主要特征有：

(1) 各施工过程的流水节拍成一定的倍数，其进展速度快慢不同。节拍小的，进展速度快；节拍大的，进展速度慢；

(2) 各施工过程在各流水段上的流水节拍相等，在进度表上各施工过程的进度线斜率始终不变。

本例中各施工过程之间的流水步距：

因为，

$$K_1<K_2, B_{1\text{-}2}=K_1=5(\text{天})$$

$$K_2=K_3, B_{2\text{-}3}=K_2=10(\text{天})$$

$$K_3>K_4, B_{3\text{-}4}=mK_3-(m-1)K_4=4\times10-3\times5=25(\text{天})$$

从而求得该工程的流水工期为

$$T=\sum_{1}^{3}b_{i,i+1}+t_n+\sum G+\sum Z=(5+10+25)+4\times5+0+0=60(\text{天})$$

2) 加快的成倍节拍流水施工

由于普通成倍节拍流水施工中，各施工过程流水节拍不等，造成施工空间上多处地方空闲，引起工期较长。所以通过增加施工队伍的方式，充分利用闲置工作面，可以达到加快施工进度的目的。加快的成倍施工的特点如下：①同一施工过程在其各个施工段上的流水节拍均相等；不同施工过程的流水节拍不等，但其值为倍数关系；②相邻专业工作队的流水步距相等，且等于流水节拍的最大公约数；③假设专业工作队数大于或等于施工过程数，对于流水节拍较大的施工过程，可按其倍数增加相应专业工作队数目；④各个专业工作队在施工段上能够连续作业，施工段上没有停歇。

由于加快速度的成倍节拍流水的组织形式上类似于等节奏流水施工，故其工期的计算可借用等节奏流水施工的工期的计算公式：

$$T=(N+m-1)K_0+\sum G+\sum Z \tag{2-6}$$

式中 N——专业工作队总数；

K_0——各施工过程流水节拍的最大公约数。

在分析上例一般成倍节拍流水施工组织时，会发现各施工过程之间的间歇比较大，工期比较长。那么，能否增加一台安装机械和一个装修工作队，从而将它们的生产能力增加一倍，使其流水节拍从10d缩短到5d，以便组成等节奏专业流水，缩短工期呢？

这要根据具体工程的情况和施工条件而定。假设上例工作面允许安排两台安装机械和两个装修工作队，它们都以交叉方式安排在不同施工段上，此时应做这样的组织：

安装机械甲：一段→三段；

安装机械乙：二段→四段；

装修队组甲：一段→三段；

装修队组乙：二段→四段。

这样，施工工期明显缩短，加快的成倍节拍流水施工进度计划，如图2-12所示。

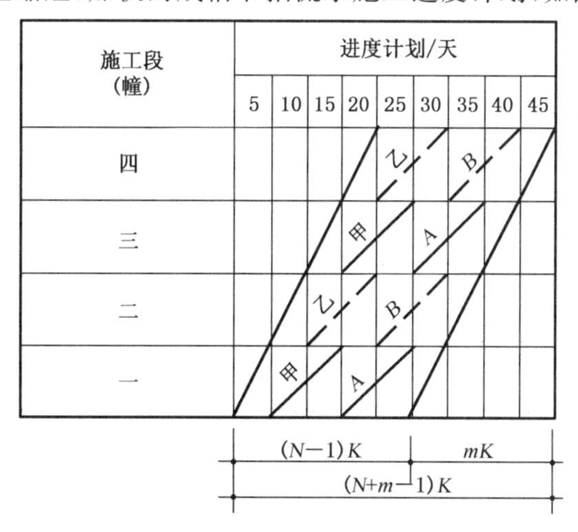

图2-12　加快的成倍节拍流水

从图2-12可以看出成倍节拍施工过程采用增加施工机械或工作队组的措施加快施工进度以后，该流水就转化成类似于 N 个施工过程的等节奏流水，所不同的仅是安排方法上有所差异。这里，N 为工作队总数。

(1) 成倍节拍流水的最大公约数 K_0

$$K_0=[K_i,i=1,2,\cdots,n]=[5,10,10,5]=5(\text{天})$$

(2) 工作队总数 N

各施工过程的工作队数 n_i，则 $N=\sum_{i=1}^{n} n_i=1+2+2+1=6$

工期为：$T=(N+m-1)K_0+\sum G+\sum Z=(6+1-1)\times 5+0+0=45(\text{天})$

3. 非节奏专业流水

非节奏专业流水施工是指在组织流水施工时，全部或部分施工过程在各个施工段上的流水节拍不相等的流水施工。非节奏流水施工具有以下特点：①各施工过程在各施工段的流水节拍不全相等；②相邻施工过程的流水步距不尽相等；③假设专业工作队数一般等于施工过程数；④各专业工作队能够在施工段上连续作业，但有的施工段之间可能有空闲时间。

在非节奏流水施工中，通常采用累加数列错位相减取大差法计算流水步距。由于这种方法是由潘特考夫斯基首先提出的，故又称为潘特考夫斯基法。这种方法简捷、准确，易于掌握。

其计算步骤如下。

(1) 对每个施工过程在各施工段上的流水节拍依次累加,求得各施工过程流水节拍的累加数列;

(2) 将相邻施工过程流水节拍累加数列中的后者错后一位,相减后求得一个差数列;

(3) 在差数列中取最大值,即为这两个相邻施工过程的流水步距。

【例2-4】 在例2-1中,厂房地面工程由甲、乙、丙三个施工过程组成,分为A,B,C三个施工段进行流水施工。作业时间,如见表2-2所示。流水步距b_i的计算,可采用累加斜减取大法,具体步骤如下。

以表2-4的数据为例,为方便起见,将三个施工过程名称分别用甲,乙,丙表示,其计算步骤为:

第1步列表。列出各施工过程的作业时间表(表2-5)。

第2步累加。即将各施工过程的作业时间分别累计(表2-6)。

表2-5 作业时间 单位:天

施工过程＼施工段	A	B	C
甲	3	3	6
乙	2	2	4
丙	2	2	3

表2-6 作业时间累计表 单位:天

施工过程＼施工段	A	B	C
甲	3	6	12
乙	2	4	8
丙	2	4	7

第3步斜减。即将以上各施工过程的累计作业时间错位相减,由此可得$n-1$个差数数列。如:

甲减乙,{3−0,6−2,12−4},得到3,4,8

乙减丙,{2−0,4−2,8−4},得到2,2,4

第4步取大。在各列差数中取其中最大值,即为该相邻两施工过程的流水步距。如在以上的甲减乙差数数列中,最大值8即是施工过程甲和施工乙1)的流水步距b_{1-2}。同理可知$b_{2-3}=4$。

由此,可以确定图2-9所提供的各施工过程作业时间表,各施工过程连续作业情况下的流水施工工期为:

$$T=\sum_{i=1}^{2} b_{i,i+1}+t_n=(b_{1-2}+b_{2-3})+t_3=(8+4)+7=19(\text{天})$$

2.4 施工现场管理机构和人员配置

由于建筑工程产品生产是多方主体共同参与的生产过程,因此,施工管理机构和人员涉及诸多方面，包括项目业主方的项目管理组织及其委托的工程监理单位的现场监理班子，设计方的现场代表，施工总承包及各分包方的现场项目管理组织，甚至某些大型复杂工程还包括政府主管部门派驻施工现场的专门质量监督机构等。这里着重介绍施工总承包商的现场施工项目管理机构和人员配置。

2.4.1 施工项目经理

施工项目经理(Construction Project Manager)是企业法定代表人在承包的建设工程施工项目上的委托代理人。施工项目经理接受企业法定代表人的领导，接受企业管理层、发包人和监理机构的检查与监督；施工项目从开工到竣工，企业不得随意撤换项目经理；施工项目发生重大安全、质量事故或项目经理违法、违纪时，企业可撤换项目经理。施工项目经理应根据企业法定代表人授权的范围、时间和内容，对开工项目自开工准备至竣工验收，实施全过程、全面管理。

我国推行注册建造师执业制度。注册建造师，是指通过考核认定或考试合格取得中华人民共和国建造师资格证书，并经过注册，取得中华人民共和国建造师注册证书和执业印章，担任施工单位项目负责人及从事相关活动的专业技术人员。按有关规定，注册建造师分为一级注册建造师和二级注册建造师，项目经理必须取得相应等级的建造师执业资格。

施工项目经理应具备下列素质：①具有开拓精神和对工作的积极性、热情和敬业精神，勇于承担责任；②有较强的组织领导能力，包括决策能力、组织指挥能力与控制能力，善于协调各方面的关系，有一定的灵活性和可靠性，易适应新环境，有合作意识；③具有相应的施工项目管理经验和业绩；④具有承担施工项目管理任务的专业技术、管理、经济和法律、法规知识；⑤具有良好的道德品质。

1. 项目经理的主要职责

项目经理应履行下列主要职责：

(1) 代表企业实施施工项目管理。贯彻执行国家法律、法规、方针、政策和强制性标准，执行企业的管理制度，维护企业的合法权益。

(2) 履行“项目管理目标责任书”规定的任务。“项目管理目标责任书”应包括下列内容：企业各业务部门与项目经理部之间的关系；项目经理部使用作业队伍的方式；项目所需材料供应方式和机械设备供应方式；应达到的项目进度目标、项目质量目标、项目安全目标和项目成本目标；在企业制度规定以外的、由法定代表人向项目经理委托的事项；企业对项目经理部人员进行奖惩的依据、标准、办法及应承担的风险；项目经理解职和项目经理部解体的条件及方法等。

(3) 主持施工项目经理部的各项管理工作。在管理责任和权限的范围内，正确履行工程施工合同、控制项目管理目标、为企业取得预期的施工经营的经济效益和社会效益。

(4) 组织施工生产要素的配置和管理。在企业授权的范围内，签订工程施工分包、材料采购、机械设备租赁等施工所必要的经济合同并负责组织和监督这些合同的正确履行。

(5) 负责与各方的联络、沟通和协调。项目经理需要与项目业主、监理工程师、设计代表、施工分包方现场负责人、供应商、政府建设行政及工程监督部门、地区社会有关方面等进行联络、沟通和协调，在权限范围内直接组织处理有关工程的技术和经济管理事务，或将有关意见和信息及时反馈给企业的相关责任部门进行处理。

(6) 组织施工项目经理部的组织设计、岗位设置，制订各项规章制度并监督执行。做好项目管理人员的岗位责任分工,明确其工作职责和业务标准,运用激励机制和奖惩制度,调动下属人员的积极性及规范其管理行为,定期进行有关人事及工作绩效的考评。

(7) 组织施工项目的质量检验评定和竣工验收,办理施工技术档案和资料的移交。做好建筑物、构筑物及其设备的使用说明和注意事项的交底,落实工程质量保修的规定。配合业主及时完成工程备案,领取准用许可证,保证建设工程能安全合法地投入正常生产或使用。

2. 施工项目经理的权限

为了履行工程施工合同及实现企业对施工项目管理的预期目标,承包商在派出施工项目经理的时候,不但要为其明确管理方针和目标要求,而且要给予相应的授权。授权的原则应该是以责定权,授权是为了尽责的需要,责和权均来自企业,统一于施工项目管理过程,体现在项目的实施结果中。合理而明确的责权关系是形成施工项目管理组织运行机制所不可缺少的条件。

我国施工企业在推行施工项目管理及配套管理制度改革的实践中,对施工项目经理权限的确定,大致包括以下四个方面。

(1) 在企业人事及生产经营相关职能部门的协同下,有权自主决定施工项目经理部的组织方案及项目管理人员的配备、使用和辞退调离。

(2) 在符合国家有关法律法规、企业生产经营方针和规章制度要求的原则下,有权自主选择或决定施工分包、材料采购、机械租赁、项目资金运用等施工生产要素的配置和管理决策。

(3) 在按规定程序审批的施工组织设计文件或施工项目管理实施方案的指导下,有权统一部署和指挥工程施工,主持施工例会和生产调度,检查施工质量、成本、工期和安全控制的状况并做出必要的处置决策。

(4) 在企业财务制度允许的范围内,有权决定项目资金的使用计划;有权对项目经理部的管理人员按照绩效考评,确定其在施工项目管理期间的工资与资金的分配标准和办法。

2.4.2 施工项目经理部

施工项目经理部是由项目经理在企业的支持下组建并领导,进行现场项目管理的组织机构。从实行施工项目经理责任制的意义上说,施工项目经理部既是施工企业一次性派出的经营管理机构,也是施工项目经理的工作班子,承担履行施工项目经理责任目标的各项工作。

一般来说,大、中型施工项目,承包人必须在施工现场设立项目经理部,小型施工项目,可由企业法定代表人委托一个项目经理部兼管,但会削弱其项目管理职责。施工项目经理部直属项目经理领导,接受企业业务部门指导、监督、检查和考核。项目经理部在项目竣工验收、审计完成后解体。

1. 项目经理部的设立

一般说可以在施工合同签订之后,工程开工之前,项目经理部的设立作为承包商企业施工准备工作的一项重要内容。因工程建设采用招投标、承发包和合同约定的生产方式,因此,业主在招标时,通常要求了解和审查承包商的施工项目管理组织架构和人员的配备情况,以便判断其管理经验和能力,确定是否能授予其施工合同;另一方面,从投标的承包商角度,也希望施工项目经理人员,能够参与工程施工投标和施工合同评审及谈判的过程,以便全面而真实地掌握投标竞争情况、中标的原因,投标时本企业在技术和管理上已考虑了哪些措施,进一步在施工过程中挖掘降低工程成本的潜力所在,以及业主对工程施工的要求,施工合同条件的背景和过程等等,以便更有针对性地深化施工组织设计和施工项目管理措施。

因此，我国目前较普遍的做法是，施工投标方在投标文件中说明施工项目经理部的组成方案，包括组织架构、施工项目经理人选及主要的技术与管理人员的配备名单。在工程开工之前，再向业主报送施工项目经理部的正式组成名单，若与投标时组成的方案有较大变动，必须与业主充分协商沟通达成一致。

项目经理部应按下列步骤设立：①根据企业批准的“项目管理规划大纲”，确定项目经理部的管理任务和组织形式；②由项目经理根据“项目管理目标责任书”进行目标分解；③确定项目经理部的层次，设立职能部门与工作岗位；④确定人员、职责、权限；⑤组织有关人员制定规章制度和目标责任考核、奖惩制度。

2. 施工项目经理部的组织形式

施工项目经理部的组织形式应根据施工项目的规模、结构复杂程度、专业特点、人员素质和地域范围确定，并应符合下列要求：

1）大型施工项目经理部组织形式

大型施工项目经理部宜按矩阵制项目管理组织设置项目经理部，其结构形式呈矩阵状的组织，分别设置施工项目管理的职能业务部门和子项系统的施工项目管理组（或分经理部），项目管理人员由企业有关职能部门派出并进行业务指导，受项目经理的直接领导。矩阵式项目经理部组织结构形式，如图 2-13 所示。

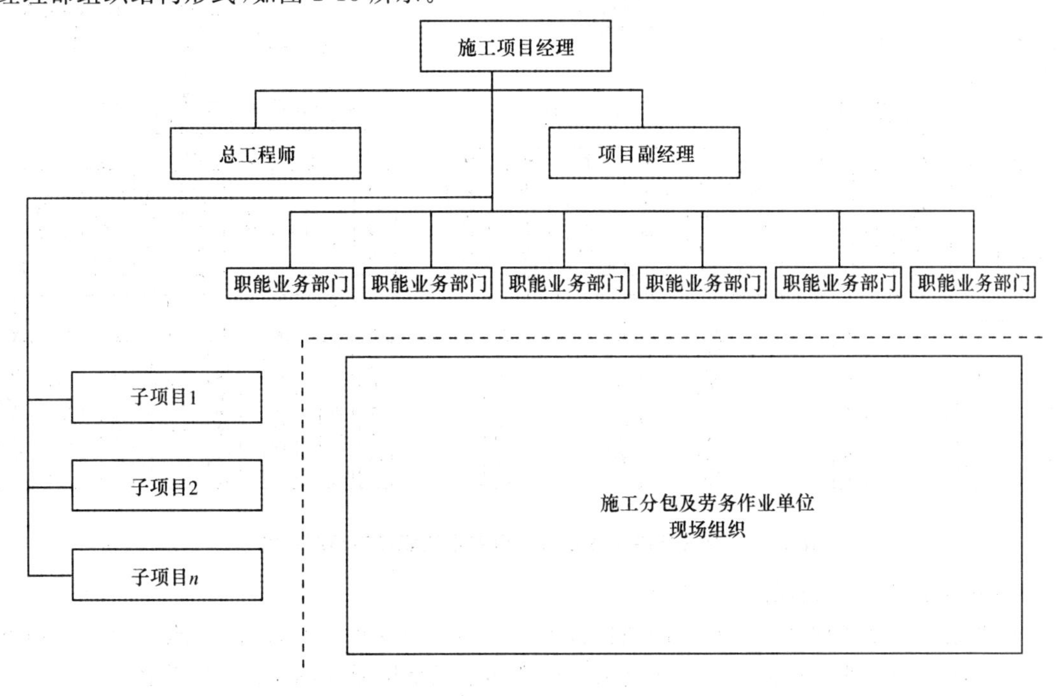

图 2-13 矩阵制项目经理部组织结构形式

2）中型施工项目经理部组织形式

中型施工项目经理部宜采用直线职能制组织，其结构形式呈直线状且设有职能部门的组织，每个部门只受一位直接领导人指挥。基本架构是在施工项目经理下面设置若干职能管理业务部门，如经营核算、施工技术、质量安全、材料物资、计划统计等部门，分工承担着施工项目的管理业务。直线职能制项目经理部组织结构形式，如图 2-14 所示。

各职能部门中的岗位设置和人员配备，根据因事设岗、精干高效人员结构合理的原则确定。既要防止分工不清重复交叉、人浮于事的弊病,也要注意岗位疏漏、有事无人管的不健全状态。某信息港工程项目经理部直线职能制组织结构图,如图 2-15 所示。

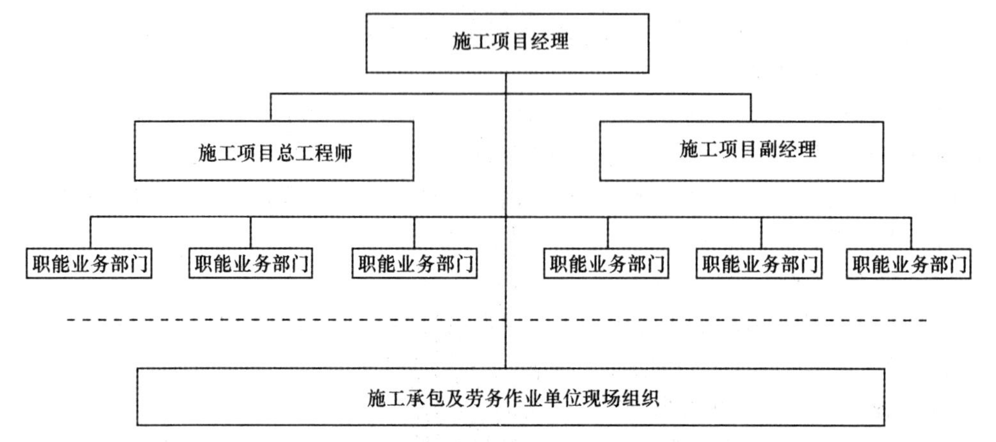

图 2-14 直线职能制项目经理部组织结构形式

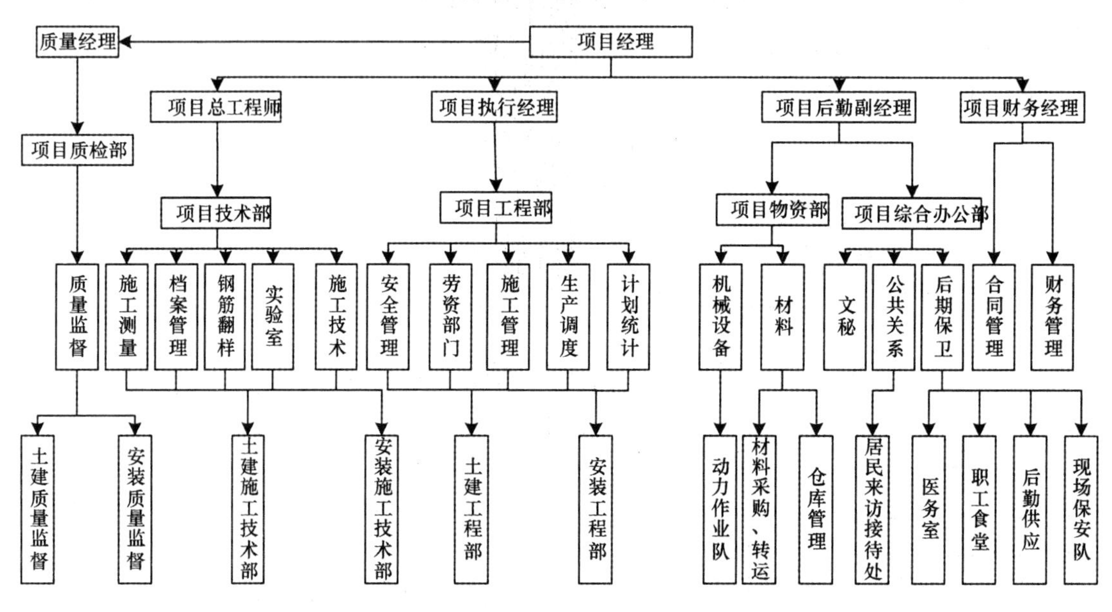

图 2-15 某信息港工程项目经理部直线职能制组织结构

3)小型施工项目经理部组织形式

小型施工项目经理部宜按直线制项目管理组织形式设置项目经理部,在施工项目经理下直接配备必要的专业管理人员。直线制项目经理部组织结构形式,如图 2-16 所示。

3. 施工项目经理部的规章制度

组织设计的基本要素,包括组织结构、组织制度及其运行机制三个方面。组织结构是根据任务目标及分工协作的需要来确定的;组织制度是规范组织行为的保证;运行机制是组织活力的表现。如果管理组织的制度和机制不健全,无论采用怎样的组织结构模式,都会影响组织能力的发挥。

施工项目经理部建立的时候,应在项目经理的组织领导下,建立和健全内部的各项管理制度,如:①施工项目经理责任制度;②施工技术与质量管理制度;③施工图纸与技术档案管理制

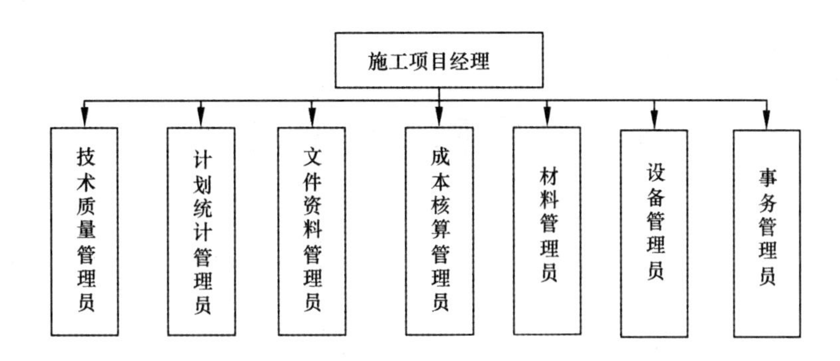

图 2-16 直线制项目经理部组织结构形式

度;④施工计划、统计与进度报告制度;⑤施工成本核算制度;⑥施工材料物资与机械设备管理制度;⑦文明施工、场容管理与安全生产制度;⑧施工项目管理例会与组织协调制度;⑨施工项目分包及劳务管理制度;⑩施工项目公共关系与沟通管理制度等。

施工项目经理部的运行机制,最根本的是承包商企业应树立现代企业经营理念,逐步形成以发展战略管理为中心的企业经营决策层、以盈利策划为中心的企业经营管理层和以项目控制为中心的施工项目管理层的架构,做到企业内部层次功能清晰、系统健全,并且通过人事制度、分配制度等一系列配套改革,形成技术与管理人员面向施工项目、服务于施工项目的导向机制和激励机制。

第3章 网络计划技术

网络计划技术是20世纪50年代后期发展起来的一种科学的计划管理和系统分析方法，它借助网络图的基本理论对工程的进度及内部逻辑关系进行综合描述和具体规划，有利于计划系统优化、调整和计算机的应用。因此，它广泛地应用于军事、航天、科学研究、投资决策、工程管理等各个领域，并已取得了显著的效果，保证了项目的时间、投资目标，也提高了效率，节约了资源。

3.1 网络计划技术概述

施工计划不仅要确定项目的目标，还要决定达到这些目标的方式和方法。施工计划是指导施工活动的纲领性文件，也是监督施工进度的依据。在施工计划中没有明确的量化数据，便无法衡量工程的完成情况。运用网络计划编制施工进度计划，能直观地反映工作之间的相互关系，使一项计划构成一个系统的整体，从而为实现对施工计划的定量分析奠定基础。

3.1.1 组成和特点

网络图是由箭线和节点组成的，用来表示工作流程的方向，是有序网状图形。如航空运输系统中，航线、机场和航空运输量就构成了一张网络图；电力系统中，输变电站、输变电线路和电流量，也可构成了一张网络图。网络图构成示意图，如图3-1所示。节点(i)、箭线($i-j$)和流量(a_i)是构成网络图的三个基本要素。

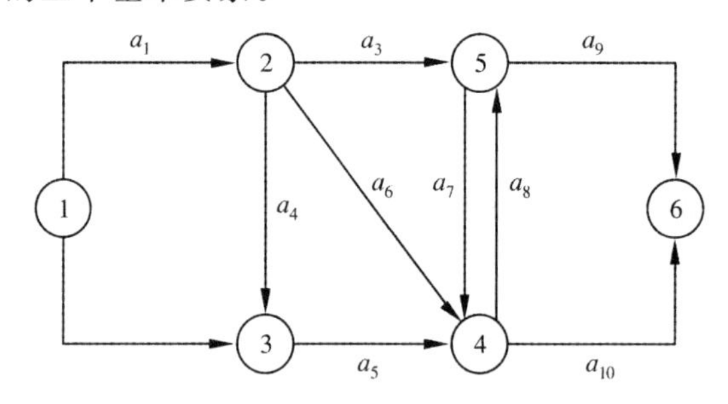

图3-1 网络图构成示意图

运用网络图模型表达工作任务构成、工作之间相互关系，并加注工作时间参数而形成的进度计划，称为网络计划。用网络计划对任务的工作进度进行安排、调整和控制，以保证工作预定目标的实现的方法，称为网络计划技术。这里所说的任务是指计划所承担的有规定目标及约束条件(时间、资源、费用、质量等)的工作综合。

网络计划技术既是一种科学的计划方法，又是一种有效的生产管理方法。网络计划技术的基本原理可表述为：利用网络的形式和数学运算来表达一项计划中各项工作的先后顺序和相互关系，通过时间参数的计算，确定计划的总工期，找出计划中的关键工作和关键线路，在满足既定约束条件下，按照规定的目标，不断地改善网络计划，选择最优方案，并付诸实施。在计划执行过程中，进行严格的控制和有效的监督，保证计划自始至终有计划有组织地顺利进行，从而达到时间短、成本低、质量好的良好效果。

网络计划技术作为现代管理的方法与传统的计划管理方法相比较，具有明显特点，主要表现为以下四个方面。

(1) 利用网络图模型，能够明确表达各项工作的逻辑关系。按照网络计划方法，在制订项目计划时，首先必须理清楚该工程任务中的工作及它们之间相互顺序，然后才能绘制网络图模型。它可以帮助人们理顺那些看似杂乱无章的、毫无头绪的工程事务，形成完整、合理的项目总体思路，提供了报告信息的基本结构。

(2) 通过网络图时间参数计算，确定关键工作和关键线路。由于网络图自身形成的数学模型，可以经过网络计划时间参数计算，知道各项工作的起止时间，确定整个计划的完成时间，还可以确定关键工作和关键线路。“向关键线路要工期，向非关键线路要资源”，便于抓住主要矛盾，合理调配资源，防范进度风险。

(3) 掌握机动时间，进行资源合理分配。资源在任何工程项目中都是重要因素，网络计划可以反映各项工作的机动时间，制定出最经济的资源使用方案，避免资源冲突，均衡利用资源，为所有计划的制定与预测建立了基础，并在有限的时间与成本范围内为最佳利用资源提供具有前瞻性的进度规划。

(4) 运用计算机辅助手段，方便网络计划的调整与控制。在项目计划实施过程中，由于各种影响因素的干扰，进度目标的计划值与实际值之间往往会产生一定的偏差。运用网络图模型和计算机辅助手段，利用网络计划中反映出来的工作机动时间，能够比较方便、灵活、迅速地进行跟踪检查和调整项目计划，控制进度目标偏差。

3.1.2 发展历史

国外项目进度管理阶段可以追溯到20世纪的初期的第一次世界大战期间，美国法兰克福兵工厂的亨特·甘特(H. Gantt)在安排生产和开展计划管理的过程中首先发明并使用了横道图(也叫甘特图)，这就是最早的项目工期计划与控制的方法和工具。由于横道图简单、易懂、易用，因此至今仍在被广泛应用。

到了20世纪50年代后期，为了适应生产发展和复杂关系的科学研究工作的需要，国外陆续出现了一些计划管理的新方法。1956年由美国杜邦公司和兰德公司合作开发了关键线路法(Critical Path Management, CPM)，应用于一个价值超过1 000万美元的化工厂设备检修工程中，取得了较好的效果；1957年由美国海军实施北极星导弹研制计划，开发了项目计划评审技术(Project Evaluation and Review Technique, PERT)，项目完成时间提前两年，项目成本也得到了有效的控制。60年代初，美国实施由42万人参与、耗资400亿美元的“阿波罗”载人登月计划，也是利用网络计划技术进行计划、组织和管理，取得了很好的效果。从1962年起，美国政府规定，所有新建工程项目全面采用这种方法。同时，美国空军首次提出挣值概念，将项目进度与成本控制结合起来。1967年，美国国防部决定在所有大型项目招标中采用挣值法管理技术。因此，网络计划技术成为当时美国十分盛行的计划管理方法。

从1964年开始，苏联颁布了一系列有关制定和应用网络计划的指示、基本条例等法令性文件，规定所有大型建筑工程都必须采用CPM/PERT方法(即网络计划与管理)，并将其推广与应用列入国家国民经济发展计划，作为建立管理自动化系统的先决条件。乌克兰共和国建筑工程部就曾经采用该方法对政府管辖下的400多个重点工程实行计划与控制。

从20世纪60年代开始,华罗庚教授把数学方法应用于项目管理实际,筛选出以提高工作效率为目标的优选法和统筹法。1965年,中国工业出版社出版的《统筹方法平话及补充》一书,在我国率先引入网络计划技术方法。网络计划技术是一种安排工作进程的数学方法,由于体现了统筹兼顾、合理安排的思想,故称其为“统筹方法”。从1978年开始,我国开始大规模的学习、应用和推广网络计划技术,同济大学等高等院校组织了全国范围内的网络计划技术专题培训和研讨活动,编写出版了一系列网络计划技术的学术著作和教材,开发了基于网络计划技术的计算机软件(包括时间计算和资源优化),并在火车站、飞机场、地铁公共项目及水利、电力、钢铁、化工、石油、核电站等大型工业项目中得到了广泛应用,形成了具有国际水平的学术研究成果,积累了大量的实践经验。1991年我国颁发了行业标准《工程网络计划技术规程》(JGJ/T 1001—1991),1992年发布了《网络计划技术》(术语、画法和应用程序)三个国家标准等,2000年又新颁布了《工程网络计划技术规程》(JGJ/T 121—1999)。这些标准的制定规范了网络计划技术的应用,也促进了网络计划技术理论的发展。

随着网络计划技术风靡全球,为适应各种项目计划管理需要,人们又开始研制和开发新型的网络计划方法。从20世纪60年代起,相继出现了如搭接网络技术(DLN)、图形评审技术(GERT)、决策网络计划法(Design Net)、风险评审技术(Venture Evaluation and Review Technique)、仿真网络计划法和流水网络计划等技术,进一步拓展了网络计划技术的时间参数、逻辑关系,形成比较完整的网络计划技术体系。

1997年,高德拉(Goldratt)的《关键链》一书将约束理论(Theory of Constraints,TOC)应用到项目进度管理领域,提出了关键链(Critical Chain)进度管理方法。该方法通过可能完成时间作为工序的估计执行时间和设置缓冲区,解决资源约束下的进度安排和进度延误问题,有效地降低了项目受不确定性因素影响的程度。近年来,网络计划领域受人关注的研究课题是资源约束下的项目计划问题。通常,解决这个问题有三类模型:时间/费用折中(Time-Cost Trade Off)模型、有限资源分配(Limited Resource Allocation)模型和资源平衡(Resource Leveling)模型。通过运用规划理论、模糊理论、灰色理论、博弈论等方法,建立相关数学模型,并提出了各种算法,具有一定的理论意义和实用价值。与此同时,项目进度管理领域也大量吸收了一般管理科学的新思想、理念、理论和方法,如精益生产、并行工程等理念,复杂系统、系统科学、生产优化、风险管理、知识管理和组织行为等理论,以及滚动计划、工作排序、学习曲线、设计结构矩阵、平衡线技术等方法,大大丰富了项目进度管理的理论,并在实践中起到了良好的效果。

从20世纪70年代起,随着计算机技术的不断发展,国内外开发了许多基于网络计划技术的进度计划管理商业软件,如P6和MS project等。这些软件具有网络计划时间参数计算、资源优化等功能,可以实现计算机辅助项目进度计划的编制、跟踪记录、数据分析和调整,解决了网络计划计算工作量大、手工计算难于承担的困难,确保了进度计划及时性和准确性,已经成为世界各国现代项目管理的重要工具。

进入20世纪90年代,随着计算机硬件和软件技术的成熟,项目进度管理领域逐步向智能化、集成化和网络化方向发展。利用人工智能和计算智能方法,解决推理、优化、决策和模糊控制,实现智能项目进度管理,可以有效解决大规模和复杂的资源约束问题,能够在全局范围内搜索到优化解,其发展前景广阔;利用Monte Carlo等计算机模拟技术建立精确和动态模型,能够对复杂系统进行有效分析,有利于解决项目进度管理中的离散型问题,具有灵活性和精准性的优势。同时,计算机辅助设计(CAD)、建筑信息模型(BIM)、地理信息系统(GIS)和计算机网络技术(Intranet 和 Internet)在项目进度的实时监控和集成管理中起着越来越显著的作用,成为项目进度管理前沿课题。

实践证明,网络计划技术的应用已取得了显著成绩,保证了工程项目质量、成本和工期目标的实现,也提高了工作效率,节约了项目资源。但网络计划技术同其他科学管理方法一样,也受到一定客观环境和条件的制约。网络计划技术是一种有效的管理手段,可提供定量分析信息,但工程规划、决策和实施还取决于各级领导和管理人员的水平。另外,网络计划技术的推广应用,需要有一批熟练掌握网络计划技术理论、应用方法和计算机软件的管理人员,需要提升工程项目施工管理的整体水平。

3.1.3 类型划分

网络计划技术门类众多,形式多样。以网络图属性和工作逻辑关系、时间参数为依据,可对网络计划技术进行如下分类。

1. 按网络图属性分类

按照网络图不同的属性,网络计划可分为工作型网络图和事件型网络图,其中最有代表性的就是关键线路法(CPM)和计划评审技术(PERT)方法。其中,工作型网络图按其表达形式不同又可分为工作箭线型(Activity-On-Arrow,AOA)和工作节点型(Activity-on-Node,AON)网络图,具有代表性的方法有箭线图示法(Arrow Diagramming Method,ADM)和先导图示法(Precedence Diagramming Method,PDM),我国也称为双代号网络图和单代号网络图。双代号网络计划和单代号网络计划特性比较,如表3-1所示。

表3-1 双代号网络计划和单代号网络计划特性比较

特性	类型	
	双代号网络计划(箭线图示法)	单代号网络计划(先导图示法)
箭线	表示工作(两个代号)	表示工作之间的联系(单一)
箭虚线	有	无
节点	表示工作之间的联系(多重)	表示工作(一个代号)

2. 按网络图中逻辑关系和时间参数分类

根据网络图中的逻辑关系和时间参数的不同可划分为四种类式。网络计划技术的分类,如表3-2所示。

表3-2 网络计划技术的分类

类型		时间参数	
		肯定型	非肯定型
逻辑关系	肯定型	关键线路法(CPM)	计划评审技术(PERT)
	非肯定型	决策关键线路法(DCPM)	图示评审技术(GERT), 风险评审技术(VERT)

第一种类型:逻辑关系是肯定型的,时间参数也是肯定型的。网络计划中所有的逻辑关系是固定不变的,所有的时间参数也为一个确定型的常数,如关键线路法(CPM)、搭接网络图(MDN)等。

第二种类型:逻辑关系是肯定型的,时间参数是非肯定型的。网络计划中所有逻辑关系是确定不变的,但时间参数假设为服从某一概率分布的随机变量。例如,在计划评审技术(PERT)中,持续时间分别采用乐观估计时间、悲观估计时间和最可能的估计时间,代表某一随机过程概率分布的三个具有代表性的参数。

第三种类型:逻辑关系是非肯定型的,而时间参数是肯定型的。例如,某项目计划中有七项工作,即 S_1,S_2,…,S_7,其中 S_2 和 S_5 为决策点,各有两种可供选择的方案,总计有四种可供选择的方案。决策网络示意图,如图 3-2 所示。图中各项工作名称下面的数字分别表示工作时间和费用。根据预先设定的项目目标,经过时间和费用比较权衡后,可从中选择一种最优方案。由此可见,这张决策网络图可代表 4 张(2×2=4)普通的网络图,大大简化了网络图的表达。

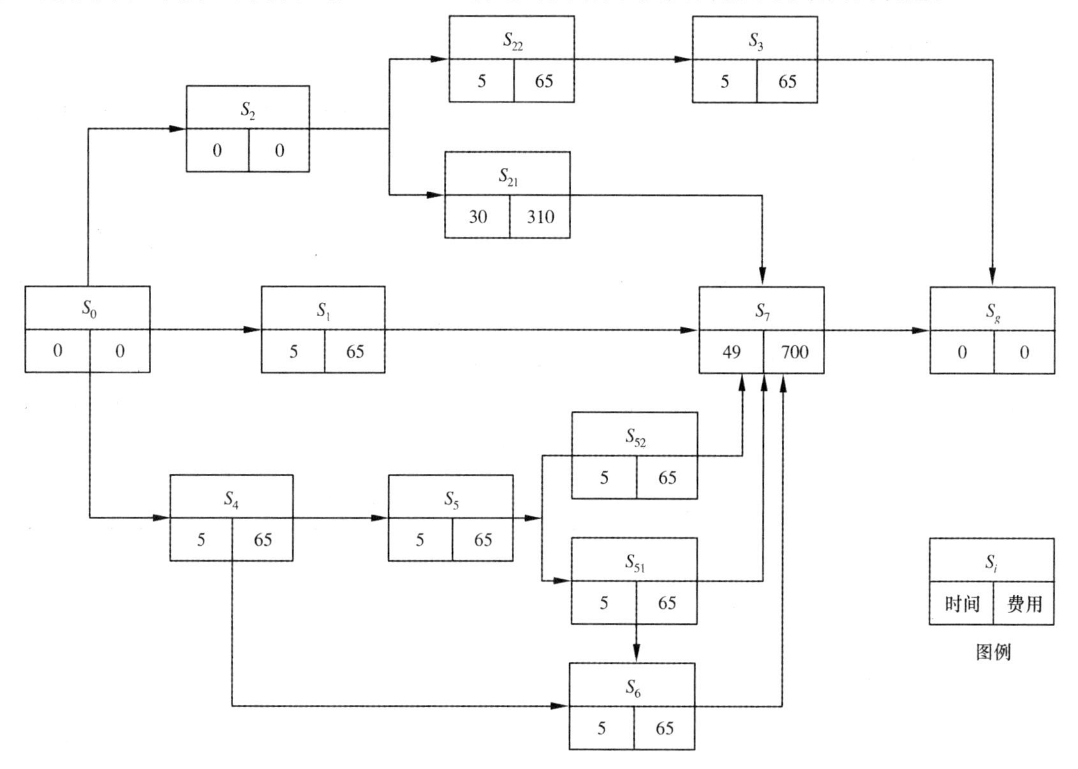

图 3-2 决策网络示意图

第四种类型:逻辑关系是非肯定的,时间参数也是非肯定的。例如,以图示评审技术表示的某产品生产进度方案,如图 3-3 所示。某建筑机械生产流程包括加工制造、产品检验、检修、返修、调试和包装等。上述工作的逻辑关系为:生产车间完成产品制作后,首先送往检验车间

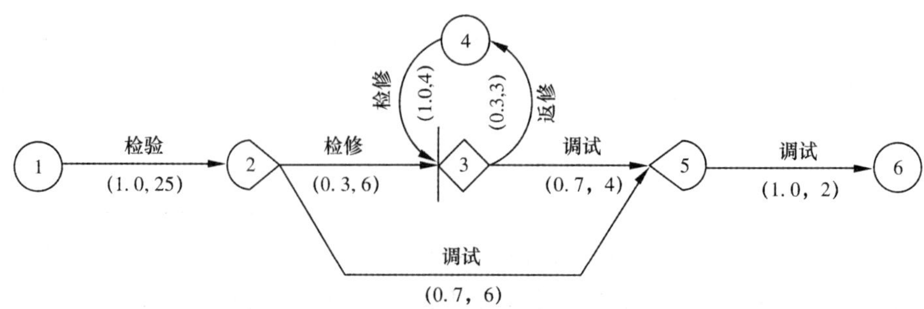

图 3-3 以图示评审技术表示的某产品生产进度方案

进行检验，合格产品直接送调试车间调试；不合格产品送往检修车间进行检修，检修合格后再送往调试车间调试。在检修过程中发现严重问题的产品，再进行返修和检修工序，合格后送往调试车间。最后送往成品仓库包装。可见，逻辑关系是非肯定型的，完成某项工作所需的时间参数 $f_i(t)$ 可以是服从某种概率分布的随机变量。

由图示评审技术的网络图节点逻辑特征可知，从节点2发出的两条箭线，只有一条可能实现。或者检验合格进行调试，或者检验不合格进行检修，二者必居其一，相应的实现概率分别为0.7和0.3，活动时间均为6h。随机网络图中3-4-3为循环回路，在检修过程中发现严重问题的产品，需进行返修和检修合格后再送往调试，相应的实现概率为0.3；而检修合格送往调试车间调试的概率为0.7。

与普通网络图比较，图示评审技术的箭线和节点不一定都能实现，实现的可能性取决于节点的类型和箭线的概率系数；各项活动的时间可以是常数，也可以是服从某种概率分布的密度函数，更具有不确定性；可以有循环回路，表示节点或活动可以重复出现；两个中间节点之间可以有一条以上箭线；可以有多个目标，每个目标反映一个具体的结果，即可以有多个起点或终点。因此，普通网络模型仅仅是图示评审技术模型的特例。

3.2 双代号网络计划

双代号网络图是目前我国普遍应用的一种网络计划形式。如果用一条箭线来表示一项工作，将工作的名称写在箭线上方，完成该项工作所需要的时间注在箭线下方，箭尾表示工作的开始，箭头表示工作的结束，在箭头和箭尾处分别画上圆圈并加以编号，这种表示方式通常称为双代号表示法。

3.2.1 网络图的构成

例如，某大楼电梯井结构施工计划，有七项独立的施工过程，其相互关系为：

(1) 施工计划从准备工作开始；

(2) 一旦准备工作完成，钢筋加工、内模支设和外模加工均可同时开始；

(3) 绑扎钢筋的施工，要等钢筋加工和电梯井内模支设都完成后才能开始；

(4) 钢筋绑扎和外模加工都完成后，才能进行外模安装；

(5) 外模安装全部完成后，才能浇筑混凝土。

根据上述施工顺序，用箭线表示工作，用圆圈将各项工作连接起来，形成某大楼电梯井结构施工网络图，如图3-4所示。

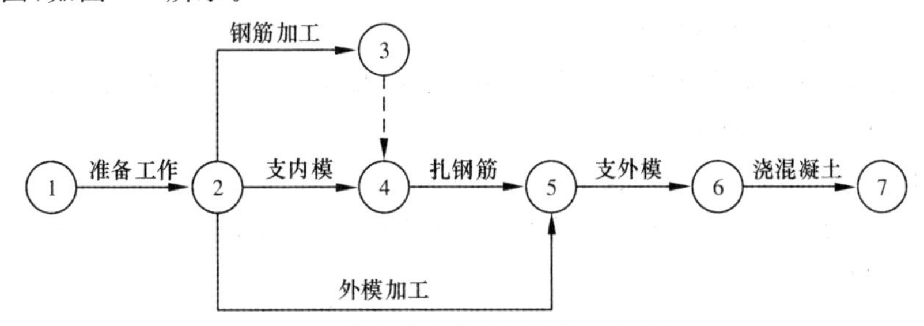

图3-4 某大楼电梯井结构施工网络图

从图3-4中可以看出，该双代号网络图主要由工作、节点和线路三部分组成。

1. 工作

工作是泛指一项需要消耗人力、物力和时间的具体活动过程,又称工序或作业。在双代号网络图中用箭线表示工作。工作表示方法,如图3-5所示,其基本要点包括以下三点

(1) 工作的名称或内容写在箭线上面,工作的持续时间写在箭线的下面;

(2) 箭头方向表示工作进行方向(从左向右),箭尾 i 表示工作开始,箭头 j 表示工作完成;

(3) 箭线的长短与时间无关,可以任意画。

一项工程的具体内容可多可少,范围可大可小。例如,可以把整个工程设计作为一项工作,也可以把工程设计分为设计任务书、初步设计、技术设计、施工图设计、图纸审核等,将它们分别作为一项工作。

完成一项工作一般需要消耗一定的资源,占用一定的时间和空间。但有些工作虽不消耗资源,却需要占用一定的时间,如混凝土浇筑以后的养护,也算作一项工作。

与某工作有关的其他工作,可以根据它们之间的相互关系,分为紧前工作、紧后工作和平行工作。工作逻辑关系,如图3-6所示。

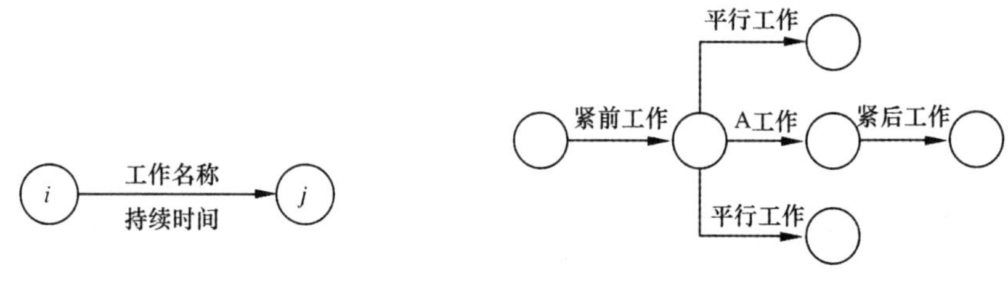

图3-5 工作表示方法

图3-6 工作逻辑关系

在图3-4中,钢筋加工、内模支设、外模加工是平行工作,它们的紧前工作是施工准备,外模安装是绑扎钢筋和外模加工的紧后工作。

除了上述工作之外,还有一种虚工作,用虚箭线表示。它是指不耗用资源,也不占用时间的一种虚拟作业。它仅表示工作之间的先后逻辑关系,如图3-4中的虚工作3-4表示钢筋加工和钢筋绑扎之间的先后顺序关系,本身无实际工作内容。

2. 节点

双代号网络图中的圆圈表示工作之间的联系,称为节点。在时间上节点表示指向某节点的工作全部完成后该节点后面的工作才能开始的瞬间,它反映前后工作的交接点。

双代号网络图中的起点节点表示一项计划(或任务)的开始,所有工作箭线均从这里发出;终点节点表示一项计划(或任务)的结束,所有工作箭线均汇入这里;介于网络图起点节点和终点节点之间的叫中间节点,它既有进入箭线,表示前面工作的结束,又有发出箭线,表示后面工作的开始。

节点的基本要点包括以下三点。

(1) 节点用圆圈表示,圆圈中编上号码,称为节点编号。每项工作都可用箭尾和箭头的节点编号(i,j)作为该工作的代号。

(2) 在同一个网络图中不得有相同的节点编号。

(3) 节点的编号,一般应满足 $i<j$ 的要求,即箭尾(工作的起点节点)号码要小于箭头(工作的终点节点)号码。

3. 线路

线路是指从网络图的起点节点,顺着箭头所指的方向,通过一系列的节点和箭线连续不断到达终点节点的一条通路。在一个网络图中可能有很多条线路,线路中各项工作持续时间之

和就是该线路的长度，即线路所需要的时间。

在各条线路中，有一条或几条线路的总时间最长，称为关键路线，一般用双线或粗线标注；其他线路长度均小于关键线路，称为非关键线路。

3.2.2 绘图规则

绘制双代号网络图时，要正确地表示各工作之间的逻辑关系和遵循有关绘图的基本规则。否则，就不能正确反映工程的工作流程和进行时间计算。绘制双代号网络图一般遵循以下基本规则。

(1) 双代号网络必须正确表达已定的逻辑关系。绘制网络图之前，要正确确定工作顺序，明确各工作之间的衔接关系，根据工作的先后顺序逐步把代表各项工作的箭线连接起来，绘制成网络图。

(2) 双代号网络图中，严禁出现循环回路。在网络图中如果从一个节点出发顺着某一线路又能回到原出发点，这种线路就称为循环回路。例如图 3-7 中的 2—3—5—2 就是循环回路，它表示的逻辑关系是错误的，在工艺顺序上是相互矛盾的。

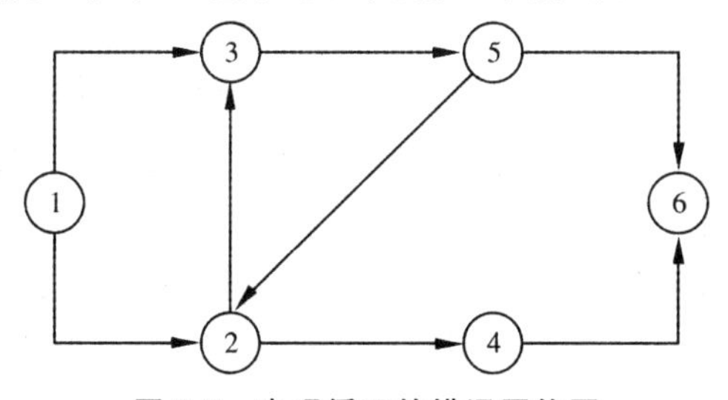

图 3-7　出现循环的错误网络图

(3) 双代号网络图中，在节点之间严禁出现带双向箭头或无箭头的箭线。用于表示工程计划的网络图是一种有序有向的网络图，沿着箭头指引的方向进行。因此，一条箭线只有一个箭头，不允许出现方向矛盾的双箭头箭线和无方向的无箭头箭线，图 3-8 中的工作 2－4 就是双箭头箭线。

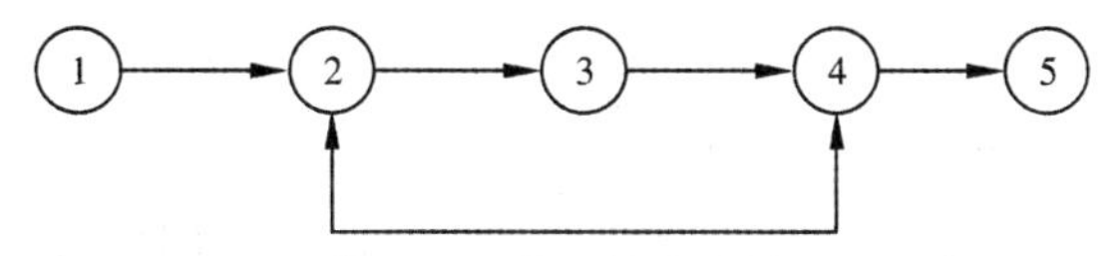

图 3-8　出现双向箭头箭线的错误网络图

(4) 在双代号网络图中，严禁出现没有箭头节点或没有箭尾节点的箭线。图 3-9(a)中，出现了没有箭头节点的箭线；图 3-9(b)中出现了没有箭尾节点的箭线，都是不允许的。

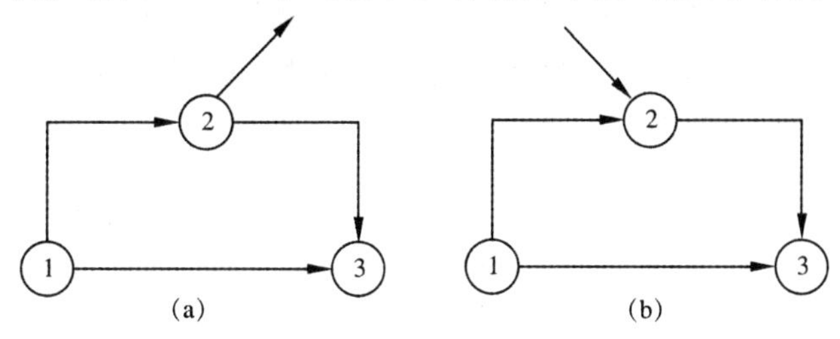

图 3-9　没有箭头节点的箭线和没有箭尾节点的箭线的错误网络图

(5) 当双代号网络图的起点节点和终点节点有多条内向箭线或多条外向箭线时，在不违反“一项工作应只有唯一的一条箭线和相应的一对节点编号”的规定的前提下，可使用母线法绘图。

当箭线线形不同时，可在母线上引出的支线上标出。图 3-10 是母线的表示方法，图 3-10

(a)是起点节点多条外向箭线用母线绘制的示意图;图 3-10(b)是终点节点多条内向箭线用母线绘制的示意图。

(6) 绘制网络图时,箭线不宜交叉。当交叉不可避免时,可用过桥法或指向法。图 3-11 中,图 3-11(a)为过桥法,图 3-11(b)为指向法。

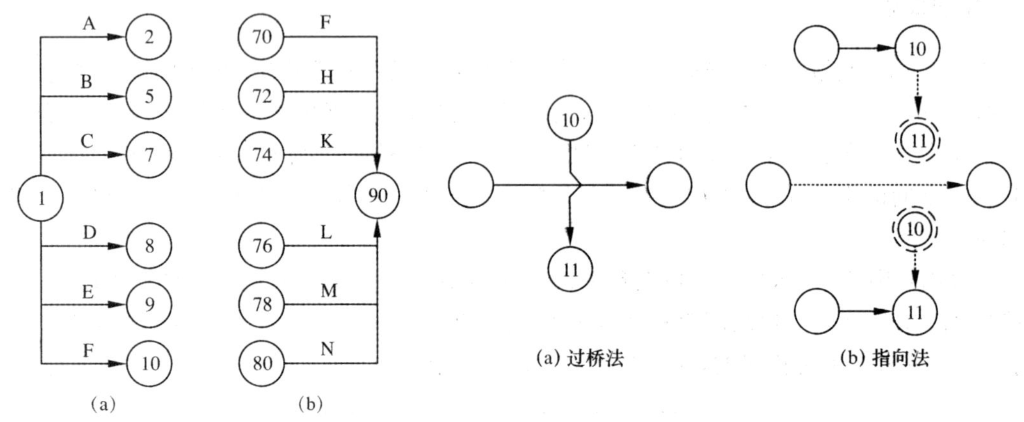

图 3-10 母线的表示方法

图 3-11 箭线交叉时的处理

(7) 在双代号网络图中,应只有一个起点节点和一个终点节点,而其他所有节点均应是中间节点。

如图 3-12(a)中出现①,②两个起点节点,⑧,⑨,⑩三个终点节点是错误的。该网络图正确的画法如图 3-12(b)所示,将①,②两个节点合并成一个起点节点,将⑧,⑨,⑩三个节点合并成一个终点节点。

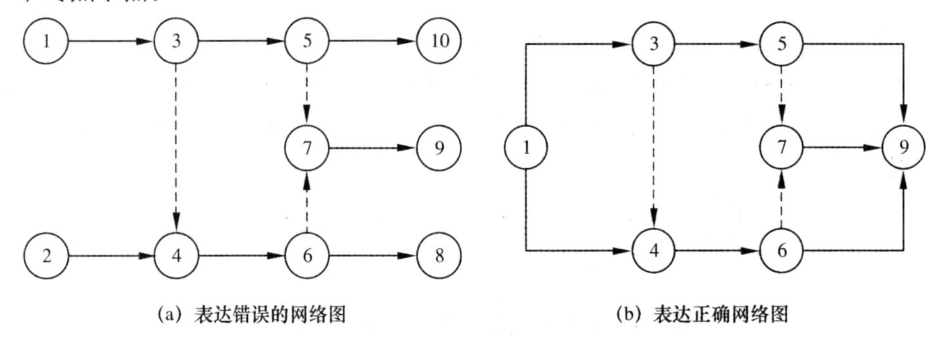

图 3-12 只允许有一个起点节点和终点节点

(8) 在双代号网络图中,不允许出现重复编号的箭线。在双代号网络图中一条箭线和其相关的节点只能代表一项工作,不允许代表多项工作。例如图 3-13(a)中的 A,B 两项工作,其编号均是 1—2,究竟指 A 工作还是指 B 工作呢?不清楚。遇到这种情况,增加一个节点和一条虚箭线,如图 3-13(b),(c)就都是正确的。

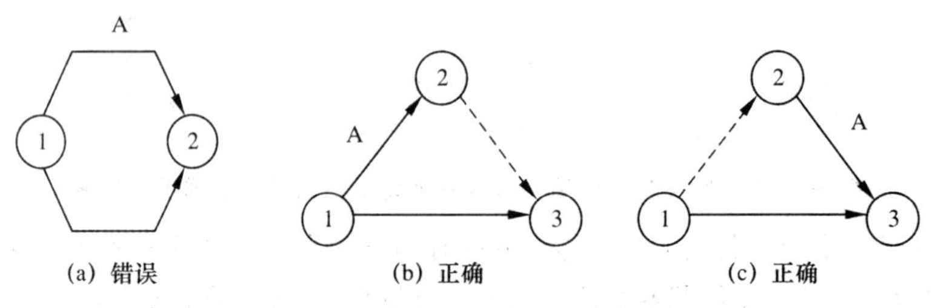

图 3-13 重复编号的工作示意图

3.2.3 绘图方法与要求

绘制双代号网络图需要掌握大量工程信息，具备一定的专业技术知识，积累一定的工程经验和绘图技巧。一般来说，任何施工网络计划都是在既定施工方案前提下，进行统筹规划精心安排所形成的。绘制双代号网络要注意以下三点。

(1) 遵守绘图的基本规则。网络图是供人阅读的，为了便于交流和沟通，必须要遵从一定的基本绘图规则，统一表达方式和符号，才能使别人看懂，不致产生误解。

(2) 遵守工作之间的逻辑关系。在工程实践中，工作之间的逻辑关系主要有两类：工艺关系和组织关系。所谓工艺关系，就是工作与工作之间工艺技术和规程所决定的先后关系。例如，某一钢筋混凝土构件的现场预制，必须在绑扎好钢筋和安装好模板以后才能浇筑混凝土；所谓组织关系则是指在劳动组织确定的条件下同一工作的开展顺序，是由计划人员在研究施工方案的基础上做出的有关资源调配、施工流向等安排。例如，有 A 和 B 两幢房屋基础工程的土方开挖，如果施工方案确定使用一台抓铲挖土机，那么，开挖的顺序究竟先 A 后 B，还是先 B 后 A，应该取决于施工方案所做出的决定；如果使用两台抓铲挖土机，则 A 和 B 可以同时施工。

(3) 条理清楚，布局合理。画网络图往往需要多次反复，开始先按分解任务后的逻辑关系表画出草图，再逐步调整和简化，经过多次修改，才能绘制出比较清楚的正规形式。例如，网络图中的工作箭线不宜画成任意方向或曲线形状，尽可能用水平线或斜线；关键线路、关键工作安排在图面中心位置，其他工作分散在两边；避免倒回箭头，杜绝循环回路等。

【例 3-1】 已知某大型工程的施工准备阶段的各项工作内容及相应的逻辑关系，其工作逻辑关系表，如表 3-3 所示，试绘制双代号网络图。

表 3-3　某大型工程施工准备阶段工作内容及逻辑关系

序号	工作名称	工作内容	工作代号	紧后工作	持续时间/天
1	签订合同	与建设单位签订合同及办理建筑许可证	A	B,C	5
2	组织分包	确定专业分包队伍	B	F	10
3	图纸审查	施工图自审与会审	C	D,E	10
4	编制预算	编制施工预算	D	G	8
5	组织设计	编织施工组织设计及措施	E	G,H	10
6	加工订货	构件及半成品等加工订货	F	J	10
7	资源组织	劳动力、机具、材料等安排与准备，制订基层承包任务单	G	F,I	12
8	现场设施	现场水、电、路等，拆除障碍物即大临设施	H	I,K	16
9	起重机安装	现场起重、垂直运输工具设置	I	L	8
10	材料运输	初期供应的施工材料进场	J	L	2
11	测量放线	永久性、半永久性测量点、水准点设置及有关建筑物放线	K	L	5
12	检查验收	施工准备工作检查验收	L	—	5

根据双代号网络图的表达形式和绘图规则，依据工作逻辑关系表所确定的内容，绘制初始网络图，并经整理后形成正式计划。某大型工程施工准备阶段的双代号网络图，如图 3-14 所示。

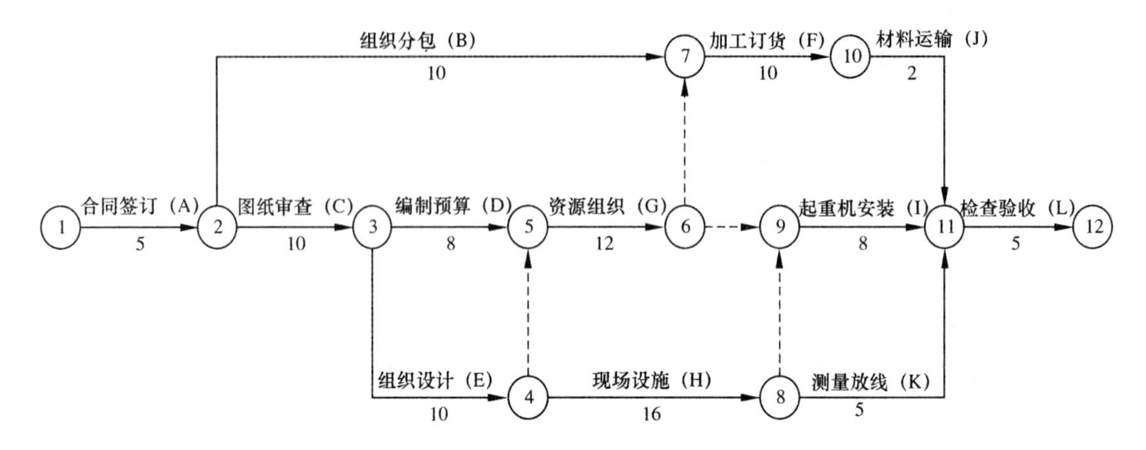

图 3-14 某大型工程施工准备阶段双代号网络图

【例 3-2】 某游览小区按主干道路划分为三个施工段,Ⅰ,Ⅱ,Ⅲ区。施工内容包括:平整场地、铺设管道、建筑施工和装饰绿化等四项活动,试绘制双代号网络图。

按下列步骤绘制该项目双代号:

1. 分析各项施工活动的工艺关系

按照施工方案的要求,第Ⅰ,Ⅱ,Ⅲ施工段均按平整场地→铺设管道→建筑施工→装饰绿化的工艺顺序组织施工。因此,首先可绘出各施工段独立的带有施工工艺关系网络图,如图3-15 所示。

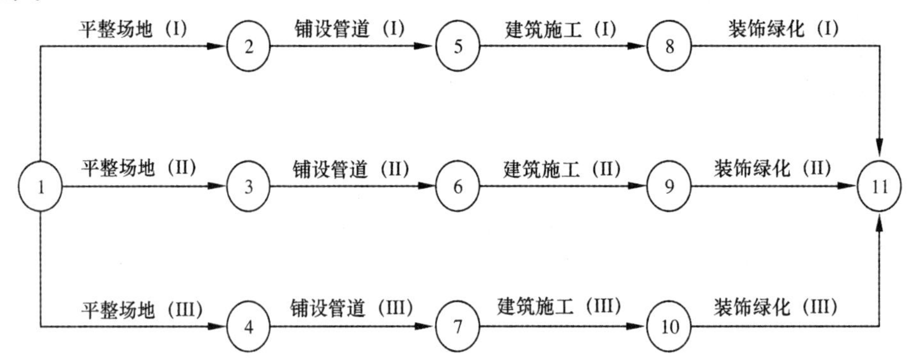

图 3-15 各施工段工艺关系网络图

2. 考虑各施工段之间的组织关系

在图 3-15 中,三个施工过程均采用平行作业的安排方法,时间比较紧凑。但是,当资源供应限制情况下,如每一施工活动仅只有一个工作队的情况下,必须考虑上述四项活动在三个施工段上的施工顺序。假定各项施工活动按Ⅰ→Ⅱ→Ⅲ段顺序组织,引入表示组织关系的虚工作后,形成各施工段带有组织关系网络图,如图 3-16 所示。

3. 逻辑关系的综合分析和修正

图 3-16 中包含了全部的工艺逻辑和组织逻辑,由于增加了虚工作,使原先没有逻辑关系的某些工作,也产生了相互的制约关系。如虚工作 3—4,其本意是想表达铺设管道(Ⅰ)做完后转到铺设管道(Ⅱ),但通过虚工作 3-4 的引申,又表示平整场地(Ⅲ)必须在铺设管道(Ⅰ)完工后才能开始,这显然是不合理的约束,因为无论从工艺逻辑还是组织逻辑来说,平整场地(Ⅲ)和铺设管道(Ⅰ)都是没有必要联系的。对此,必须进行逻辑关系的修正。同理,铺设管道

(Ⅲ)和建筑施工(Ⅰ)的逻辑关系也要进行相应的修正,从而可得图 3-17 所示的施工生产网络图,它在工艺关系和组织关系上都正确地表达了施工方案的要求。

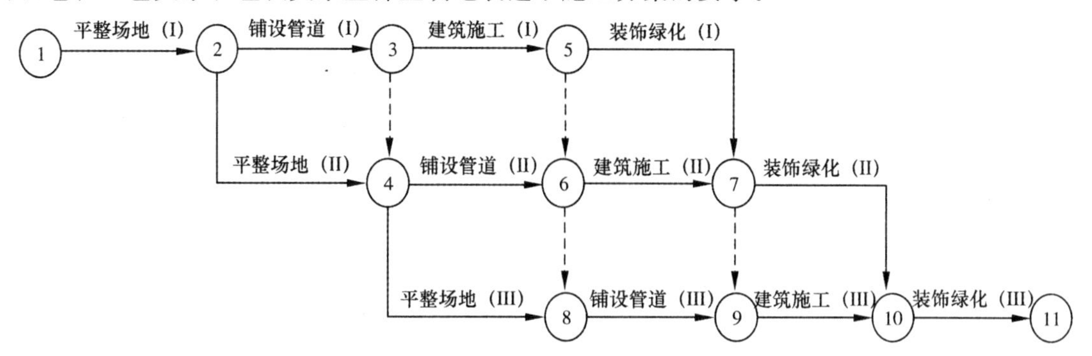

图 3-16 各施工段带有组织关系网络图

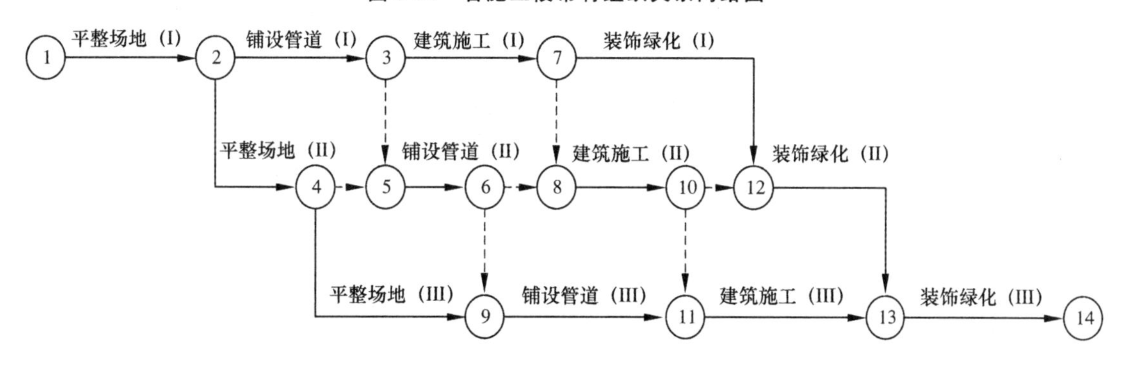

图 3-17 施工生产网络图

3.2.4 节点时间参数计算

网络图的计算目的是确定网络图中各节点的最早时间和最迟时间以及各项工作最早开始和最早结束时间、最迟开始和最迟结束时间以及工作的各种时差,从而确定整个计划的完成日期、关键工作和关键线路,为网络计划的执行、调整和优化提供依据。由于双代号网络图中节点时间参数与工作时间参数有着紧密的联系,通常在图上直接计算,先标志出节点的时间参数,然后推算出工作的时间参数。现以图 3-18 为例说明双代号网络图时间参数的计算方法。

节点时间参数是确定工作时间参数的基础,采用图上计算法,节点计算图例,如图 3-19 所示。

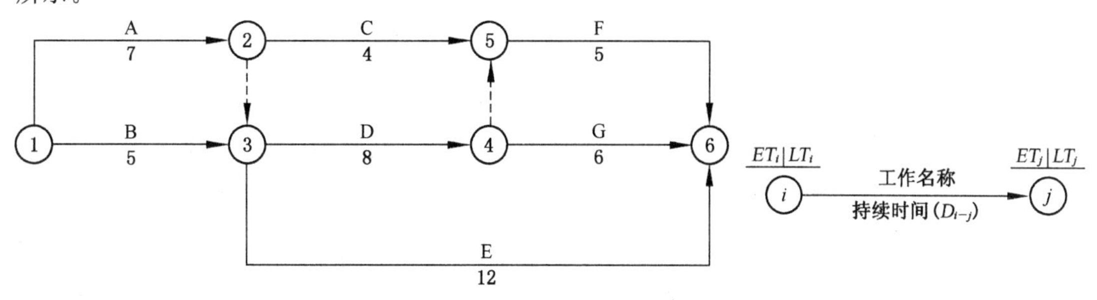

图 3-18 双代号网络图计算题

图 3-19 节点计算图例

1. 节点最早时间(ET_i)的计算

节点最早时间,是指以网络起点节点的时间为零,沿着各条线路达到每一节点的时刻。它表示该节点紧前工作的全部完成,从这个节点出发的紧后工作最早能够开始的时间。如果进入这个节点的紧前工作没有全部结束,从这个节点出发的紧后工作就不能开始。

节点的最早时间 ET_i 应从网络计划的起点节点开始,顺着箭线方向依次逐项计算直至终点节点为止。可按下列规定和步骤进行计算:

(1) 起点节点 i 如果未规定最早时间 ET_i 时,其值应等于零,即

$$ET_i = 0(i=1) \tag{3-1}$$

(2) 其他节点 j 的最早时间 ET_j 应为

$$ET_j = \max\{ET_i + D_{i-j}\} \tag{3-2}$$

式中,D_{i-j} 为节点 j 内向箭线(工作)$i \to j$ 的持续时间。

图 3-18 双代号网络图中节点最早时间的计算过程,如表 3-4 所示。节点最早时间计算过程,如图 3-20 所示。

表 3-4 节点最早时间的计算过程

节点编号	计算过程/天	说明
1	$ET_1=0$	
2	$ET_2=ET_1+D_{1-2}=0+7=7$	
3	$ET_3=\max\{ET_1+D_{1-3},ET_2+D_{2-3}\}$ $=\max\{0+5,7+0\}=7$	两条内向箭线,取大值
4	$ET_4=ET_3+D_{3-4}=7+8=15$	
5	$ET_5=\max\{ET_2+D_{2-5},ET_4+D_{4-5}\}$ $=\max\{7+4,15+0\}=15$	两条内向箭线,取大值
6	$ET_6=\max\{ET_3+D_{3-6},ET_4+D_{4-6},ET_5+D_{5-6}\}$ $=\max\{7+12,15+6,15+5\}=21$	三条内向箭线,取大值

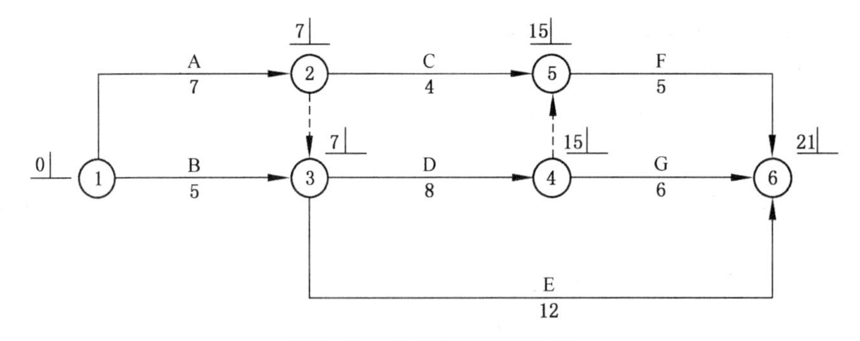

图 3-20 节点最早时间计算

由此可见,节点最早时间的计算是从左向右用加法进行的,某项工作起点节点的最早时间加上该工作所需要的持续时间就是工作终点节点的最早时间。此外,如节点③,⑤,⑥那样有两个以上的内向箭线进入,取计算结果中的最大值,即在网络图上沿着到达各节点的最长线路求时间和。

2. 节点最迟时间(LT_i)的计算

节点的最迟时间,就是在计划工期确定的情况下,从网络图的终点节点开始,逆向推算出

的各节点最迟的时刻，作为限定该节点紧前工作最迟全部结束的时间。节点 i 的最迟时间 LT_i 应从网络计划的终点节点开始，逆着箭线方向依次逐项计算直至起点节点为止。可按下列规定和步骤进行计算：

（1）终点节点 n 的最迟时间 LT_n 应按网络计划的工期 T_p 确定，即

$$LT_n = T_p \tag{3-3}$$

（2）其他节点 i 的最迟时间 LT_i 应为

$$LT_i = \min\{LT_i - D_{i-j}\} \tag{3-4}$$

节点最迟时间计算过程，如表 3-5 所示；节点最迟时间计算过程，如图 3-21 所示。

表 3-5　　节点最迟时间计算过程

节点编号	计算过程/天	说明
⑥	$LT_{66} = ET_6 = 21$	
⑤	$LT_5 = LT_6 - D_{5-6} = 21 - 5 = 16$	
④	$LT_4 = \min\{LT_5 - D_{4-5}, LT_6 - D_{4-6}\}$ $= \min\{16-0, 21-6\} = 15$	两条外向箭线，取小值
③	$LT_3 = \min\{LT_4 - D_{3-4}, LT_6 - D_{3-6}\}$ $= \min\{15-8, 21-12\} = 7$	两条外向箭线，取小值
②	$LT_2 = \min\{LT_3 - D_{2-3}, LT_5 - D_{2-5}\}$ $= \min\{7-0, 16-4\} = 7$	两条外向箭线，取小值
①	$LT_1 = \min\{LT_2 - D_{1-2}, LT_3 - D_{1-3}\}$ $= \min\{7-7, 7-5\} = 0$	两条外向箭线，取小值

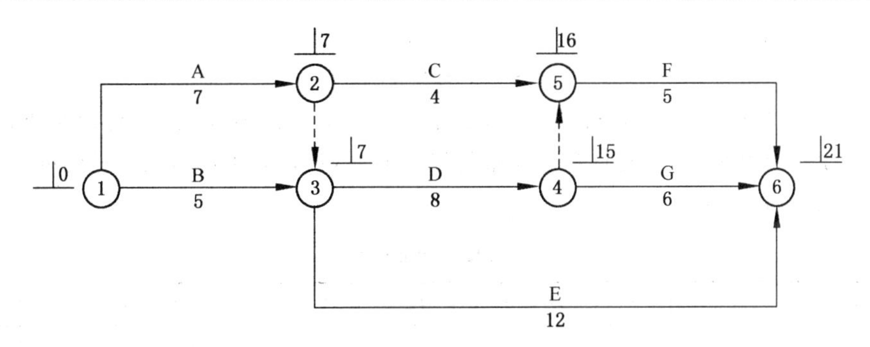

图 3-21　节点最迟时间计算

由此可见，节点最迟时间的计算和最早时间的计算相反。从网络图的最后一个节点算起，用工作终点节点的最迟时间减去工作所需要的持续时间就是工作起点节点的最迟时间。此外，如节点①，②，③，④那样引出两个以上外向箭线，计算时取其中差数的最小值。

3.2.5　工作时间参数计算

工作时间是指各工作的开始和完成时间，分为工作最早开始和最早结束时间、工作最迟开始和最迟结束时间四种。工作时间与节点时间有密切的联系，节点时间表示其内向箭线工作的结束时间，也表示其外向箭线工作的开始时间。因此，可以根据已确定的节点时间推算工作时间。

1. 工作最早开始时间（ES_{i-j}）和最早结束时间（EF_{i-j}）

设工作 $i-j$ 的持续时间 D_{i-j}，则其最早开始时间等于其起点节点 i 的最早时间，其最早

结束时间等于最早开始时间加上该工作的持续时间,即

$$ES_{i-j}=ET_i \tag{3-5}$$

$$EF_{i-j}=ET_i+D_{i-j} \tag{3-6}$$

图 3-18 所示的双代号网络图的工作最早开始时间和最早结束时间,可以根据图 3-20 节点最早时间计算结果来推算。工作最早时间计算过程,如表 3-6 所示。

表 3-6　　工作最早时间计算过程

工作名称	工作持续时间/天	起点节点最早时间/天	工作最早开始时间/天	工作最早结束时间/天
$i-j$	D_{i-j}	ET_i	ES_{i-j}	EF_{i-j}
1—2	7	0	0	7
1—3	5	0	0	5
2—5	4	7	7	11
3—4	8	7	7	15
3—6	12	7	7	19
4—6	6	15	15	21
5—6	5	15	15	20

2. 工作最迟开始时间(LS_{i-j})和最迟结束时间(LF_{i-j})

工作的最迟开始时间和结束时间是指在不影响计划总工期的情况下,各工作开始时间和结束时间的最后界限,在网络图上可以根据节点最迟时间求得。某工作的最迟结束时间等于该工作终点节点的最迟时间,而某工作的最迟结束时间减去该工作的持续时间,即为该工作的最迟开始时间,即

$$LF_{i-j}=LT_j \tag{3-7}$$

$$LS_{i-j}=LT_j-D_{i-j} \tag{3-8}$$

图 3-18 所示的双代号网络图的工作最迟结束时间和最迟开始时间,可以根据图 3-21 节点最迟时间计算结果来推算,先计算工作最迟结束时间,再计算工作最迟开始时间。工作最迟时间计算,如表 3-7 所示。

表 3-7　　工作最迟时间计算

工作名称	工作持续时间/天	终点节点最迟时间/天	工作最迟结束时间/天	工作最迟开始时间/天
$i-j$	D_{i-j}	LT_i	LS_{i-j}	LF_{i-j}
1—2	7	7	7	0
1—3	5	7	7	2
2—5	4	16	16	12
3—4	8	15	15	7
3—6	12	21	21	9
4—6	6	21	21	15
5—6	5	21	21	16

3. 工作时差计算

所谓时差,就是指工作的机动时间。按照其不同性质和作用,可以分为总时差、自由时差。

1）总时差（TF_{i-j}）

总时差就是工作在最早开始时间至最迟结束时间之间所具有的机动时间，也可以说是在不影响计划总工期的条件下，各工作所具有的机动时间。

总时差用TF_{i-j}来表示，计算公式为

$$TF_{i-j}=LT_j-ET_i-D_{i-j} \tag{3-9}$$

或

$$TF_{i-j}=LS_{i-j}-ES_{i-j}=LF_{i-j}-EF_{i-j} \tag{3-10}$$

总时差具有以下性质：

（1）总时差为零的工作，称为关键工作；

（2）如果总时差等于零，自由时差也等于零；

（3）总时差不但属于本项工作，而且与紧后工作都有关系，它为一条线路（或路段）所共有。

2）自由时差（FF_{i-j}）

所谓自由时差，就是在不影响紧后工作最早开始的范围内，该工作可能利用的机动时间。

自由时差根据节点时间和工作的持续时间计算，可用下式表达：

$$FF_{i-j}=ET_j-ET_i-D_{i-j} \tag{3-11}$$

或

$$FF_{i-j}=ES_{j-k}-EF_{i-j}\text{（当工作 }i-j\text{ 有紧后工作 }j-k\text{ 时）} \tag{3-12}$$

自由时差的主要特点是：

（1）自由时差小于或等于总时差；

（2）以关键线路上的节点为结束点的工作，其自由时差与总时差相等；

（3）利用自由时差对紧后工作没有影响，紧后工作仍可按其最早开始时间进行。

图3-18所示的双代号网络的总时差和自由时差，可以根据图3-20和图3-21节点最早时间和最迟时间的计算结果来推算，也可以根据表3-6和表3-7工作最早时间和最迟时间的计算结果来推算。工作总时差和自由时差计算，如表3-8所示。

表3-8　工作总时差和自由时差计算

工作代号	工作持续时间/天	总时差（TF_{i-j}）	自由时差（FF_{i-j}）
（$i-j$）	（D_{i-j}）	（$LT_j-ET_i-D_{i-j}$）	（$ET_j-ET_i-D_{i-j}$）
1—2	7	7—0—7=0	7—0—7=0
1—3	5	7—0—5=2	7—0—5=2
2—5	4	16—7—4=5	15—7—4=4
3—4	8	15—7—8=0	15—7—8=0
3—6	12	21—7—12=2	21—7—12=2
4—6	6	21—15—6=0	21—15—6=0
5—6	5	21—15—5=1	21—15—5=1

从表3-8中可以看出，工作1—2，3—4和4—6的总时差为零，它们是关键工作，其他工作均为非关键工作。

上述工作时间的计算结果也可以按工作六时标注法，直接标注在双代号网络图上，如图3-22所示。

上述工作时间的计算过程还可以通过绘制横道图来显示。工作最早时间横道图和工作最迟时间横道图，如图3-23和图3-24所示。其中粗线代表关键线路，关键工作1—2，3—4，4—6

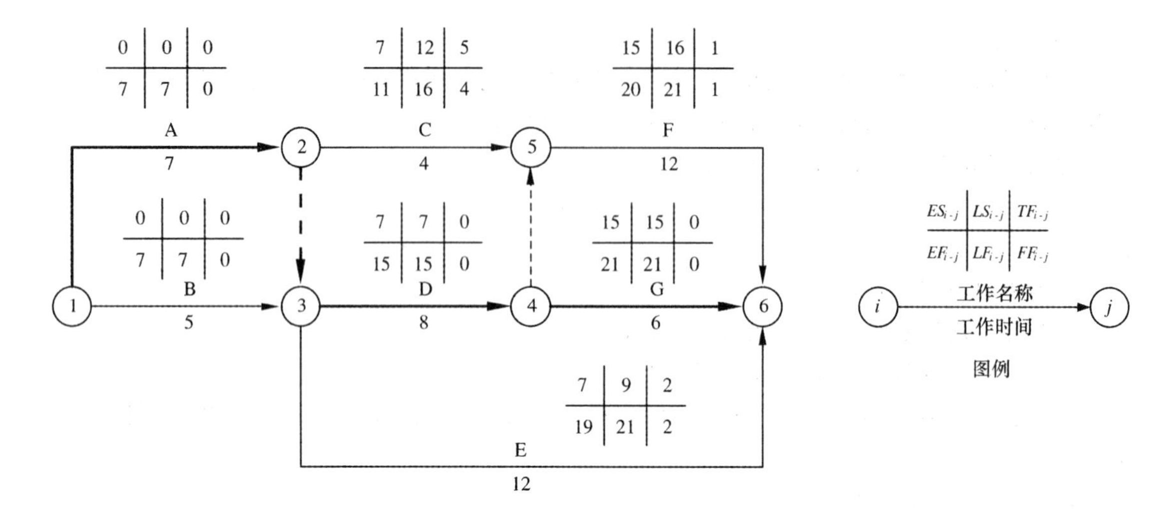

图 3-22 工作时间六时标注法

在两张横道图中的位置都一样，而非关键工作 1—3，2—5，3—6，5—6 在两张横道图中的位置有变化，其位置变化量为相应工作的总时差。

工作代号 ($i—j$)	工作持续时间/天 (D_{i-j})	进度计划/天										
		2	4	6	8	10	12	14	16	18	20	22
1—2	7											
1—3	5											
2—5	4											
3—4	8											
3—6	12											
4—6	6											
5—6	5											

图 3-23 工作最早时间横道图

工作代号 ($i—j$)	工作持续时间/天 (D_{i-j})	进度计划/天										
		2	4	6	8	10	12	14	16	18	20	22
1—2	7											
1—3	5											
2—5	4											
3—4	8											
3—6	12											
4—6	6											
5—6	5											

图 3-24 工作最迟时间横道图

4. 关键线路确定

关键线路就是连接总时差为零的关键工作所组成的线路，它的总持续时间最长；其他线路为非关键线路。在图 3-22 中，关键线路由 A，D，G 工作组成，一般用双线表示。

掌握关键线路的特点，就能合理地安排施工计划，做好施工调度和进度控制。关键线路有以下特点：

(1) 关键线路上的工作的总时差和自由时差均等于零；

(2) 关键线路是从网络计划起点节点到结束节点之间持续时间最长的线路；

(3) 关键线路在网络计划中不一定只有一条,有时存在两条以上;

(4) 关键线路以外的工作称为非关键工作,如果使用了总时差,可转化为关键工作;

(5) 在非关键线路上的工作时间延长超过它的总时差时,非关键线路就变成关键线路。

关键线路可以通过求总时差来确定,也可以寻找工作持续时间之和最长的线路,还可以运用标号法等简便计算办法。

3.3 单代号网络计划

单代号网络计划,也称工作节点网络计划。它是在工序流线图的基础上演绎而成的,具有绘图简便、逻辑关系明确,便于检查和修改等优点。目前,在国内外普遍受到重视,并不断发展它的表达功能,扩大其应用范围。

3.3.1 基本形式及特点

单代号网络图的表达形式很多,所用的符号也各不相同。但基本的形式就是用节点(圆圈或方框)表示工作,用箭线表示工作之间的联系。图 3-25 为某施工项目的单代号网络图,其相互关系用箭线联系。

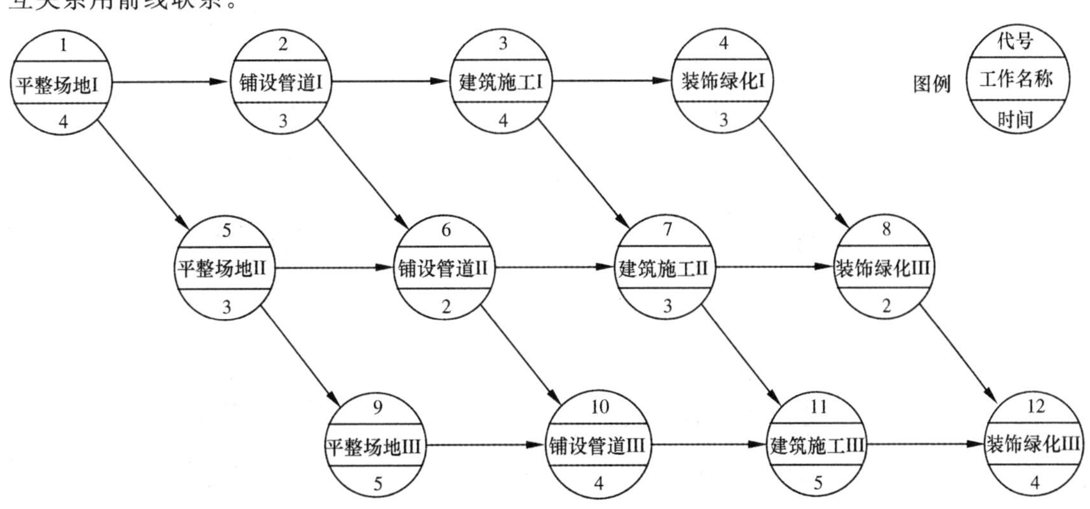

图 3-25 单代号网络图

1. 节点

单代号网络图的工作用节点来表示。节点可以采用圆圈,也可以用方框。工作名称或内容、工作代号、工作所需的时间及有关的工作时间参数都可以写在圆圈上或方框内。单代号网络图的工作表示方法,如图 3-26 所示。

2. 箭线

单代号网络图中工作之间的逻辑关系用箭线表示,箭线应画成水平直线、折线或斜线。箭线水平投影的方向应自左向右,表示工作的进行方向。

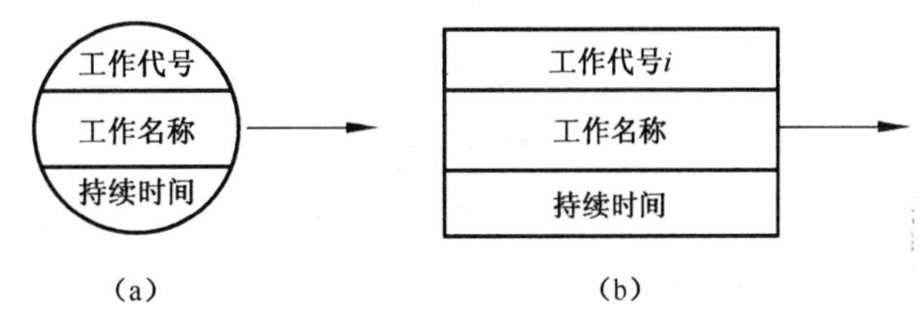

图 3-26 单代号网络图的工作表示方法

3. 线路

单代号网络图中,各工作依先后顺序用箭线连接起来,形成线路。各条线路应用该线路上的节点编号自小到大依次表达,也可以用各工作名称来反映。

单代号网络图与双代号网络图相比较,有其自身的特点。表3-9将它们的表现形式作了对比,为简化起见,工作代号和时间参数予以略去,仅用字母表示工作名称。从中可以看出:

(1)单代号网络图用节点及其编号表示工作,以箭线表示工作间的逻辑关系;

(2)单代号网络图作图方便,图面简洁,由于没有虚箭线,产生逻辑错误的可能性较小;

(3)单代号网络图用节点表示工作,没有长度概念,不够形象,不便于绘制时标网络计划,因而影响了它的推广和使用;

(4)单代号网络图逻辑关系明确,更适宜于应用计算机进行绘制、计算、优化和调整。

表3-9　　单代号网络图与双代号网络图比较

序号	双代号网络图	双代号网络图
1	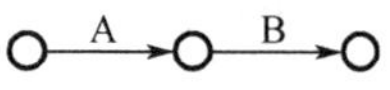	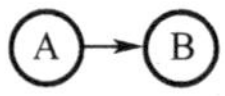
2	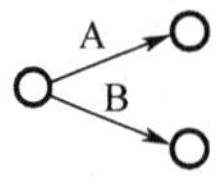	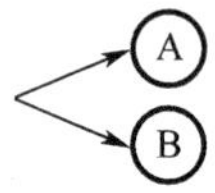
3	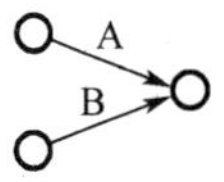	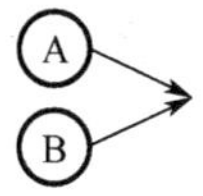
4	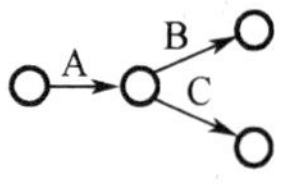	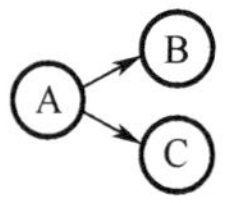
5	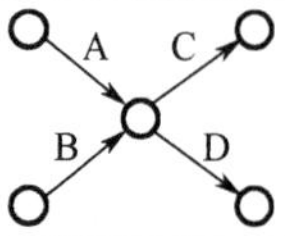	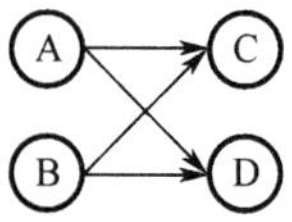
6	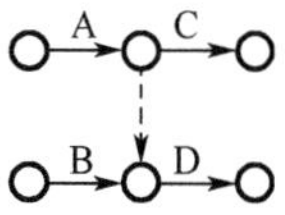	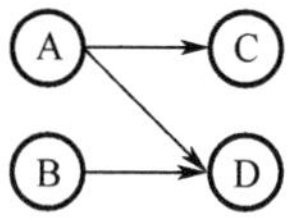
7	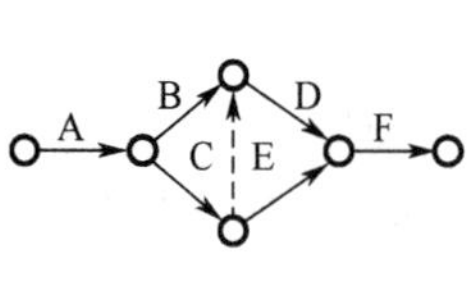	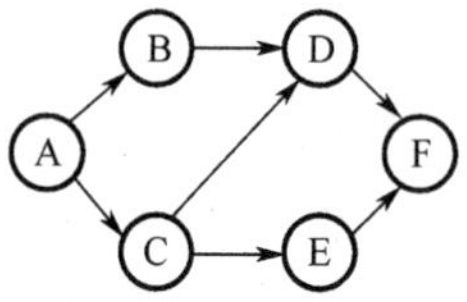
8	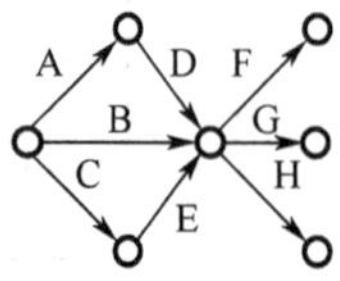	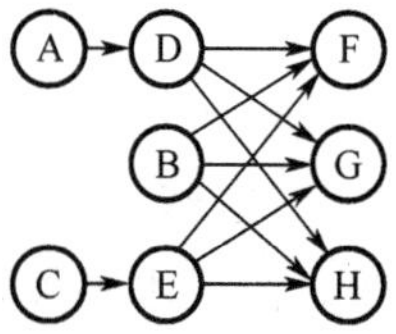

3.3.2 绘图规则

由于单代号网络图和双代号网络图所表示的计划内容是一致的，二者的区别仅在于绘图的符号不同。因此，在双代号网络图中所说明的绘图规则，在单代号网络图中原则上都应遵守。

(1) 正确表达已定的逻辑关系；

(2) 严禁出现循环回路；

(3) 箭线不宜交叉。当交叉不可避免时，可采用过桥法；

(4) 一个起点节点和一个终点节点，当网络图中有多项起点节点或多项终点节点时，应在网络图的起点和终点设置一项虚工作，作为该网络图的起点节点(St.)和终点节点(Fin.)。

但是，根据工作节点网络图的特点，一般必须而且只需引进一个表示计划开始的虚工作(节点)和表示计划结束的虚工作(节点)，网络图中不再出现其他的虚工作。因此，画图时可以在工艺网络图上直接加上组织顺序的约束，就得到生产网络图。

【例 3-3】 已知某工程的各项工作及相互逻辑关系，如表 3-10 所示，试绘制单代号网络图。

表 3-10　　工作逻辑关系表

工作名称	紧前工作	紧后工作	工作名称	紧前工作	紧后工作
A	—	C,D	F	D,E	H,I
B	—	E,G	G	B	—
C	A	J	H	F	J
D	A	F	I	F	—
E	B	F	J	C,H	—

根据上述资料，首先设置一个开始的虚节点，然后按工作的紧前关系或紧后关系，从左向右进行绘制。先绘第一列 A,B 工作，再绘第二列 C,D,E,G 工作，然后绘 F,H,J 工作，最后设置一个结束节点。本例经整理后的单代号网络图，如图 3-27 所示。

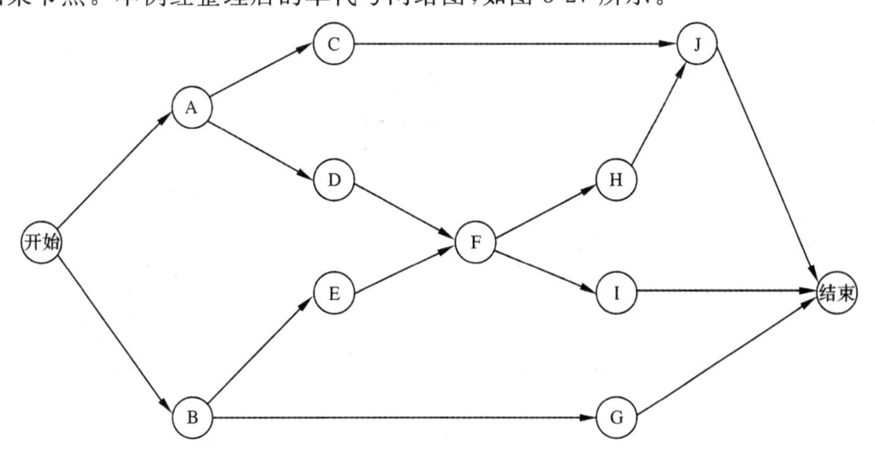

图 3-27　单代号网络图

【例 3-4】 某钢筋混凝土三跨桥梁工程示意图，如图 3-28 所示。在河床干涸季节按甲→乙→丙→丁的顺序组织施工，每一桥台(甲、丁)或桥墩(乙、丙)的工艺顺序是挖土→基础→钢筋混凝土桥台(墩)，最后安装上部结构Ⅰ→Ⅱ→Ⅲ。另外，桥墩(丙)需打桩。已知各施工过程的持续时间列于表 3-11，试绘制单代号网络图。

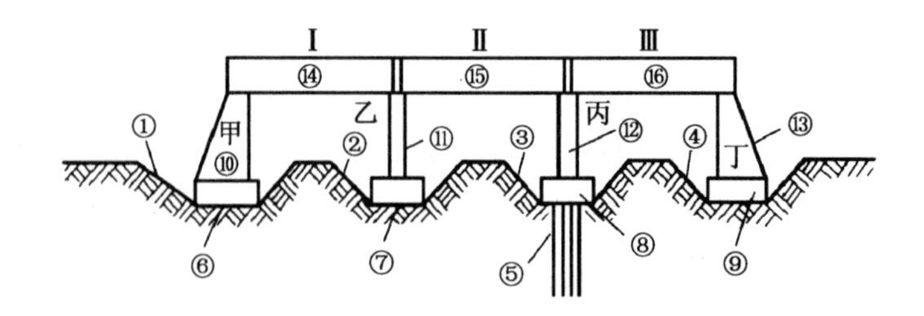

图 3-28 某钢筋混凝土三跨桥梁工程示意图

表 3-11 桥梁工程各施工过程持续时间

序号	工作名称	时间/天	序号	工作名称	时间/天
1	挖土甲	4	9	基础丁	8
2	挖土乙	2	10	桥台甲	16
3	挖土丙	2	11	桥墩乙	8
4	挖土丁	5	12	桥墩丙	8
5	打桩丙	12	13	桥台丁	16
6	基础甲	8	14	上部结构Ⅰ	12
7	基础乙	4	15	上部结构Ⅱ	12
8	基础丙	4	16	上部结构Ⅲ	12

根据单代号网络图绘图规则，将三跨桥梁工程分为甲、乙、丙、丁 4 个施工段组织施工，挖土、基础、桥台(墩)和上部结构安装各采用一个施工队施工，先分 4 个独立的施工段按水平方向表示出工作的工艺关系，在竖直方向将工作之间的组织关系连起来，则可形成如图 3-29 所示的单代号网络图。图中，挖土甲为开始工作，上部Ⅲ为结束工作，不必再添加虚设的开始节点和结束节点。

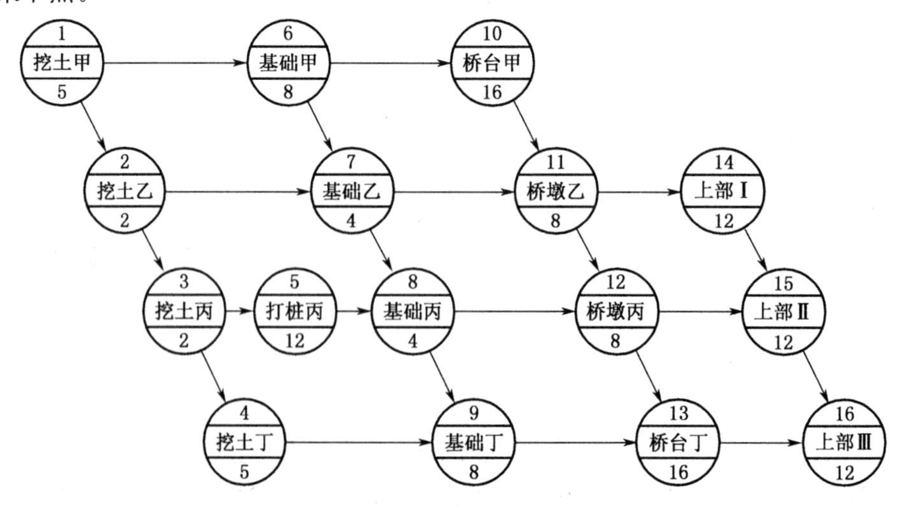

图 3-29 三跨桥梁工程单代号网络图

想一想，如果在施工工作面允许、资源供应充足的条件下，能够提供两个或两个以上挖土、基础、桥台(墩)和上部结构安装的施工队，使各施工过程能同时在多个施工段上组织平行施工，则如何用单代号网络图来表达？

3.3.3 时间参数计算

单代号网络图的节点表示工作。因此，只需直接计算工作的时间参数。工作参数的含义及计算内容与双代号网络图完全相同，但计算步骤略有区别。为了便于比较，我们将图3-18所示的双代号网络图改为单代号网络图，如图3-30所示，并以此为例介绍单代号网络图时间参数的计算方法，时间参数的标注方式，如图3-31所示。

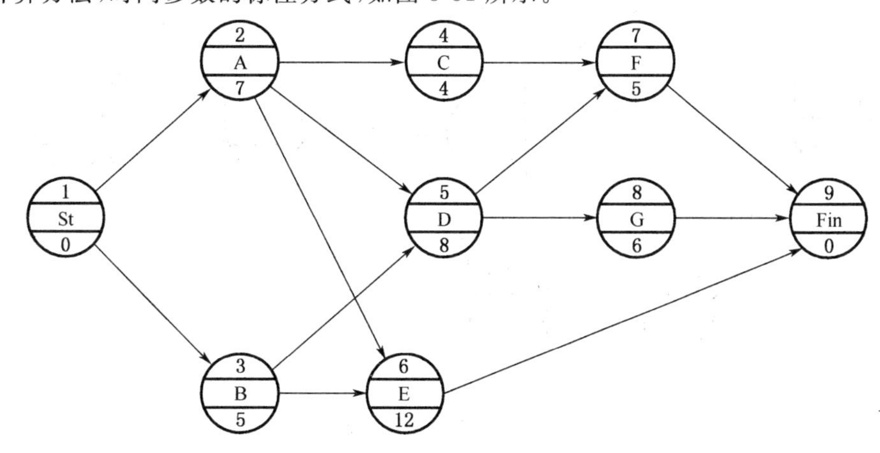

图3-30 单代号网络图计算示例

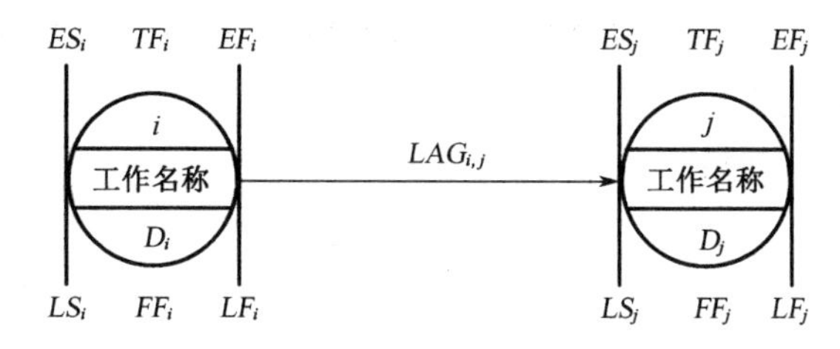

图3-31 单代号网络图时间参数标注方式

1. 工作最早开始时间(ES_i)和最早结束时间(EF_i)

首先假定整个网络计划的开始时间为零，然后从左向右递推计算。任意一项工作的最早开始时间，取决于该工作前面所有工作的完成；最早结束时间等于它的最早开始时间加上持续时间。对于起点工作，其最早开始时间为零，即

$$ES_1=0;EF_1=D_1 \tag{3-13}$$

对于其他任何工作：

$$ES_i=\max\{EF_h\} \tag{3-14}$$

$$EF_i=ES_i+D_i \tag{3-15}$$

式中 EF_h——工作 i 的各项紧前工作 h 的最早结束时间；

D_i——工作 i 的持续时间。

本例中，虚拟工作St.：$ES_1=0,EF_1=0$

工作A：$ES_2=EF_1=0;EF_2=ES_2+D_2=0+7=7$

工作 B:$ES_3=EF_1=0$;$EF_3=ES_3+D_3=0+5=5$

工作 C:$ES_4=EF_2=7$;$EF_4=ES_4+D_4=7+4=11$

工作 D:$ES_5=\max\{EF_2,EF_3\}=\max\{7,5\}=7$

$EF_5=ES_5+D_5=7+8=15$

……

依次类推。单代号网络图计算结果,如图 3-32 所示。

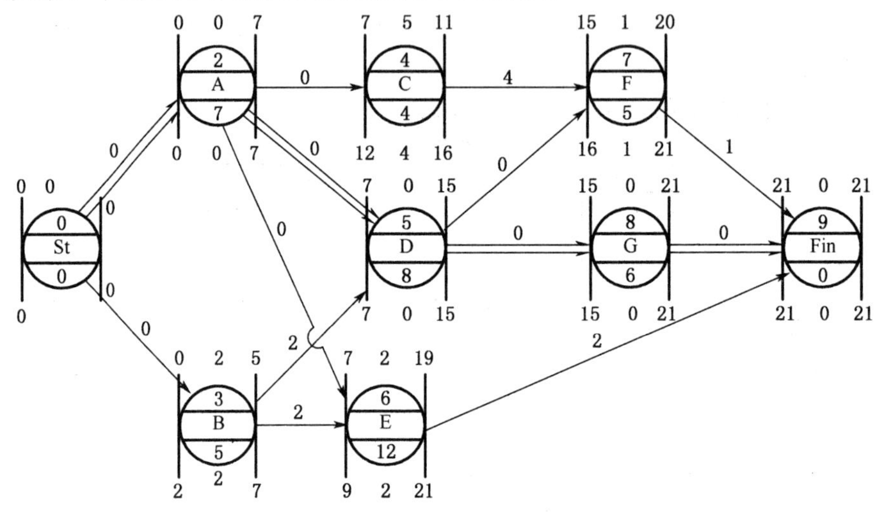

图 3-32 单代号网络图计算结果

2. 相邻两工作之间的时间间隔($LAG_{i,j}$)

某项工作 i 的最早结束时间与其紧后工作 j 的最早开始时间的差,称为工作 $i-j$ 之间的时间间隔,应当符合下列规定:

当终点节点为虚拟工作时:

$$LAG_{i,n}=T_p-EF_i \tag{3-16}$$

式中,T_p为网络计划的工期。

其他节点之间的时间间隔:

$$LAG_{i,j}=ES_j-EF_i \tag{3-17}$$

本例中,$LAG_{7,9}=ES_9-EF_7=21-20=1$

$LAG_{8,9}=ES_9-EF_8=21-21=0$

$LAG_{6,9}=ES_9-EF_6=21-19=2$

$LAG_{4,7}=ES_7-EF_4=15-11=4$

$LAG_{5,7}=ES_7-EF_5=15-15=0$

依次类推。计算结果,如图 3-32 所示。

3. 工作自由时差(FF_i)

工作自由时差是指在不影响紧后工作最早开始的条件下,工作所具有的机动时间。因此,任意一项工作的自由时差应取该工作与紧后诸工作时间间隔的最小值,即:

$$FF_i=\min\{LAG_{i,j}\} \tag{3-18}$$

式中，j 为 i 工作的紧后工作。

本例中，$FF_2=\min\{LAG_{2,4},LAG_{2,5},LAG_{2,6}\}=\{0,0,0\}=0$

$FF_3=\min\{LAG_{3,5},LAG_{3,6}\}=\{2,2\}=2$

$FF_4=LAG_{4,7}=4$

$FF_5=\min\{LAG_{5,7},LAG_{5,8}\}=\{0,0\}=0$

……

依次类推。计算结果，如图3-32所示。

4. 工作总时差(TF_i)

由于总时差是表达在不影响计划总工期，或不影响紧后工作最迟必须开始的条件下，工作所具有的机动时间。因此，任意一项工作 i 的总时差可以用该项工作与紧后工作 j 的时间间隔 $LAG_{i,j}$ 与紧后工作的总时差 TF_i 之和来表示，当紧后工作有多项时应取其中最小值。

终点节点所代表工作的总时差为

$$TF_h=T_p-EF_n \tag{3-19}$$

其他工作 i 的总时差为

$$TF_i=\min\{TF_j+LAG_{i,j}\} \tag{3-20}$$

本例中，$TF_9=T_9-EF_9=21-21=0$

$TF_8=TF_9+LAG_{8,9}=0+0=0$

$TF_7=TF_9+LAG_{7,9}=0+1=1$

$TF_6=TF_9+LAG_{6,9}=0+2=2$

$TF_5=\min\{TF_7+LAG_{5,7},\ TF_8+LAG_{5,8}\}$

$=\min\{1+0,0+0\}=0$

……

依次类推。计算结果，如图3-32所示。

5. 工作最迟开始时间(LS_i)和最迟结束时间(LF_i)

工作最迟时间可以根据工作最早时间和总时差来推算，其计算公式为

$$LS_i=ES_i+TF_i \tag{3-21}$$

$$LF_i=EF_i+TF_i \text{或} LF_i=LS_i+D_i \tag{3-22}$$

本例中，$LS_2=ES_2+TF_2=0+0=0$；$LF_2=EF_2+TF_2=7+0=7$

$LS_3=ES_3+TF_3=0+2=2$；$LF_3=EF_3+TF_3=5+2=7$

$LS_4=ES_4+TF_4=7+5=12$；$LF_4=EF_4+TF_4=11+5=16$

……

依次类推。计算结果，如图3-32所示。

6. 关键工作和关键线路

总时差最小的工作为关键工作；关键工作组成关键线路，关键线路上所有工作的时间间隔均为零。关键线路一般用粗线或双线标注。

在图3-32中，关键工作为A，D，G工作，由0—2—5—8—9组成的线路为关键线路，用双线表示。

一般情况下，不论是双代号网络图，还是单代号网络图，各项工作时间参数之间的关系都可用图示的方法进行示意。网络图时间参数关系图，如图3-33所示。

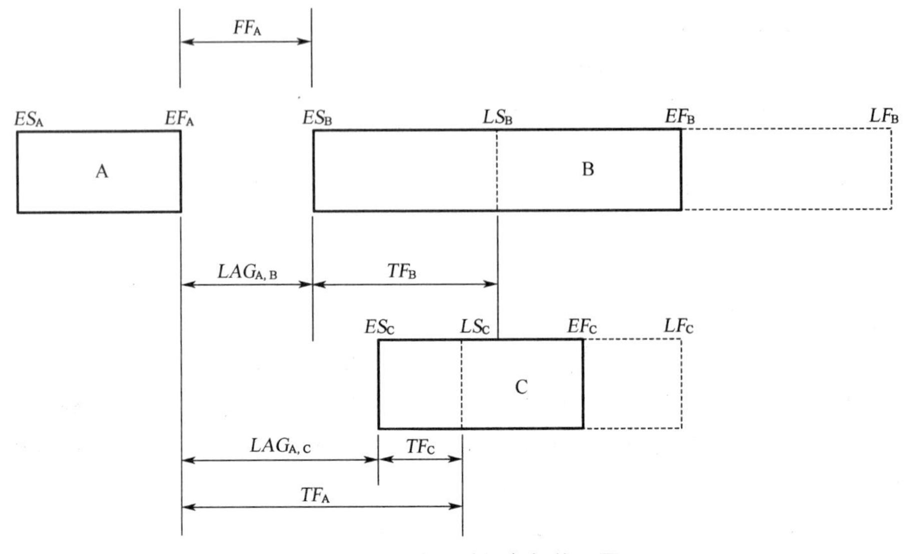

图 3-33 网络图时间参数关系图

3.4 单代号搭接网络计划

在普通的双代号和单代号网络计划中，即只有当其紧前工作全部完成之后，本工作才能开始。紧前工作的完成为本工作的开始创造条件。但是在工程施工实践中，有许多工作的开始并不是以其紧前工作的完成为条件。只要其紧前工作开始一段时间后，即可进行本工作，而不需要等其紧前工作全部完成之后再开始。如果用前述简单的网络图来表达工作之间的搭接关系，将使得网络计划变得更加复杂。

为了简单、直接地表达工作之间的搭接关系，使网络计划的编制得到简化，便出现了搭接网络计划。搭接网络计划一般都采用单代号网络图的表示方法，即以节点表示工作，以节点之间的箭线表示工作之间的逻辑顺序和搭接关系。

3.4.1 工作搭接关系

在普通双代号和单代号网络计划中，各项工作按依次顺序进行，即任何一项工作都必须在它的紧前工作全部结束后才能开始。但在实际工作中，为了缩短工期，许多工作可采用平行搭接的方式进行。

在搭接网络计划中，工作之间的搭接关系是由相邻两项工作之间的不同时距决定的。所谓时距，就是在搭接网络计划中相邻两项工作之间的时间差值。单代号搭接网络计划的搭接关系有五种。

(1) 结束到开始的关系(FTS)

两项工作之间的关系通过前项工作结束到后项工作开始之间的时距 LT_1 来表达。当时距为零时，表示两项工作之间没有间歇，这就是普通单代号网络图中的逻辑关系。

(2) 开始到开始的关系(STS)

前后两项工作关系用其相继开始的时距 LT_2 来表达。就是说，前项工作 i 开始后，要经过 LT_2 时间后，后面工作 j 才能进行。

(3) 结束到结束的关系(FTF)

两项工作之间的时关系用前后工作相继结束的时距 LT_3 来表示。就是说，前项工作 i 结束后，经过 LT_3 时间，后项工作 j 才能结束。

(4) 开始到结束的关系(STF)

两项工作之间的关系用前项工作开始到后项工作的结束之间的时距 LT_4 来表达。就是说，前项工作 i 开始 LT_4 时间后，后项工作 j 才能结束。

(5) 混合搭接关系

当两项工作之间同时存在上述四种基本关系中的两种关系时，这种具有双重约束的关系，叫作混合搭接关系。除了常见的 STS 和 FTF 外，还有 STS 和 STF 以及 FTF 和 FTS 两种混合搭接关系。

五种基本工作搭接关系的表达方法，如表 3-12 所示。

表 3-12　　基本工作搭接关系的表达方法

搭接关系	横道图	单代号搭接网络图	举例
FTS	i, j, FTS	i —FTS→ j	混凝土浇捣完 7 天后，砌墙开始($FTS=7$)
STS	i, j, STS	i —STS→ j	地坪混凝土浇捣开始 3 天后，开始抹面($STS=3$)
FTF	i, j, FTF	i —FTF→ j	女儿墙砌完后 7 天，屋面防水层完成($FTF=7$)
STF	i, j, STF	i —STF→ j	扎钢筋开始 5 天后，铺电线管才能结束($STF=5$)
混合(以 STS,FTF 为例)	FTF, STS	i —STS FTF→ j	基础挖土 3 天后，开始浇混凝土垫层；挖土结束 2 天后，混凝土垫层结束($STS=3$,$FTF=2$)

3.4.2 计划表达方式

搭接网络类型繁多，但从其基本实质和特征来看，主要工作有搭接关系、时距设定等方面不同。目前常用的搭接网络计划用单代号网络图的形式表达，称为单代号搭接网络计划，它具有直观、简洁的特点，具体绘图要点和逻辑规则可概括为以下四点。

(1) 一个节点代表一项工作，箭线表示工作先后顺序和相互搭接关系。节点形式同单代号网络图，基本内容包括工作编号、工作名称、持续时间以及 6 个时间参数。节点形式及内容，如图 3-34 所示。

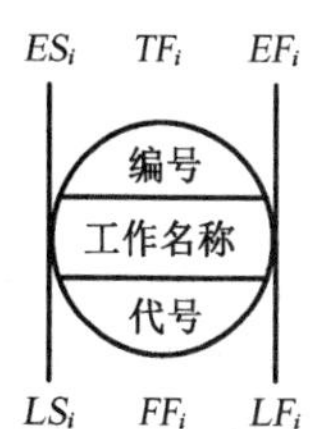

图 3-34　节点形式及内容

(2) 一般情况下要设开始点和结束点。开始点的作用是使最先可同时开始的若干工作有一个共同的起点;结束点的作用是使可最后同时结束的若干工作有一个共同的终点。

(3) 根据工作顺序依次建立搭接关系。

(4) 每项工作的开始都必须和开始点建立直接或间接的联系;每项工作的结束都必须和结束点建立直接或间接的联系。

【例 3-5】 某三跨单层厂房混凝土地面由地面回填土、铺设垫层和浇筑混凝土面层三个施工过程组成搭接施工。当分为 A,B,C 三个施工段时,用双代号网络图来描述各施工段之间的工作搭接关系,就必须先将回填土、铺垫层、浇混凝土三个施工过程分解为三部分,然后用虚工作联系起来,混凝土地面工程施工双代号网络图,如图 3-35 所示。

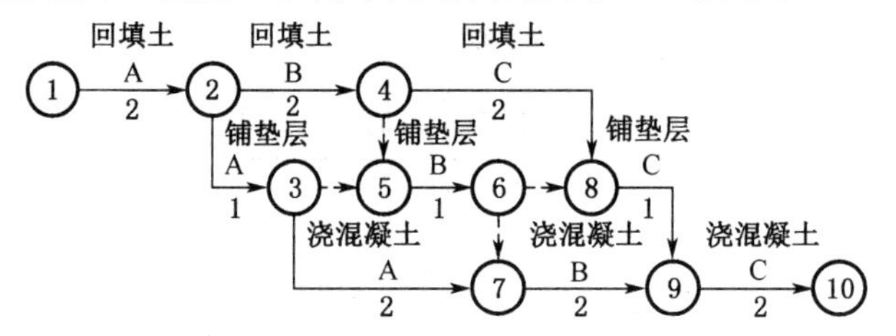

图 3-35 混凝土地面工程施工双代号网络图

当施工段和施工过程较多时,虚箭线也相应多了,这不仅增加了绘图和计算工作量,还会使画面复杂,不易被人们理解和掌握。搭接网络计划技术能更好地表达建筑施工组织的特点。以图 3-35 单层厂房混凝土地面工程施工为例,其横道图和单代号搭接网络,如图 3-36 和图 3-37所示。

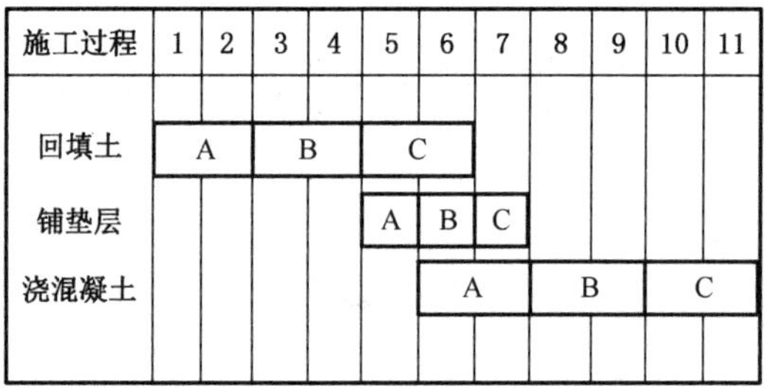

施工过程	1	2	3	4	5	6	7	8	9	10	11
回填土	A		B		C						
铺垫层					A	B	C				
浇混凝土						A		B		C	

图 3-36 混凝土地面工程施工横道图

图 3-36 所示混凝土地面工程横道图分为三个施工段施工,回填土开始 2 天后可以进行铺垫层,但铺垫层要比回填土晚 1 天结束;铺垫层进行 1 天后,可以浇混凝土,但浇混凝土要比铺垫层晚 2 天结束。铺垫层工作连续,施工队不停歇,但总工期较长。

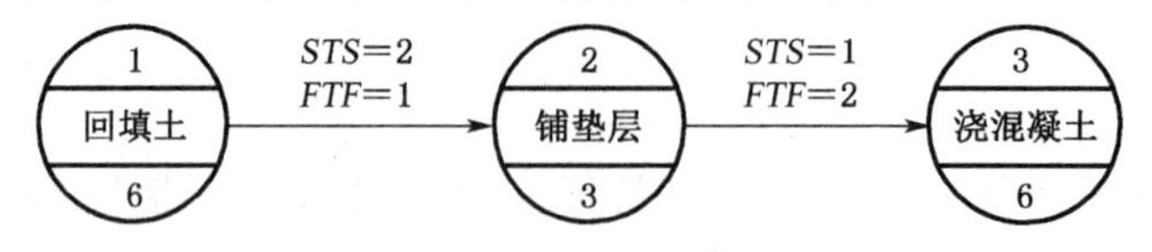

图 3-37 混凝土地面工程单代号搭接网络图

图 3-37 所示单代号搭接网络图中,不直接反映工作的分段情况,只有回填土、铺垫层和浇混凝土三项工作及它们之间的相互搭接关系。工作编号、工作名称、持续时间标注在圆圈中,工作之间的分段搭接关系通过相互之间的搭接关系(STS 和 FTF)来反映。

【例 3-6】 某轧钢厂工程施工总进度,包括 14 项主要施工项目,其工作之间的相互关系、工作时间、搭接关系和时距等有关数据资料如表3-13所示。

表3-13 工程数据资料

序号	工作名称	工作代号	持续时间/天	紧后工作	搭接关系	时距/天
1	打桩	A	2	B	*FTS*	2
2	挖土及降地下水	B	2	C	*FTF*	1
				K	*STS*	2
3	地基处理	C	2	D	*STS*	1
4	深基施工	D	4	E	*FTF*	5
				F	*FTS*	1
5	钢结构运输及装配	E	6	F	*STS*	3
6	钢结构安装	F	8	G	*STF*	6
				H	*STF*	6
7	浅基施工	G	3	I	*FTS*	0
8	桥式吊车安装	H	3	I	*FTS*	0
9	机械设备安装	I	10	J	*STS*	4
10	电气安装	J	6	L	*FTS*	0
11	设备调试	K	10	M	*STS*	6
					FTF	2
12	管网施工	L	5	N	*FTS*	0
13	管网试水试压	M	4	N	*STS*	10
14	工程检查验收	N	1	—	—	

根据表3-13所给出的资料、绘图规则、逻辑关系及搭接时距，可绘制单代号搭接网络计划，如图3-38所示。

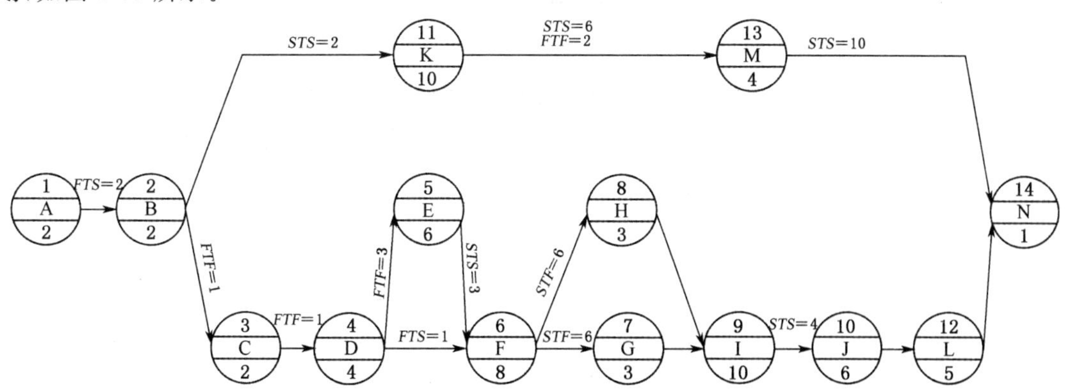

图3-38 单代号搭接网络计划

单代号搭接网络计划具有如下四个特点。

(1) 直接反映工作之间各种可能出现的顺序关系；

(2) 大大简化了网络计划的图形和计算，尤其适合重复性工作和许多工作同时进行的情况；

(3) 丰富了网络计划的内容，极大地扩展了应用范围；

(4) 可用多种方法手算,也可以采用计算机计算,方便灵活,适应性强。

因此,它作为一种严格的科学计划方法,借助于计算机手段,得到了广泛应用和推广。

3.4.3 时间参数计算

单代号搭接网络图中工作时间参数的计算内容主要包括:①最早开始和结束时间(ES_i和EF_i);②间隔时间($LAG_{i,j}$);③自由时差(FF_i);④总时差(TF_i);⑤最迟开始和最迟结束时间(LS_i和LF_i);⑥确定关键线路。现以图 3-39 单代号搭接网络计划为例,分别阐述时间参数计算及关键线路的确定方法。

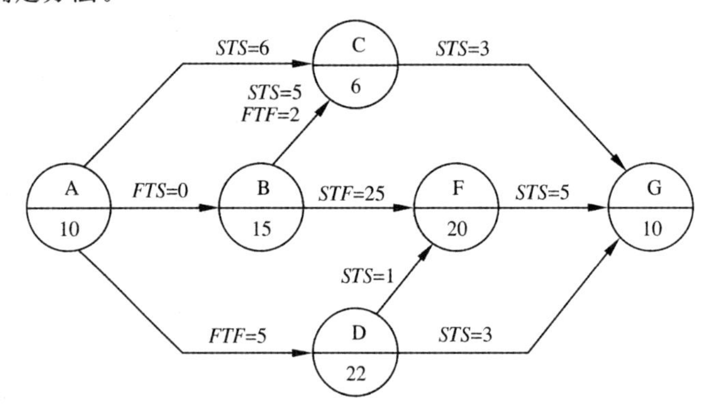

图 3-39 单代号搭接网络计划

1. 工作最早开始和结束时间

一项工作 j 的最早开始时间 ES_j 和最早结束时间 EF_j 取决于其紧前工作 h(一项或多项)的最早开始和结束时间以及它们之间的搭接关系和时距。搭接网络最早开始和最早结束时间计算公式,见表 3-14。

表 3-14 搭接网络最早开始和最早结束时间计算公式

参数	算法
ES_j	按所有搭接关系,分别计算后取最大值 $\max\begin{bmatrix} EF_i+LT_1 & FTS \\ ES_i+LT_2 & STS \\ EF_i+LT_3-D_j & FTF \\ ES_i+LT_4-D_j & STF \end{bmatrix}$
EF_j	ES_j+D_j

1) 工作 A

$$ES_A=0$$

$$EF_A=0+10=10$$

2) 工作 B

$$ES_B=EF_A+FTS_AB=10+0=10$$

$$EF_B=10+15=25$$

3）工作 D

$$EF_D = EF_A + FTF_{AD} = 10 + 5 = 15$$

$$ES_D = 15 - 22 = -7$$

显然，工作 D 最早时间出现负值是不合理的，应将工作 D 与起点节点用虚箭线相连，则

$$ES_D = 0$$

$$EF_D = 0 + 22 = 22$$

注意：在计算工作最早时，如果出现某工作最早开始时间为负值（不合理），应将该工作与起点节点用虚箭线相连接，并确定其时距为 $STS = 0$。

4）工作 C

$$ES_C = \max\begin{Bmatrix} ES_A + STS_{AC} \\ ES_B + STS_{BC} \\ EF_B + FTF_{BC} - D_C \end{Bmatrix} = \max\begin{Bmatrix} 0+6 \\ 10+5 \\ 25+2-6 \end{Bmatrix} = 21$$

在上式中，取最大者，则

$$ES_C = 21$$

$$EF_C = 21 + 6 = 27$$

5）工作 F

$$ES_F = \max\begin{Bmatrix} ES_D + STS_{DF} \\ EF_B + STF_{BF} - D_F \end{Bmatrix} = \max\begin{Bmatrix} 0+1 \\ 10+25-20 \end{Bmatrix} = 15$$

在上式中，取最大者，则

$$ES_F = 15$$

$$EF_F = 15 + 20 = 25$$

注：在计算工作最早开始和结束时间时，如果出现工作最早完成时间的最大值为中间节点，则应将该节点的最早完成时间作为网络计划的结束时间，并将该节点与结束节点用虚箭线相连接，并确定其时距为 $FTF = 0$。

6）工作 G

$$ES_G = \max\begin{Bmatrix} ES_C + STS_{CG} \\ ES_F + STS_{FG} \\ ES_D + STS_{DG} \end{Bmatrix} = \max\begin{Bmatrix} 21+3 \\ 15+5 \\ 0+3 \end{Bmatrix} = 24$$

在上式中，取最大者，则

$$ES_G = 24$$

$$EF_G = 24 + 10 = 34$$

各项工作的最早完成时间的最大值为总工期。从上面计算结果可以看出，与终点节点 E 相连的工作 G 的 $EF_G = 34$，而不与 E 相连的工作 F 的 $EF_F = 35$。显然，总工期应取 35，所以，应将 F 与 E 用虚箭线相连，形成工期控制通路。

2. 工作最迟时间

以总工期为最后时间限制，自虚拟终点节点开始，逆箭线方向由右向左，参照已知的时距关系，选择相应计算关系计算。

1）工作 F 和 G

与终节点相连的工作的最迟结束时间就是总工期值。

$$LF_G=35,\quad LS_G=35-10=25$$

$$LF_F=35,\quad LS_F=35-20=15$$

2）工作 D

$$LS_D=\min\begin{Bmatrix}LS_F-STS_{DF}\\LS_G-STS_{DG}\end{Bmatrix}=\min\begin{Bmatrix}15-1\\25-3\end{Bmatrix}=14$$

在上式中，取最小者，则

$$LS_D=14$$

$$LF_D=LS_D+D_D=14+22=36$$

由于工作D的最迟结束时间大于总工期，显然是不合理的，所以，LF_D 应取总工期的值，并将D点与终节点E用虚箭线相连，即

$$LF_D=35$$

$$LS_D=LF_D-D_D=35-22=13$$

3）工作 C

$$LS_C=LS_G-STS_{CG}=25-3=22$$

$$LF_C=LS_C+D_C=22+6=28$$

4）工作 B

$$LS_B=\min\begin{Bmatrix}LF_F-STF_{BF}\\LS_C-STS_{BC}\\LF_C-FTF_{BC}-D_B\end{Bmatrix}=\min\begin{Bmatrix}35-25\\22-5\\28-2-15\end{Bmatrix}=10$$

在上式中，取最小者，则

$$LS_B=10$$

$$LF_B=LS_B+D_B=10+15=25$$

5）工作 A

$$LS_A=\min\begin{Bmatrix}LS_B-FTS_{AB}-D_A\\LS_C-STS_{AC}\\LF_D-FTF_{AD}-D_A\end{Bmatrix}=\min\begin{Bmatrix}10-0-10\\22-6\\35-5-10\end{Bmatrix}=0$$

在上式中，取最小者，则

$$LS_A=0$$

$$LF_A=LS_A+D_A=0+10=10$$

3. 间隔时间 LAG

$LAG_{i,j}$ 表示前面工作与后面工作除必要时距 LT 之外的时间间隔，应按下式计算：

$$LAG_{i,j}=\min\left\{\begin{array}{l|l}ES_j-EF_i-LT_1 & FTS\\ES_j-ES_i-LT_2 & STS\\EF_j-EF_i-LT_3 & FTF\\EF_j-ES_i-LT_4 & STF\end{array}\right\}\tag{3-23}$$

在该例中，各工作之间的时间间隔 LAG_{ij} 为

$$LAG_{GE}=35-34=1;\qquad LAG_{FE}=35-35=0;$$

$$LAG_{DE}=35-22=13;$$

$LAG_{FG}=24-15-5=4$；　　$LAG_{DG}=24-0-3=21$；

$LAG_{CG}=24-21-3=0$；

$LAG_{BF}=35-10-25=0$；　　$LAG_{DF}=15-0-1=14$；

$LAG_{AC}=21-0-6=15$；　　$LAG_{BC}=\min\begin{Bmatrix}20-10-5\\27-25-2\end{Bmatrix}=0$；

$LAG_{AD}=22-10-5=7$

4. 工作时差

1）工作总时差

即为最迟开始时间与最早开始时间之差，或最迟结束时间与最早结束时间之差。

2）工作自由时差

如果一项工作只有一项紧后工作，则该工作与紧后工作之间的 LAG_{i-j} 即为该工作的自由时差；如果一项工作有多项紧后工作，则该工作的自由时差为其与紧后工作之间的 LAG_{i-j} 的最小值。如该例中，工作 D 之后有三个 LAG_{i-j}，则

$$FF_D=\min\begin{Bmatrix}LAG_{DG}\\LAG_{DF}\\LAG_{DE}\end{Bmatrix}=\min\begin{Bmatrix}21\\14\\13\end{Bmatrix}=13$$

5. 关键工作和关键线路

单代号搭接网络计划的关键工作是指总时差最小差的工作。关键线路为自起点节点到终点节点总时差为零的工作连接起来形成的路线，该线路上所有工作之间的 LAG_{i-j} 均为零，实例中的关键线路为 S→A→B→F→E。

单代号搭接网络计划的计算结果，如图 3-40 所示，从以上例子可以看出，单代号搭接网络计划的计算比较复杂。但是它与普通单代号相比，节点数量少，构图简单，清晰易懂，这样也就相应减少了一部分计算工作量，对于分段施工的平行工作，则效果尤为显著。

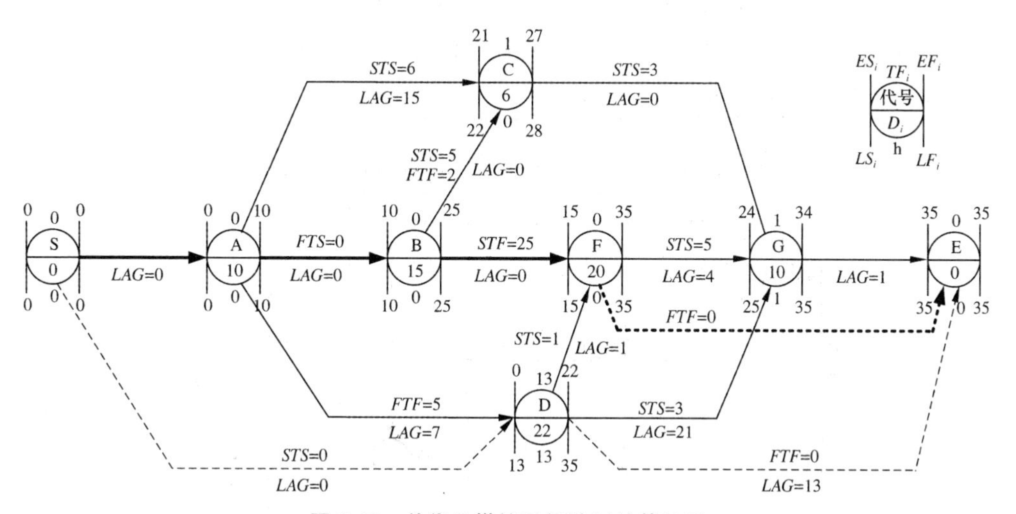

图 3-40　单代号搭接网络计划计算结果

3.5　双代号时标网络计划

双代号时标网络计划，也称时间坐标网络计划，是以时间坐标为尺度表示工作时间及有关

参数的一种网络计划。它将网络计划按照工作的逻辑关系,以一定的比例,绘制在一张带有时间坐标的表格之上,既简单易懂,又能反映工作之间的逻辑关系。因此,在我国容易被接受,应用面较广。

3.5.1 表示方法

时标网络计划的工作以实箭线表示,虚工作以虚箭线表示,以波形线表示本工作与其紧后工作之间的自由间隔。当本工作之后紧接有工作时,波形线表示本工作的自由时差;当本工作之后紧接虚工作时,则紧接的虚工作上的波形线中的最短者为工作的自由时差。

在图面上,节点无论大小均看成一个点,其中心对准相应的时标位置,它在时间坐标上的水平投影长度应看成为零。

时标的单位应根据需要确定,可以是小时、天、周、旬、月等,必须在网络图上注明。时标网络计划的坐标体系有:计算坐标体系、工作日坐标体系和日历坐标体系等。时标网络计划坐标体系,如图 3-41 所示。

0	1	2	3	4	5	6	7	8	9	10	11	12	13	←计算坐标
1	2	3	4	5	6	7	8	9	10	11	12	13		←工作日坐标
22/4	23/4	24/4	25/4	26/4	27/4	28/4	29/4	30/4	3/5	4/5	5/5	6/5		←日历坐标
二	三	四	五	一	二	三	四	五	二	三	四	五		←星期坐标

图 3-41 时标网络计划坐标体系

(1) 计算坐标体系,主要用作计算时间参数,时间从零开始采用方便,但不够明确。

(2) 工作日坐标体系,表明工作在开工后第几天开始、第几天完成。工作日坐标的工作开始时间等于计算坐标的工作开始时间加 1,工作完成时间等于计算坐标的工作完成时间。

(3) 日历坐标体系,可以表明工程的开工日期和竣工日期,以及工作的开始日期和完工日期。日历坐标体系可扣除节假日休息时间,例如,双休日、"五一"节等。

在工程施工实践中,基层施工作业使用双代号编制的时标网络计划居多,其形式直观明了。双代号时标网络计划,如图 3-42 所示。

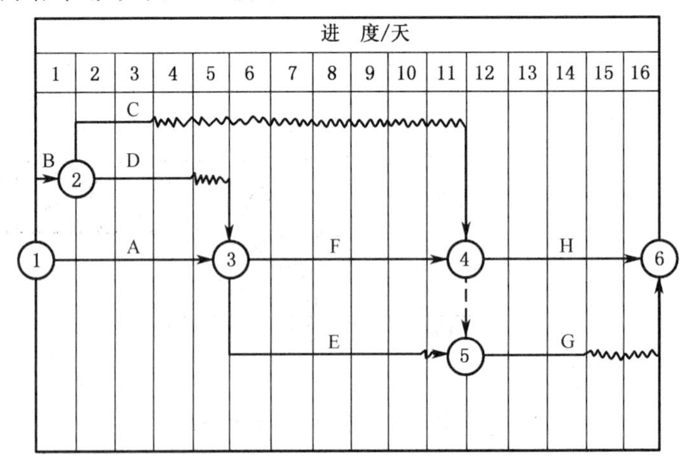

图 3-42 双代号时标网络计划

在图 3-42 中,所有工作均按最早时间表示,即按工作的最早开始时间和最早完成时间来绘制,其时差出现在最早完成时间之后,这种表达方式也称双代号早时标网络计划;如果所有工作均按最迟时间表示，即按工作的最迟开始时间和最迟完成时间来绘制，其时差出现在最迟开始时间之前，这种表达方式也称双代号迟时标网络计划。

3.5.2 绘制步骤

在绘制时标网络计划时，一般应先绘好一般网络计划，有间接绘图法和直接绘图法两种方法。

1. 直接绘图法

不经计算，直接按预先绘制好的普通网络计划在时标表上绘制时标网络计划，具体分为以下四个步骤。

(1) 起点节点位于时标表起始刻度上；

(2) 绘制起点节点的外向箭线，其长度等于工作的持续时间；

(3) 工作的箭头节点，必须在其所有内向箭线绘出后，定位在这些内向箭线中最晚完成的实箭线箭头处，其他实箭线长度不足部分，用波形线补足；

(4) 用上述方法自左至右依次确定其他节点的位置，直至终点节点定位。

2. 间接绘图法

即先算后画。根据预先绘制好的普通网络计划，算出各个节点的最早时间，确定关键线路，然后，再在时标表上确定节点位置，用箭线标出工作持续时间，某些工作箭线长度不足以达到该工作的完成节点时，用波形线补足。绘图时一般宜先绘制关键线路上的工作，再绘制非关键工作。

现举例说明先计算后绘制方法步骤。

(1) 绘制普通双代号网络计划示例。

(2) 计算节点的最早时间(ET_i)，确定关键线路(用双线表示)。双代号网络计划计算参数，如图 3-43 所示。

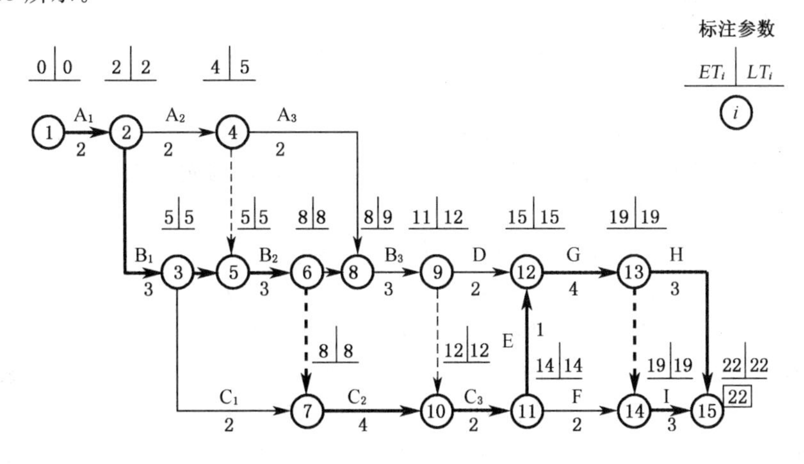

图 3-43 双代号网络计划计算参数

(3) 在时标表上，按最早开始时间确定每项工作的起点节点位置(图形尽量与草图一致)。

(4) 按各工作的时间长度绘制相应工作的实线部分，使其在时间坐标上的水平投影长度等于工作时间。虚工作因为不占时间，故只能以垂直虚线表示，其水平段波形线表示。

(5) 用波形线把实线部分与其紧后工作的起点节点连接起来，以表示自由时差。

完成后的双代号时标网络计划，如图 3-44 所示。

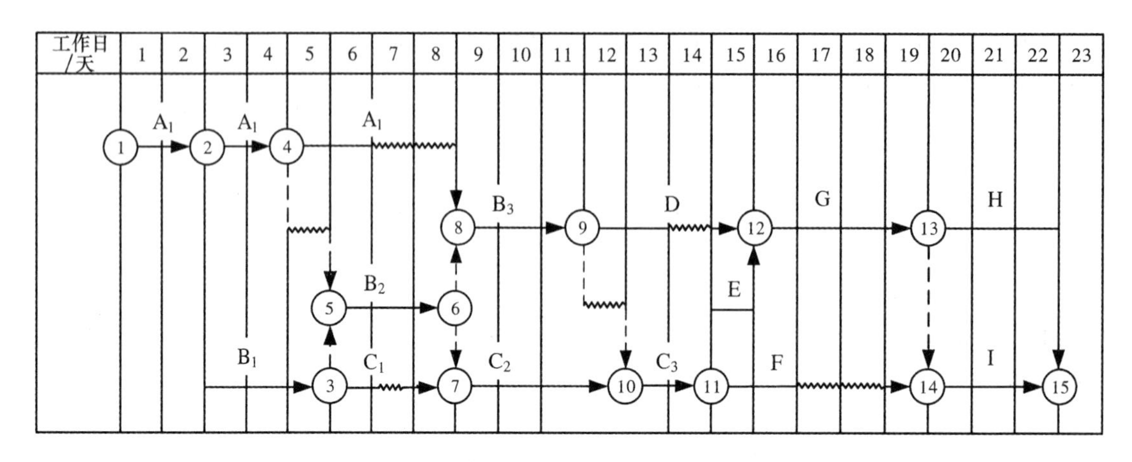

图 3-44 双代号时标网络计划

3.5.3 时间参数确定

时标网络计划的关键线路,可以自终点节点逆箭线方向朝起点节点逐步进行判定,自始至终都不出现波形线的线路即为关键线路,也可以根据总时差来判断。关键线路可用双线或粗线表示。网络计划的计算工期,应是其终点节点与起点节点所在位置的时标值之差。

在图 3-44 中,关键线路有两条,即 1—2—3—5—6—7—10—11—12—13—14—15 和 1—2—3—5—6—7—10—11—12—13—15。其他时间参数确定如下:

1. 工作最早时间

每条箭线左端节点中心所对应的时标值代表工作的最早开始时间,箭线实线部分右端所对应的时标值代表工作的最早完成时间,如 $ES_{9-12}=11$,$EF_{9-12}=13$ 等。

2. 工作自由时差

箭线右边的波形线长度为该工作的自由时差;若工作的紧后工作全部用虚工作与其相连接时,则该工作的自由时差为各项虚工作长度的最小值,如 $FF_{9-12}=2$ 等。

3. 工作总时差

工作总时差,可直接在图上根据其定义来判断;也可自右向左经过简单计算确定,在其诸紧后工作的总时差都被确定后才能求出,其值等于紧后工作的总时差与紧后工作与本工作之间的时间间隔(波形线)之和的最小值,即

$$TF_{i-j}=\min\{TF_{j-k}+LAG_{i-j,j-k}\}$$

式中 TF_{i-j},TF_{j-k}——本工作 $i-j$ 和紧后工作 $j-k$ 的总时差;

LAG_{i-j},$_{j-k}$——工作 $i-j$ 与其紧后工作 $j-k$ 的时间间隔。

例如,在图 3-44 中,工作 2—4 的紧后工作 4—8 的总时差为 3,工作 2—4 与紧后工作 4—8 之间的时间间隔为零;工作 2—4 的紧后工作 5—6 的总时差为 0,工作 2—4 与紧后工作 5—6 之间的时间间隔为 1,工作 2—4 的总时差为 $TF_{2-4}=\min(3+0,0+1)=1$。其他所有非关键工作的总时差,如图 3-44 所示。

4. 工作最迟时间

工作的最迟开始时间和最迟完成时间,分别等于工作最早开始时间或工作最早完成时间加该工作的总时差。即

$$LS_{i-j}=ES_{i-j}+TF_{i-j}$$

$$LF_{i-j}=EF_{i-j}+TF_{i-j} \text{或} LF_{i-j}=LS_{i-j}+D_{i-j}$$

在图 3-44 中,工作 9—12 的总时差为 $TF_{9-12}=2$,则

$$LS_{9-12}=ES_{9-12}+TF_{9-12}=11+2=13$$

$$LF_{9-12}=EF_{9-12}+TF_{9-12}=13+2=15$$

第4章 工程施工组织与技术方案设计

随着工程技术的进步和人民生产、生活水平的提高,建筑物不论在规模上,还是在功能上都是以往任何时代所不能比拟的。这些建筑物在施工技术方面表现的特征为超深基础、大跨度、高耸以及现代化办公、安防、消防、环保、通风和空调等设备系统,在功能方面为人类提供了高雅、舒适、安全的生产和生活的智能化及生态化的环境。建筑物功能以及施工技术的提高,为施工方案的制订提出了新的研究课题。

4.1 施工方案概述

施工方案是执行设计意图、保证工程质量、指导现场施工的技术文件,是施工组织设计的核心,也是指导现场作业的主要文件之一。施工方案的选择和优化必须以施工质量、进度和成本的控制为主要目标。合理的技术方案,可以保证施工质量,合理地使用资源,科学地实施劳动力、材料和机械设备以及能源的合理配置,有效地控制成本,保证工程的顺利完成。

4.1.1 主要内容

合理选择施工方案是单位工程施工设计中带决策性的重要环节。在工程建设的不同阶段及不同过程,施工方案编制的内容不尽相同,深度也不同。在项目建设的前期,施工方案编制较为概括;在项目建设期间,施工方案编制要详细和具体,施工方案的基本内容有施工流向、施工顺序、施工方法、施工机械的选择以及施工措施,专项施工安全设计、现场环境保护和文明施工等,对打桩,基坑开挖,降低水位,上部结构中钢筋、模板和混凝土浇捣、钢结构吊装、管线铺设、玻璃幕墙安装、内墙粉刷等各个方面做出的施工技术和组织管理安排。尤其是大型工程及施工技术复杂及难度大的工程,应对其重要的施工技术方案进行系统性的考虑,确定并形成施工的关键技术路线。

为了应对基础的埋深,就要解决深基础的土壁维护、地下水排放、土方开挖、基坑周围变形控制以及建筑物地下空间的开发和利用;为了应对大跨度,就要解决网架、薄壳、悬索、斜拉等特殊结构的施工技术,还要掌握大量新颖、轻质材料的施工工艺;为了应对建筑物的高耸,就要解决高耸结构安装、模板、脚手架、垂直运输系统、施工测量技术、施工误差检测、大型结构件的提升等一系列技术问题;为了应对现代化的机电设备系统,就要掌握现代信息技术。施工技术的进步,为施工方案的内容、制订过程和步骤、关键技术路线和动态控制与管理提出了新的要求。施工方案主要包括下列内容。

(1) 施工流向。它是指施工活动在空间的展开与进程。对单层建筑要定出分段施工在平面上的流向;对多层建筑在竖向方面定出分层施工的流向。

(2) 施工顺序。它是指分部工程(或专业工程)以及分项工程(或工序)在时间上展开的先后顺序。分部和分项工程(或工序)之间施工顺序的确定,是为了按照施工的客观规律组织施工,在保证质量与安全施工的前提下充分利用空间,争取时间,实现缩短工期的目的。

(3) 施工方法和施工机械。施工方法和施工机械的选择是紧密相关的,它们是在技术上解决分部分项工程的施工手段。施工方法和施工机械的选择在很大程度上受结构形式和建筑特征的制约。结构选型和施工选案是不可分割的，一些大型工程，往往在结构设计阶段就要考虑施工方案，并根据施工方法确定结构计算模式。

(4) 专项施工安全设计。也称分部分项工程安全施工组织设计，针对每项工程在施工过程中可能发生的事故隐患和可能发生安全问题的环节进行预测和部署，从而在技术上和管理上采取措施，消除或控制施工过程中的不安全因素，防范发生事故。《建筑法》第三十八条规定，对专业性较强的工程项目，应当编制专项安全施工组织设计。《建设工程安全生产管理条例》第二十六条规定，对专业性较强的，达到一定规模的危险性较大的分部分项工程，如：基坑支护与降水工程、土方开挖工程、模板工程、起重吊装工程、脚手架工程、拆除、爆破工程应编制专项施工方案。

(5) 施工现场环境保护和文明施工。它是保持作业环境的整洁卫生，减少施工粉尘、废水、废气、固体废弃物、噪声和振动等对周围居民和环境的影响，保证职工的安全和身体健康，也是施工方案的重要内容之一。

(6) 关键技术路线。它是指在大型、复杂工程中对工程质量、工期、成本影响较大、施工难度又大的分部分项工程中所采用的施工技术的方法和途径，它包括施工所采取的技术指导思想、综合的系统施工方法以及重要的技术措施等。

施工方案拟定时，不能简单地照搬照套已有的技术规范的内容，一般须根据实际施工条件及设计图纸要求，对主要工程项目的几种可能采用的施工方法做技术经济比较，然后选择最优方案作为安排施工进度计划、设计施工平面图的依据。施工方案应随主客观条件的变化及时调整、修改不适用的内容，并经原审批部门同意后实施；当工程设计有重大修改，并涉及工程地基基础、主体结构、装饰装修工程的重大变更时；当项目管理体系有重大调整时；当项目的主要施工方法进行重大调整时；当项目主要施工配置有重大调整时；当项目因故停工三个月以上，再行复工建设时；当项目周边的施工环境有重大改变时，施工方案应进行修改。

4.1.2 设计步骤

近年来由于工程管理体制改革与引入国际惯例的需要，施工方案的编制过程也发生了一些变化。一是工程设计和施工一体化的加速，表现在项目建设的前期阶段和设计阶段已开始编制施工方案，认证和考虑设计方案的可行性和可施工性；二是表现在施工单位投标报价时，需要根据掌握的技术经济条件和外部环境，提前研究施工方案，提供技术标书，待中标后进一步深化和完善。项目建设前期的项目策划及可行性研究中包含施工方案，即在项目建设的前期就已考虑工程施工技术的可行性和经济的合理性；项目设计阶段需要研究施工的方案的合理性和可施工性；投标中的施工方案属于技术标，越是大型工程和施工技术难度大的工程施工技术方案在评分标准中所占权重越大，对中标的影响越大。由于投标前往往时间比较紧张，工程资料不够齐全，所编制的施工方案仅限于关键技术部分和核心部分，目的在于取得施工合同。待工程中标后，施工方案必然会进行必要的深化和调整。施工方案设计步骤，如图4-1所示。

施工方案设计可参考如下步骤：

(1) 熟悉工程文件和资料。制订施工方案之前，应广泛收集工程有关文件及资料，包括政府的批文、有关政策和法规、业主方的有关要求、设计文件、技术和经济等方面的文件和资料，当缺乏某些技术参数时，应进行工程实验以取得第一手资料。

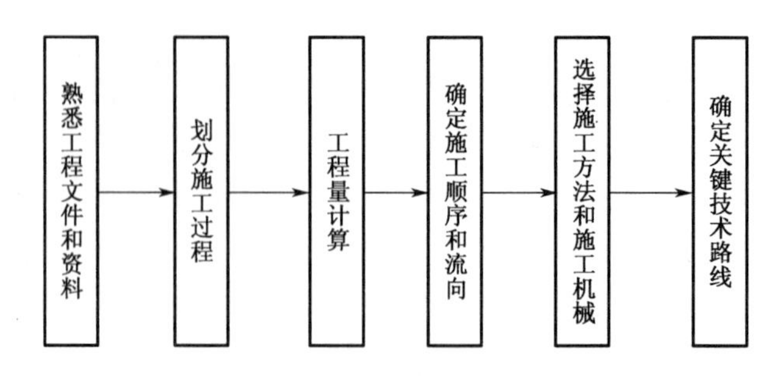

图 4-1 施工方案设计步骤

(2) 划分施工过程。划分施工过程是进行施工管理的基础工作,也是用现代信息技术控制施工的基础工作。施工过程划分的方法可以与项目分解结构(PBS)、工作分解结构(WBS)结合进行。房屋建筑工程施工任务 WBS 图,如图 4-2 所示。施工过程划分后,就可对各个施工过程的技术进行分析。

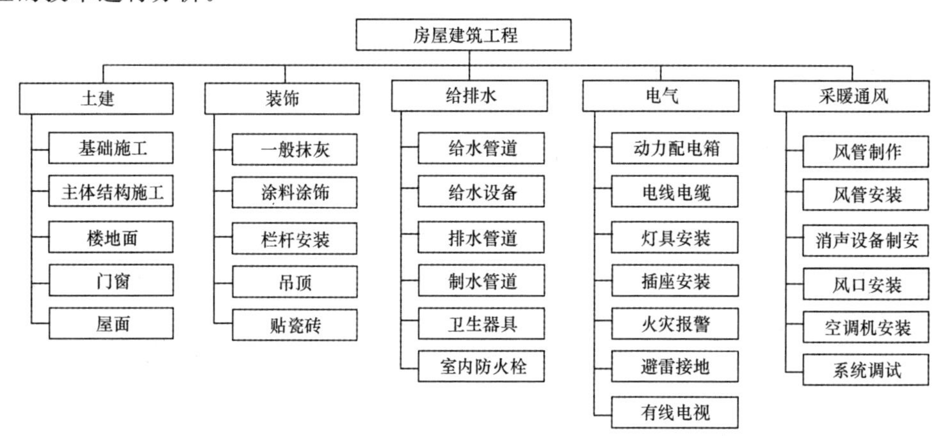

图 4-2 房屋建筑工程施工任务 WBS 图

(3) 计算工程量。计算工程量应结合施工方案按工程量计算规则来进行。

(4) 确定施工顺序和流向。施工顺序和流向的安排应符合施工的客观规律,并且处理好各施工过程之间的关系和相互影响。

(5) 选择施工方法和施工机械。拟订施工方法时,应着重考虑影响整个单位工程施工的分部分项工程的施工方法,对于常规做法的分项工程则不必详细拟订。

在选择施工机械时,应首先选择主导工程的机械,然后根据建筑特点及材料、构件种类配备辅助机械,最后确定与施工机械相配套的专用工具设备。垂直运输机械的选择是一项重要的内容,它直接影响工程的施工进度,一般根据标准层垂直运输量来编制垂直运输量表,然后据此选择垂直运输方式和机械数量,再确定水平运输方式和机械数量。最后布置运输设施的位置及水平运输路线。垂直运输量表,如表 4-1 所示。

表 4-1 垂直运输表

序号	项目	单位	数量		需要吊次
			工程量	每吊工程量	

（6）确定关键技术路线。关键技术路线的确定是对工程环境和条件及各种技术选择的综合分析的结果。例如，某大型机场航站楼屋架钢结构吊装关键技术路线的形成是经过多方案的比较和优化组合，最终主楼和高架进行连续三跨大跨度钢结构形成了“屋架节间地面拼装，柱梁屋盖跨端组合，区段整体纵向移位”的施工关键技术路线；大跨度、大吨位、超长距离结构（1400m）的登机长廊形成了“地面组装，四机抬吊，高位负荷，远程吊运”的关键技术路线。

大型工程关键技术难点往往不止一个，这些关键技术是工程中的主要矛盾，关键技术路线正确应用与否，直接影响到工程的质量、安全、工期和成本。施工方案的制订应紧紧抓住施工过程中的各个关键技术路线的制订。例如，深基坑的开挖及支护体系、高耸结构混凝土的输送及浇捣、高耸结构垂直运输、结构平面复杂的模板体系、大型复杂钢结构吊装、高层建筑的测量、机电设备的安装和装修的交叉施工安排等。

4.1.3 责任机构

施工方案的编制和实施的管理是一个动态过程，从粗到细，由浅到深。随着工程的进展分别有业主、设计和施工单位负责进行修订和完善。

工程策划或可行性研究阶段的施工方案是由编制可行性研究报告的单位编写的，一般由设计单位或咨询单位负责编制。施工方案针对非常规的特殊工艺、新型技术、重要分部工程的关键技术方法的可行性进行论证。

在施工组织条件设计中，施工方案一般由设计单位负责编制，施工方案的内容主要从施工的角度说明工程设计的技术可行性与经济合理性，论述拟建工程在规定期限与建设地点的条件下对施工方法的影响。

在施工组织总设计中，施工方案一般由总承包单位编制。施工组织总设计是指导施工的全局性的文件，包括施工区域的划分，施工顺序、总进度计划的制订，劳动力、材料、机械设备的安排以及主要施工技术与质量安全保证措施等，可作为单位工程以及分部分项工程施工方案编制的依据。

单位工程施工设计及分部分项施工设计是在施工单位技术部门的指导下，由项目部负责编制的。此时的施工方案应比较具体详细，并切实可行。编制过程中可采用滚动编制的方法，即先施工的分部分项工程在图纸及其他条件具备的情况下先编制，后施工的分部分项工程的施工方案，待该部分施工的图纸及其他条件具备的时候陆续编制。

施工方案编制完成后，尚需要经过审批和审核。由承包单位项目部负责编制的施工方案，由上一级技术部门负责审批，重要的施工方案由总承包公司总工程师批准，最后报总监理工程师批准认可。施工方案管理程序，如图 4-3 所示。

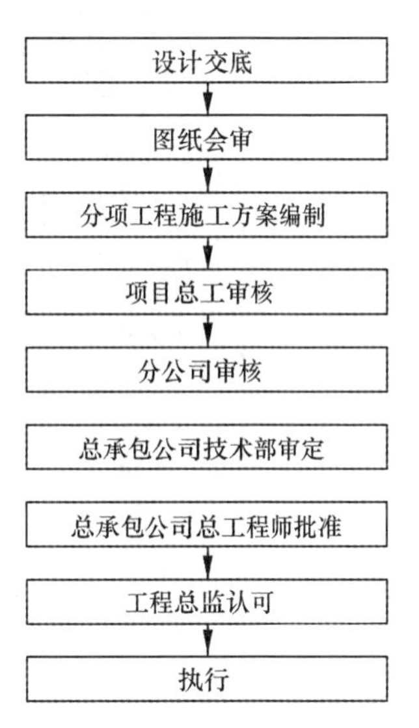

图 4-3 施工方案管理程序

施工方案审核的重点内容如下。

（1）施工方案的合规性。承包单位的报批手续和申报程序是否符合要求。

（2）施工程序的科学性。工期安排是否符合施工合同规定的开工、竣工日期；施工流向是否合理，在平面和立面上要考虑施工的质量保证与安全保证；考虑交付使用的先后顺序；适当分区分段，与材料、构件的运输方向不发生冲突等；施工的连续性和均衡性，机械设备和材料供应是否落实;体现主要工序相互衔接的合理安排等。

(3) 施工方法的可行性。施工方法应力求科学、先进、节约,符合国家颁布的施工验收规范和质量检验评定标准有关规定,满足施工条件和施工工艺要求,施工方法与选择的施工机械及划分的流水段相适应,施工质量保证措施是否可靠等。

(4) 施工组织制度的完备性。承包单位的质量保证体系是否健全;项目经理及技术负责人等执业资格、技术和管理能力是否足够;安全施工、事故防范、消防、卫生、环保、文明施工等管理制度是否齐备。

(5) 施工机械的合理性。施工机械选择应遵循切实需要、实际可能、经济合理的原则。审核内容包括技术条件、经济条件。技术条件是指技术性能、工作效率、工作质量、能源耗费、劳动力的节约、使用安全性和灵活性,通用性和专用性,维修的难易程度,耐用程度等。经济条件是指施工机械的原始价值、使用寿命、使用费用、维修费用等。

4.2 施工组织方案的制定

在施工方案的制定过程中,首先要研究施工区段的划分、施工流向和顺序的确定,并结合施工方法和施工机械设备的选择,再考虑劳动组织的安排等问题。

4.2.1 施工组织机构的设置

根据工程的实际需要,施工单位现场管理组织机构一般由项目经理、项目副经理、项目总工程师、专业责任工程师组成。项目经理负责对工程的领导、指挥、协调、决策等重大事宜,对工程的进度、成本、质量、安全和现场文明负全部责任。其中,项目经理对上级公司负责,其余人员对项目经理负责。施工项目经理部设有工程部、技术部、物资部、经营部、办公室等。施工现场组织机构框架,如图4-4所示。

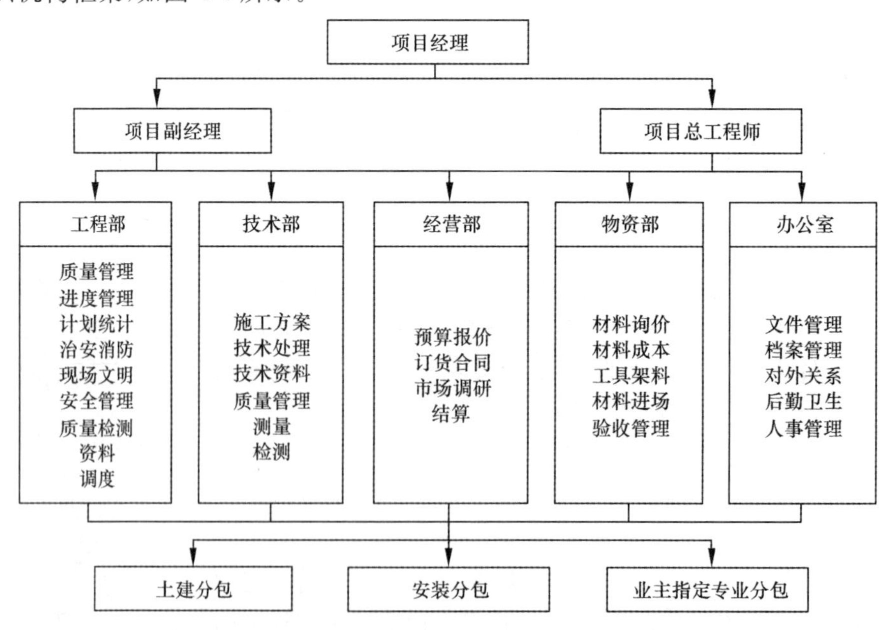

图4-4 施工组织机构框架图

施工单位现场管理组织机构各部门的职责如下。

1. 项目经理

组织项目部开展工作,实行对工程的全面管理,对工程施工全面负责,及时、准确地对工程质量、施工进度、资源调配、重大技术措施等做出管理决策;对工程进度、质量、安全、成本和场容场貌等进行监督管理,对施工中出现的问题及时解决;协调与业主指定分包专业公司配合及交叉作业等工作;组织制订各项管理制度及各类管理人员职责权限。

2. 项目副经理

协助项目经理协调各职能部门工作及各专业公司之间、总包与分包之间的关系,组织施工生产,主持编制季、月、周施工生产计划,对施工过程中劳动力、机械、材料进行平衡调度,对重点分部分项部位的技术、安全、质量措施执行情况进行检查,保证施工进度与质量,确保安全文明施工。

3. 项目总工程师

主持编制和审核施工组织设计施工方案、技术措施,并组织实施和检查施工组织设计(施工方案)、技术措施执行情况,对关键工序进行技术交底;负责编制质量工作计划、技术工作计划、技术工作总结,负责技术管理和质量管理工作;主持技术攻关,负责科技成果推广应用和技术革新,提交技术成果,指导和检查试验取样、送检工作及技术资料归档、搜集、整理工作;及时解决施工中存在的技术问题,审核不合格材料处理意见,组织不合格项目原因分析,负责施工过程控制,落实和执行不合格品纠正措施。

4. 工程部

负责制订生产计划,完成工程统计,组织实施施工现场各阶段平面布置及平面管理,对分包单位进行施工安排部署;负责制订阶段性施工进度计划并检查落实情况,保证总进度计划按预期目标实现,对已完工程的成品保护制订专项措施,并组织实施,责任到人;收集整理各种施工记录,贯彻执行质量保证体系有关程序文件,组织落实现场文明施工、企业形象设计。

5. 技术部

编制和贯彻工程施工组织设计、施工工序,进行技术交底,组织技术培训,办理工程变更,收集整理工程技术资料档案;组织材料检验、试验及施工试验;编制项目质量计划,检查监督工序质量、调整工序设计,负责施工全过程控制,对不合格品评审,及时制订质量纠正及预防措施,解决施工中出现的一切技术问题。

6. 物资部

负责工程施工材料及机械、工具的购置、运输,编制并实施材料使用计划;负责进场物资的堆放、标识、保管、发放;参加不合格品评审,并实施、监督控制现场各种材料的使用情况;维修保养机械、工具等;收集、整理有关资料,做好台账。

7. 经营部

负责编制工程预算报价、决算;合同管理,监督按合同履约;负责工程成本管理。

8. 办公室

负责文件管理、档案管理;对外关系;现场保卫;后勤供应等工作。

4.2.2 施工区段的划分

现代工程项目规模较大,时间较长。为了达到平行搭接施工、节省时间的目的,需要将整个施工现场分成平面上或空间上的若干个区段,组织工业化流水作业,在同一时间段内安排不同的项目、不同的专业工种在不同区域同时施工。

划分施工区段是为了适应流水施工的需要,但在单位工程上划分施工段时,还应注意以下四点要求。

(1) 要有利于结构的整体性。尽量利用伸缩缝或沉降缝、平面有变化处、留槎而不影响质量处以及可留施工缝处等作为施工段的分界线。

(2) 要使各施工段工程量大致相等。一般组织等节拍流水施工,使劳动组织相对稳定、各班组能连续均衡地施工,减少停歇和窝工。

(3) 施工段数应与施工过程数相协调。尤其在组织楼层结构流水施工时,每层的施工段数应大于或等于施工过程数。段数过多可能延长工期或使工作面过窄;段数过少则无法流水,而使劳动力窝工或机械设备停歇。

(4) 分段的大小应与劳动组织或机械设备及其生产能力相适应。以保证足够的工作面,便于操作和发挥生产效率。

现就不同工程类型施工区段划分的原则进行分析。

1. 大型工业项目施工区段的划分

大型工业项目按照产品的生产工艺过程划分施工区段,一般有生产系统、辅助系统和附属生产系统。相应每一生产系统是由一系列的建筑物组成的。因此,每一生产系统的建筑工程分别称之为主体建筑工程、辅助建筑工程及附属建筑工程。

某单层装配式工业厂房施工段划分示意图,如图4-5所示。图中,生产工艺的顺序如图上罗马数字所示。从施工角度来看,从厂房的任何一端开始施工都是一样的,但是按照生产工艺的顺序来进行施工,可以保证设备安装工程分期进行,从而达到分期完工、分期投产,提前发挥基本建设投资的效益。所以在确定各个单元(跨)的施工顺序时,除了应该考虑工期、建筑物结构特征等问题以外,还应该很好地了解工厂的生产工艺过程。

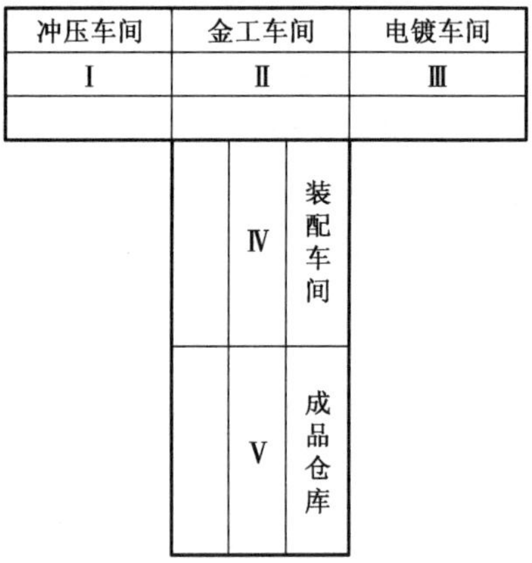

冲压车间	金工车间	电镀车间
Ⅰ	Ⅱ	Ⅲ

	Ⅳ	装配车间
	Ⅴ	成品仓库

图4-5 单层装配式工业厂房施工段划分示意图

2. 大型公共项目施工区段的划分

大型公共项目(如火车站、飞机场、公交枢纽等)都有自身的业务流程和空间关系。按照其建筑物的功能和使用要求来划分施工区段。

例如,飞机场可以分为航站工程、飞行区工程、综合配套工程、货运食品工程、航油工程、导航通讯工程等施工区段;火车站可以分为主站层、行李房、邮政转运、铁路路轨、站台、通讯信号、人行隧道、公共广场等施工区段。

某铁路新客运站工程平面示意图,如图4-6所示。该工程分两期施工,共8个项目。第一期南车场为5个项目,即图4-6中1,2,3,4,5部分;第二期北车场3个项目,即图4-6中6,7,8部分。

为了在建造新客站的同时确保老客站正常使用,将原有部分铁路拆除先建南车场,北车场处于火车正常运行状态。南北车场开工时间相差17个月,施工先由2—5号站台开始,以确保17个月后南北返场。

南车场分为五个施工区段(①~⑤),北车场分为三个施工段(⑥~⑧)。其编号为:①2号~5号站台;②南进厅;③F,G,H长廊;④东西出口厅;⑤1号站台;⑥6号~7号站台;⑦北进

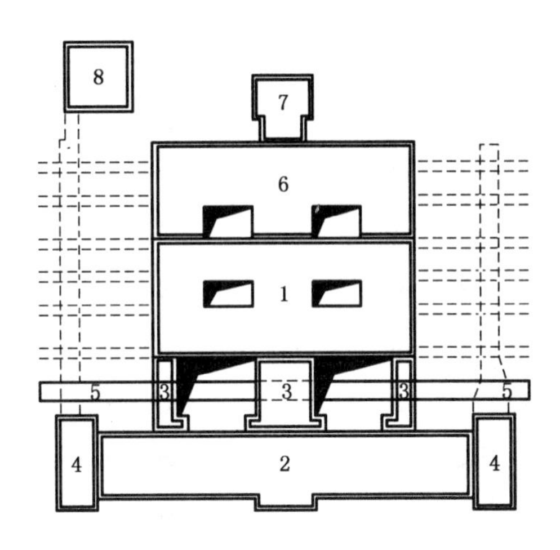

图 4-6 铁路新客站工程平面示意图

厅;⑧北出口厅。

在各个施工区段施工过程中,为了确保均衡施工,解决人员、机械、材料、模具等过分集中与施工场地不足的矛盾,再将各施工区段划分成若干个流水施工段。例如,将2～5号站台划分成12个流水施工段。2～5号站台框架流水施工段划分,如图4-7所示。

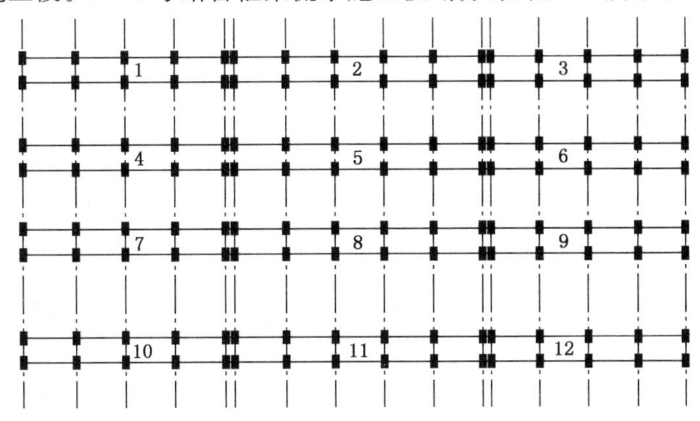

图 4-7 2～5号站台框架流水施工段划分

3. 民用住宅及商业办公建筑施工区段的划分

民用住宅及商业办公建筑可按照其现场条件、建筑特点、交付时间及配套设施等情况划分施工区段。

例如,某框架剪力墙结构大楼,地上13层,建筑面积31 105m^2,采用后压浆浇筑桩复合地基加平板式筏基,楼面采用双向板梁肋结构,基础底板厚1 350mm,设1.2m宽后浇带。根据施工条件及工期要求,将地下部分水平方向沿后浇带将地下室底板(厚1.35m)划分为两个段,先施工A1段,再施工A2段,如图4-8(a)所示;地下、地上竖向及地上水平方向沿逆时针方向划分四个流水A1,A2,A3,A4,形成流水施工,如图4-8(b)所示。

对于独立式商业办公楼,可以从平面上将主楼和裙房分为两个不同的施工区段,从立面上再按层分解为多个流水施工段。

在设备安装阶段,也可以按垂直方向进行施工段划分,每几层组成一个施工段,分别安排水、电、风、消防、保安等不同施工队的平行作业,定期进行空间交换。

例如,某工程为高层公寓小区,由9栋高层公寓和地下车库、热力变电站、餐厅、幼儿园、物

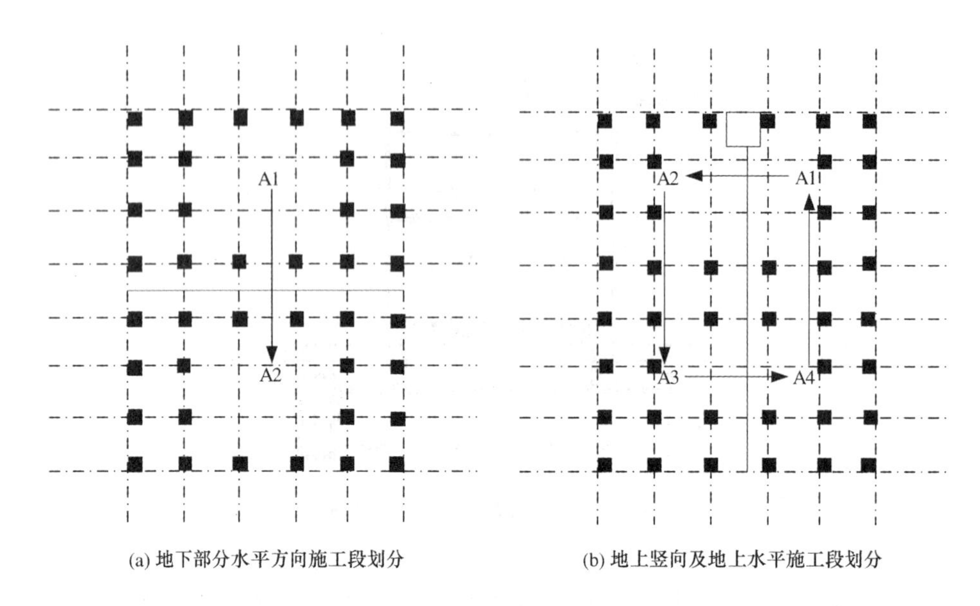

图 4-8 某框架剪力墙结构大楼施工段划分示意图

业管理楼、垃圾站等服务用房组成。公寓小区总平面图,如图 4-9 所示。由于该工程为多栋标号群体工程,工期比较长,按合同要求 9 栋公寓分三期交付使用,即每年竣工 3 栋。3 栋高层配备 1 套大模板组织流水施工,适当安排配套工程。

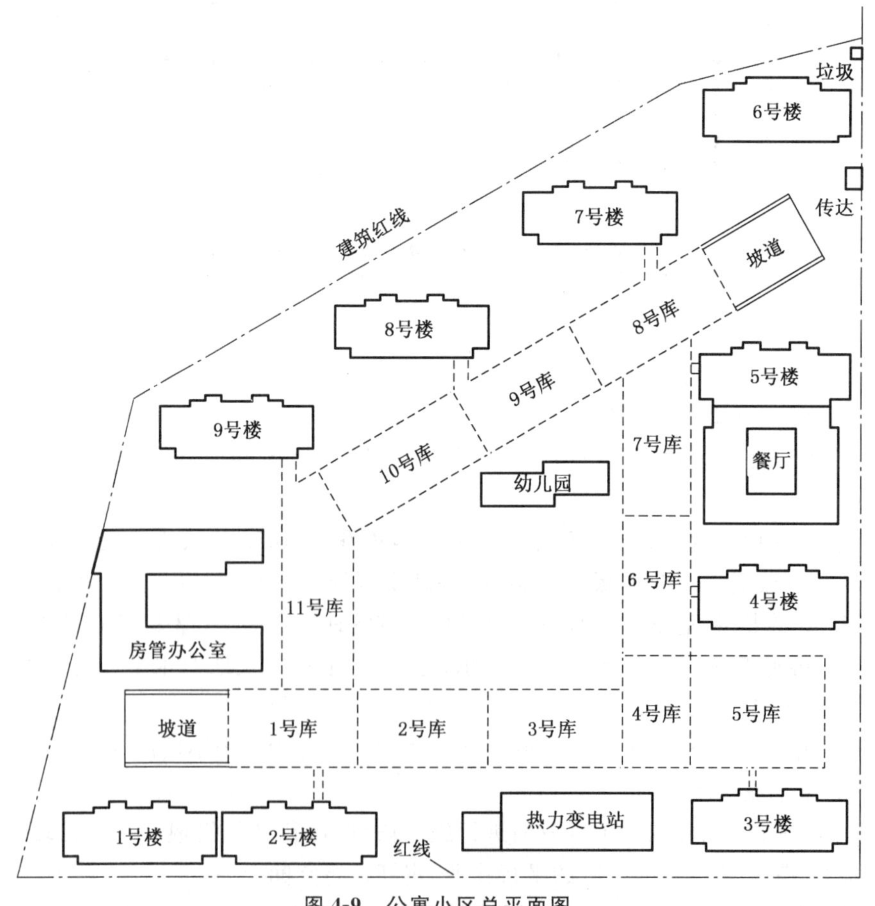

图 4-9 公寓小区总平面图

地下车库以每1库为一大流水段，各段又按自然层分3层进行台阶式流水。一期车库从5号库开始（为3号楼开工创造条件），分别向7号及1号库方向流水；二期车库从8号向11号方向流水。

第一期高层公寓为3，4，5号楼；第二期高层公寓为6，1，2号楼；第三期高层公寓为9，8，7号楼。在结构阶段每幢公寓楼平面上又分成五个流水施工段，常温阶段每天完成一段，5天完成一层。

该工程的总体部署为四个阶段，具体施工流向的部署如下。

第1阶段：地下车库。按照先地下后地上的原则，以及公寓竣工必须使用车库的要求，先行施工地下车库。地下车库以每一库为一大流水段，各段又按自然层分三层进行台阶式流水。车库面积大、基底深，为尽量缩短基坑暴露时间，整个车库又分为两期施工。第一期为1～7号库，先施工5号库（为3号楼开工创造条件），然后向1号和7号库方向流水。第二期8～11号库，从8号向11号方向流水施工。

第2阶段：3号，4号，5号公寓楼。这三栋楼临街，先行完成对市容观瞻有利，故作为首批竣工对象。3号、4号地下室在车库左右侧，可在车库施工期间穿插进行。

在此阶段，热力变电站应安排施工，因其系小区供热供电的枢纽，须先期配套使用，而且该栋号设备安装工期长，这一点应予足够的重视。

第3阶段：6号，1号，2号公寓楼。考虑到1号，2号楼所在位置的拆迁工作比较困难，故开工顺序为6号→1号→2号。

此阶段同时要施工的还有房管办公楼，此楼作为可供施工时使用的项目安排。由于施工用地紧张，先将部分临时设施用房安排在准备第四阶段开工的7号，8号，9号楼位置上，故要求在房管楼出图后尽早安排开工，并在结构完成后只做简易装修，利用其作施工用房（此时将7号，8号，9号楼位置上的临设拆除），作为最后交工栋号。

第4阶段：9号，8号，7号公寓楼。这三栋楼的开工顺序根据其地基上的临设房拆除的条件来决定，计划先拆除混凝土搅拌站、操作棚、后拆除仓库、办公室，故开工栋号的顺序为9号→8号→7号。此外，餐厅、幼儿园、门房、垃圾站等工程可作为调剂劳动力的部分，以达到均衡施工的目的。

在结构阶段每幢公寓楼平面上又分成五个流水施工段，常温阶段每天完成一段，5天完成一层。在设备安装阶段，也可以按垂直方向进行施工段划分，每几层组成一个施工段，分别安排水、电、风、消防、安保等不同施工队的平行作业，定期进行空间交换。

室外管线由于出图较晚，不可能完全做到先期施工，而且该小区管网为整体设计，布设的范围广、工程量大，全面开工不能满足公寓分期交付使用的要求，故宜配合各期竣工栋号施工，并采取临时封闭措施，以达到各阶段自成系统分期使用的目的，但每栋公寓基槽范围内的管线应在回填土前完成。

4.2.3 施工流向的确定

施工流向是指建筑工程在平面上或空间上，按照一定的施工顺序，从起点到终点进行施工的方向。例如，建筑物群体工程从第一栋起，向第二、四栋或第三、五栋进行施工的方向。又如单位工程的装修工程，可以从第一层至顶层由下而上的流向；也可以从顶层至底层由上而下的流向进行施工。施工流向的合理确定，将有利于扩大施工作业面，组织多工种平面或立体流水作业，缩短施工周期和保证工程质量。

施工流向的确定是工程施工方案设计的重要环节,应当经过不断优化。确定施工流向一般应考虑以下几个因素:生产使用的先后,适当的施工区段划分,与材料、构件、土方的运输方向不发生矛盾,适应主导施工过程(工程量大、技术复杂、占用时间长的施工过程)的合理施工顺序,以及保证工人连续工作而不窝工。

通常情况下,应以工程量较大或技术上较复杂的分部分项工程为主导工程(序)安排施工流向,其他分部分项随其顺序依次安排。在多层建筑及高层建筑施工中,往往将主体结构、围护结构、室内装饰装修的施工形成一定的施工流水顺序,这样既能满足部分层次先行使用的要求,又能从整体上缩短施工周期。如砖混结构住宅建筑中,通常以墙体砌筑为主导工序合理安排施工流向,其他工序如立模、扎筋、浇混凝土、楼板等则随后依次施工;工业建筑往往按生产使用上需求顺序安排施工段或部位排施工。如多跨单层工业厂房,通常从设备安装量大的一跨先行施工(指构件预制、吊装),然后施工其余各跨,这样能保证生产设备的安装有足够的时间。

对于民用建筑装饰工程,有两种可选的施工流向。

1. 自上而下的施工流向

自上而下的施工流向就是待主体工程完工之后,装饰工程从顶层到底层依次逐层向下进行,如图4-10(a)和(b)所示。其优点是可以使房屋主体工程完工后,有一定的沉降期;已做好屋面防水层,可防止雨水渗漏。这些都有利于保证装饰工程质量,同时,由上而下的清理现场比较方便。但装饰工程不能提前插入,工期较长。

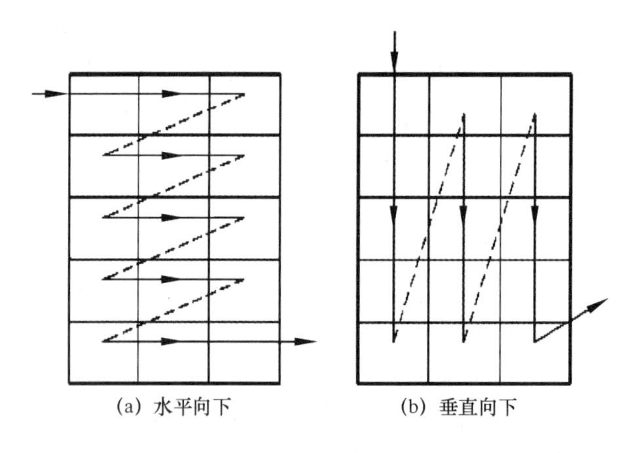

图4-10 自上而下的施工流向

2. 自下而上的施工流向

自下而上的施工流向是在主体工程安装第若干层楼板之后,装饰工程提前插入,与主体工程交叉施工,由底层开始逐层向上。为了防止雨水或施工用水渗漏,一般楼板应灌缝或做好地面后,下面抹灰工程才能开始。如图4-11(a)和(b)所示。其优缺点是由于装饰工程提前插入,可缩短工期,能扩大工作面;但劳动力集中,垂直运输量集中,应采取严密的安全措施,确保施工安全,通常成本有所提高。

以上两种施工流向,可根据工期要求,结构特征,气候变化、垂直运输机械和劳动力的情况等具体条件选用。

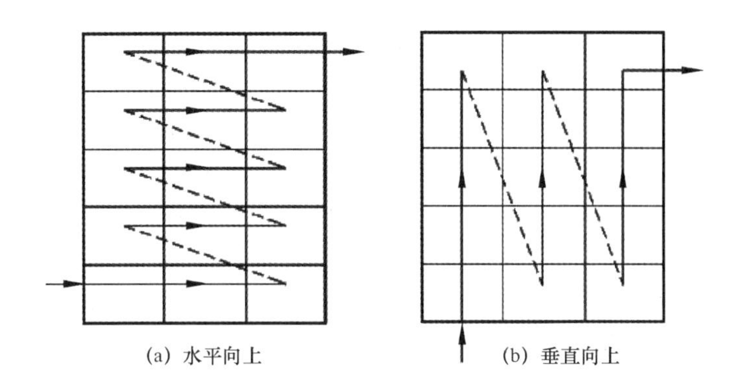

图 4-11 自下而上的施工流向

4.2.4 施工程序的确定

施工程序可以指施工项目内部各施工区段的相互关系和先后次序;也可以指一个单位工程内部各施工工序之间相互联系和先后顺序。施工程序的确定,不仅有技术和工艺方面的要求也有组织安排和资源调配方面的考虑。

按照房屋各分部工程的施工特点一般分为地下工程、主体结构工程、建筑安装工程、装饰与屋面工程四个阶段。

1. 地下工程

地下工程是指室内地坪(±0.000)以下所有的工程。

浅基础的施工顺序为:清除地下障碍物→软弱地基处理(需要时)→挖土→垫层→砌筑(或浇筑)基础→回填土。其中基础常用砖基础和钢筋混凝土基础(条基或片筏基础)。砖基础的砌筑中有时要穿插进行地梁的浇筑,砖基础的顶面还要浇筑防潮层。钢筋混凝土基础则包括支撑模板→绑扎钢筋→浇筑混凝土→养护→拆模。如果基础开挖深度较大、地下水位较高,则在挖土前尚应进行土壁支护及降水工作。

桩基础的施工顺序为:降水井、工程桩、水泥粉煤灰碎石桩(CFG)→土方开挖、土钉支护→破桩头、验桩、垫层→防水、底板工程→地下室结构。

2. 主体结构

主体结构常用的结构形式有混合结构、装配式钢筋混凝土结构(单层厂房居多)、现浇钢筋混凝土结构(框架、剪力墙、筒体)等。

混合结构的主导工程是砌墙和安装楼板。混合结构标准层的施工顺序为:弹线→砌筑墙体→浇过梁及圈梁→板底找平→安装楼板(浇筑楼板)。

装配式结构的主导工程是结构安装。单层厂房的柱和屋架一般在现场预制,预制构件达到设计要求的强度后可进行吊装。单层厂房结构安装可以采用分件吊装法或综合吊装法,但基本安装顺序都是相同的,即:吊装柱→吊装基础梁、连系梁、吊车梁等,扶直屋架→吊装屋架、天窗架、屋面板。支撑系统穿插在其中进行。

现浇框架、剪力墙、筒体等结构的主导工程均是现浇钢筋混凝土。标准层的施工顺序为:弹线→绑扎墙体钢筋→支墙体模板→浇筑墙体混凝土→拆除墙模→搭设楼面模板→绑扎楼面钢筋→浇筑楼面混凝土。其中柱、墙的钢筋绑扎在支模之前完成,而楼面的钢筋绑扎则在支模之后进行。

其中,墙模安装主要施工工艺流程:施工缝清理→放线→焊限位→安设门洞口模板→安装内侧模板→安装外侧模板→调整固定→预检;顶板模板支设主要施工工艺流程:搭设满堂脚手架→安装主龙骨→安装次龙骨→铺板模→校正标高→加设立杆水平拉杆→预检。

例如,某酒店工程地下3层,地上53层,建筑面积约11万m^2。地下部分采用主楼顺作、裙楼逆作(待主楼地下室完成后再施工)施工工艺。其中顺作区基坑面积约5000m^2,逆作区基坑面积约2000m^2,裙楼开挖深度12.0m,主楼开挖深度13.8m,局部电梯井深坑开挖深度18.1m。围护结构采用800厚地下连续墙(主裙楼分界部位采用钻孔灌注桩),墙深26m,设三道钢筋混凝土水平支撑。某酒店工程主体结构半逆作法施工程序,如图4-12所示。

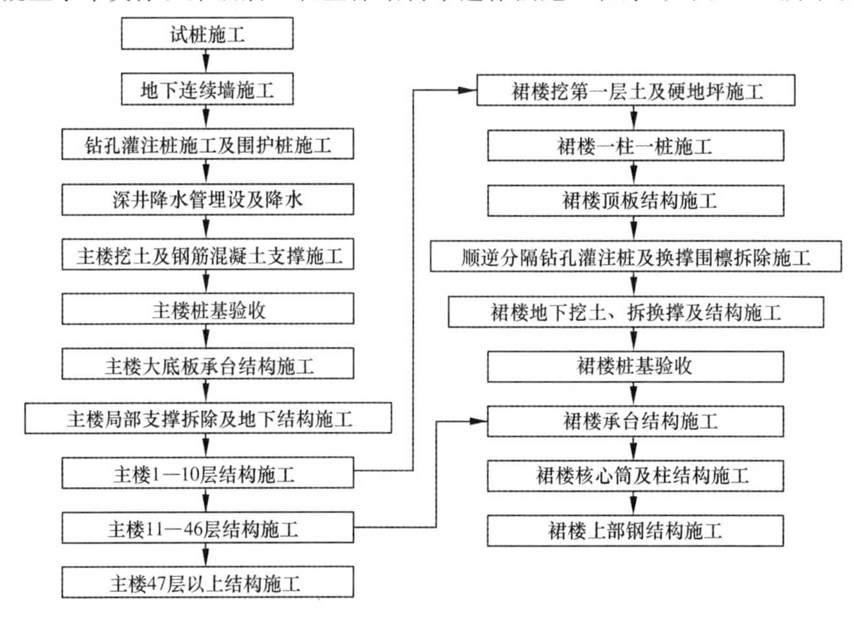

图4-12 某酒店工程主体结构半逆作法施工程序

3. 建筑安装工程

建筑安装工程包括给排水、电气及空调与通风安装等部分。其中,给排水安装包括给水管道、污水管道、雨水管道及空调凝结水管道;电气部分分强电、弱电及消防联动控制系统;通风与空调安装工程分空调系统、防排烟系统。

给排水安装工程,主要包括生活给水管道系统、热水管道系统、排水管道系统、雨水排水系统。给排水安装工程施工顺序为:从下向上进行施工,主管→干管→支管→试压→油漆→保温→与设备连接。给水设备安装施工顺序:按设计图进行基础验收→放线→设备拖运吊装→设备就位→设备校正→清洗→装配→单机试车。

排水管道安装的工艺流程:安装准备→预制加工→干管安装→立管安装→支管安装→卡件固定→封堵洞口→闭水试验→通水试验→通球试验→竣工验收。

电气安装主要包括电气照明系统、电气动力及防雷接地系统部分。电气安装工程的主要分项由线管、线盒的预留预埋,线槽和桥架的安装,管内穿线,电缆敷设,金属母线槽的安装,照明器具安装,配电箱(柜)的安装,设备接线,防雷接地安装,电气系统调试等组成。电气安装施工顺序:安装准备→管路预制加工→箱盒定位→管路连接→穿带铁丝→扫管→带护口→穿线→托盘安装→电缆敷设→配电箱安装→设备接线→照明器具安装→系统调试。

空调系统主要包括空调水系统、空调送风系统、消防排烟系统、送排风系统部分,其施工顺序:风管、法兰、支吊架制作→支架安装→风管安装→通风设备安装→风管保温和防腐→风口安装→系统调试→通风空调系统竣工验收。

4. 装饰及屋面工程

一般的装饰及屋面工程包括抹灰、勾缝、饰面、喷浆、门窗扇安装、玻璃安装、油漆、屋面找平、屋面防水层等。其中抹灰和屋面防水层是主导工程。

装饰工程没有严格一定的顺序。同一楼层内的施工顺序一般为:地面→天棚→墙面,有时也可采用天棚→墙面→地面的顺序。又如内外装饰施工,二者相互干扰很小,可以先外后内,也可先内后外,或者两者同时进行。

卷材屋面防水层的施工顺序是:铺保温层(如需要)→铺找平层→刷冷底子油→铺卷材→撒绿豆砂。屋面工程在主体结构完成后开始,并应尽快完成,为顺利进行室内装饰工程创造条件。

4.3 施工技术方案的选择

正确地选择施工方法和选择施工机械是制订施工方案的关键。各个项目施工过程均可以采用各种不同的方法进行施工,而每一种方法都有其各自的优点和缺点,施工管理者的任务在于从若干可能实现的施工方法中,选择适用于工程的先进、合理、经济的施工方法,达到降低工程成本和提高劳动生产率的预期效果。在编制施工方案时,施工方法和施工机械的选择主要应依据工程特点、工期长短、资源供应条件、现场施工条件及施工企业技术素质和技术装备水平等因素综合考虑来进行。

选择施工方法主要是针对工程的主要施工项目而言,在进行此项工作时要注意突出重点、抓住关键。凡采用新工艺、新技术和对工程的施工质量起关键作用的项目,技术较为复杂,工人操作不够熟练的工序,均应详细具体地拟定施工方法和技术措施。反之,对于按照常规做法和工人较为熟练的分项工程,则不必详述。

4.3.1 基坑工程施工方案

1. 降水施工方案的选择

土方工程中的降水施工方法有集水井和井点降水。集水井降水方法比较简单、经济,对周围影响小,因而应用较广。但当基坑开挖深度较大时,地下水的动水压力和土的组成有可能引起流沙、管涌、坑底隆起和边坡失稳时,则宜采用井点降水。

井点降水法有轻型井点、喷射井点、射流泵井点、电渗井点、管井井点和深井泵法。降水方法和设备的选择,通常先根据水文地质条件和要求的降水深度,初步确定几种降水施工方案,再根据工程特点、对周围建筑物的不利影响程度、工期、技术经济和节能等条件对初选方案进行筛选,确定切实可行的降水施工方案。

【例4-1】 某大酒店降水施工方案的选择。该工程所在地地势低,暴雨时,常有积水,实际挖土深度大,地下水位高,土壤含水率在50%左右,其垂直渗透系数均在10^{-7}。根据土质为淤泥质土和要求的降水深度为14m,初步考虑了三种降水方案。

方案一:轻型井点降水。因单层轻型井点的降水深度只能达到6m左右,在淤泥质土中要达到14m的降水深度必须采用多级井点才能满足要求,但该工程与周围建筑物之间的距离非常近,因此无法设置多级井点,故无法采用。

方案二:喷射井点深降水。可以满足14m降水深度的要求,但由于其影响范围大,因降水引起的地面沉降不易控制,紧邻的建筑房龄又多在60年以上,故也不宜采用。

方案三:喷射井点浅降水。可降水至8m左右,但根据地质构造情况,8m以下为一层含水率较小且渗透系数也很小的厚达16m的黏土层,可将此土层视为不透水层,因此基本上可以满足降水深度的要求,此方案降水时间短,影响范围小。

结论:选用方案三,即喷射井点浅降水作为降水施工方案。方案实施后,形成了挡水帷幕,较好地控制了降水引起的地面沉降。

2. 土方开挖施工方案的选择

土方开挖方案一般与降水方案和支护方案共同考虑后加以确定。基坑工程的开挖主要有人工开挖和机械化开挖两种方式。除了一些小型基坑、管沟和基坑底的清理等土方量较小的施工采用人工开挖,一般均采用机械化施工。

主要的施工机械有:推土机、反铲挖土机、拉铲挖土机、抓斗(铲)、运土汽车等。开挖时通常根据土的种类,机械的性能、水文地质条件、施工条件和施工要求等来选择施工机械。例如,反铲挖土机一般适用于开挖一类至三类的沙土和黏土,主要用于开挖停机面以下的土方,挖掘深度的参数取决于所选机械的性能,通常与运土汽车配合使用。抓铲则适用于开挖较松的土,对施工面狭窄而深的基坑、深槽、深井等特别适用,还可用于挖取水中的淤泥、装卸碎石等松散材料。

不同的工程由于工程特点、要求的挖土深度、水文地质条件、地下设施埋设情况、土方工程施工工期、支护结构类型、质量要求、施工条件、施工区域的地形、周围环境和技术经济等条件的不同,开挖的方法也不同,通常有整体大面积开挖和分层、分块流水开挖等方法。

3. 基坑支护施工方案的选择

开挖基坑时,如地质条件及周围环境许可,采用放坡开挖是较经济的。如条件许可,应首先选择放坡开挖。施工中主要是根据土质、基坑开挖深度、基坑开挖方法、基坑开挖后留置时间的长短,附近有无土堆及排水情况来确定边坡的大小,有时需通过边坡稳定验算来确定。但在建筑密集区施工,或有地下水渗入基坑时,往往不可能按要求的坡度放坡开挖,需要进行基坑支护,以保证施工的顺利和安全,并减少对相邻建筑、管线的不利影响。

支护结构的选型,涉及技术因素和经济因素,要从满足施工要求、减少对周围的不利影响、施工方便、工期短、经济效益好等方面,经过慎重的技术经济比较后加以确定,而且支护结构选型要与降水方案、挖土方案共同研究确定。

【例4-2】 某宾馆基坑支护方案的选择。该工程地处闹市,建筑物覆盖面积约占整个场地的94%,与主要交通干道最近处仅1.7m,最远也仅7.3m,管线距施工场地最近点仅50cm,民房密集,危房成片,时间紧,工期短。根据工程特点及场地条件,初步选定钢板柱支护与地下连续墙两种方案。

方案一:钢板桩支护虽然具备工艺简单、速度快、工期短和费用少等优点,但也有几点不利之处:①钢板桩施工时噪声大,震动大,对周围建筑及地下管线有不利影响;②如采用钢板桩支护,当时钢板桩材料需依赖进口,费用较大;③该工程基坑面积近3000m^2,中间势必增加不少立柱和支撑,桩基为灌注桩,设计间距小,给增加立柱带来困难,并且大量的立柱和支撑给挖土施工也带来不便。在闹市中心即使可打钢板桩,速度也会受到限制。

方案二:地下连续墙支护的优点在于结构刚度好,强度大、抗倾覆、抗滑动、抗管涌等性能得到保证,挡土抗涌效果也好,对地下管线及周围建筑的安全保护十分有利,支撑系统简单,有利于施工,挖土速度可以加快。

结论：选用地下连续墙支护。地下连续墙混凝土总量为3600m^3，施工期为80天，完成后经测定，邻近建筑物最大沉降量为17mm，同一测点的最大水平位移为6mm，四周管线与建筑均未产生问题。

4.3.2 桩基础工程施工方案

高层建筑的荷载大，大多采用桩基、箱基或者桩基加箱基。桩基础是一种常用的深基础形式，按桩的受力情况分为端承桩和摩擦桩，按桩的施工方法分为预制桩和灌注桩。

1. 预制桩

预制桩的施工方案主要是考虑土质、桩的类型、桩长和重量、布桩密度、打桩的顺序、现场施工条件、对周围环境的影响等因素确定的，通常与降水、开挖、支护施工方案联合考虑。常见的沉桩方法有锤击法、静力法、振动法、水冲法等。

根据不同的土质和工程特点，施工中打桩的控制主要有两种：一是以贯入度控制为主，桩尖进入持力层或桩尖标高做参考；二是以桩尖设计标高控制为主，贯入度做参考。确定施工方案时，打桩的顺序和对周围环境的不利影响是两个主要考虑的因素。打桩的顺序是否合理，直接影响打桩的速度和质量，对周围环境的影响更大。根据桩群的密集程度，可选用下列打桩顺序：由一侧向单一方向逐排打设；自中间向两个方向对称打设；自中间向四周打设。打桩顺序，如图4-13所示。

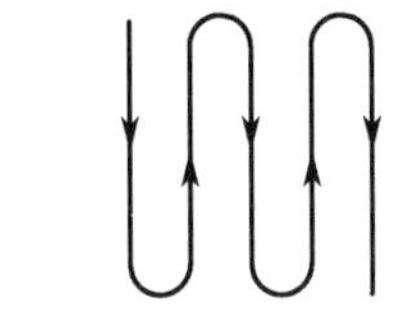
(a) 由一侧向单一方向进行

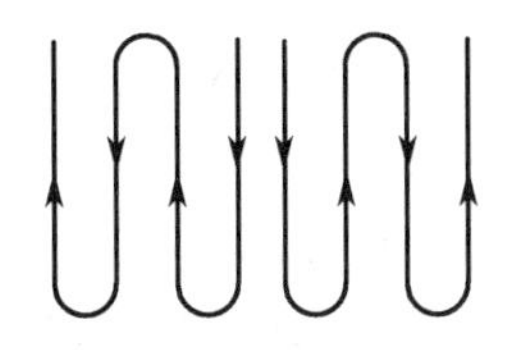
(b) 自中间向两个方向对称进行

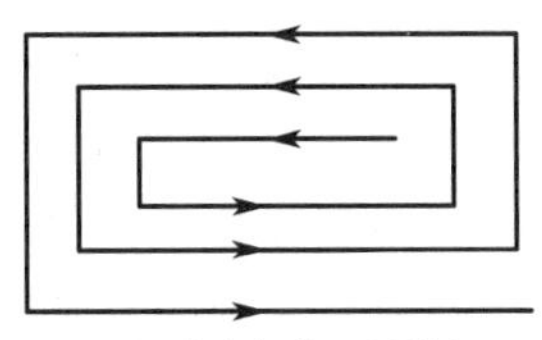
(c) 自中间向四周进行

图4-13 打桩顺序

打桩施工往往对周围环境造成不利影响，除震动、噪声外，还有土体的变形、位移和形成超静孔隙水压力等，在沉桩后期有时地面会发生新的沉降，因此在施工中常采取一些措施减少或预防沉桩对周围环境的不利影响，如设置砂井和防震沟等。在打桩过程中，对防护目标应设点进行监测。

2. 灌注桩

在高层建筑中，灌注桩是应用最广泛的桩基。灌注桩能适应地层的变化，无须接桩，施工时无振动、无挤土、噪声小，宜于在建筑物密集地区使用，但其操作要求严格，施工后需一定的养护期，不能立即承受荷载。灌注桩按成孔工艺的不同主要有干作业成孔灌注桩、泥浆护壁成孔灌注桩、锤击沉管灌注桩、振动沉管灌注桩、挖孔灌注桩、爆扩灌注桩等。

目前，我国的高层建筑都有工期紧、质量要求高、要求对周围环境影响小的特点，许多工程中采用了将预制桩和灌注桩的施工工艺相结合的预钻孔打桩工艺，既解决了打桩对周围环境不利影响较大的问题，也解决了灌注桩施工工期较长的问题。

例如，某工程采用桩基加箱基，桩长38.6m，桩断面450mm×450mm，共174根。该工程施工时，先用长螺旋钻钻孔10m深，然后放入钢筋混凝土预制桩，用锤击至设计标高。邻近建筑物、工程地质及沉桩流水顺序，如图4-14所示。

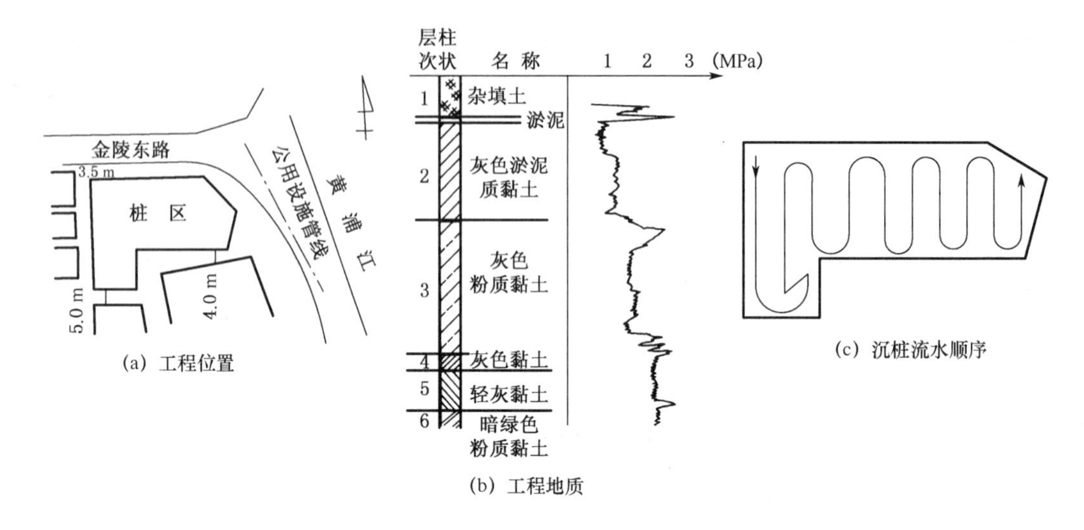

图 4-14 邻近建筑物、工程地质及沉桩流水顺序

4.3.3 混凝土结构施工方案

1. 大体积混凝土结构施工方案

大体积混凝土结构在工业建筑中多为设备基础,在高层建筑中多为厚大的桩基承台或基础底板等,这类结构由外荷载引起裂缝的可能性很小,而由于水泥水化过程中释放的水化热引起的温度变化和混凝土收缩产生的温度应力和收缩应力是其产生裂缝的主要原因。

选择大体积混凝土结构的施工方案时主要考虑三方面的内容:一是应采取防止产生温度裂缝的措施;二是合理的浇筑方案;三是施工过程中的温度监测。为防止产生温度裂缝,应着重在控制混凝土温升、延缓混凝土降温速率、减少混凝土收缩、提高混凝土极限拉伸值、改善约束和完善构造设计等方面采取措施。大体积混凝土结构的浇筑方案需根据结构大小、混凝土供应等实际情况决定。一般有全面分层、分段分层和斜面分层浇筑等方案。

对不同的工程,由于工程特点、工期、质量要求、施工季节、地域、施工条件的不同,采用的防止产生温度裂缝的措施和混凝土的浇筑方案、温度监测设备和监测方法也不相同。例如,某国际贸易中心建筑面积 12.5m×104m,地上 50 层,地下 2 层,合同工期仅 26 个月。主楼承台底板为超厚大体积混凝土,最厚处 4.8m,总体积 $1.1\times10^4\,m^3$,一次性浇筑。

2. 混凝土运输方案

混凝土运输分为地面运输、垂直运输和楼面运输。

混凝土地面运输,如采用商品混凝土运输距离较远时,我国多用混凝土搅拌运输车;混凝土如来自工地搅拌站,则多用载重约 1t 的小型机动翻斗车,近距离亦用双轮手推车,有时还用皮带运输机和窄轨翻斗车。混凝土垂直运输多用塔式起重机、混凝土泵、快速提升斗和井架。混凝土楼面运输以双轮手推车为主,亦用小型机动翻斗车,如用混凝土泵则用布料机布料。

不产生离析现象、保证浇筑时规定的坍落度和在混凝土初凝前能有充分时间进行浇筑和捣实是选择混凝土运输方案的三个决定因素。在目前高层建筑的施工中单纯使用塔式起重机已远远不能满足施工的要求,因而混凝土泵得到了广泛的应用。选择混凝土泵时,应根据工程结构特点、施工组织设计要求、泵的主要参数、混凝土浇筑量及技术经济比较来选择混凝土泵的型号和台数;在选择混凝土泵的设置处时,要保证设置处场地平整,道路通畅,距离浇筑点近,便于配管,排水、供水、供电方便,且在混凝土泵作用范围内不得有高压线等。

【例 4-3】 某工程建筑物总高度 121.80m，全现浇钢筋混凝土结构，混凝土全部采用商品混凝土供料和现场泵送施工工艺，每层框筒柱、剪力墙、核心筒、梁、板及楼梯一次浇捣，标准层每层混凝土浇筑量 380m^3 左右。施工中采用二泵二布，地面场地上设置二台混凝土固定泵 BSA2100HD 和 BSA1408D，理论计算上都能满足 100m 以上的泵送能力，考虑到施工中可能出现的多种相关因素，如供料不均匀、商品混凝土的品质及楼层内布料时排泵管型管较多等，在 80m 以下采用 1408D，80m 以上采用 2100HD。泵管选用 Φ125 泵管，地面上水平 30m 左右，出料口前接混凝土机械式布料杆，作业回转半径最大可至 9.5m，最小为 4m。

4.3.4 建筑垂直运输机械方案

高层建筑施工中垂直运输作业具有运输量大、机械费用大、对工期影响大的特点。施工的速度在一定程度上取决于施工所需物料的垂直运输速度。垂直运输体系一般有下列组合：①塔式起重机＋施工电梯；②塔式起重机＋混凝土泵＋施工电梯；③塔式起重机＋快速提升机(或井架起重机)＋施工电梯；④井架起重机＋施工电梯；⑤井架起重机＋快速提升机＋施工电梯。

选择垂直运输体系时，应全面考虑以下几个方面因素：①运输能力要满足规定工期的要求；②机械费用低；③综合经济效益好。

从我国的现状及发展趋势看，采用塔式起重机＋混凝土泵＋施工电梯方案的越来越多，国外情况也类似。

1. 塔式起重机的选择

塔式起重机在建筑施工中，尤其是在高层建筑施工中得到广泛的应用，用于物料的垂直与水平运输和构件的安装。塔式起重机的形式按照行走结构分为固定式、轨道式、轮胎式、履带式、爬升式(内爬式)和附着式。高层建筑施工中使用较多的是爬升式和附着式。

选择塔式起重机型号时，应先根据建筑物的特点选定塔式起重机的型式；再根据建筑物的体形、平面尺寸、标准层面积和塔式起重机的布置情况计算塔式起重机必须具备的幅度和吊钩高度；然后根据构件或容器加重物的重量，确定塔式起重机的起重量和起重力矩；根据上述计算结果，参照各种型号塔式起重机的技术性能参数确定所用的塔式起重机的型号。应多做一些选择方案，以便进行技术经济分析，从中选择最佳方案。最后，再根据施工进度计划、流水段划分和工程量、吊次的估算，计算塔式起重机的数量并确定其具体的布置。

在高层建筑施工中，应充分发挥塔式起重机的效能，避免大材小用，应使台班费用低，提高经济效益。

2. 外用施工电梯的选择

外用施工电梯又称人货两用电梯，是一种安装于建筑物外部，用于施工期间运送施工人员和建筑器材的垂直提升机械，分为单塔式和双塔式。

高层建筑施工时，应根据建筑体型、建筑面积、运输量、工期及电梯价格、供货条件等选择外用施工电梯。要求其参数(载重量、提升高度、提升速度)满足要求、可靠性高、价格便宜。外用施工电梯的位置应便于人员上下和物料集散；由电梯出口至各施工处的平均距离应最近；便于安装附墙装置；接近电源，有良好的夜间照明。输送人员的时间约占总运送时间的 60%～70%，因此，要设法解决工人上下班运量高峰时的矛盾。在结构、装修施工进行平行交叉作业时，人货运输最为繁忙，应设法疏导人货流量，解决高峰时的运输矛盾。

4.3.5 脚手架施工方案

在高层建筑施工中，脚手架的所用量大、要求高、技术较复杂，对人员安全、施工质量、施工速度和工程成本都有重大影响，所以需要专门的计算和设计，必须绘制脚手架施工图。高层建筑施工常用的脚手架有扣件式钢管脚手架、碗扣式钢管脚手架、门型组合式脚手架、外挂脚手架等。

高层建筑施工搭设的脚手架，其面积要能满足工人操作、材料堆放和运输需要；要有足够的稳定性，施工期间不变形、倾斜、摇晃；搭拆简便，便于多次使用，因地制宜，就地取材。选择脚手架的依据主要有：

(1) 工程特点，包括建筑物的外形、高度、结构形式、工期要求等；

(2) 材料配备情况，如是否可用拆下待用的脚手架或是否可就地取材；

(3) 施工方法，是斜道、井架还是采用塔吊等；

(4) 安全、坚固、适用、经济等因素。

在高层建筑施工中经常采用如下方案：裙房或低于30～50m的部分采用落地式单排或双排脚手架；高于30～50m的部分采用外挂脚手架。外挂脚手架的种类非常多，目前，常用的主要形式有支撑于三角托架上的外挂脚手架、附壁套管式外挂脚手架、附壁轨道式外挂脚手架和整体提升式脚手架等。有些施工单位，根据工程特点自行设计适合于施工的外挂脚手架。例如，某工程主体为框筒结构，地上22层，1—3层为裙房，标准层柱断面不同，层高也各异，并设有凹凸挑檐。

4.4 施工方案的评价

施工方案的评价分为定性和定量两个方面。定性评价内容有施工操作上的难易程度和安全可靠性，为后续工程提供有利于施工条件的可能性，对冬、雨季施工带来的困难多少，利用现有施工机械和设备的情况，能否为现场文明施工创造有利条件等；定量的技术经济分析一般是计算出不同施工方案的劳动力及材料消耗、工期长短及成本费用等来进行比较。

4.4.1 施工方案的评价指标

施工方案的技术经济评价涉及技术、经济及效果等许多指标因素。这些指标因素中有一些具有确定性，如工期、费用等可以定量表示；而有一些具有不确定性，如技术上是否可行，安全可靠性如何等只能靠经验去估计，从而导致了定量时的模糊性。因此，在施工方案的评价中，常常需要将评价决策中许多相关的定量和定性的指标因素有机地结合起来综合考虑，寻求多目标的最优解。

评价施工方案优劣的指标有工期、成本、劳动量消耗、主要材料消耗、投资额等。在进行施工方案评价时，同一方案的各项指标一般不可能达到最优，不同方案之间的指标不仅有差异，有时还有矛盾，这时应根据具体条件和预期目标来进行调整。

(1) 工期指标。当要求工程尽快完成以便尽早投入生产或使用时，选择施工方案就要在确保工程质量、安全和成本较低的条件下，优先考虑缩短工期。工期指数 t 按下式计算：

$$t=\frac{Q}{v} \tag{4-1}$$

式中 Q——工程量；

v——单位时间内计划完成的工程量(如采用流水施工，v 即流水强度)。

(2) 劳动量指标。它能反映施工机械化程度和劳动生产率水平。通常，在方案中劳动消耗量越小，机械化程度和劳动生产率越高。劳动消耗量 N 包括主要工种用工 n_1、辅助用工 n_2 以及准备工作用工 n_3，即

$$N = n_1 + n_2 + n_3 \tag{4-2}$$

劳动消耗量的单位为工日，有时也可用单位产品劳动消耗量(工日/立方米、工日/吨等)来计算。

(3) 成本指标。成本指标可以综合反映采用不同施工方案时的经济效果，一般可用降低成本率 r_c 来表示：

$$r_c = \frac{C_0 - C}{C_0} \tag{4-3}$$

式中 C_0——预算成本；

C——所采用施工方案的计划成本。

(4) 主要材料消耗指标。反映若干施工方案的主要材料节约情况。

(5) 投资额指标。当选定的施工方案需要增加新的投资时，如需购买新的施工机械或设备，则需设增加投资额的指标，进行比较。

4.4.2 施工方案的评价方法

工程施工方案评价方法是指依据工程施工方案的特点，应用评价理论对施工方案的技术性、经济性、效果性等状态进行综合衡量的方法，包括评价方式、决策模型或步骤等，它是一种典型的多目标、多准则的决策，常用的决策方法有以下几种。

1. 综合费用法

综合费用法是针对拟定的若干方案，如果能满足技术可行性的要求，则认为综合费用最小的方案为最优方案。该方法的优点是操作简便、直观，适用于施工技术不是很复杂的工程施工项目；缺点是只考虑费用问题，没有考虑到施工方案本身的优劣。

2. 灵敏度分析法

灵敏度分析法是在项目评价和决策中常用的一种不确定性方法，可以用来确定一个或多个因素的变化对目标的影响程度。通过模拟结果中的施工工期、费用和效率，对模拟参数中的施工机械设备、工人数量进行灵敏度分析，得到优化的施工方案.

灵敏度分析法存在一些缺点：一是不能自动寻优，必须将多个模拟结果进行人工的综合分析，寻优过程复杂、烦琐、费时，不便于分析多个施工方案；二是寻优结果受主观影响比较大，分析结果会因分析人不同而不同，没有一个统一的评价目标和评价准则；三是只能寻求在其他施工条件不变的条件下，某一个因素变化对工期、费用的影响，不能进行多因素同时变化的比较，优化结果具有一定的局限性，可能会产生局部最优解。

3. 线性加权法

当施工方案之间不存在相互制约时，常用线性加权综合评价法。若 $A_1, A_2, \cdots, A_n$ 为 n 个备选方案；$X_1, X_2, \cdots, X_m$ 为 m 个评价指标；$W_1, W_2, \cdots, W_m$ 为 m 个评价指标的权重；V_{ij} 是第 j 个备选方案 A_j 关于第 i 个评价指标 X_i 的价值评分($i=1,2,\cdots,m$；$j=1,2,\cdots,n$)，则各备选方案的综合评价值为：

$$S_j = \sum_{i=1}^{m} W_i V_{ij}, \quad j=1,2,\cdots,n \tag{4-4}$$

最优值为 S^* 为:

$S^* = \max\{\sum_{i=1}^{m} W_i V_{ij}\} = \max\{S_j\}$,即当 X_i 为贡献性指标时,从 S_j 中选取的一个最大值对应的方案为最满意方案。

线性加权法适用于各评价指标间相互独立的场合,若各评价指标间不独立,“和”的结果就难以反映客观实际;特别是线性加权法可使各评价指标间得到线性地补偿,任一指标值的减少,都可以用另一些指标的增量来维持综合评价水平的不变。

4. 价值工程法

价值工程中的“价值”是作为某种产品或作业所具有的功能与获得该功能的全部费用的比值,涉及价值、功能和成本三个基本要素。

$$V = F/C \tag{4-5}$$

式中 V——价值(Value)反映研究对象的功能与费用的匹配程度;

F——功能(Function)指研究对象满足某种需求的程度,即效用;

C——成本(Cost)指研究对象所投入的资源,即费用。

价值工程的优点是不但可以选出最优方案,而且可以发现方案的缺陷所在,指明改进的方向,不断进行优化和完善。其缺点是分析过程复杂、繁琐。

运用价值工程方法评价施工方案,实质就是针对施工方案的功能和成本提出问题、分析问题、解决问题的过程。基本工作程序:对象选择及信息资料收集→功能系统分析→功能评价→方案创造与评价→检查、评价与验收。

5. 模糊层次综合法

模糊层次综合法以模糊数学、层次分析理论、数理统计理论、计算机技术为理论基础对多种因素制约的事物或对象做出总体评价。基本思路是在结合工程施工实际,在广泛听取专家意见的基础上,建立完整合理的层次结构图,再分析各评价指标在整个评价系统中所占的权重,最后求解出各方案对应的总评判值,并以此确定方案的优劣排序。

建立完整合理的层次结构图是保证决策正确的前提条件。决策者在建立层次评价图时,应首先充分熟悉并掌握工程施工资料,广泛听取意见。同时,在听取意见后又可进一步修正、完善评价指标,以确保评价的客观可靠性。模糊层次综合法涉及赋权的问题。权重的计算方法很多,如德尔菲法、区间打分法、定性排序定量转换法等。

【例 4-4】 运用价值工程法分析某水闸公路桥工程 60m 跨长大孔板梁安装的四个施工方案(A,B,C,D)。各施工方案的主要施工方法及计划造价,如表 4-2 所示。现从施工安全、工期、质量、费用及技术可行性 5 个方面对施工方案进行评价,设各因素所占权数(K_i)分别为 0.2、0.15、0.2、0.2 和 0.25,目标工期 55 天,投标价 68 万元。

表 4-2　各施工方案主要施工方法及计划造价

方案	主要施工方法	计划工期	计划造价
A	一般分块安装	50 天	52 万元
B	大部分采用整体安装,小部分采用分块安装	46 天	57 万元
C	用龙门起重机每两块对合安装	52 天	55 万元
D	用龙门起重机整体式安装	39 天	65 万元

1）功能分析与评价

根据实践经验，确定该施工方案的施工安全、施工质量、施工工期、施工质量、节约费用、技术可行性 5 个方面的功能；通过分析信息资料，确定上述功能的量化指标计算公式，并由专家确定权数。功能量化指标及权数，如表 4-3 所示；各施工方案的功能评价结果，如表 4-4 所示。

表 4-3　　功能量化指标及权数

序号	功能	量化指标（公式）	权数
1	施工安全 a_1	近几年内用此方法施工的无事故率	k_1
2	施工工期 a_2	（目标工期-施工工期）/目标工期×100％	k_2
3	施工质量 a_3	工程优良率	k_3
4	节约费用 a_4	（投标价-计划造价）/投标价×100％	k_4
5	技术可行性 a_5	近几年类似工程拟采用此方案的成功率	k_5

表 4-4　　各施工方案的功能评价

方案	施工安全	施工工期	施工质量	节约费用	技术可行性
A	80	9	75	23.5	80
B	85	16	85	16.2	88
C	92	5	91	19.1	92
D	88	29	87	4	90

功能综合评价指标：

$$R=k_1\alpha_1+k_2\alpha_2+k_3\alpha_3+k_4\alpha_4+k_5\alpha_5$$

各施工方案的功能评价总分及功能系数计算结果，如表 4-5 所示。

表 4-5　　各施工方案的功能评价总分及功能系数

方案	施工安全		施工工期		施工质量		节约费用		技术可行性		总分	功能系数
	α_1 (0.20)	得分	α_2 (0.15)	得分	α_3 (0.20)	得分	α_4 (0.20)	得分	α_5 (0.25)	得分		
A	80	16.0	9	1.35	75	15.0	24	4.80	80	20.0	57.15	0.2327
B	85	17.0	16	2.40	85	17.0	16	3.20	88	22.0	61.61	0.2509
C	92	18.4	5	0.75	91	18.2	19	3.80	92	23.0	64.15	0.2613
D	88	17.6	29	4.35	87	17.4	4	0.80	90	22.5	62.65	0.2551

2）成本分析

以成本系数作为指标，考察各施工方案的工程造价。

成本系数＝各施工方案的工程造价/各方案工程造价之和

各功能的成本系数计算结果，如表 4-6 所示。

表 4-6　　成本系数及价值系数计算表

方案	功能系数	成本系数	价值系数	选择方案
A	0.2327	0.2271	1.02	
B	0.2509	0.2489	1.00	
C	0.2613	0.2402	1.09	√
D	0.2551	0.2838	0.90	
合计	1.0000	1.0000	—	

3）方案选择

对各备选方案运用价值工程量化指标逐一进行评价，算出价值系数，选取价值系数最大者即为最优方案。从表 4-8 可以看出，C 方案价值系数最大，选择 C 方案的原因不仅是因为报价较低，而且施工安全、技术可靠等综合指标也较好。实践证明，计算结果与实际情况相符，取得了预期的效果。

4.5 基于 BIM 的施工方案模拟

BIM (Building Information Modeling 建筑信息模型)技术的发展给传统的建筑行业带来了一次信息技术技术革命，正对建筑业产生着深刻的影响。目前，BIM 技术和 BIM 相关软件逐渐被一些设计和施工单位接受和使用，开始运用于建筑设计、方案展示和碰撞检查等。作为工程项目实现的重要环节，施工环节的 BIM 运用前景将更加广阔。

4.5.1 BIM 简介

在建筑信息模型中，信息的内涵不仅仅是几何形状描述的视觉信息，还包含大量的非几何信息，如材料的耐火等级、材料的传热系数、构件的造价、采购信息等。实际上，BIM 就是通过数字化技术，在计算机中建立一座虚拟建筑，一个建筑信息模型就是提供了一个单一的、完整一致的、逻辑的建筑信息库。建筑信息模型(BIM)为工程设计领域带来了第二次革命，从二维图纸到三维设计和建造的革命。同时，对于整个建筑行业来说，建筑信息模型(BIM)也是一次真正的信息革命。

建筑信息模型(BIM)的技术核心是一个由计算机三维模型所形成的数据库，不仅包含了建筑师的设计信息，而且可以容纳从设计到建成使用，甚至是使用周期终结的全过程信息，并且各种信息始终是建立在一个三维模型数据库中。建筑信息模型(BIM)可以持续即时地提供项目设计范围、进度以及成本信息，这些信息完整可靠并且完全协调。建筑信息模型(BIM)能够在综合数字环境中保持信息不断更新并可提供访问，使建筑师、工程师、施工人员以及业主可以清楚全面地了解项目。这些信息在建筑设计、施工和管理的过程中能促使加快决策进度、提高决策质量，从而使项目质量提高，收益增加。

建筑信息模型的应用不仅仅局限于设计阶段，而是贯穿于整个项目全生命周期的各个阶段：设计、施工和运营管理。BIM 电子文件，将可在参与项目的各建筑行业企业间共享。建筑设计专业可以直接生成三维实体模型；结构专业则可取其中墙材料强度及墙上孔洞大小进行计算；设备专业可以据此进行建筑能量分析、声学分析、光学分析等；施工单位则可取其墙上混凝土类型、配筋等信息进行水泥等材料的备料及下料；发展商则可取其中的造价、门窗类型、工程量等信息进行工程造价总预算、产品定货等；而运营管理单位也可以用之进行可视化管理。BIM 在整个建筑行业从上游到下游的各个企业间不断完善，从而实现项目全生命周期的信息化管理，最大化的实现 BIM 的意义。

全球建筑业普遍存在生产效率低下的问题，据统计其中 30%的施工过程需要返工，60%的劳动力被浪费，10%的损失来自材料的浪费。BIM 信息模型中集成了材料、场地、机械设备、人员甚至天气情况等诸多信息，并且以天为单位对建筑工程的施工进度进行模拟。通过 4D 施工进度模拟，可以直观地反映施工的各项工序，方便施工单位协调好各专业的施工顺序、提前组织专业班组进场施工、准备设备、场地和周转材料等。同时，4D 施工进度的模拟也具有很强的直观性，即使是非工程技术出生的业主方领导也能快速准确地把握工程的进度。随着计算机辅助技术的不断发展，越来越多的大型项目开始选择使用 BIM 技术这一平台，实现 4D 施工模拟的动态监控。

施工企业运用 BIM 理念所带来的不仅是施工模式的转变，也为施工企业带来了新的利润增长点，主要体现在以下四个方面。

(1) BIM 参数化模型提高了施工预算的准确性。在建模的同时，各类的构建就被赋予了尺寸、型号、材料等约束参数。由于 BIM 是经过可视化设计的环境反复验证和修改的成果，所以由此导出的材料设备数据有很高的可信度，应用 BIM 模型导出的数据可以直接应用到工程预算中，为造价控制、施工决算提供了有力的依据。以往，施工决算都是拿着图纸测量，现在有了 BIM 模型以后，数据完全自动生成，做决算、预算的准确性大大提高了。

(2) BIM 提供现场生产和加工效率。各施工单位会将大量的构件，如门窗、钢结构、机电管道等进行工厂化预制后再到现场进行安装，运用 BIM 导出的数据可以极大程度地减少预制架构的现场测绘工作量，同时有效提高了构件预制加工的准确性和速度，使原本粗放性、分散性的施工模式变为集成化、模块化的现场施工模式，从而很好地解决了现场加工场地狭小、垂直运输困难、加工质量难以控制等等问题，为提高工作效率、降低工作成本起到了关键作用。以往做预制加工都是在现场测绘，所以准确性很有问题。现在根据正确的已检验好的模型来做预制加工，并利用软件绘制预制加工图，把每个管段都进行物流编号，进行后厂加工，是一个很好的解决方案。

(3) BIM 有效地提高设备参数复核的准确性。在机电安装过程中，由于管线综合平衡设计，以及精装修时会将部分管线的行进路线进行调整，由此增加或减少了部分管线的弯头数量，这就会对原有的系统复核产生影响。通过 BIM 模型的准确信息，对系统进行复核计算，就可以得到更为精确的系统数据，从而为设备参数的选型提供有力的依据。

(4) BIM 使施工协调管理更为便捷。信息数据共享、四维施工模拟、施工远程的监控，BIM 在项目各参与者之间建立了信息交流平台，一个结构复杂、系统庞大，功能众多的建筑项目，各施工单位之间的协调管理显得尤为重要。有了 BIM 这样一个信息交流的平台，可以使业主、设计院、顾问公司、施工总承包、专业分包、材料供应商等众多单位在同一个平台上实现数据共享，使沟通更为便捷、协作更为紧密、管理更为有效。

4.5.2 BIM 应用案例

本小节以 BIM 在北京某大饭店改造工程中的施工模拟为例，理解 BIM 在工程施工方案设计中的应用。

该项目总建筑面积 44 381m^2，上建筑面积 33 100m^2，地下建筑面积 11 281m^2。总层数为

14层，建筑高度为45m。主楼原结构为框架剪力墙结构，主楼的西北及西南立面自3层开始结构外扩，外扩1.3m，东立面自6层开始结构外扩，外扩1.6m，标准层房间格局改变，新建外扩结构形式为钢梁钢柱混凝土板；同时配合机电、装饰装修设计进行结构梁板的开洞和封堵。

本项目是五星级高端酒店改造综合项目，内部设施完备、涉及机电专业系统多、功能齐全、设备先进、管线错综复杂，智能化程度高。BIM模型创建的流程图，如图4-15所示。

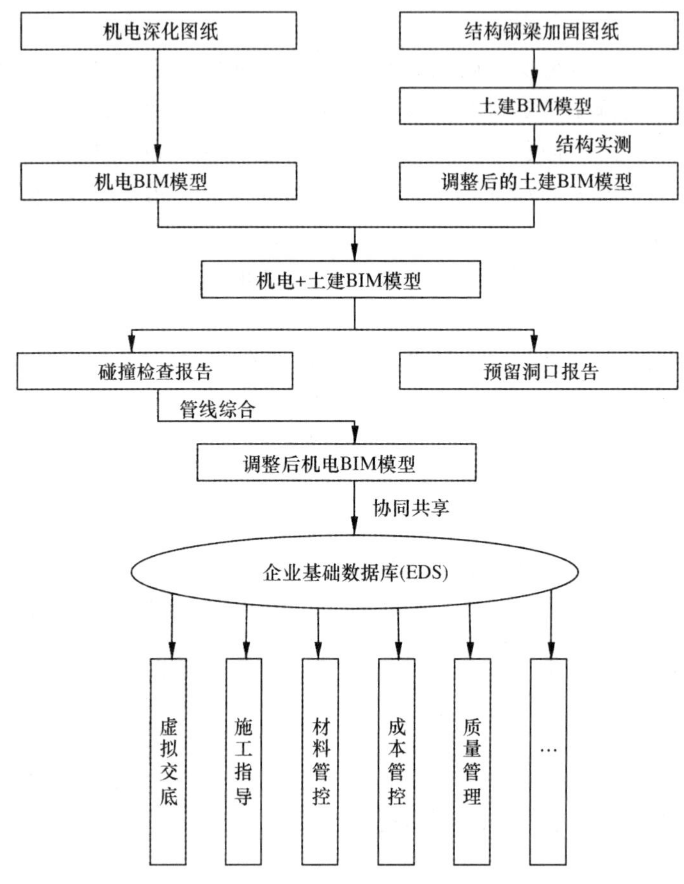

图4-15 BIM模型创建的流程图

对土建BIM模型与机电BIM模型进行整合，即可进行碰撞检查。饭店标准层层高仅有2.975m，酒店公共走道管线布置高度密集，对管线排布要求极高；原结构建筑功能为综合酒店，酒店布置梁上含有管线洞口，新的机电系统须尽量利用既有梁洞，减少新开梁洞对结构安全性和耐久性的不利影响。BIM技术可以快速有效地查找碰撞点，并出具详细碰撞检查报告和预留洞口报告。例如，地上4—14层客房标准层，每层有碰撞点146个。任何一个碰撞点如果不解决的话，将会带来工期的延误与材料的浪费。BIM软件中可视化的碰撞点检查，如图4-16所示。预计一个碰撞点的损失，人工费需要1个工时，材料需要300多元。仅一个标准层即需146人·时，浪费4.38万元的材料。

同时，可以通过BIM技术，智能判断预留洞的位置，最后出具的预留洞口报告中，穿钢梁的预留洞口为2000多个，穿结构梁的预留洞口3000多个，并且提供洞口在钢梁上的具体位置信息，为钢梁的加工提供参考。预留洞口检查的现场图与BIM软件中可视化图，如图4-17所示。

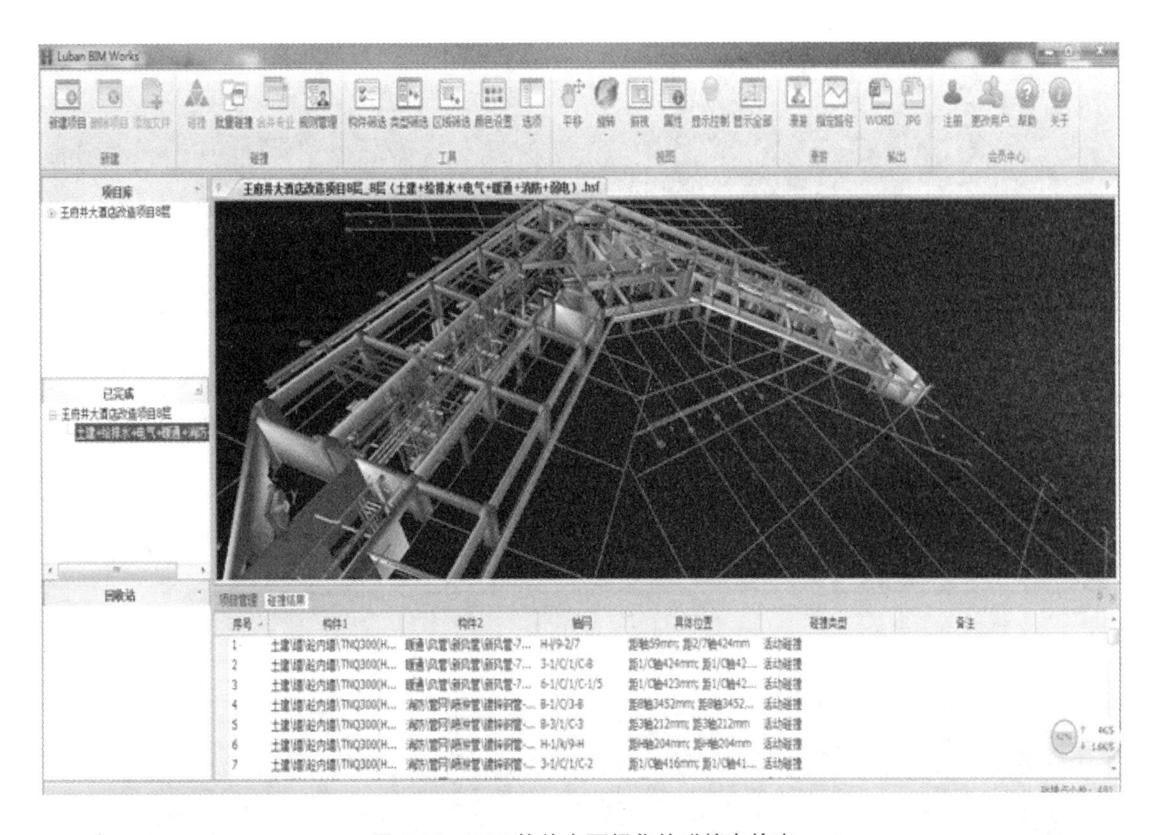

图 4-16　BIM 软件中可视化的碰撞点检查

图 4-17　预留洞口检查的现场图与 BIM 软件中可视化图

根据碰撞报告和管线优先排布原则以及施工方案，BIM 团队即可对模型进行修改，逐一消灭碰撞点。因为是老的酒店设计，楼层较低，但管线排布密集且复杂，对净空要求较高，BIM 团队对原来的管线排布方案进行优化，制定支架排布与样式，以满足美观、净空、施工等要求。地下管线综合模型，如图 4-18 所示。管线综合优化方案得到工程项目技术负责人及设计单位的审核同意后，作为施工依据投入施工。

基于 BIM 的施工方案交底直观方便。传统的施工交底是通过二维蓝图，加上人的空间三维想象能力。但人的三维空间想象能力毕竟有限，而通过 4D 可视化的模型，虚拟展示施工工艺。虚拟交底的漫游动画图，如图 4-19 所示，三维技术交底，使施工人员更直观地了解管线走向，尤其是复杂节点部分，并配以漫游动画，有效提升各部门协调沟通效率。

图 4-18　地下管线综合模型

图 4-19　虚拟交底的漫游动画图

BIM 在施工方案编制所涉及的安全管理方面的价值，主要体现在工程现场质量缺陷管理，快速将现场质量、安全等问题直接反映到项目管理层，避免质量、安全隐患。项目现场人员对现场的质量、安全隐患问题拍照，并且根据实际问题的不同选择系统中不同选项、轴线、工程项目等参数，将照片通过 WIFI 或者 3G 网络传送到系统中。项目管理人员无论在什么地方，只要打开系统点任何一个“图钉”，即可以了解项目现场的即时问题，从登录到系统查阅，可以快到几秒钟，大大缩短问题反馈时间。基于 BIM 软件即时上传的施工现场图片，如图 4-20 所示。在系统中形成可用的现场历史照片数据库，提升了项目协同能力，方便和加快问题的跟踪解决。

利用 BIM 平台创建的模型做施工方案设计，起到了数据信息共享的作用，提高工作效率。4D 施工模拟将 BIM 模型与建筑信息相结合，即可实现四维模拟，通过它不仅可以直观地体现施工的界面、顺序，从而使总承包与各专业施工之间的施工协调变得清晰明了，而且将四维施

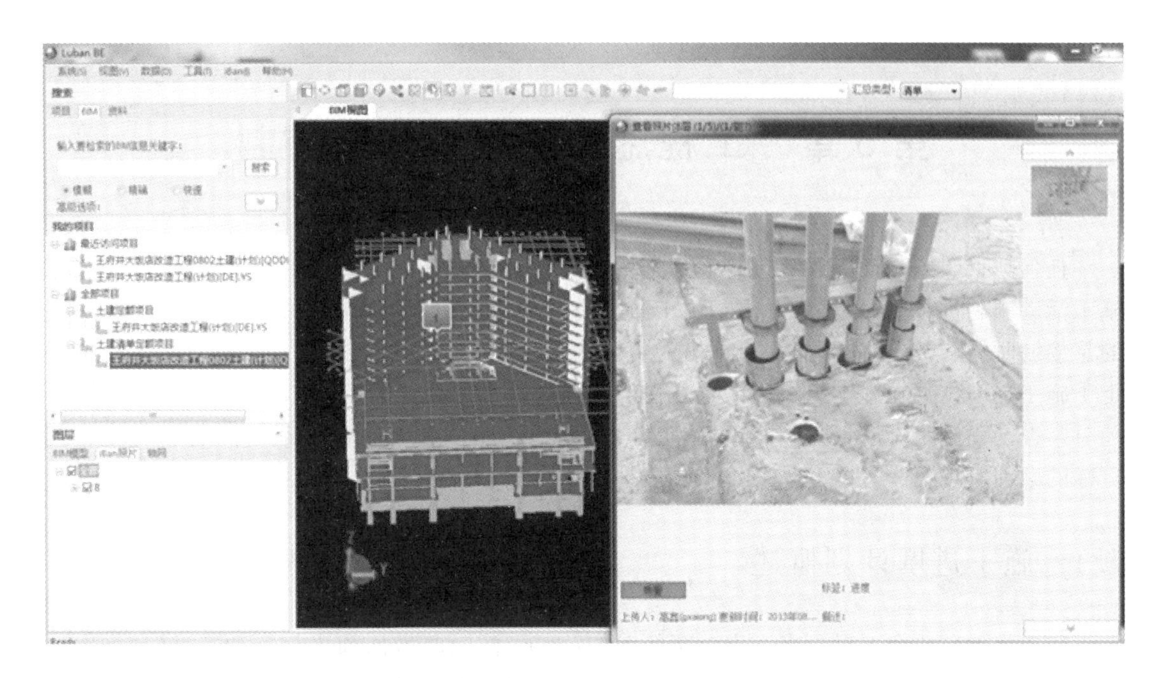

图 4-20 基于 BIM 软件即时上传的施工现场图片

工模拟与施工组织方案相结合，使设备材料进场，劳动力配置，机械排版等等各项工作的安排变得最为有效经济地控制，尤其是施工过程中一些重要的施工步骤，现在都可以用 4D 模拟的方式把它很明确地向业主、审批方等利益相关方展示出来。

第5章　工程施工进度计划与控制

任何项目组织活动都是从制订计划开始的。施工进度计划是有效的协调施工活动、保证施工活动顺利进行的最重要措施，是施工组织设计的重要组成部分。制订施工进度计划的目的是控制时间和节约时间，而项目施工的主要特点之一，就是有严格的时间期限要求，由此决定了施工进度计划在施工组织中的重要性。计划的平衡是相对的，不平衡是绝对的。因此，要随时掌握工程施工进度，检查和分析施工计划的实施情况，并及时地进行调整，保证施工进度目标的顺利实现。

5.1　施工进度计划概述

计划是单位或个人对未来一定时期的工作、事项、活动等做出预先打算和安排，是确定目标、任务、措施所形成的一种书面文件。它通常要回答一项工作、或事项、或活动的“5W1H”，What，Who，Where，When，Why 和 How，即什么事情/谁来做/在哪里做/什么时候做/为什么做/怎么做。施工进度计划是为实现施工工期目标而科学的预测并确定未来的行动方案，是在确定施工目标的工期基础上，对各项施工过程的施工顺序、起止时间和相互衔接关系以及所需的劳动力和各种技术物资的供应所做的具体设想和统筹安排，从而保证施工项目能够在合理的工期内，尽可能以低成本和高质量完成。

5.1.1　类型和作用

1. 类型

施工进度计划是一个多层次、多平面、多功能、多主体组成的复杂的系统。根据不同的划分标准，施工进度计划有不同的种类，组成了一个互相关联、制约的计划系统。

(1) 按计划内容来分，有目标性时间计划与支持性资源进度计划。针对施工项目本身的时间进度计划，是最基本的目标性计划，它确定了该项目施工的工期目标。为了实现这个目标，还需有一系列支持性资源进度计划，如劳动力使用计划、机械设备使用计划、材料构配件和半成品供应计划等。

(2) 按计划时间长短来分，有总进度计划与阶段性计划。总进度计划是控制项目施工全过程的，阶段性计划包括项目年、季、月施工进度计划，旬、周作业计划等。

(3) 按计划表达形式分，有文字说明计划与图表形式计划。前者用文字说明各阶段的施工任务，以及要达到的形象进度要求；后者用图表形式表达施工的进度安排，有横道图、斜线图、网络图等。

(4) 按项目组成分，有总体进度计划与分项进度计划。总体进度计划是针对施工项目全局性的部署，一般比较粗略；分项进度计划是对项目中某一部分(子项目)或某一专业工种的进度计划，一般比较详细。

(5) 按计划的功能区分，可分为控制性施工进度计划、实施性施工进度计划和作业性施工进度计划。控制性施工进度计划是整个项目施工进度控制的纲领性文件，是组织和指挥施工的依据，比较宏观一些；而实施性施工进度计划是具体组织施工的进度计划，它必须非常具体，指导分部、分项工程的作业；而作业性施工进度计划主要针对施工作业队伍所从事的施工工序来编制的。

(6) 按计划编制的主体分，有业主方(包括项目总承包、监理)施工进度计划、规划设计方、施工承包方、物资供应方等各方面的施工进度计划。其中，施工方所编制的与施工进度有关的计划包括施工企业的施工生产计划和建设工程项目施工进度计划。

施工企业的施工生产计划，属企业计划的范畴。它以整个施工企业为系统，根据施工任务量、企业经营的需求和资源利用的可能性等，合理安排计划周期内的施工生产活动，如年度生产计划、季度生产计划、月度生产计划和旬生产计划等。

建设工程项目施工进度计划，属工程项目管理的范畴。它以每个建设工程项目的施工微系统，根据企业的施工生产计划的总体安排和履行施工合同的要求，以及施工的条件(包括设计资料提供的条件、施工现场的条件、施工的组织条件、施工的技术条件)和资源(主要指人力、物力和财力、条件等)和资源利用的可能性，合理安排一个项目施工的进度。

施工企业的施工生产计划与建设工程项目施工进度计划虽属两个不同系统的计划，但是，两者是紧密相关的。前者针对整个企业，而后者则针对一个具体工程项目，计划的编制有一个自下而上和自上而下的往复多次的协调过程。

2. 作用

施工进度计划是工程施工的基础。计划就如同航海图或行军图，必须保证有足够的信息，决定下一步该做什么，并指导项目组成员朝目标努力，最终使项目由理想变为现实。其作用具体表现为如下六个方面。

(1) 可以确立施工机构内部各成员及工作的责任范围和地位以及相应的职权，以便按要求去指导和控制施工活动，减少风险。

(2) 可以促进施工单位和各设计单位、施工单位之间的交流与沟通，增加顾客的满意度，并使项目各项施工工作协调一致，并在协调关系中了解哪些是关键因素。

(3) 可以使各岗位组成员明确自己的奋斗目标、实现目标的方法、途径及期限，并确保以时间、成本及其他资源需求的最小化实现项目目标。

(4) 可作为进行分析、协商及记录施工范围变化的基础，也是约定时间、人员和费用的基础。这样就为施工的跟踪控制过程提供了一条基线，可用以衡量进度、计算各种偏差及决定预防或整改措施，便于对变化进行管理。

(5) 可以了解结合部在哪里，从而想方设法使结合部减到最少，并以标准格式记录关键性的施工资料，以备他用。

(6) 可以把叙述性报告的需要减少到最低量。用图表的方式将计划与实际工作做对照，使报告效果更好。这样也可以提供审计跟踪以及把各种变化写入文件，提醒各施工单位及业主针对这些变化做好应对准备。

5.1.2 表达方法

施工进度计划通常可用横道图或网络图表示。横道图施工计划，如图5-1所示。某三跨车间地面混凝土工程以横道图表示的施工计划，该计划由地面回填土、铺设道渣垫层和浇捣细石混凝土三个施工过程组成，分为A,B,C三个施工段组织搭接施工。图中左边表示工作名称，也可以反映工程量、生产组织、定额等资料，右边在相应工作位置画出一系列横道线，以表明工作起止时间和空间关系。它直观、易懂,编制比较容易,所以一直沿用至今,但它不能明确表达工作间的逻辑关系,不能直接进行计算,不便于计划优化和调整。因此,横道图只适用于小型简单的施工计划,对大型而复杂的项目施工计划与控制就有困难了。

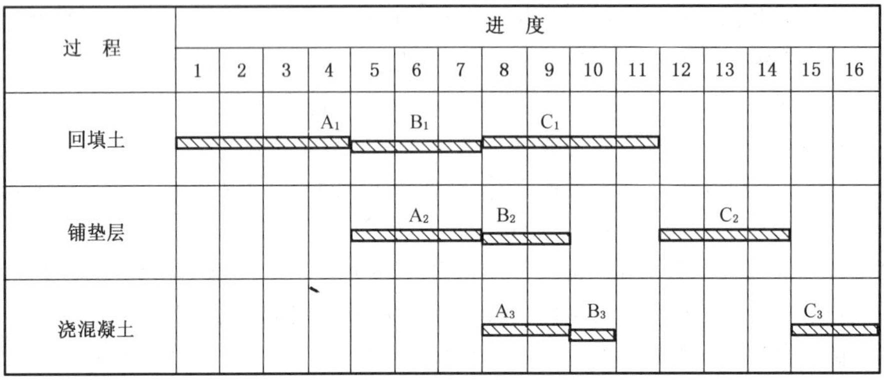

过 程
进 度
1 2 3 4 5 6 7 8 9 10 11 12 13 14 15 16
回填土
A₁ B₁ C₁
铺垫层
A₂ B₂ C₂
浇混凝土
A₃ B₃ C₃

图 5-1 横道图施工计划

某三跨车间地面混凝土工程的双代号网络图的表示形式,如图 5-2 所示。该图逻辑关系比较清楚,能够经过计算确定各项工作的时间参数及关键工作,适用于表达大、中型施工项目进度计划。

回填土A₁
4
回填土B₁
3
回填土C₁
4
铺垫层A₂
3
铺垫层B₂
2
铺垫层C₂
3
浇混凝土A₃
2
浇混凝土B₃
1
浇混凝土C₃
1
1
2
3
4
5
6
7
8
9
10

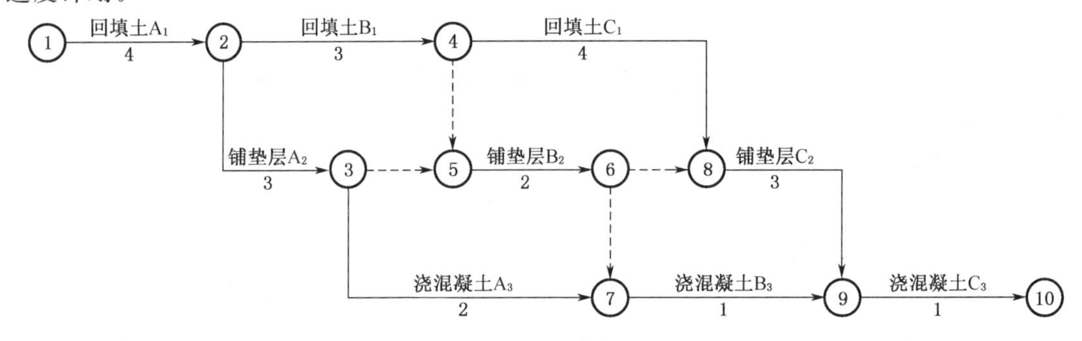

图 5-2 双代号网络图施工计划

某地下室防潮处理工程的单代号网络图施工计划,如图 5-3 所示。单代号网络图绘图简便,逻辑关系明确,没有虚箭线,便于检查修改。

1
支模A1
3
2
支模A2
3
3
扎筋B1
2
4
扎筋B2
2
5
浇砼C1
1
6
浇砼C2
1

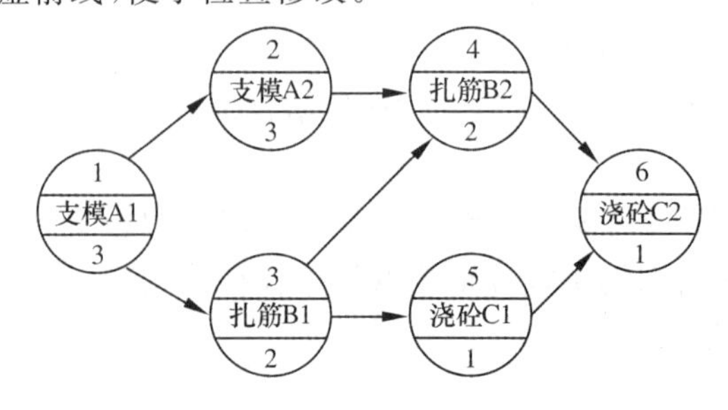

图 5-3 单代号网络图施工计划

选择施工进度计划采用的方法,主要应考虑下列六种因素。

(1) 工程的规模大小。很显然,小工程应采用简单的进度计划方法,大型工程内部关系众多,为了保证按期按质达到施工目标,就需考虑用较复杂的进度计划方法。

(2) 工程的复杂程度。这里应该注意到,工程的规模并不一定总是与其复杂程度成正比,例如修一条高速公路，规模虽然不小，但并不太复杂，可以用较简单的进度计划方法。而建造一幢现代化智能化办公楼，要很复杂的步骤和很多专业知识，可能就需要较复杂的进度计划方法。

（3）工程的紧急性。在工程急需进行阶段，特别是在开始阶段，需要对各项工作发布指示，以便尽早开始工作，此时，如果用很长时间去编制进度计划，就会延误时间。

（4）对工程细节掌握的程度。如果在开始阶段工程的细节无法掌握，只能用横道图概略地表示。随着工程的不断深化，再用网络图表示详细的工作内容。

（5）关键事项的数量。如果项目进行过程中只有一、二项工作需要花费很长时间，其他工作机动时间相对比较多。因此，只有将少数关键事项安排妥当，其他次要工作就不必编制详细复杂的进度计划了。

（6）技术力量和设备。如果没有计算机软件，CPM 和 PERT 进度计划方法有时就难以应用。而如果没有受过良好训练的合格的技术人员，也无法胜任用复杂的方法编制进度计划。

此外，根据情况不同，还需要考虑用户的要求，能够用在进度计划上的预算等因素，管理能力的适应条件等。

5.1.3 编制程序

不论是控制性施工总进度计划、实施性施工分进度计划，还是作业性施工进度计划，虽然各类计划的内容、对象不同，但其基本原理、方法和步骤有共性的地方。施工进度计划编制的基本程序，如图5-4所示。

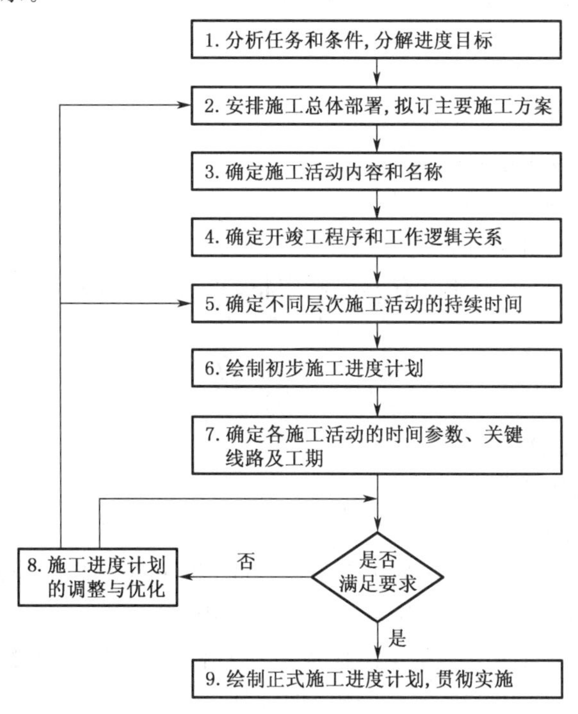

图5-4 施工进度计划编制基本程序

（1）分析工程施工任务和条件，分解工程进度目标。根据掌握的工程施工任务和条件，可将施工项目进度总目标按不同项目内容、不同施工阶段、不同施工单位、不同专业工种等分解为不同层次的进度分目标,由此构成一个施工进度目标系统,分别编制各类施工进度计划。

(2) 安排施工总体部署,拟定主要施工项目的工艺组织方案。不同的施工总体部署和主要施工方案,直接影响施工的工艺方案和组织安排,需仔细研究,反复比选。

(3) 确定施工活动内容和名称。根据工作分解结构的要求,分别列出施工总进度计划或各进度计划的内容及其相应的名称,施工进度计划中施工内容的划分可粗可细,根据实际需要而定。一般来讲,编制控制性施工总进度计划时,为了便于计划综合,工作宜划分得粗一些,一般只列出单位工程或主要分部工程名称;编制实施性施工分进度计划时,为了便于计划贯彻,工作可划分得细一些,特别是其中的主导工作和主要分部工程。

(4) 确定控制性施工活动的开竣工程序和相互关系,并分析各分项施工活动的工作逻辑关系,分别列出不同层次的逻辑关系表。各施工活动的逻辑关系表,如表5-1所示。

表5-1　各施工活动的逻辑关系表

代号	活动名称	实物工程量		每天资源量	持续时间	紧前活动	紧后活动	备注
		数量	单位					

(5) 确定总进度计划中各施工活动的开始和结束时间,估算各分项计划中施工活动的持续时间。一般可用下列方法:

① 查阅工期定额及类似工程经验资料;

② 计算实物工程量和有关时间,计算公式为

$$t_0=\frac{w}{r\cdot m} \tag{5-1}$$

式中 t_0——工作持续时间;

w——该工作实物工程量;

r——劳动定额或产量定额;

m——施工人数或机械台数。

③ 三点估算法。当有些任务没有办法确定精确实物工程量时,可采用三点估算法来计算,计算公式为

$$D=\frac{a+4m+b}{6} \tag{5-2}$$

式中 a——乐观工时估算;

m——正常工时估算;

b——悲观工期估算。

当然,用上面两个公式计算出来的工作基本时间,往往还会受到其他因素的影响,需根据实际情况和经验作适当调整,并将结果填入表5-1中相应栏目。

(6) 绘制初步施工进度计划。根据工作逻辑关系表(表5-1)和计划绘制要求,合理构图、正确标注,形成初步施工横道图计划或者网络图计划。

(7) 确定施工进度计划中各项活动的时间参数,确定关键线路及工期。

(8) 施工进度计划的调整与优化。根据施工资源限制条件和工程工期、成本资料,进行同层平面之间的动态平衡和不同平面(从上到下或从下到上)之间的动态平衡,检查施工进度计划是否满足约束条件限制、是否达到最优状况。否则,还需进行优化和调整。

(9) 绘制正式施工进度计划,并加以贯彻实施。

5.2 施工进度目标策划

5.2.1 施工进度目标的确立

施工项目的运行首先需要明确目标,没有目标就谈不上计划和实施。施工项目的进度目标,是项目最终动用的计划时间,也就是工业项目达到负荷联动试车成功,民用项目交付使用的计划。此外,对施工项目实施的各阶段、各组成部分都应明确具体的分进度目标。

1. 施工项目的进度目标

为了提高施工进度计划的预见性和进度控制的主动性,在确定施工进度控制目标时,必须全面细致地分析与工程施工进度有关的各种有利因素和不利因素。只有这样,才能制订出一个科学、合理的进度控制目标。确定施工进度控制目标的主要依据有:建设工程总进度目标对施工工期的要求;工期定额、类似工程项目的实际进度;工程难易程度和工程施工条件的落实情况等。此外,在施工进度目标分解时,还要考虑以下因素。

(1) 集中力量分期分批建设。对于大型建设工程项目,应根据尽早提供可动用单元的原则,集中力量分期、分批建设,以便尽早投入使用,尽快发挥投资效益。这时,为保证每一动用单元能形成完整的生产能力,就要考虑这些动用单元交付使用时所必需的全部配套项目。因此,要处理好前期动用和后期建设的关系、每期工程中主体工程与辅助及附属工程之间的关系等。

(2) 合理安排土建与设备的综合施工。要按照工程施工各自的特点,合理安排土建施工与设备基础、设备安装的先后顺序及搭接、交叉或平行作业,明确设备工程对土建工程的要求和土建工程为设备工程提供施工条件的内容及时间。

(3) 满足时间与资源的综合平衡。施工时间目标的完成需要资源供应的保证,满足资金供应能力、施工力量配备、物资供应能力与施工进度的综合平衡,才能确保工程进度目标的落到实处。

(4) 考虑外部协作条件的配合情况。设计图纸的供应,原有建筑物的动拆迁,施工过程中所需办理的各项手续,施工现场的水、电、气、通讯、道路及其配套设施,地形、地质、水文、气象等方面的条件等都会影响施工进度目标的确定。

建设工期和施工工期是两个不同的进度目标。

建设工期。它是指建设项目从永久性工程开始施工到全部建成投产或交付使用所经历的时间,它包括组织土建施工、设备安装、进行生产准备和竣工验收等项工作时间,是建设项目施工计划和考核投资效果的主要指标。

确定建设项目的建设工期,需根据工期定额、综合资金、材料、设备、劳动力等施工条件,从项目可行性研究中项目实施计划开始,随着项目进层由粗到细逐步明确。同时,注意与配套项目衔接,同步实施。若建设工期安排过长,资金在未完工程上沉淀过久,影响投资效果;若建设工期安排过短,将扩大施工规模,增加固定费用的支出,甚至影响施工质量,影响项目目标实现。因此,确定合理建设工期是项目施工的首要任务。

施工工期。它是以单位工程为计算对象,其工期天数指单位工程从基础工程破土开工起至完成全部工程设计所规定的内容,并达到国家验收标准所需的全部日历天数。

国家建设主管部门曾颁发“建筑安装工程工期定额”,用以控制一般工业和民用建筑的工期,其中按不同结构类型、不同建筑面积、不同层数、不同施工地区分别规定了各类不同建筑工程的施工工期。该定额可作为编制施工组织设计、安排施工计划、编制招投标文件、签订工程承发包合同和考核施工工期的依据。

计划施工工期通常是在工程委托人的要求工期或承发包双方原订的合同工期规定下,综合考虑各类资源的供应及成本消耗情况后加以合理确定。

2. 工期目标与成本、质量目标的关系

施工项目管理的主要任务就是采用各种手段和措施,确保工程工期、成本、质量目标的最优实现。工期目标与成本、质量目标之间的关系组成了一个既统一又相互制约的目标系统。工期目标与成本、质量目标的关系,如图5-5所示。

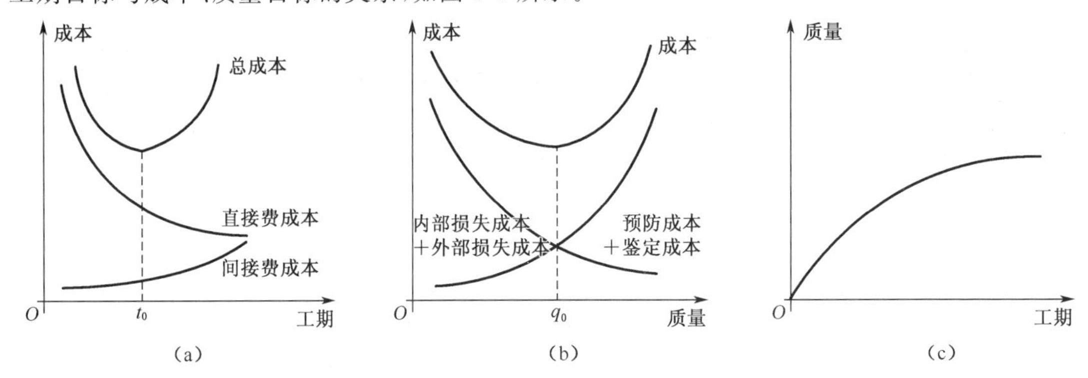

图5-5 工期目标与成本、质量目标的关系

在图5-5(a)中,工程成本由直接费用和间接费用两部分叠加而形成一条下凹的曲线。t_0为最低工程总成本所对应的工期。

在图5-5(b)中,工程质量成本由预防成本、鉴定成本、内部损失成本和外部损失成本所组成。从图中可以看出,预防成本和鉴定成本随工程质量提高而不断增加,而内部和外部损失成本随工程质量提高而不断下降,工程质量成本就是这两部分曲线叠加的结果,其中工程质量成本最低点(q_0所对应的成本)称为适宜的工程质量成本。在实际工程中,若确定太高或太低的质量目标,都会加大工程成本。

在图5-5(c)中,工期质量曲线关系表明,施工工期太紧,会造成施工中粗制滥造,从而降低工程质量;反之,施工工期过松,工程质量也不会有太大的提高。

因此,在确定施工工期目标时,也应同时考虑对工程成本和质量目标的影响,进行多方面的分析和比较,做到施工目标系统的整体最优。

3. 施工目标工期的决策分析

为了控制施工进度,必须采用多种科学的决策分析方法,首先确定明确的施工目标工期,并论证施工进度目标实现的可能性。施工目标工期的确立,既受到工程施工条件的制约,也受到工程合同或指令性计划工期限制,并且还需结合企业的组织管理水平和利润要求一并考虑。通常可以从以下三方面进行决策分析。

(1) 以正常工期为施工目标工期

正常工期是指与正常施工速度相对应的工期。正常施工速度是根据现有施工条件下制订的施工方案和企业经营的利润目标确定的,用以保证施工活动必要的劳动生产率,从而实现工程的施工计划。

为了分析施工速度与施工利润的关系,应将施工总成本分为固定费用和变动费用来考虑。

固定费用是指与施工产值的增减无关的施工费用，如施工现场的各种临时设施按使用时间收取的折旧费用，周转材料按使用时间分摊的费用，施工机械设备按台班收取的费用，管理人员按支付的工资，以及施工中一次性开支的费用；变动费用则是指与施工产值成比例增减的工程费用，如建筑材料、构件制品费、能源消耗、生产工人计件工资等。

图5-6反映单位时间施工产值(施工速度)与施工总成本的定量关系，也就是施工成本与利润关系的图表。如果用F表示单位时间施工产值的固定费用，x表示单位时间施工产值(施工速度)，y表示单位时间的工程成本，v表示变动费用率，则成本曲线$y=F+vx$与施工产值曲线$y=x$的交点x_p为损益平衡点，即施工速度为$x=xp$时，施工结果既无利益也不亏损，只有当施工速度$x>x_p$时，施工结果才有盈利。

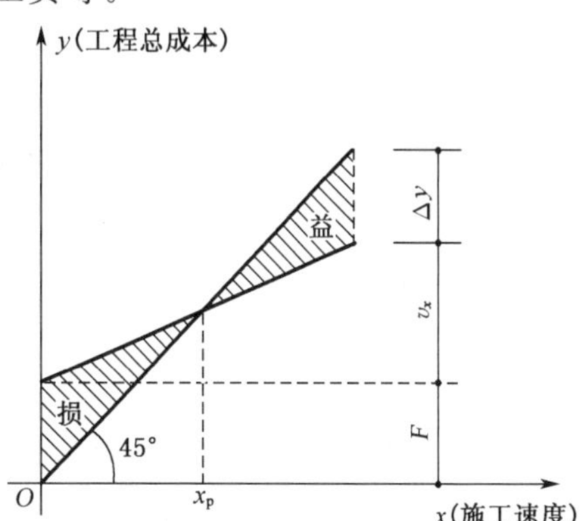

图5-6 施工速度与总成本的关系

设施工利润率为i，则由图5-6可得

$$i=\frac{\Delta y}{x}=\frac{x-vx-F}{x} \tag{5-3}$$

式中，Δy为单位时间的施工利润。

正常施工速度为

$$x=\frac{F}{1-v-i} \tag{5-4}$$

当工期类型已知，施工方案确定后，F和v均为常数。从而可根据施工项目的计划降本率i，确定目标工期T。

【例5-1】 某工程计划成本为1176万元，根据同类工程资料，变动费用率为0.75，按所确定的施工方案，固定费用20万元/月，计划降本率为8%，则正常的施工速率为

$$x=\frac{F}{1-v-i}=\frac{20}{1-0.75-0.08}=117.6(\text{万元/月})$$

目标工期可定为

$$T_0=\frac{1176}{x}=10(\text{月})$$

(2) 以最优工期为施工目标工期

所谓最优工期，即工程总成本最低的工期，它可采用以正常工期为基础，应用工期成本优化的方法求解。

工期成本优化的基本思想就是在网络计划的关键线路上选择费用最低的工作，并不断从这些工作的持续时间和费用关系中，找出能使计划工期缩短而又能使直接费用增加最少的工作，缩短其持续时间，然后考虑间接费用随着工期缩短而减小的影响，把不同工期下的直接费用和间接费用分别叠加，形成工程工期成本曲线，如图5-5(a)所示，从这条曲线中，可求出工程成本最低点相应的最优工期(t_0)，作为施工目标工期。

把最优工期确定为施工目标工期，需要比较完备的基础数据，其中特别是每项工作的正常持续时间和相应的费用、可能加快的时间和相应的费用等必不可少的资料。为此，在工期管理过程中，必须加强定额、预算等基础工作。

(3) 以合同工期或指令工期为施工目标工期

在通常的情况下工程招投标过程中,就需要确定施工工期,工程施工承包合同中都有明确的施工期限,或者国家实施的工程任务规定了指令工期。那么,施工目标工期可参照合同工期或指令工期,结合施工生产能力和资源条件确定,并充分估计各种可能的影响因素及风险,适当留有余地,保持一定提前量。这样,施工过程中即使发生不可预见的意外事件,也不会使施工工期产生太大的偏差。

大型施工项目进度目标论证和决策时,需要掌握比较详细的设计资料,掌握比较全面的承发包组织、施工管理和技术方面的资料,以及项目实施条件资料,并通过编制不同层次的进度计划加以分析和协调。如果经过论证,进度目标无法实现,则应采取特殊措施,或重新调整施工进度目标。

5.2.2 施工进度目标的分解

建设工期和施工工期是工程建设施工阶段的最终进度目标,它是由许多相互关联又相互制约的子目标组成。由于施工项目结构的层次性、内容的多样性、进展的阶段性,由于人们对事物的认识总遵循从粗到细,由近及远的规律,为了最终控制项目施工总目标,必须按照统筹规划、分段安排、滚动实施的原则,将施工目标从不同角度进行综合和分解,编制相应的施工总进度计划和分进度计划。

统筹规划是立足于总进度总工期目标、以确保项目最终动用为目的战略性总体控制计划;分段安排,则是在战略性总目标的约束下,对各阶段性的子系统的目标进行控制,以确保总目标的实现;滚动实施,则要求将阶段性目标再进一步分解成月、旬(或周)的作业性详细进度目标进行控制,以确保阶段性子系统目标的如期实现。

对于项目高层领导来说,一个计划的实施时段可能达数年;而对于一个基层施工队来说,则必须每天做一次计划,时刻注意控制。计划执行单位与详细程度的关系、计划时段与详细程度的关系,如图5-7和图5-8所示。

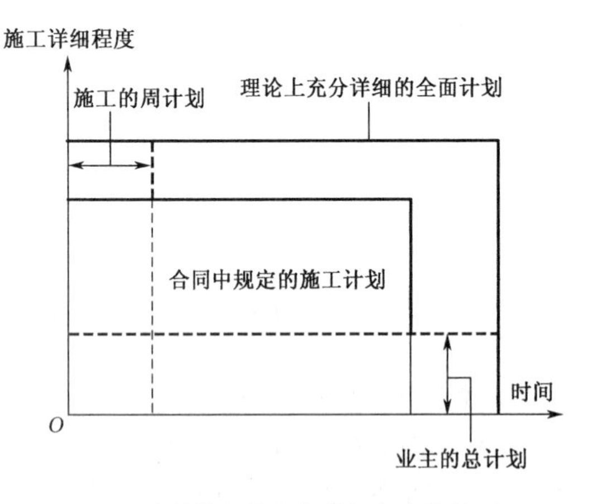

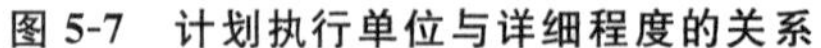

图5-7 计划执行单位与详细程度的关系

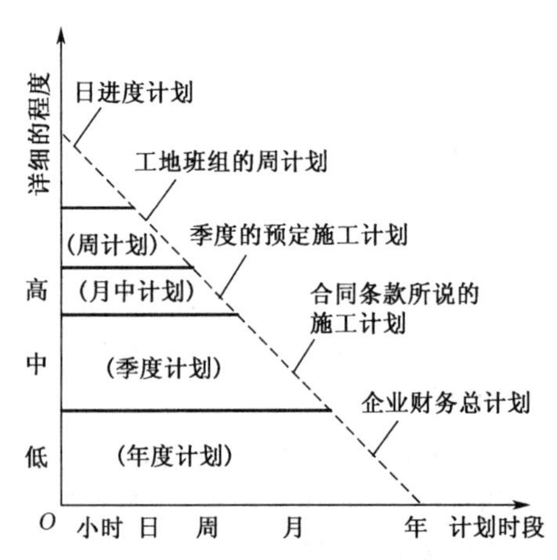

图5-8 计划时段与详细程度的关系

施工进度目标的确定是一个逐步深化的工程,因此根据不同的要求,施工进度计划也是多样性的。根据施工进展阶段和组成内容,施工进度目标一般可以分为控制性施工总进度目标、实施性施工分进度目标和操作性施工作业目标。施工进度目标及计划体系要素,如表5-2所示;施工进度计划体系,如图5-9所示。

表 5-2　　施工进度目标及计划体系要素

序号	进度目标	计划名称	形式	对象	编制时间	用途
1	建设工期	总进度计划	横道图或网络图	建筑项目	设计阶段	规划性
2	施工工期	分进度计划	网络图	单位工程	施工投标阶段	计划性
3	作业时间	施工作业计划	网络图	分部、分项工程	施工准备阶段	控制性

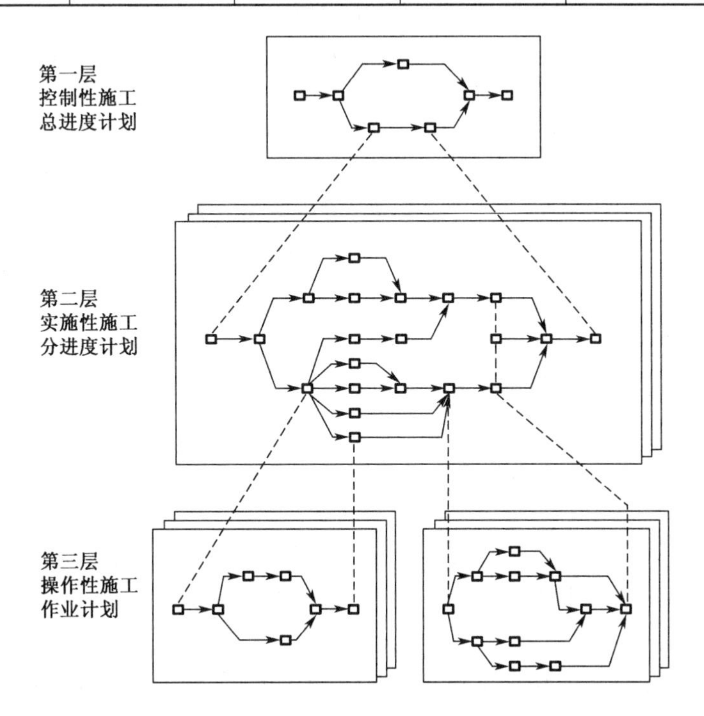

图 5-9　施工进度计划体系

在施工过程中，工作结构以工程施工目标体系为主导，以工程施工的技术系统说明为依据，由上到下，由粗到细进行分解成树型结构，分为项目、子项目、任务、子任务、工作包等层次。常见的工程施工分解方法如下。

(1) 按施工项目组成分解。这种分解方式体现项目的组成结构，反映各个层次上施工项目的开工和竣工时间。通常可按建设项目、单项工程、单位工程、分部和分项工程的次序进行分解。

(2) 按承包合同结构分解。一个建设项目往往有许多承包方参与施工，根据承包合同的不同结构，形成不同层次的总分包体系，施工进度目标按承包合同结构分解，列出各承包单位的进度目标，便于明确分工条件，落实承包责任。

(3) 按施工阶段分解。根据施工项目特点，将施工分成几个阶段，明确每一阶段的进度目标和起止时间，以此作为施工形象进度的控制标志，使工程施工目标具体化。

(4) 按计划期分解。将施工进度目标按年度、季度、月(或旬)进行分解，从粗到细，便于滚动实施、跟踪检查，发现问题及时纠正。

施工项目由于各自具有一定的特殊性，其工作分解结构还受到以下因素的影响：

(1) 施工项目的 WBS 受工程的招标文件或合同条件所确定的工程范围的影响。如某个工程采用交钥匙工程合同，其分解结构与采用平行承包合同差别很大，前者包括设计、计划、采购、招标，而后者不包括这些内容。

(2) 施工项目的WBS受工程结构形式(平面和空间的)、施工段划分的影响。通常将一次性施工的部分综合到一起,作为一个项目单元。例如,本工程中许多部分的墙、柱和楼梯合并成一个包,而较少注意建成后的功能区的划分,这与一般建设项目结构分解明显不同。

(3) 施工项目的WBS受施工组织方法的影响。例如,对某一个项目单元采用流水施工,或平行施工,或依次施工,都会导致不同的分解结构。

(4) 施工项目的WBS受分解详细程度要求的影响。例如,对简单的成熟工作过程的工作包、工序应分得较粗,而对风险大、难度大、复杂的工作包、工序应分得较细。

5.2.3 施工工期目标的影响因素

一个建筑安装单位工程的施工工期,一般取决于其内部的技术、管理因素和外部的社会、自然因素几大方面。国家颁发的施工工期定额,就是综合这两方面因素,对不同地区不同类型工程做出的规定。

1. 建筑技术因素

(1) 工程性质、规模、高度、结构类型、复杂程度;

(2) 地基基础条件和处理的要求;

(3) 建筑装修装饰的要求;

(4) 建筑设备系统配套的复杂程度。

2. 施工管理水平

(1) 施工准备。施工准备是工程施工阶段的一个重要环节,充分和完善的施工准备,为施工的顺利开展和缩短施工工期创造了有利的施工条件。没有做好必要的准备就贸然施工,必然会造成现场管理混乱,拖延工期。

(2) 施工方案。施工方案规定了各阶段工程施工方法、选用的施工机械、施工区段划分、工程展开程序等内容。不同的施工技术方案和组织方案,将决定着不同的工期。

(3) 施工管理水平。由于客观环境多变及内外部协调配合的复杂性,施工管理水平和手段的高低直接影响到施工速度快慢。

3. 社会因素

(1) 社会生产力,尤其建筑业生产力发展的水平。例如,我国20世纪70年代,城市建造高层建筑,由于施工技术、混凝土泵送设备、商品混凝土生产能力等条件限制,比当今高层建筑施工生产力水平要低得多,同样一幢建筑工期也就长得多。

(2) 建筑市场的发育程度。施工要素能够在建筑市场根据施工需要得到合理配置,这是施工的物质基础。在计划经济体制下,施工生产资料实行计划配给,指标跟投资走,且留有缺口,肢解了施工单位的生产力,制约了施工工期的缩短。而市场经济的发展和完善,为施工生产要素的配置创造了市场条件,极大地促进了施工生产力的发展,对提高施工能力、缩短工期产生重大作用。

(3) 工程投资者和管理者决策意图。当决策者要求靠加快进度缩短工期时,自然就以扩大施工规模、增加施工措施、组织平行和立体交叉施工的费用为代价,换取高速度、短工期的成效。当然,有时这种决策的目的在于尽快发挥投资的经济效益和社会效益,从项目的财务评价上仍然是可取的。也可以说这是一种主观因素决定工期的长短。

4. 自然因素

恶劣天气、地震、临时停水停电、社会动乱等不可预见的自然因素。

与进度有关的单位和影响进度的因素，如图5-10所示；房屋建筑的各主要分部分项工程对施工工期影响程度，如图5-11所示。

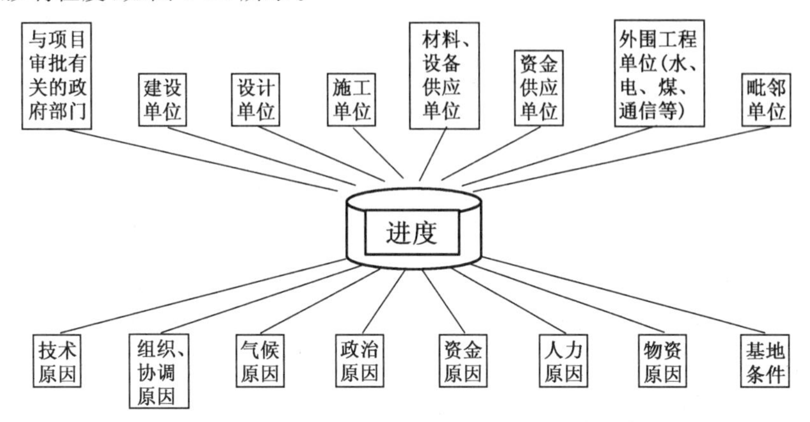

图5-10 与进度有关的单位和影响进度的因素

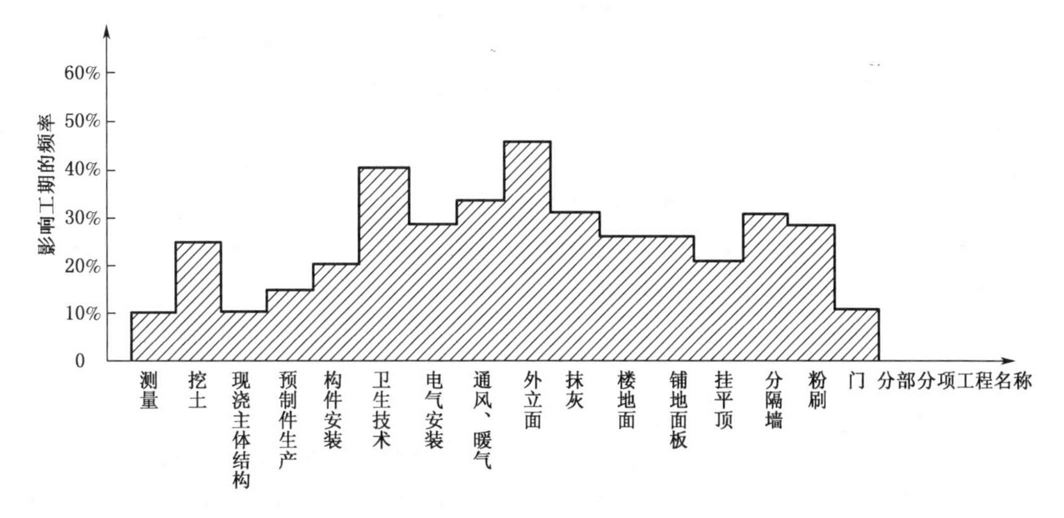

图5-11 房屋建筑的各主要分部分项工程对施工工期影响程度

5.3 施工进度计划编制

5.3.1 控制性施工总进度计划

对于一个大中型的建设项目，往往由若干个单项工程或单位工程组成，形成一个建筑群。工业建筑工程，除了主厂房和主装置之外，还有许多辅助、附属工程，只有协调施工、相互配合，才能保证总体工程投产使用；民用住宅小区除住宅外，还包括文教用房、商业用房、娱乐设施、园林绿化和市政配套等设施，也需要有一个依次交付使用的先后顺序。因此，任何建设项目施工应该依据总体规划和统筹安排的原则，首先编制控制性施工总进度计划，以保证施工总进度目标的实现。

1. 基本概念及特点

控制性施工总进度计划，是指以整个建设项目为施工对象、以项目整体交付使用时间为目标的施工进度计划。它是施工项目最高层次的施工进度，用来确定工程项目中所包含的单项工程、单位工程或分部分项工程的施工顺序、施工期限及相互搭接关系。该控制性施工进度计划是整个项目施工进度控制的纲领性文件,是组织和指挥施工的依据。当时在编制控制性施工进度计划时,设计工作还在进行。因此,它不仅是控制施工进度的依据,也是协调设计进度、物资采购计划和制定资金使用计划等的重要参考文件。

对于一个大型重点建设项目,参与施工的单位很多,一般施工单位还都承担不了施工进度目标控制的总体责任。因而,往往有业主方主持或牵头编制控制性施工总进度计划。

控制性施工进度计划编制的主要目的是通过计划的编制,以对施工承包合同所规定的施工进度目标进行再论证,并对进度目标进行分解,确定施工的总体部署,并确定为实现进度目标的里程碑事件(或控制节点)的进度目标,作为进度控制的依据。

例如,三峡工程是一个具有防洪、发电、航运等综合效益的巨型水利枢纽工程。枢纽主要由大坝、水电站厂房、通航建筑物三部分组成。根据审定的三峡工程初步设计报告,三峡工程建设总工期定为17年,工程分三个阶段实施。其中:

第一阶段:工程工期为5年(1993—1997年),主要控制目标是:1997年5月导流明渠进水;1997年10月导流明渠通航;1997年11月实现大江截流;1997年年底基本建成临时船闸。

第二阶段:工程工期6年(1998—2003年),主要控制目标是:1998年5月临时船闸通航;1998年6月二期围堰闭气开始抽水;1998年9月形成二期基坑;1999年2月左岸电站厂房及大坝基础开挖结束,并全面开始混凝土浇筑;1999年9月永久船闸完成闸室段开挖,并全面进入混凝土浇筑阶段;2002年5月二期上游基坑进水;2002年6月永久船闸完建开始调试,2002年9月二期下游基坑进水;2002年11—12月三期截流;2003年6月大坝下闸水库开始蓄水,永久船闸通航;2003年4季度第一批机组发电。

第三阶段:工程工期6年(2004—2009年),主要控制目标是:2009年年底全部机组发电和三峡枢纽工程完建。

控制性施工总进度计划具有以下三个特点。

(1) 综合性。控制性施工总进度计划是施工项目最高层次的进度计划。不管该建设项目是一个单项工程,还是一个单位工程,它反映施工项目的总体施工安排和部署,满足施工项目的总进度目标要求,是各个分进度目标的有机结合,具有一定的内在规律。

(2) 整体性。控制性施工总进度计划要反映下级计划的彼此联系。民用住宅小区中,住宅与文教、娱乐、商业服务设施及市政配套必须同步施工,分期交付;工业建筑中的整体性更强,必须按照生产工艺要求,分期分批施工,主要车间与附属设施协调配合,才能保证厂房顺利投产,发挥效益。

(3) 复杂性。控制性施工总进度计划,不仅涉及施工项目内部的队伍组织、资源调配和专业配合,也要考虑到施工项目外部的市场、社区、政府等协调问题,还要满足当地地形、地质水文、气象等自然条件限制,牵涉面广、关系错综复杂。

施工进度计划是施工组织设计中的主要内容,也是现场施工管理的中心内容。如果控制性施工进度计划编制得不合理,将导致人力、物力的运用不均衡,延误工期,甚至还会影响工程质量和施工安全。因此,正确地编制控制性施工总进度计划,是保证各项工程以及整个建设项目按期交付使用、充分发挥投资效果、降低建筑工程成本的重要条件。

2. 编制原则和要求

控制性施工总进度计划是以建设项目为对象,根据规定的工期和施工条件,在建设项目施工部署的基础上,对各项工程的施工作业的时间安排。因此,必须充分考虑施工项目的规模、内容、方案、内外关系等因素。在编制控制性施工总进度计划时，应该遵守以下四点原则和要求。

(1) 系统规划，突出重点。在安排施工进度计划时，要全面考虑，分清主次、抓住重点。所谓重点工程，常指那些对工程施工进展和效益影响较大的工程子项。这些项目具有工程量和劳动量大，施工工期长；工艺、结构构造复杂、质量要求高等特点。由于施工总进度计划反映的工作内容层次高、涉及面广，为了突出工作重点，工作名称的确定就不宜太细，除了一些关键性的主体工程外，对附属性或辅助性工程要适当综合和归并。

(2) 流水组织，均衡施工。流水施工方法是现代大工业生产的组织方式。由于流水施工方法能使建筑工程施工活动有节奏、连续地进行，均衡地消耗各类物资资源，因而能产生较好的技术经济效果。在编制控制性施工总进度计划的过程中，应尽可能吸收和利用流水施工的基本思想和原理，最大限度地节约物资资源消耗，降低工程成本。

在民用建筑施工中，应尽量划分施工区与流水段，组成施工区间的大流水，使整体上做到连续和均衡地施工。公共建筑的主体工程与配套工程相互穿插、相互协调，保持一定的流水步距；住宅小区内同类型结构的栋号进行对翻流水，栋号本身组织分层分段的专业工种流水施工，按施工区段达到交付使用条件。

(3) 分期实施，尽早动用。对于大型工程施工项目，应根据一次规划、分期实施的原则，集中力量分期分批施工，以便尽早投入使用，尽快发挥投资效益。这时，为保证每一动用单元能形成完整的使用功能或生产能力，就需要合理划分这些动用单元的界限，确定交付使用时所必需的全部配套项目。因此，要妥善处理好前期动用和后期施工的关系、每期工程中主体工程与辅助工程之间的关系、地下工程与地上工程之间的关系、场外工程与场内工程之间关系。

(4) 综合平衡，协调配合。大型工程施工除了土建工程外，工艺设备安装和装饰工程施工量大且复杂，是制约工期的主要因素。当土建工程施工达到计划部位时，及时安排工艺设备安装和装饰工程的搭接、交叉成平行作业，明确工艺设备安装和装饰工程对土建工程的要求，明确土建工程为工艺设备安装和装饰工程提供施工条件的内容和时间。同时，还需做好水、电、气、煤、通风、道路等外部协作条件和资金供应能力、施工力量配备、物资供应能力的综合平衡工作，使它们与施工项目控制性总目标协调一致。

3. 编制方法和步骤

控制性施工总进度计划的编制有其内在的要求，必须依照一定的程序进行。施工总进度计划编制方法和步骤如下。

1) 列出施工项目名称、划分施工区段

建设项目施工总进度计划主要反映各单项工程或单位工程的总体内容，通常按照工程量、分期分批投产顺序或交付使用顺序列出主要施工项目名称，一些附属项目、配套设施和临时设施可适当合并列出。

当一个建设项目内容较多、工艺复杂时，为了合理组织施工、缩短工作时间，常常将单项工程或若干个单位工程组合成一个施工区段，各施工区段间互相搭接、互不干扰，各施工区段内组织有节奏的流水施工。工业建设项目一般以交工系统作为一个施工区段，民用建筑按地域范围和现场道路的界线来划分施工区段。

2) 计算工程量、编制施工项目一览表

在施工区段划分的基础上，计算各单位工程的主要实物工程量。其目的是为了选择各单位工程的流水施工方法、估算各项目的完成时间，计算资源需要量的需要。因此，工程量计算内容不必太细。

除房屋外，还必须计算主要的全工地性工程的工程量，例如，场地平整，现场道路和地下管线的长度等，这些可以根据建筑总平面图来计算。

3）确定各单位工程的施工期限

建筑物的施工期限，随着各施工单位的机械化程度、施工技术和施工管理的水平、劳动力和材料供应情况等不同，而有很大差别。因此，应根据各施工单位的具体条件，并考虑建筑物的类型、结构特征、体积大小和现场环境等因素加以确定。单位工段施工期限必须满足合同工期和规定工期的要求。此外，也可参考有关的工期定额来确定各单位工程的施工期限。

4）确定各单位工程的开竣工时间和相互衔接关系

经过对各主要建筑物的工期进行分析，确定了各主要建筑物的施工期限之后，就可以进一步安排各建筑物的搭接施工时间。安排各建筑物的开竣工时间和衔接关系时，一方面要根据施工部署中的控制工期及施工项目的具体情况（施工力量、材料的供应、设计单位提供设计图纸的时间等）来确定；另一方面也要尽量使主要工种的工人基本上连续、均衡地施工，减少劳动力调度的困难，尽量使技术物资的消耗在全工程上均衡，做到基础、结构、安装、装修、试生产等在时间、数量上的比例合理。

对于工业项目施工以主厂房设施的施工时间为主线，穿插其他配套建筑物的施工时间；对于具有相同结构特征的建筑物或主要工种要安排流水施工。为了保证施工速度，道路、水电、通讯等施工准备工作应先期完成；为了减少临时设施，能为施工服务的永久性项目应尽早开工。

5）安排施工总进度计划

根据前面确定的施工项目内容、期限、开竣工时间及搭接关系，可以采用横道图表示方式或网络计划形式来编制施工总进度计划。横道图表示的控制性施工总进度计划，如表 5-3 所示。表格中的栏目可根据项目规模和要求作适当的调整。

表 5-3　　控制性施工总进度计划

序号	单位工程名称	建筑面积/m^2	结构形式	工作量/万元	工作天数	施工进度表							
						20××年				20××年			
						一季度	二季度	三季度	四季度	一季度	二季度	三季度	四季度

某焦化厂工程控制性施工总进度计划，如图 5-12 所示。该工程由备煤、炼焦、回收和其他辅助、市政管线等 5 大系统组成，包括 31 个单位工程。从施工准备到试生产（投产）总工期为 460 天。网络图由 104 条箭线组成，关键工作共 12 项，最大项目焦炉主体只用 7 条箭线，最小项目箭线施工只用一条箭线表示。因而图面简明，关键线路清楚。图中用⊙表示 5 大系统，△表示 31 个单位工程项目，粗线表示关键线路：1—2—3—4—5—20—21—22—23—28—29—72—73，共计 469 天。

6）总进度计划的调整与修正

施工总进度计划安排好以后，把同一时期各项单位工程的工作量加在一起，用一定的比例画在总进度计划的底部，即可得出建设项目的资源曲线。根据资源曲线可以大致地判断各个时期的工程量完成情况。如果在所画曲线上存在着较大的低谷或高峰，则需调整个别单位工

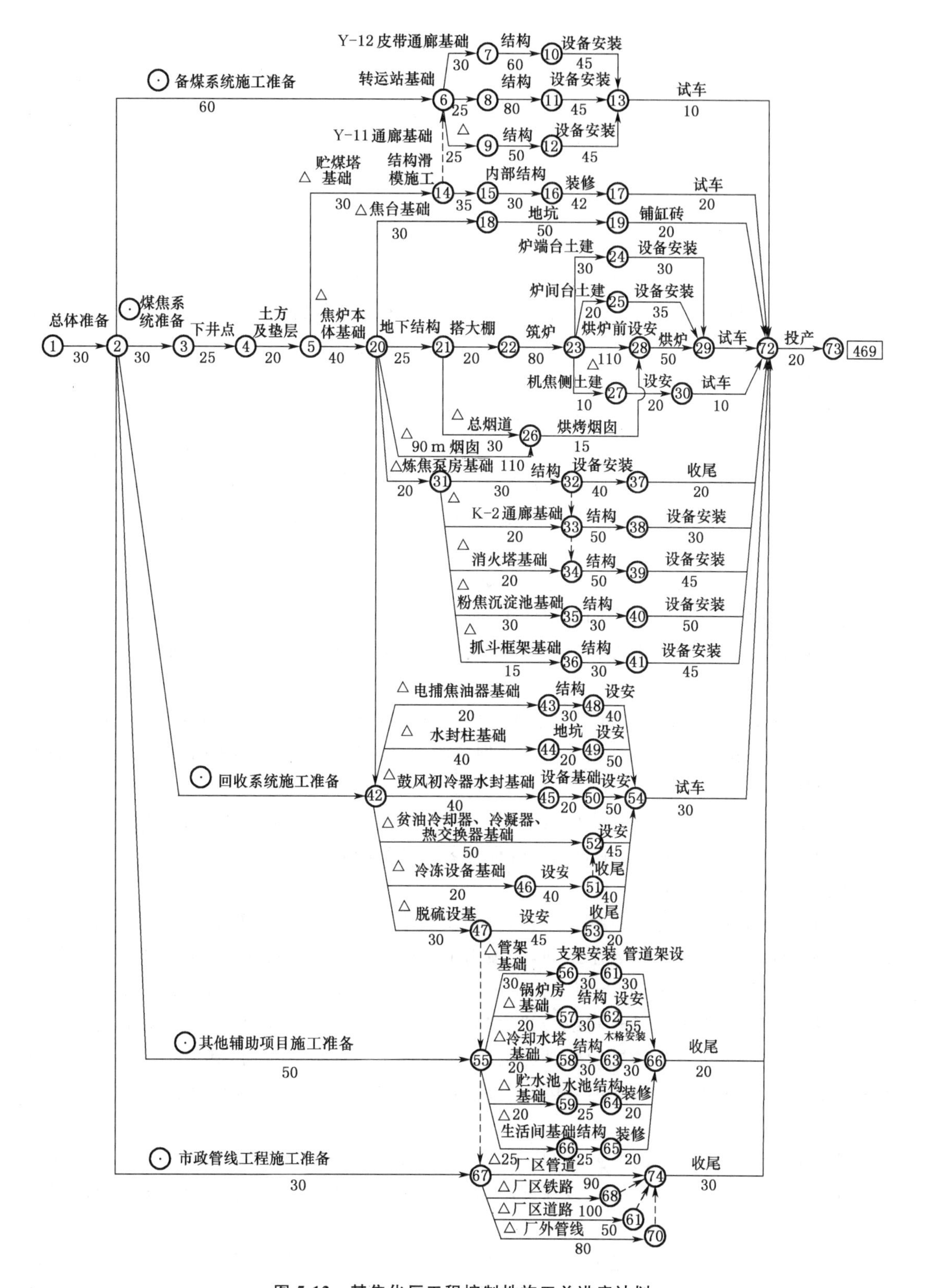

图 5-12 某焦化厂工程控制性施工总进度计划

程的施工速度或开竣工时间，以便消除低谷或高峰，使各个时期的工程量尽量达到均衡。资源曲线按不同类型编制，可反映不同施工时期的资金、劳动力、机械设备和材料构件等的需要量。

在编制了各个单位工程的控制性施工进度计划以后，有时还需要对施工总进度计划作必要的修正和调整。此外，在控制性施工进度计划贯彻执行过程中，也应随着施工的进展变化及时作必要的调整。有些建设项目的施工总进度计划是跨几个年度的，因此，还需要根据国家每年的基本建设投资情况，调整施工总进度计划。

5.3.2 实施性施工进度计划

实施性施工进度计划主要任务是在控制性施工总进度计划的指导下，以单位工程为对象，按分项工程或施工过程来划分施工项目，在选定的施工方案的基础上，根据工期要求和技术物资供应条件，遵守各施工过程合理的工艺顺序和组织顺序，具体确定各施工过程的施工时间及相互搭接、配合关系，并为编制分部分项操作性施工作业计划和各类物资需要量计划提供必要的依据。

项目施工的月度施工计划和旬施工作业计划是用于直接组织施工作业的计划，它属于实施性施工进度计划。针对一个项目的月度或旬施工计划应反映在这月度或旬中主要施工作业的名称、实物工程量、工作持续时间、所需的施工机械名称、施工机械的数量等，还反映各施工作业相应的日历天的安排，以及各施工作业的施工顺序。实施性施工进度计划，可采用横道图或网络图形式。

编制实施性施工进度计划，主要依据下列资料：设计图纸及技术资料、施工组织总设计及控制性施工总进度计划、施工合同规定的工期要求及开竣工日期、施工条件、资源供应、分包情况、主要分部分项工程的施工方案、劳动定额及机械台班定额、其他有关要求和资料。

1. *确定施工过程名称*

施工过程是进度计划的基础组成单元。施工过程数量多少、划分粗细程度，应根据计划的需要来决定。一般来说，实施性施工进度计划应明确到分项工程或更具体的细项工程，以满足施工项目实施要求。

在编制施工进度计划时，首先应按照图纸和施工顺序，并结合施工方法、施工条件和劳动组织等因素，列出安装、砌筑类主导施工过程的名称，对穿插进行的某些设备类和运输类施工过程可以加以综合归并或忽略不计。

例如，单层工业厂房施工进度计划，不仅要反映土方工程、基础工程、预制工程、吊装工程等，对每一分部工程还要列出若干细项，如预制工程可分为柱子预制、屋架预制，而各种构件预制又分为支撑模板、绑扎钢筋、浇筑混凝土等。但对劳动量很少、不重要的小项目不必一一列出，通常将其归入相关的施工过程或合并为“其他”一项。另外，由于施工方案不同，施工过程名称、数量和内容亦会有所不同。如某深基坑施工，当采用放坡开挖时，其施工过程有井点降水和挖土两项；当采用板桩支护时，其施工过程就包括井点降水、打板桩和挖土三项。

2. *确定施工顺序*

确定施工顺序是为了按照施工的技术规律和合理的组织关系，解决各项目之间在时间上的先后顺序和空间上的搭接关系，以保证施工质量、施工安全，充分利用施工时间和空间，实现工期目标要求。

一般来说，施工顺序受工艺和组织两方面的制约。当施工方案确定后，项目之间的工艺顺序就随之而确定了，而组织关系则需要考虑劳动力、机械设备、材料构件等资源安排。由于各类施工项目的结构特点和施工条件不同，其施工顺序也不尽相同。例如，多层混合结构建筑、高层混凝土墙板建筑、单层工业厂房建筑等，都有各自的施工顺序。

3. 计算工程量

工程量计算应根据施工图和工程量计算规则进行。为了便于计算和复核,工程量计算应按一定的顺序和格式进行。工程量计算的方法与工程预算类似。

在实际工程中一般先编制工程预算书,如果施工进度计划所用定额和施工过程的划分与工程预算书一致时,则可直接利用预算的工程量,不必重新进行计算。若某些项目有出入,或分段分层有所不同时,可结合施工进度计划的要求进行变更、调整和补充。如计算基础土方时,应根据土壤的级别和采用的施工方法(开挖、支撑或放坡)等实际情况进行计算。

4. 确定劳动量和机械台班数

根据施工过程的工程量、施工方法和地方颁发的施工定额,并参照施工单位的实际情况,确定计划采用的定额(时间定额和产量定额),以此计算劳动量和机械台班数,计算公式如下:

$$p=\frac{Q}{S} \tag{5-5}$$

或

$$p=Q\cdot H \tag{5-6}$$

式中 p——某施工过程所需劳动量(或机械台班数);

Q——某施工过程的工程量;

S——计划采用的产量定额(或机械产量定额);

H——计划采用的时间定额(或机械台班定额)。

使用定额时,有时会遇到施工进度计划中所列施工过程的工作内容与定额中所列项目不一致的情况,这时应予以补充。通常有下列两种情况:

施工进度计划中的施工过程所含内容为若干分项工程的综合,此时,可将定额作适当扩大,求出平均产量定额,使其适应施工进度计划中所列的施工过程。平均产量定额可按下式计算:

$$\overline{S}=\frac{\sum_{1}^{n}Q_i}{\frac{Q_1}{S_1}+\frac{Q_2}{S_2}+\cdots+\frac{Q_n}{S_n}} \tag{5-7}$$

式中 $Q_1,Q_2,\cdots,Q_n$——同一施工过程中各分项工程的工程量;

$S_1,S_2,\cdots,S_n$——同一施工过程中各分项工程的产量定额(或机械产量定额);

$\overline{S}$——施工过程的平均产量定额(或平均机械产量定额)。

有些新技术或特殊的施工方法,其定额尚未列入定额手册中,此时,可将类似项目的定额进行换算,或根据试验资料确定,或采用三时估计法。三时估计法求平均产量定额可按下式计算:

$$S=\frac{1}{6}(a+4m+b) \tag{5-8}$$

式中 a——最乐观估计的产量定额;

b——最保守估计的产量定额;

m——最可能估计的产量定额。

5. 确定各施工过程的作业天数

计算各施工过程的持续时间的方法一般有两种:

(1) 根据配备在某施工过程上的施工工人数量及机械数量来确定作业时间。

根据施工过程计划投入的工人数量及机械台数,可按下式计算该施工过程的持续时间:

$$T=\frac{p}{n \cdot b} \tag{5-9}$$

式中 T——完成某施工过程的持续时间(工日);

p——该施工过程所需的劳动量(工日)或机械台班数(台班);

n——每工作班安排在该施工过程上的机械台数或劳动的人数;

b——每天工作班数。

(2) 根据工期要求倒排进度,由 T,p,b 求 n,即

$$n=\frac{p}{T \cdot b} \tag{5-10}$$

可求得 n 值。

确定施工持续时间,应考虑施工人员和机械所需的工作面。人员和机械的增加可以缩短工期,但它有一个限度,超过了这个限度,工作面不充分,生产效率必然会下降。

6. 编制施工进度计划

编排施工进度计划的一般方法,是首先找出并安排控制工期的主导施工过程,并使其他施工过程尽可能地与其平行施工或最大限度的搭接施工。

在主导施工过程中,先安排其中主导的分项工程,而其余的分项工程则与它配合、穿插、搭接或平行施工。

在编排时,主导施工过程中的各分项工程和各主导施工过程之间的组织,可以应用流水施工方法和网络计划技术进行设计,最后形成初步的施工进度计划。

无论采用流水作业法还是采用网络计划技术,对初步安排的施工进度计划均应进行检查、调整和优化。检查的主要内容有:是否满足工期要求;资源(劳动力、材料及机械)的均衡性;工作队的连续性;以及施工顺序、平行搭接和技术或组织间歇时间等是否合理。根据检查结果,如有不足之处应予调整,必要时应采取技术措施和组织措施,使有矛盾或不合理、不完善处的工序持续时间延长或缩短,以满足施工工期和施工的连续性(一般主要施工过程是连续的)和均衡性。

此外,在施工进度计划执行过程中,往往会因人力、物力及客观条件的变化而打破原订计划,或超前、或推迟。因此,在施工过程中,也应经常检查和调整施工进度计划。近年来,计算机已广泛用于施工进度计划的编制、优化和调整,它具有很多优越性,尤其是在优化和快速调整方面更能发挥其计算迅速的优点。

5.4 施工进度计划优化

一项工程往往由很多子项目组成,这些子项目都有自己的执行时间,并且需要一定数量的资源。因而对一个工程施工项目来说,既有时间约束,又有资源(费用)的约束。工程施工进度计划的优化问题就是通过一定的科学方法,合理配置资源和降低工程的费用,实现工程施工工期的优化。

按照施工进度计划优化目标分，进度计划优化分为工期优化、费用优化和资源优化三个方面。

5.4.1 施工进度计划的工期优化

施工进度计划的工期优化是指调整进度计划的工期，使其在满足要求的前提下，达到工期最为合理的目的。

时间是一项特殊的资源。对于一项紧迫的施工任务来说，就是要千方百计地采取措施，调整修改原始进度计划，使它的完成期限达到最短的程度，或者符合规定工期的要求。即使原始计划的工期没有超过规定工期，也要进一步分析调整原始进度计划，挖掘潜力，充分考虑各种有可能出现的影响因素，以确保施工计划的顺利完成。

以施工网络计划为例，除了采取压缩关键工作时间的方法来达到缩短工期的目的外，还可采用调整网络计划逻辑关系的方法，通过工艺措施和组织措施来实现对进度计划的工期优化。

1. 压缩关键工作时间

在施工网络计划中，关键线路控制着工程的工期。因此，要缩短工期，首先应选择关键线路，即所谓的“向关键线路要资源”。当施工网络计划中有多条关键线路时，还必须考虑多条关键线路的优化组合，即同时缩短多条关键线路的时间。

选择压缩工作的方法有：顺序法——按关键工作开始时间确定，先开始的工作先压缩；加权平均法——按各关键工作持续时间长短的比例分摊需压缩的时间；相关目标选择法——按其他施工目标选择关键工作进行压缩，如质量、安全、资源供应和费用，结合外部环境因素的制约，加以综合考虑，并尽可能给予量化。

例如，图 5-13 所示的原始网络计划，计算工期为 18 个月。如果该项目需要提前一个月交付使用，则应对该原始网络计划进行工期调整。

根据分析该网络计划有两条关键线路，即 1—2—5—6—8 和 1—3—4—5—6—8，要缩短工期必须将两条关键线路同时考虑，可行的关键工作组合方案有四组。第一组：工作 A 和工作 D；第二组：工作 A 和工作 E；第三组：工作 G；第四组：工作 N。至于哪一个方案最优，还需结合该项目的实际背景资料，综合分析安全和质量要求、资源供应状况、现场施工条件、赶工费用等情况，并尽可能将各种约束条件量化，经过比较选择最优方案。

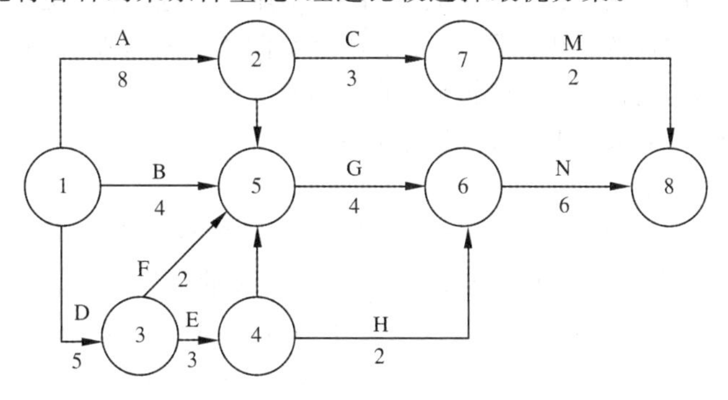

图 5-13 关键线路优化组合

2. 优化工作组织方式

优化工作的组织方式，主要是将网络计划中原来依次进行的工作，调整为平行工作和搭接工作，以便在同一时间内开展更多的工作，集中资源投入，充分利用施工现场空间。

1）将依次工作调整为平行工作

如果施工条件和资源投入许可，将依次工作调整为平行工作，对于缩短工期可以收到最大的效果。将依次工作调整为平行工作，如图5-14所示。有A和B两个部件需要组装，原计划安排先组装A部件后再组装B部件，即依次进行。为了缩短工期就可以将这两件依次进行的工作，调整为平行工作。这样，网络中的关键线路就由原来的5天缩短到3天。

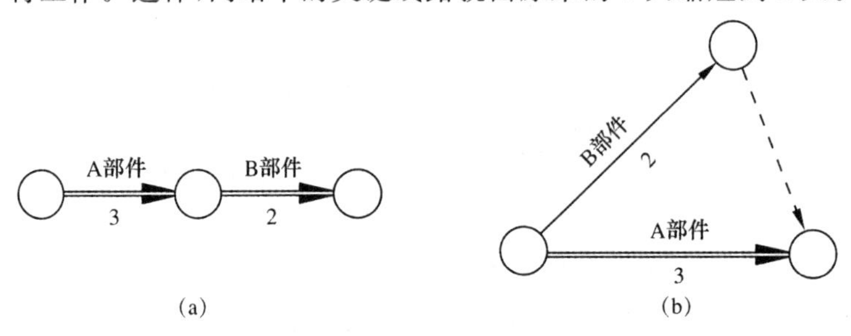

图5-14 将依次工作调整为平行工作

2）将串联工作调整为搭接工作

为了缩短工作依次进行花费的时间，可以采用部分搭接的方式来完成，即通过增加施工投入的方式，紧前工作部分完成后其紧后工作就可以开始。

例如，有两幢多层房屋的基础工程，分别由土方开挖、垫层、混凝土基础、回填土四道工序组成，相应的工作时间分别为8天、4天、10天、2天。若安排依次施工，一幢房屋的基础工程需花费24天时间，两幢房屋就要48天。若组织两幢房屋基础工程搭接施工，各道工序交替进行，就可以使工期缩短为34天。基础工程搭接施工计划，如图5-15所示。

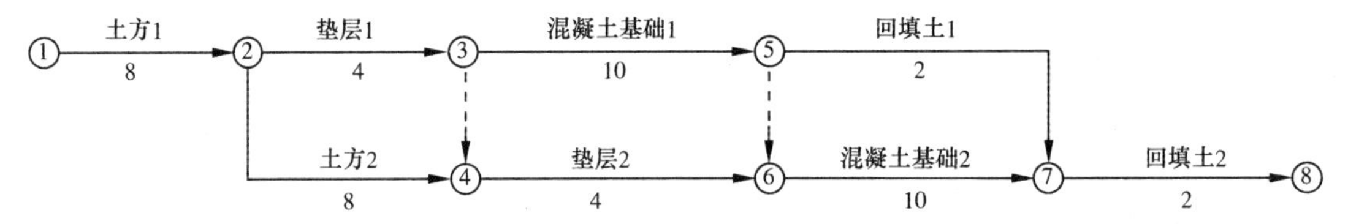

图5-15 基础工程搭接施工计划

优化工作的组织方式，要根据客观条件的许可，不能盲目进行。一是要符合施工技术方案的规定；二是要有充足的资源提供保证；三是要注意空间条件的限制问题。在一定的条件下，工作段分得越细，工期就越短，每项工作所占的空间有时就会缩小。当超过一定的限度，工作的展开就会有困难了，反而会引起窝工，影响效率。

3. 调配计划机动资源

在施工计划过程中，资源的供应量总是有限制的，这就要求对整个资源的调配作统筹安排。由于关键线路时间安排显得比较紧张，而那些拥有大量机动时间的非关键线路上的非关键工作就显得非常松弛。因此，为了加速关键工作的进展，缩短工期，也完全有理由利用非关键工作的机动时间，把这些工作安排得紧凑一些，从中调出部分资源来支援关键线路上的工作，即所谓的“向非关键线路要资源”。

从非关键线路调出资源，亦即利用非关键工作的机动时间有两种方式：

1）推迟非关键工作的开始时间

在图5-16(a)的网络计划中，工作A，B平行进行，工作A每天分配30人用6天完成，工作B每天分配15人用10天完成。工作B是关键工作，为了加速它的完成，以缩短计划工期，就可以把工作 A 的人力全部转移到工作 B 上来，待工作 B 完成后再集中力量去完成工作 A。亦即把工作 A 推迟到工作 B 之后开始，这样工期就由 20 天缩短到 16 天，如图 5-16(b)所示。

2）延长非关键工作的持续时间

在一定条件下，一项工作通过增加资源可以缩短工期；同理，一项工作如果要调出资源，则要相应地延长时间。非关键工作均有机动时间，因此，可用适当延长时间的做法来调出资源。

在图 5-16(a)的网络计划中，还可以将非关键工作 A 延长到 12 天，从而调出 15 人来支援关键工作 B 的完成，这样关键工作 B 也就相应地缩短了 5 天。优化后工期同样由 20 天缩短到 16 天。如图 5-16(c)所示。

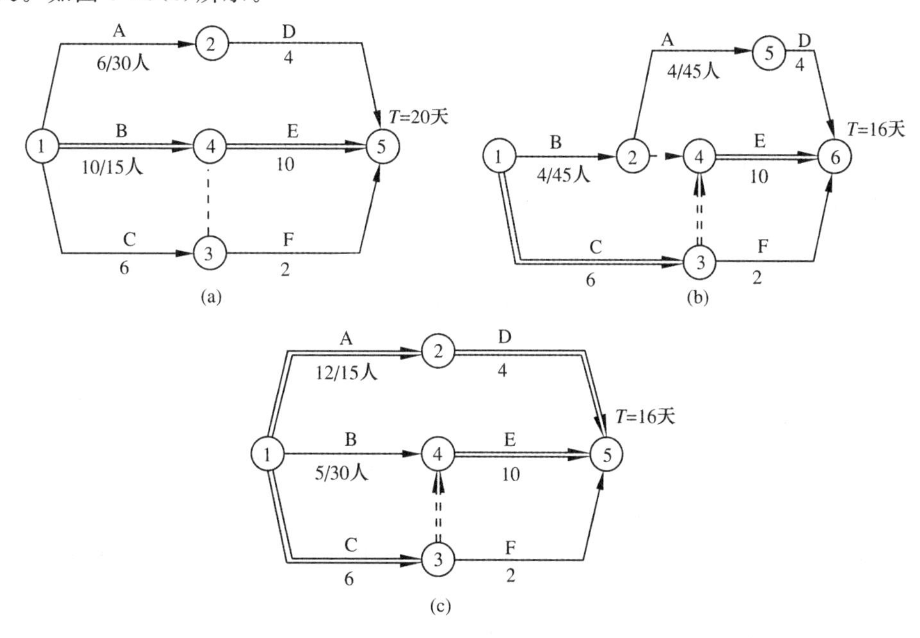

图 5-16　计划机动资源的调配

4. 优选工作的可变顺序

网络计划中的组织关系反映了工作之间的可变顺序。工作 A 可在工作 B 之前完成，工作 B 亦可在工作 A 之前完成，利用这种工作顺序的可变特性调整网络图，确定最优的组织关系，就可以缩短工期。

例如，图 5-17 (a)所示的桥梁工程施工网络计划，工期为 63 天，不能满足规定施工工期 60 天的要求。由于该计划中的每项工作作业时间均不能够压缩，且工地施工桥台的钢模板只有一套，两个桥台只能顺序施工，若一定要压缩工作时间，可将西桥台的挖孔桩改为预制桩，要修改设计，且需增加费用。

在仅有一套桥台施工模板的条件下，考虑到西侧桥台基础为桩基，施工时间长(25 天)，而东侧桥台为扩大基础，施工时间短(10 天)。所以，将原计划中西侧桥台施工完后施工东侧桥台，改为东侧基础、桥台和西侧基础同时施工，接着再进行西侧桥台的施工，如图 5-17(b)所示。这样，改变一下施工组织顺序，在不增加任何投入的情况下，就可以将计划工期缩短到 $T=55$ 天，小于规定施工工期 60 天的要求。

5.4.2　施工进度计划的费用优化

费用优化又称工期成本优化，是指寻求工程总成本最低时的工期安排，或按要求工期寻求

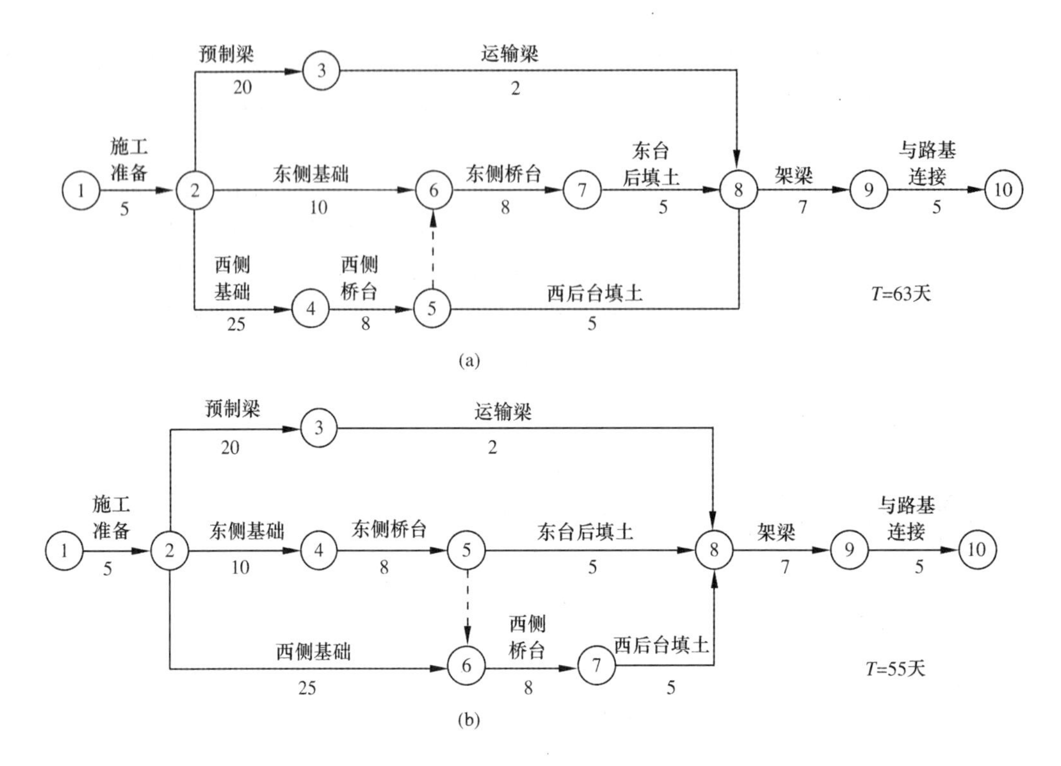

图 5-17 桥梁工程施工网络计划

最低成本的计划安排的过程。其基本思路在于不断地在网络计划中找出直接费用率(或组合直接费用率)最小的关键工作,缩短其持续时间,同时考虑间接费随工期缩短而减少的数值,最后求得工程总成本最低时的最优工期安排或按要求工期求得最低成本的计划安排。

1. 时间和费用的关系

工程总费用由直接费和间接费组成。直接费会随着工期的缩短而增加。间接费包括现场管理等的全部费用,一般会随着工期的缩短而减少。工程直接费和间接费叠加形成工程总费用,工程费用-时间曲线,如图 5-18 所示。图中,在工程总费用曲线上,有一个最低点 P_0,就是费用最低的最优方案,它的相对工期 t_0 就是最优工期。

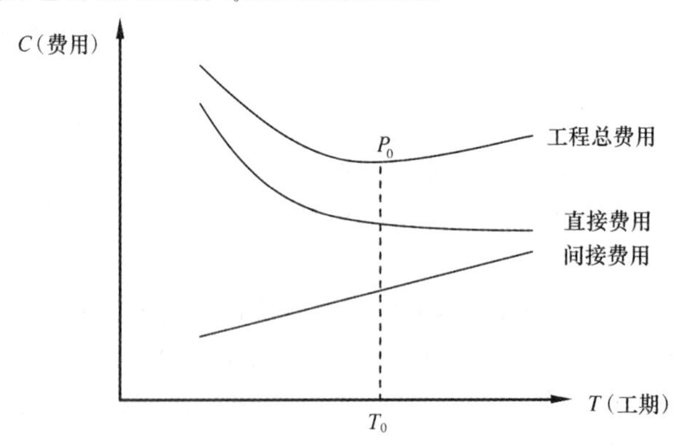

图 5-18 工程时间-费用曲线

工作的直接费随着其持续时间的缩短而增加。工作的持续时间每缩短单位时间而增加的直接费称为直接费用率。假设工作的直接费用率按直线变化,其计算公式为

$$\Delta C_{i-j}=\frac{CC_{i-j}-CN_{i-j}}{DN_{i-j}-DC_{i-j}} \tag{5-11}$$

式中 ΔC_{i-j}——工作 $i-j$ 的直接费用率；

CC_{i-j}——工作 $i-j$ 最短持续时间下的直接费用；

CN_{i-j}——工作 $i-j$ 正常持续时间下的直接费用；

DN_{i-j}——工作 $i-j$ 的正常持续时间；

DC_{i-j}——工作 $i-j$ 的最短持续时间。

工作的直接费率越大，说明将该工作的持续时间缩短一个时间单位所需增加的直接费越多。

在压缩关键工作以达到缩短工期的目的时，应将直接费用率最小的关键工作作为压缩对象。当有多条关键线路出现而需要同时压缩多个关键工作的持续时间时，应将它们的直接费用率之和(组合费用率)最小者作为压缩对象。

2. 费用优化的步骤

费用优化的步骤，如图 5-19 所示。包括：

(1) 按工作的正常持续时间确定计算工期和关键线路。

(2) 计算各项工作的直接费用率。

(3) 压缩关键线路时间；当只有一条关键线路时，应找出直接费用率最小的一项关键工作，作为缩短持续时间的对象；当有多条关键线路时，应找出组合直接费用率最小的一组关键工作，作为缩短持续时间的对象。

当需要缩短关键工作的持续时间时，其缩短值的确定必须符合两条原则：

① 缩短后工作的持续时间不能小于其最短持续时间。

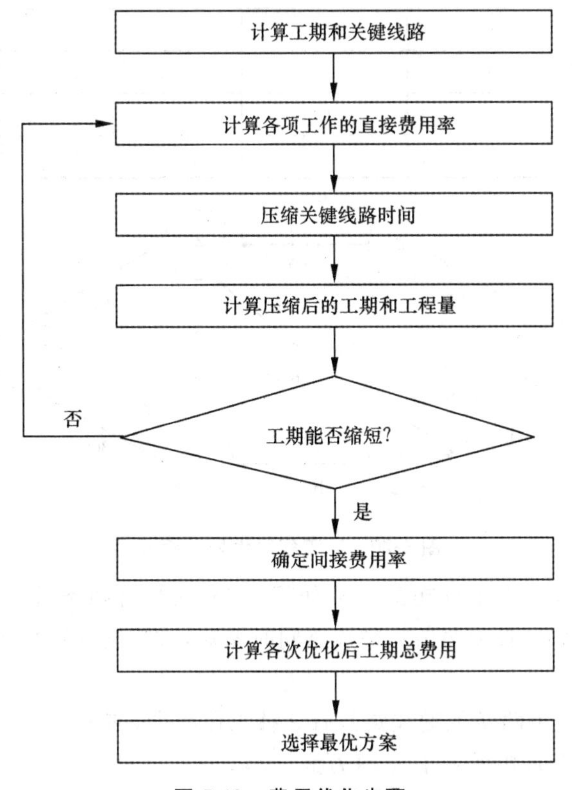

图 5-19 费用优化步骤

② 缩短持续时间的工作不能变成非关键工作。

(4) 计算关键工作持续时间缩短后的工期和工程直接费。

(5) 重复上述步骤,直至工期不能再缩短为止。

(6) 确定间接费用率:

间接费率是间接费费用率的简称,它指一项工作缩短单位持续时间所减少的间接费。间接费率一般都是由各单位根据工作的实际情况而加以确定的。

(7) 计算各次优化后的工期总费用。绘制时间-成本曲线,并根据优化目标,选择最优方案。

3. 费用优化的示例

【例 5-2】 已知某双代号网络计划中正常情况和最短情况下直接费用数据,如表 5-4 所示。根据表中工作之间的逻辑关系和正常持续时间(DN_{i-j})可以绘出某工程双代号网络图,如图 5-20 所示。箭杆上方括号内为直接费用率,箭杆下方括号外和括号内分别为工作的正常持续时间和工作的最短持续时间。工程施工间接费用率为 9 万元/天。

表 5-4　正常情况和最短情况下直接费用数据

工作名称	紧后工作	正常情况		最短情况		Δc /(万元/天)
		DN/天	CN/万元	DC/天	CC/万元	
A	C	4	10	2	20	5
B	D,E	3	14	1	18	2
C	F	8	16	4	32	4
D	F	6	15	4	27	6
E	G	10	20	5	45	5
F	—	4	10	2	16	3
G	—	3	12	1	20	4
合计	—	—	97	—	178	—

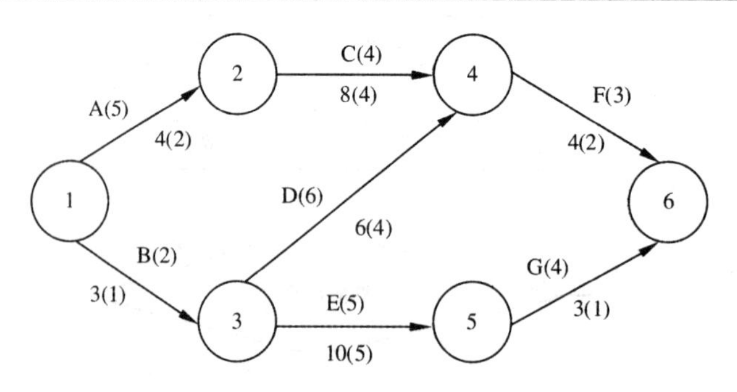

图 5-20　某工程双代号网络图

通过计算,在正常情况下工程施工工期为 $T_0=16$(天),有两条关键线路,分别为 1—2—4—6 和 1—3—5—6。因此,必须两条关键线路同时缩短,才能达到缩短工期的目的。

第一次压缩:

图 5-20 中网络计划中两条关键线路共有 9 种工作组合,如表 5-5。其中,组合直接费用率最小值位于第 7 组,组合直接费用率为 5(万元/天)。

表 5-5 工作组合直接费率

序号	工作组合 i−j	组合直接费用率
1	1−2,1−3	5+2=7
2	1−2,3−5	5+5=10
3	1−2,5−6	5+4=9
4	2−4,1−3	4+2=6
5	2−4,3−5	4+5=9
6	2−4,5−6	4+4=8
7	4−6,1−3	3+2=5
8	4−6,3−5	3+5=8
9	4−6,5−6	3+4=7

选取工作 1−3 和 4−6 可能缩短持续时间的最小值，且保证缩短后工作 1−3 和 4−6 仍为关键工作，即

$$\Delta t \leqslant \min[DN_{i-j} - DC_{i-j}] = \min[(3-1),(4-2)] = 2(\text{天})$$

所以，1−3，4−6 工作持续时间的缩短值均为 2(天)，压缩后 1−3，4−6 仍为关键工作。第一次压缩后，工期为 14 天，直接费用为 97+5×2=107(万元)

关键工作持续时间第一次压缩后的网络图，如图 5-21 所示。

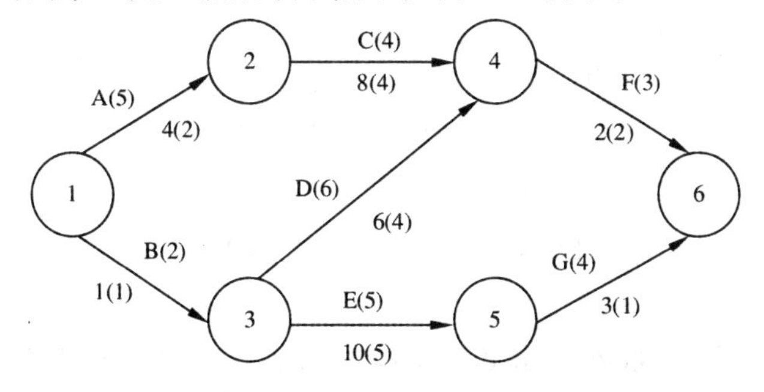

图 5-21 第一次压缩后的网络图

第二次压缩：

关键工作持续时间第一次缩短后，由于工作 1−3 与 4−6 已达最短时间，不能再压缩。第二次压缩可选工作组合为第 2、3、5、6 组，其中组合直接费率最小的为第 6 组，组合直接费用率 8(万元/天)。

第 6 组合中选取工作 2−4 和 5−6 可能缩短持续时间的最小值，且保证缩短后工作 2−4 和 5−6 仍为关键工作，即

$$\Delta t \leqslant \min[DN_{i-j} - DC_{i-j}] = \min[(8-4),(3-1)] = 2(\text{天})$$

所以，工作 2−4 和 5−6 持续时间的缩短值均为 2(天)，压缩后 2−4 和 5−6 仍为关键工作。第二次压缩后，工期为 12 天，直接费用为 107+8×2=123(万元)。

关键工作持续时间第二次压缩后的网络图，如图 5-22 所示。

第三次压缩：

关键工作持续时间第二次缩短后，由于工作 5−6 已不能再压缩，第三次压缩可选工作组合为第 2、5 组，其中组合直接费率最小的为第 5 组，组合直接费用率为 9(万元/天)。

第 5 组合中选取工作 2−4 和 3−5 可能缩短持续时间的最小值，且保证缩短后工作 2−4 和 3−5 仍为关键工作，即

$$\Delta t \leqslant \min[DN_{i-j} - DC_{i-j}] = \min[(6-4),(10-5)] = 2(\text{天})$$

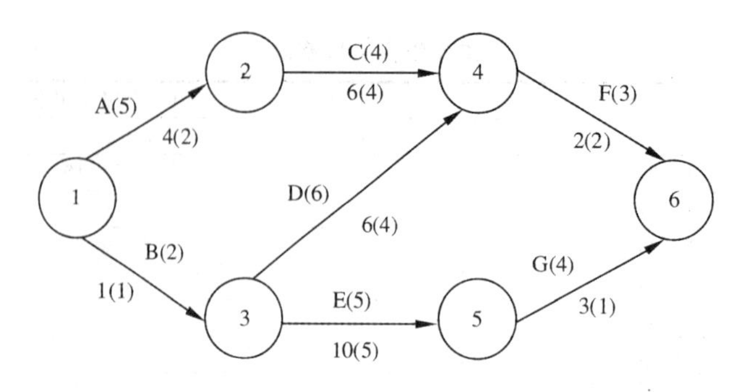

图 5-22 第二次压缩后的网络图

所以,工作 2—4 和 3—5 持续时间的缩短值均为 2(天),压缩后 2—4 和 3—5 仍为关键工作。第三次压缩后,工期为 10 天,直接费用为 123+9×2=141(万元)。

关键工作持续时间第三次压缩后的网络图,如图 5-23 所示。

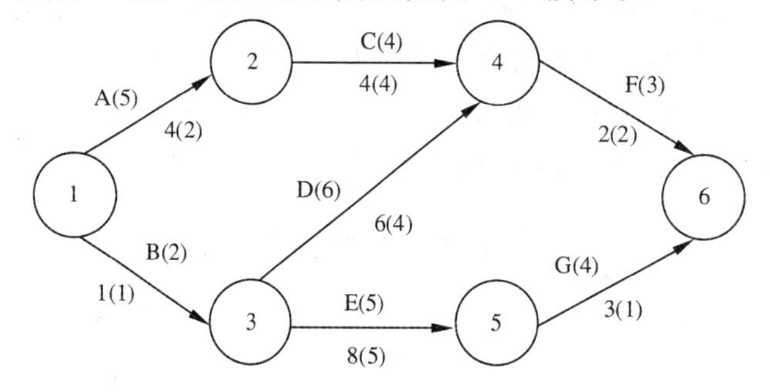

图 5-23 第三次压缩后的网络图

第四次压缩:

关键工作持续时间第三次缩短后,由于工作 2—4 已不能再压缩,第四次压缩可选工作组合为第 2 组。

第 2 组合中选取工作 1—2 和 3—5 可能缩短持续时间的最小值,即

$$\Delta t \leqslant \min[DN_{i-j} - DC_{i-j}] = \min[(4-2),(8-5)] = 2(\text{天})$$

由于此时非关键线路 1—3—4—6 的持续时间为 1+6+2=9(天),为保证缩短后工作 1—2 和 3—5 仍为关键工作,工作 1—2 和 3—5 持续时间的缩短值应为 1(天)。选定工作的组合直接费用率为 10(万元/天),141+10×1=151(万元)。第四次压缩后,工期为 9 天。

关键工作持续时间第四次压缩后的网络图,如图5-24所示。

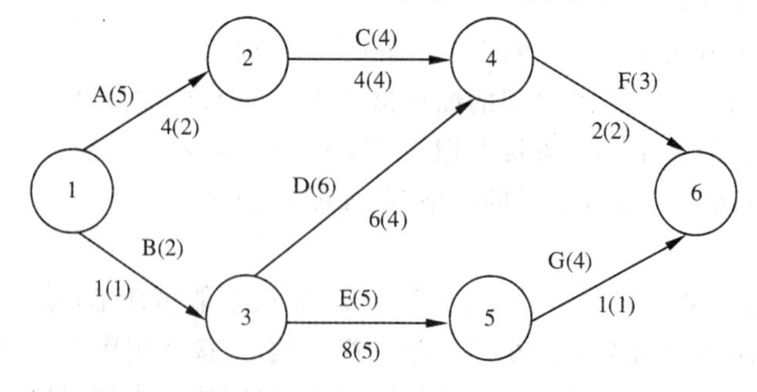

图 5-24 最终网络图

至此,所有网络图中所有线路均称为关键线路,无任何工作可再压缩。自此,费用优化过

程完成。将工程施工直接费和间接费用叠加，分别计算每次压缩后的工程总费用。工程施工总费用计算，如表5-6所示。

表5-6　工程施工总费用计算

工作压缩次数	工期/天	工程直接费用/万元	工程间接费用/万元	工程总费用/万元
初始状态	16	97	9×16=144	97+144=241
第一次压缩	14	107	9×14=126	107+126=233
第二次压缩	12	123	9×12=108	123+108=231
第三次压缩	10	141	9×10=90	141+90=231
第四次压缩	9	151	9×9=81	151+81=232

根据以上数据绘制时间-费用曲线，如图5-25所示。最优压缩方案为将工期压缩至10天或12天，工程施工总费用为231万元。

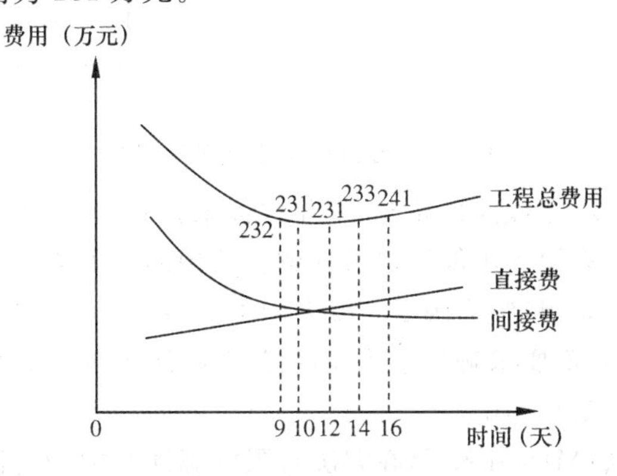

图5-25　工程时间—费用曲线

此时，仅工作A和工作E还有达到最短时间，分别还有1天和2天的富裕时间。相对于不加分析，全部工作采用最短时间节约直接费15万元(1×5+2×5=15)。

5.4.3　施工进度计划的资源优化

所谓资源，就是完成工程施工所需的人力、材料、设备和资金的统称。施工进度计划的资源优化主要解决两两方面问题：一是在提供的资源有所限制时，使每个时段的资源需要量都满足资源限量的要求，并使项目实施所需的时间最短，称为资源有限-工期最短的优化；二是当工期固定时，使资源安排得更为均衡合理，称为工期固定-资源均衡的优化。

施工进度计划资源优化的假设条件是：在优化过程中，不改变网络计划中各项工作的逻辑关系；在优化过程中不改变网络计划中各项工作的持续时间；网络计划中各项工作的资源强度(单位时间所需资源数量)为常数，而且是合理的；除规定可中断的工作外，一般不允许中断工作，应保持其连续性。

1. 资源有限—工期最短的优化

在实际工作中，资源的供应量往往是有限制的，施工进度计划是在资源约束的条件下进行安排。若某一时段所需某种资源的计划数量超过了该种资源的供给量，即计划量与供给量出现了矛盾，就需要调整计划以解决资源限制的矛盾，或者合理分配资源，将有限资源优先分配给对工期影响较大的工作,使工期不拖延或者使工期拖延最少。

资源有限-工期最短问题,如图 5-26 所示。如果安排 3 台机械投入土方开挖工作,则分别需要 8 天、8 天和 10 天施工时间,10 天完工;如果机械的供应量有限制,只能安排 2 台机械投入土方开挖工作,在满足最大限度搭接的情况下,最少完工时间为 13 天,工期延长 3 天。

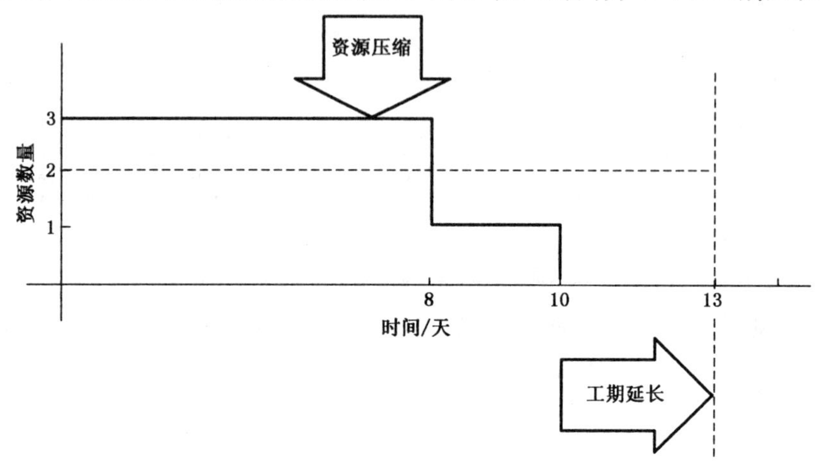

图 5-26 资源有限-工期最短问题

解决资源有限-工期最短问题,20 世纪 60 年代以来,一些学者进行了许多研究工作,这些研究成果对大型工程项目来说尚不能给出最优解。现用的一些方法都是属于"直接推理法"。所谓"直接推理法"是按一定规则,为满足资源有限的条件,将工作排序,以求出问题的解。所求的解是近似的最优解,它不要求解的最优性,而是在解问题的状态下,采用减少搜寻的方法,以很少的计算量得到一个满意的解。

最小工作时差优先法(MINSLK)是在解决有限资源冲突中,对具有最小工作时差的工作优先分配资源。如果工作不容许间断的话,在资源冲突时段前开始的工作后移,就会加大对工期的影响。因此,不论工作的开始时间先后,可统一按工作推迟对工期的影响程度从大到小的次序,来表现资源排序的优先分配原则,即按工期影响程度来排队。

工作推迟开始对工期影响程度指标:

$$\Delta T=(\tau_{k+1}-ES_{i-j})-TF_{i-j} \tag{5-12}$$

式中 ΔT——工期影响程度;

τ_{k+1}——资源曲线中对应于时间区段$[\tau_k,\tau_{k+1}]$的右端点;

ES_{i-j}——工作 $i-j$ 的最早开始时间;

TF_{i-j}——工作 $i-j$ 的总时差。

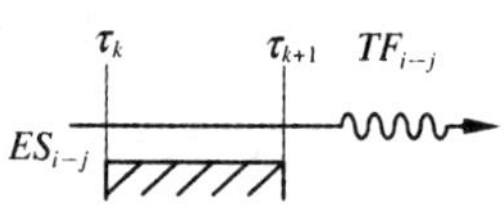

图 5-27 工期影响程度指标示意图

工期影响程度指标示意图,图 5-27 所示。

【例 5-3】 已知某工程施工初始网络计划、时标网络计划及人工需要量动态曲线图 5-28(a)和(b)所示。如果所能供应人工限量为 40 人(R=40 人),试用最小工作时差优先法调整初始计划,以解决资源供需矛盾。

按照初试网络计划,分步进行调整。

1) 第一步调整

从图 5-28 的资源动态图上可知,在[1,3]时段上的工人数分别为 50 人,超过了限量(R=40 人),故需要调整。在该时段上有并行工作 1—3、2—3、2—4。

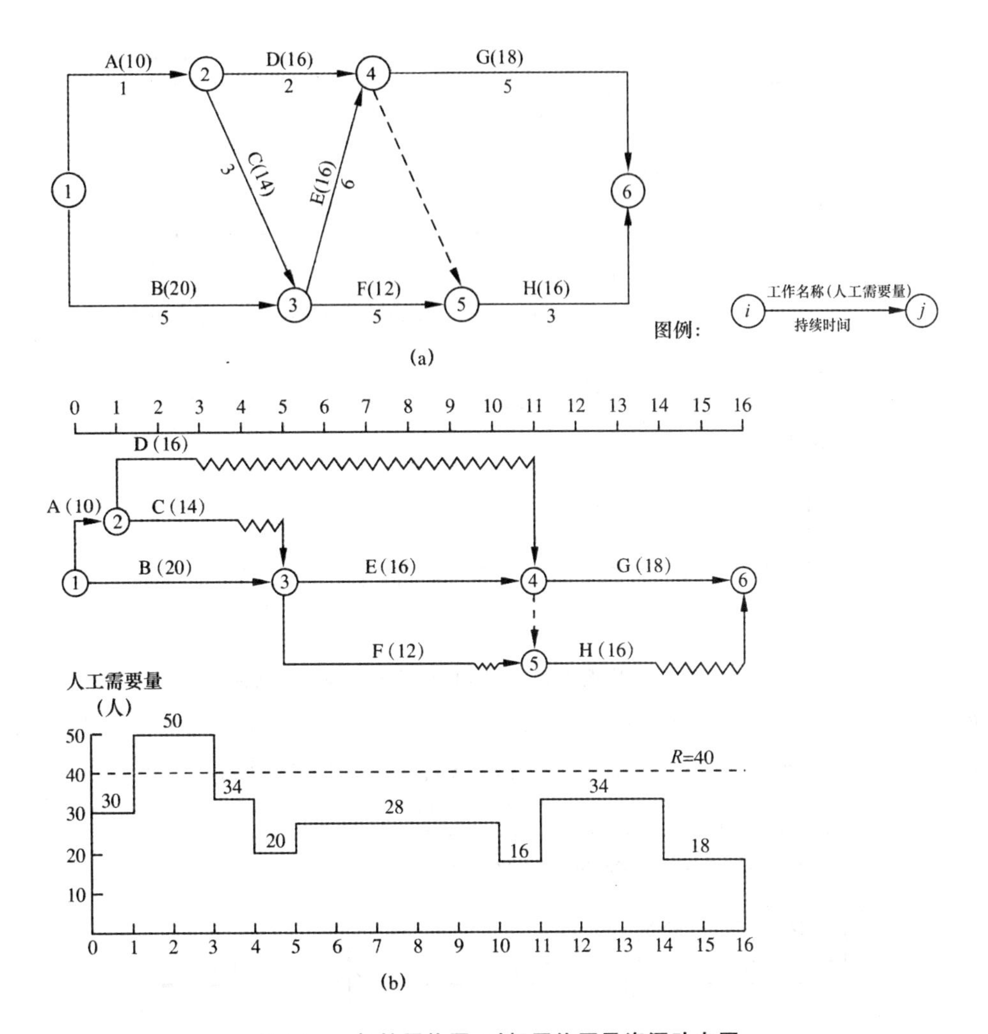

图 5-28　初始网络图、时标网络图及资源动态图

根据最小工作时差优先法,工作 1—3 推迟对工期影响最大(3 天),工作 2—3 次之(1 天),工作 2—4 推迟对工期没有影响(—6 天)。因此,将工作 2—4 置于工作 2—3 之后,初试计划工期没有变化。最小工作时差优先法(第一步),如表 5-7 所示;第一次调整后的时标网络图与资源动态曲线,如图 5-29 所示。

表 5-7　最小工作时差优先法(第一步)

优先顺序	工作名称	每天资源需要量(r_{i-j})	资源累计需要量($\sum r_{i-j}$)	判断依据(ΔT)
1	1—3	20	20	(3—0)—0=3
2	2—3	14	34	(3—1)—1=1
3	2—4	16	50	(3—1)-8=—6

2) 第二步调整

第一步调整后,[1,3]时段的资源量降至 34 人,而[5,6]时段又出现资源计划量 44 人,超过限量。为此,需要进行第二步调整。在[5,6]时段上有并行工作 2—4、3—4、3—5。

根据最小工作时差优先法,工作 3—4 推迟对工期影响最大(1 天),工作 3—5 和工作 2—4 推迟对工期都没有影响(—2 和—3 天),且工作 2—4 的机动时间最大。因此,将工作 2—4 置

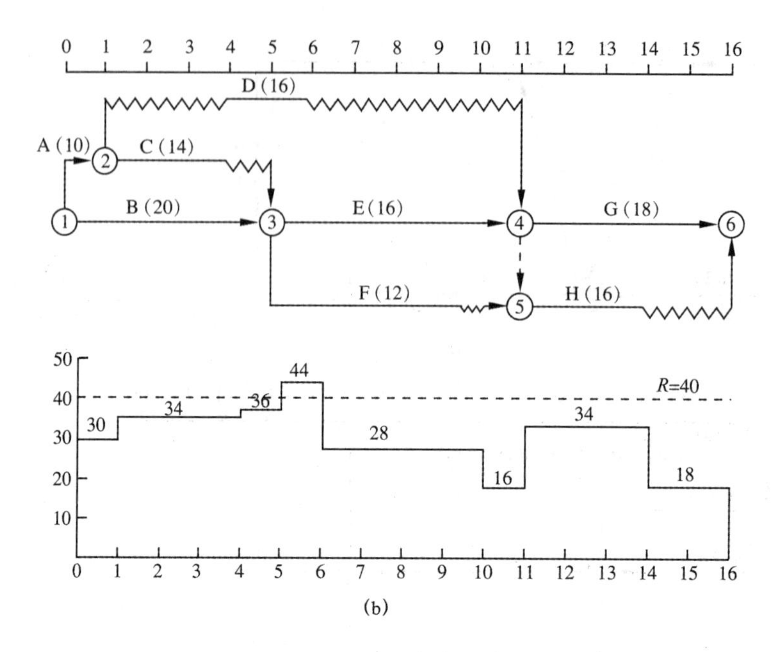

图 5-29 第一次调整后的时标网络图与资源动态曲线

于工作 3—5 之后,工期延长了 1 天(调整后工期为 17 天)。最小工作时差优先法(第二步),如表 5-8 所示。第二步调整的时标网络图与资源动态曲线,如图 5-30 所示。

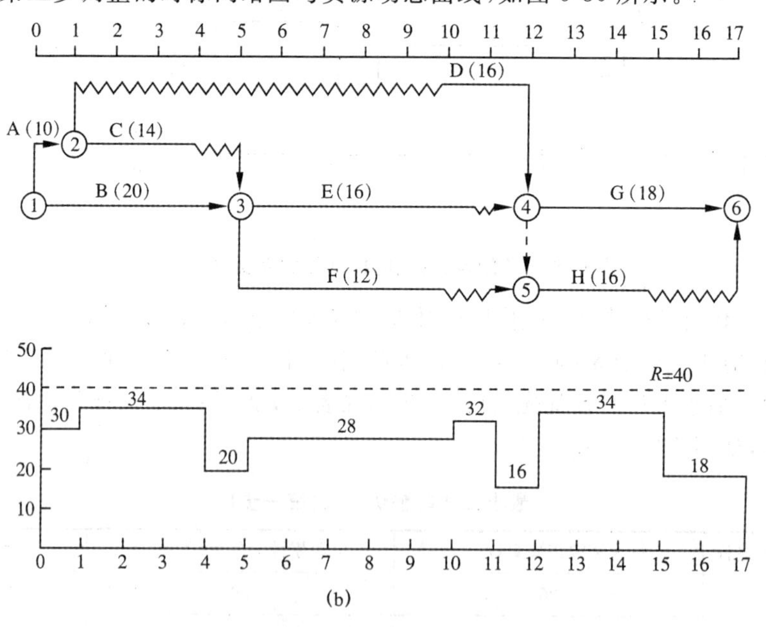

图 5-30 第二步调整的时标网络图与资源动态曲线

表 5-8 最小工作时差优先法(第二步)

优先顺序	工作名称	每天资源需要量(r_{i-j})	资源累计需要量($\sum r_{i-j}$)	判断依据(ΔT)
1	3—4	16	16	(6—5)—0=1
2	3—5	12	28	(6—5)—3=—2
3	2—4	16	34	(6—4)—5=—3

通过第二步的调整，该例资源动态曲线上[5,6]时段的计划资源量分别降到了28(人)。至此，各时段上的计划资源量皆低于资源限量，调整工作结束。

2. 工期固定—资源均衡的优化

在编制网络计划时，若资源供应不构成约束时，从经济观点出发，总是考虑在整个工期内均衡地使用资源，避免出现资源用量高峰和低谷的现象。资源使用不均衡，直接影响劳动生产率、临时设施规模和施工费用，造成资源使用上的浪费。因此，可以做到相对的均衡，即利用工作的时差，通过调整工作的最早开始时间或持续时间，来减少资源使用量的高峰与低谷的差值，使资源计划使用量在整个工期内趋于均衡。

在工期不变的情况下，资源均衡优化的方法采用最小方差法，或称最小平方和法。

当计划工期内资源计划使用量的差别较大时，为使各单位时间的资源计划使用量尽可能趋于均衡，用计划工期内资源计划使用量的平均值作为期望使用量，使各单位时间内所安排的资源量接近于期望使用量，二者的差值越小越好。为此，用反映计划整体的资源计划使用量与期望使用量的差值的平方和作为判别目标，这个平方和越小，就认为资源的使用量越趋于均衡，故在每次调整中都要使这个平方和值下降，直至最小。

某工程资源动态曲线，如图5-31所示。设$\bar{R}$为在计划期内资源需要量的平均值，R_t为任一时间单位(t)内某种资源的需要量，T为工期，则资源需要量的平均值为：

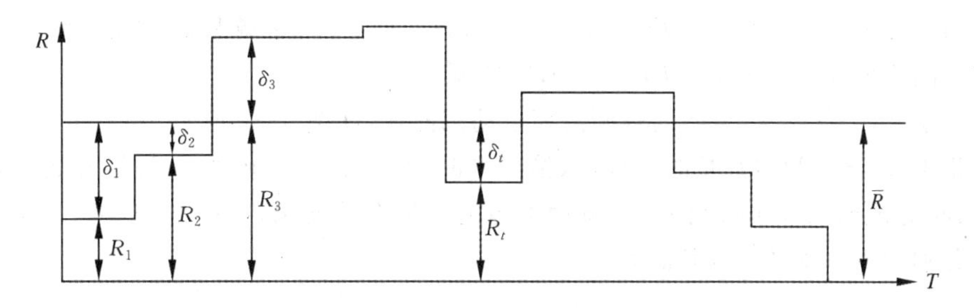

图5-31 工程资源动态曲线

$$\bar{R}=\frac{1}{T}\sum_{t=1}^{T}R_t \tag{5-13}$$

令δ_t为t单位时间的资源需要量与资源需要量平均值的差值，则

$$\delta_t=\bar{R}-R_t \tag{5-14}$$

当$t=1,2,\cdots,T$时，则

$$\left.\begin{aligned}\delta_1&=\bar{R}-R_1\\ \delta_2&=\bar{R}-R_2\\ &\vdots\\ \delta_T&=\bar{R}-R_T\end{aligned}\right\}$$

将上式两端平方并相加，则得

$$\sum_{t=1}^{T}\delta_t^2=\sum_{t=1}^{T}(\bar{R}-R_t)^2=\sum_{t=1}^{T}R_t^2-T\bar{R}^2 \tag{5-15}$$

令 $\sigma^2=\frac{1}{T}\sum_{t=1}^{T}\delta_t^2$，则得

$$\sigma^2=\frac{1}{T}\sum_{t=1}^{T}R_t^2-\overline{R}^2 \tag{5-16}$$

σ^2 称为离散变量 R_t 的方差，它用以反映资源动态图上各单位时间上资源计划需用量相对于资源需要量平均值的离散程度。σ^2 值越大，其离散程度越大，资源使用的均衡程度越差，即越不均衡。

从上式可以看出，要使 σ^2 值最小，就要使等式右端的差值最小，即使 $\sum_{t=1}^{T}R_t^2$ 值最小，此值即为计划期内各时段的资源需要量的平方和。当某一项具有总时差的非关键工作在时差范围内进行调整时，该平方和的值就发生变化。如何调整使 $\sum_{t=1}^{T}R_t^2$ 值减小，需要建立一个判别方法。

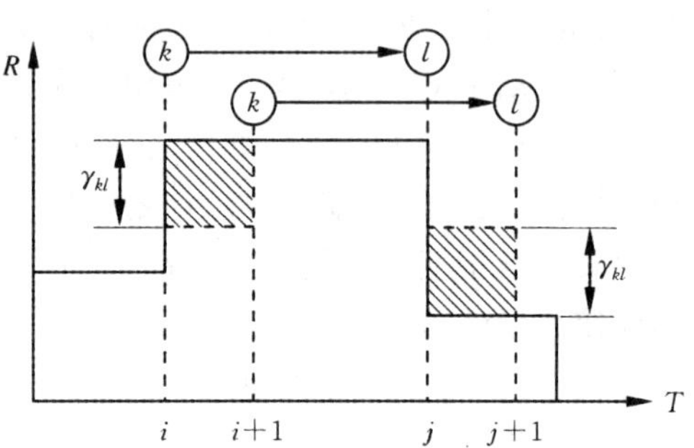

图 5-32 工作 $k-l$ 对应的资源需要量动态曲线

判别方法的建立如下：

设一项工作 $k-l$，其最早开始时间 $ES_{k-l}=i$，最早完成时间 $EF_{k-l}=j$，总时差 $FF_{k-l}>0$，其资源使用强度为 γ_{k-l}，工作 $k-l$ 对应的资源需要量动态曲线，如图 5-32 所示。

如果将工作 $k-l$ 利用其总时差向前(箭头方向)移一个时间单位，其最早开始时间从 i 移到 $i+1$，最早完成时间从 j 移到 $j+1$，从而资源需要量发生变化，在第 $i+1$ 和第 $j+1$ 时间内的资源量分别为 R'_{i+1} 和 R'_{j+1}，其值为

$$R'_{i+1}=R_{i+1}-\gamma_{k-l} \tag{5-17}$$

$$R'_{j+1}=R_{j+1}+\gamma_{k-l} \tag{5-18}$$

工作 $k-l$ 没有前移时，或资源需要量未发生变化时的资源需要量平方和为

$$Q=\sum_{\substack{t=1\\t\neq i+1\\t\neq j+1}}^{T}R_t^2+R_{i+1}^2+R_{j+1}^2 \tag{5-19}$$

工作 $k-l$ 前移一个时间单位后，或资源需要量发生变化时的资源需要量平方和为

$$Q'=\sum_{\substack{t=1\\t\neq i+1\\t\neq j+1}}^{T}R_t^2+R'^2_{i+1}+R'^2_{j+1} \tag{5-20}$$

要使调整后的资源需要量平方和减小，必有

$$Q'<Q$$

即

$$\sum_{\substack{t=1\\t\neq i+1\\t\neq j+1}}^{T}R_t^2+R'^2_{i+1}+R'^2_{j+1}<\sum_{\substack{t=1\\t\neq i+1\\t\neq j+1}}^{T}R_t^2+R_{i+1}^2+R_{j+1}^2$$

$$R'^2_{i+1}+R'^2_{j+1}<R^2_{i+1}+R^2_{j+1}$$

将 R'^2_{i+1} 和 R'^2_{j+1} 代入上式得

$$(R_{i+1}-\gamma_{kl})^2+(R_{j+1}+\gamma_{kl})^2<R^2_{i+1}+R^2_{j+2}$$

将此展开并整理得

$$2\gamma_{kl}(R_{j+1}-R_{i+1}+\gamma_{k-l})<0 \tag{5-21}$$

即

$$(R_{j+1}-R_{i+1}+\gamma_{k-l})<0 \tag{5-22}$$

令 $\Delta_1=R_{j+1}-R_{i+1}+\gamma_{k-l}$

若 $\Delta_1<0$，说明工作 $k-l$ 前移一个时间单位后的资源需要量平方和小于未前移时的资源需要量平方和，即 σ^2 值减小，调整后的资源需要量趋于平衡。

对于工作 $k-l$ 来说，将该工作前移一个时间单位后，资源需要量的变化，若能满足式 $(R_{j+1}-R_{i+1}+\gamma_{k-l})<0$ 的要求，就可将该工作前移一个时间单位。否则，该工作不能前移。

当工作 $k-l$ 前移一个时间单位后，若 $\Delta_1<0$，能否再前移一个时间单位？若工作 $k-l$ 仍有总时差可资利用，则可再前移一个时间单位，工作 $k-l$ 的最早开始时间和最早完成时间分别从 $i+1$，$j+1$ 前移至 $i+2$，$j+2$，然后用 $R_{j+2}-R_{i+2}+\gamma_{k-l}<0$ 来判断。

令

$$\Delta_2=R_{j+2}-R_{i+2}+\gamma_{k-l}$$

若 $\Delta_2<0$，该工作可再向前移一个时间单位。若能继续前移下去，直至总时差用完为止。

如前述，若 $\Delta_1<0$，工作 $k-l$ 前移一个时间单位后，若有总时差还可再前移时，求得 Δ_2。若 $\Delta_2>0$，且 $\Delta_1+\Delta_2<0$ 时，还可前移一个时间单位；否则，不能前移。虽然 $\Delta_2>0$ 说明第二次前移后，方差增大，但两次前移，致使总方差降低，仍可考虑。同样，当 $\Delta_1>0$，而 $\Delta_2<0$，且 $\Delta_1+\Delta_2<0$ 时，说明两次前移，致使总方差降低，也可考虑。

一般情况下，将式$(R_{j+1}-R_{i+1}+\gamma_{k-l}<0$ 写成如下判别式：

$$R_{j+n}-R_{i+n}+\gamma_{k-l}\leqslant 0 \quad n=1,2,\cdots,m \tag{5-23}$$

若工作 $k-l$ 的总时差为 k 个时间单位，若 $\Delta_1>0$，$\Delta_2>0$，…，$\Delta_{k-1}>0$，而 $\Delta_k<0$，且 $\Delta_1+\Delta_2+\cdots+\Delta_{k-1}+\Delta_k<0$，则工作 $k-l$ 可前移 k 个时间单位，致使总方差降低。

每次调整后，要重新计算工作的最早开始时间、最早完成时间和总时差，以及调整后的资源需要量，并画出调整后的时标网络图和资源需要量动态曲线，作为下一次调整的基础。

资源均衡优化时，首先选择与终点节点相连接的最后一项非关键工作，在其时差范围内，每次前移一个时间单位，用 $R_{j+n}-R_{i+n}+\gamma_{k-l}\leqslant 0(n=1,2,\cdots,m)$ 判别，经判别不能前移或自由时差用完，则按节点号从大向小的顺序递减，选择下一项非关键工作进行调整。当所有的非关键工作都经过调整后，画出调整后的时标网络图和资源需要量动态曲线，作为资源均衡优化的结果。

【例 5-4】 某工程初始施工进度网络计划，如图 5-33(a)所示。网络图箭杆上方为工作名称和各项工作的资源需要量，箭杆下方为工作持续时间，其相应的双代号时标网络图和资源需要量动态曲线，如图 5-33(b)所示，试进行资源均衡优化。

从图 5-33(b)的资源需要量动态曲线上，可求得资源需要量平均值 $\bar{R}=11.86$，方差 $\sigma^2=26.23$。

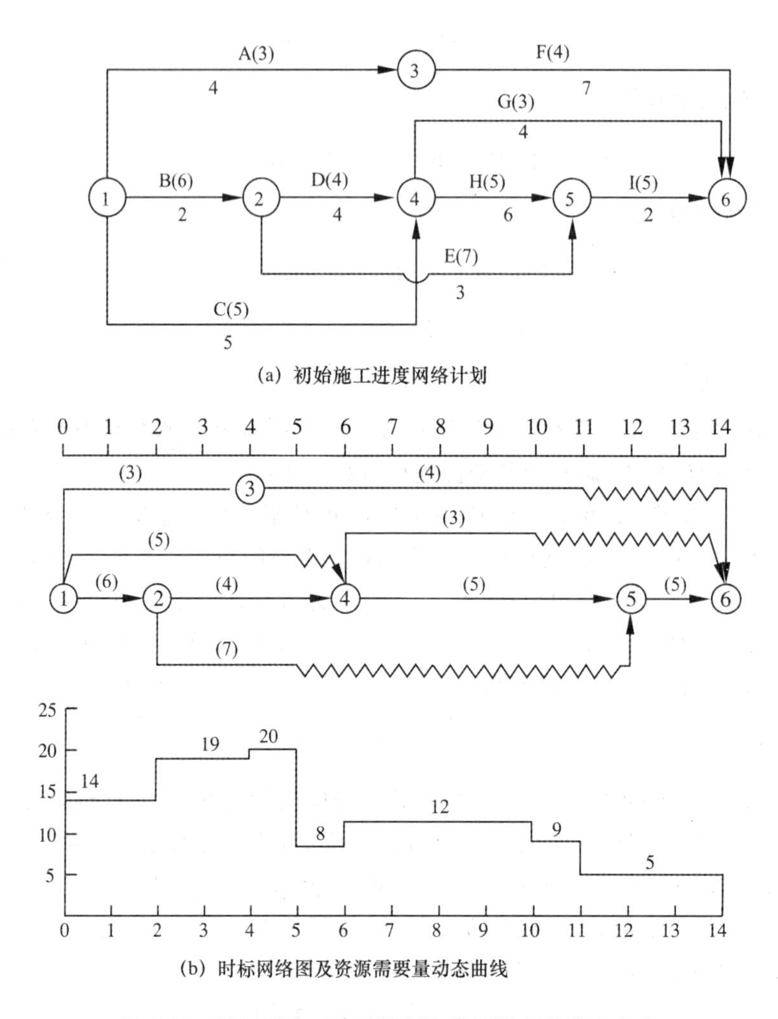

(a) 初始施工进度网络计划

(b) 时标网络图及资源需要量动态曲线

图 5-33 某工程施工进度计划和资源需求量动态曲线

第一步,选择工作 4—6 为调整对象。因为工作 4—6 是与终节点相连接的最后一项非关键工作,且总时差较大。

从图 5-33(b)的时标网络图可知,工作 4—6 的有关参数为:$ES_{4-6}=6$,$EF_{4-6}=10$,$TF_{4-6}=4$,$\gamma_{4-6}=3$。

由于 $TF_{4-6}=4$,经计算工作 4—6 共前移了 4d,工作 4—6 的时差已用完。调整后的双代号时标网络图和资源需要量动态曲线,如图 5-34 所示。调整后的方差 $\sigma^2=20.69$,方差从开始的 26.23 下降到 20.69。

第二步,选择工作 3—6 为调整对象。

从图 5-37 可知,工作 3—6 的有关参数为:$ES_{3-6}=4$,$EF_{3-6}=11$,$TF_{3-6}=3$,$\gamma_{3-6}=4$。

工作 3—6 的总时差为 3d,现经计算前移 3d。调整后的时标网络图及资源需要量动态曲线,如图 5-35 所示。调整后的方差 $\sigma^2=20.08$。

第三步,选择工作 2—5 为调整对象。

从图 5-35 可知,工作 2—5 的有关参数为:$ES_{2-5}=2$,$EF_{2-5}=5$,$TF_{2-5}=7$,$\gamma_{2-5}=7$。

经计算,工作 2—5 只能前移 3d。调整后的时标网络图及资源需要量动态曲线,如图 5-39 所示。调整后的方差 $\sigma^2=3.92$。

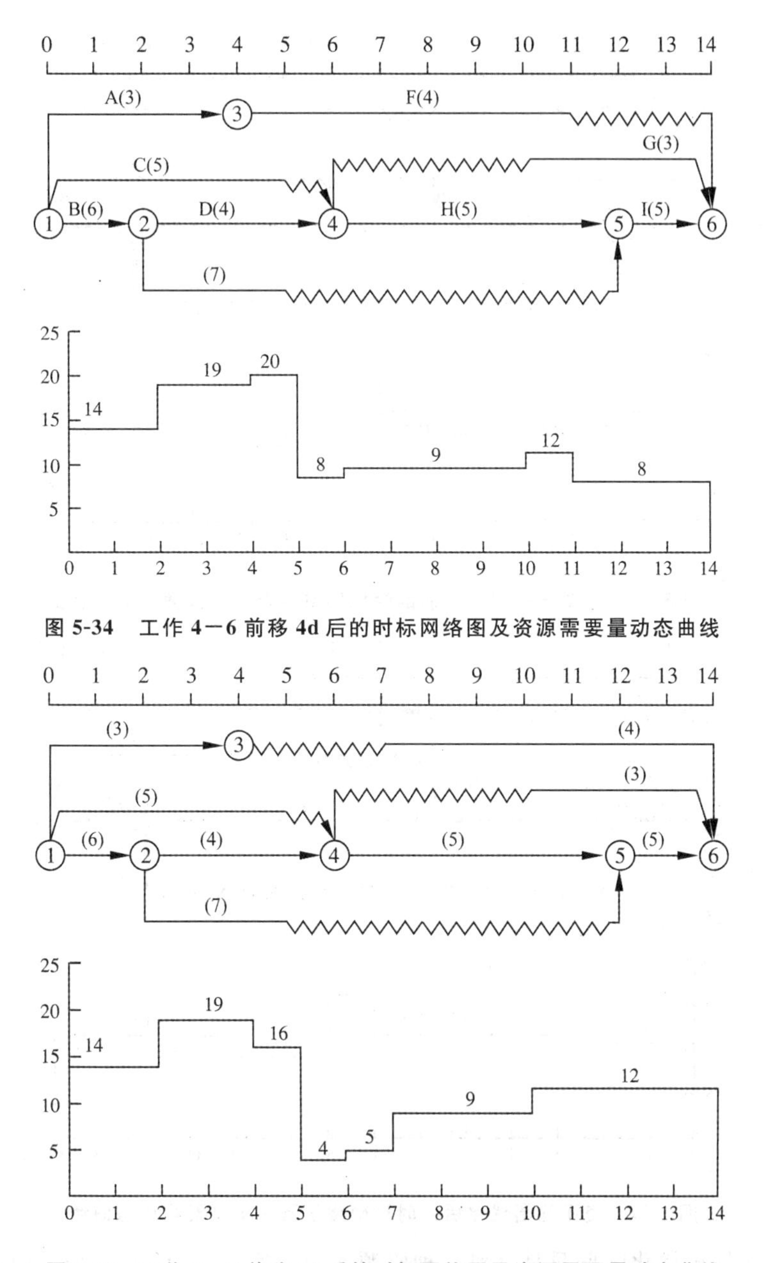

图 5-34　工作 4—6 前移 4d 后的时标网络图及资源需要量动态曲线

图 5-35　工作 3—6 前移 3d 后的时标网络图及资源需要量动态曲线

第四步，选择工作 1—4 为调整对象。

从图 5-36 可知，工作 1—4 的有关参数为：$ES_{1-4}=0$，$EF_{1-4}=5$，$TF_{1-4}=1$，$\gamma_{1-4}=5$。

$$\text{由于 } \Delta_1=R_{j+1}-R_{i+1}+\gamma_{14}=11-14+5=2>0$$

故工作 1—4 不能前移。

第五步，选择工作 1—3 为调整对象。

从图 5-36 可知，工作 1—3 的有关参数为：$ES_{1-3}=0$，$EF_{1-3}=4$，$TF_{1-3}=3$，$\gamma_{1-3}=3$。

根据判别式的要求，工作 1—3 只能前移 2d。

至此，全部工作完毕，调整后的时标网络图及资源需要量动态曲线，如图 5-37 所示。调整后的方差 $\sigma^2=3.00$。资源已趋平衡，方差从 26.23 降至 3.00，效果明显。

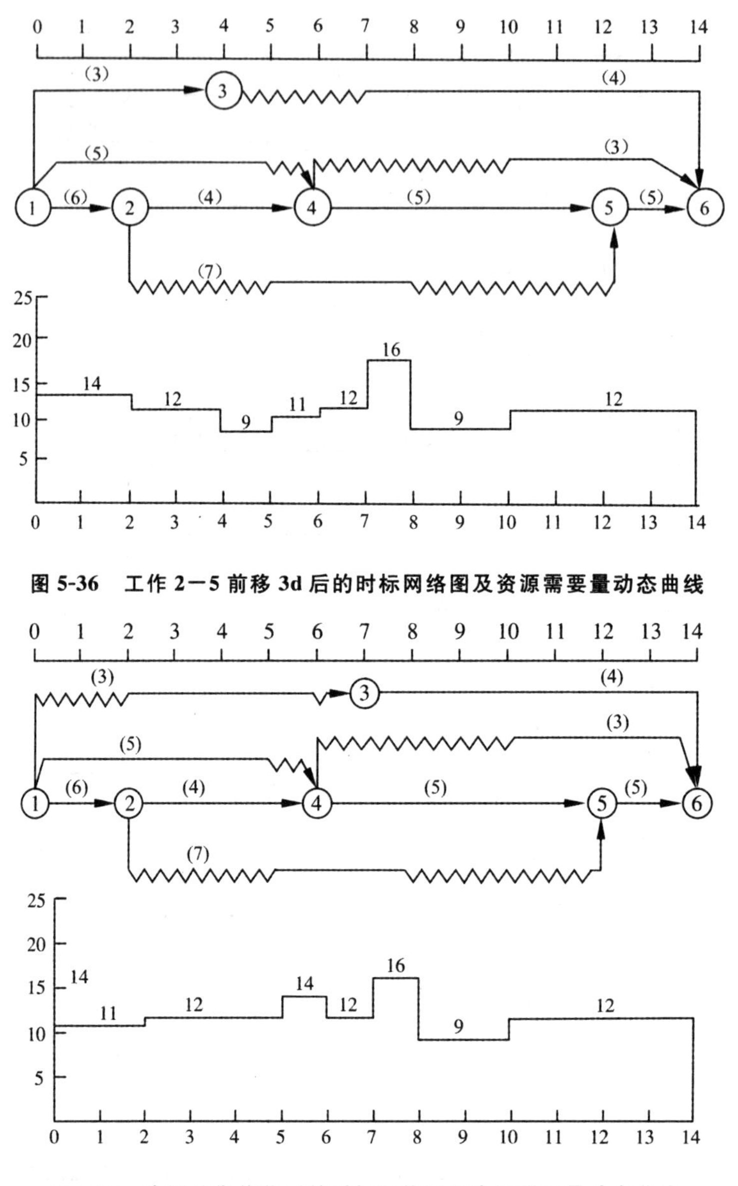

图 5-36 工作 2—5 前移 3d 后的时标网络图及资源需要量动态曲线

图 5-37 资源均衡优化后的时标网络图及资源需要量动态曲线

上述的资源均衡优化问题只是针对一种资源而言。实际上,任何一个工程项目施工都需要许多种资源,诸如劳动力、各类施工机械、各种大宗材料等,这就需要进行多种资源均衡优化。若各种资源分别单独进行均衡优化,一种资源均衡后,再进行另一种资源均衡,这样将会破坏前一种资源的均衡性。因此需对各种资源的均衡优化进行综合考虑。但目前尚无成熟的方法可以应用,有待进一步的研究。

5.5 施工进度控制

为了对施工项目进度实施有效的控制,必须首先明确进度控制的基本环节,并采取不同的进度控制方式,最终使施工项目按期完成。

5.5.1 施工进度控制流程

施工进度的控制是一个不断进行的动态控制和循环进行的过程，是指在限定的工期内，以事先拟定的合理且经济的施工进度计划为依据，对整个施工过程的实施进行监督、检查、指导和纠正的行为过程，包括收集和整理进度资料、对计划进度和实际进度的比较和分析、确定进度偏差、影响因素分析、采取措施等基本环节。

为了对施工进度目标实行有效的控制，需要建立一个科学的施工进度计划控制工作流程。施工进度计划控制工作流程，如图5-38所示。

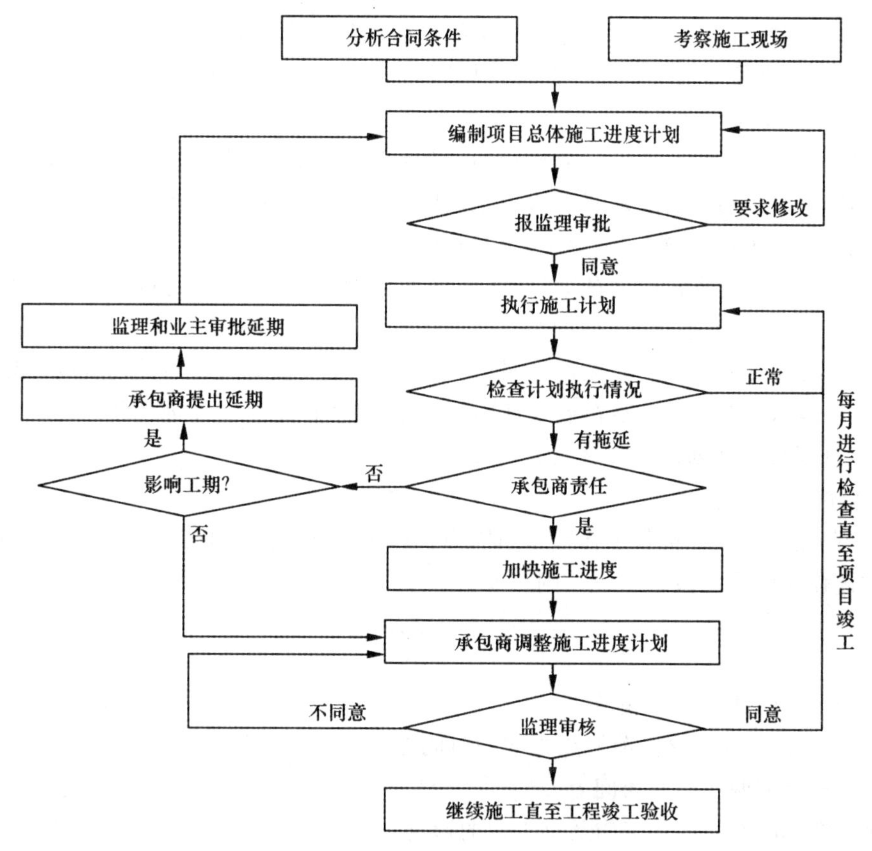

图5-38 施工进度计划控制工作流程

在计划编制阶段，承包商按照合同工期和施工条件，通过资源优化配置和满足质量指标要求的措施，编制工程总进度计划，并向监理工程师提交，经工程师审查批准，并提出预控方案，然后进入工程实施阶段。

在工程实施阶段，承包商定期收集的施工进度信息并填写工作日志，每隔一定时间(每周、每旬或每月)。比较实际进度与计划进度，若发生偏离(拖后或超前)，找出发生偏离的工作和偏离数据。分析进度拖延对总工期的影响，找出实际进度拖延的原因。

若为承包商责任，须由其采取补救措施或对计划进行必要的修正。补救措施包括加大资源投入，提高施工强度，压缩关键工作持续时间，改变施工方法、施工工艺等办法。调整后的施工进度计划，须申报监理工程师审批，同意后方能执行。

若非承包商责任，并且该项拖延影响到总工期的实现，则由承包商提请延期，报监理工程师和业主审批,同意后对工程总进度计划进行调整,并重复上述过程。

5.5.2 施工进度控制方法

施工进度控制的方法形式多样,种类也很多,比较常用的有前锋线法和挣值法等。

1. 前锋线法

前锋线法是通过绘制某检查时刻工程实际进度前锋线,进行工程实际进度与计划进度比较的方法,它主要适用于时标网络计划。所谓前锋线,是指在原时标网络计划上,从检查时刻的时标点出发,用点划线依次将各项工作实际进展位置点连接而成的折线。前锋线比较法通过实际进度前锋线与原进度计划中各工作箭线交点的位置来判断工作实际进度与计划进度的偏差,进而判定进度偏差对后续工作及总工期影响程度。

1) 绘制工作前锋线

通过绘制工作前锋线(工作实际进度线),并与计划进度线(网络图上方坐标和下方坐标检查日期之间的垂直连线)的比较,可以直观地反映出检查日期工作实际进度与计划进度之间的偏差。对某项工作来说,可能存在以下三种情况:

(1) 工作实际进展位置点落在检查日期的左侧,表明该工作实际进度拖后,拖后的时间为工作实际进度线与计划进度线之间的距离;

(2) 工作实际进展位置点与检查日期重合,表明该工作实际进度与计划进度一致;

(3) 工作实际进展位置点落在检查日期的右侧,表明该工作实际进度超前,超前的时间量为工作实际进度线与计划进度线之间的距离。

2) 分析施工作业能力

施工作业能力用于分析各工作的当前能力。如用当前实际作业进度与计划设定的进度之比,作为描述作业的能力系数 B_{i-j}。则

$$B_{i-j}=\frac{\Delta X_i}{\Delta T} \tag{5-24}$$

式中 B_{i-j}——施工作业能力系数;

ΔX_i——相邻两次检查前锋点之间的时间差;

ΔT——相邻两次检查时间差。

3) 预测进度偏差对后续工作及总工期的影响

通过实际进度与计划进度的比较确定进度偏差后,还可根据工作的自由时差和总时差预测该进度偏差对后续工作及总工期的影响。由此可见,前锋线法既适用于工作实际进度与计划进度之间的局部比较,又可用来分析和预测工程施工的整体进度状况。

假定以上状态维持下去,在没有新措施的情况下,各作业何时可以完成?可计算如下:

设各项工作预测完成日期为 R_{i-j},则

$$R_{i-j}=K_i+\frac{\Delta Y}{B_{i-j}} \tag{5-25}$$

式中 R_{i-j}——工作预测完成日期;

K_i——当前检查日期;

ΔY——尚需作业时间。

值得注意的是,以上比较是针对匀速进展的工作。对于非匀速进展的工作,比较方法较复杂,此处不赘述。

【例 5-5】 某工程施工进度双代号时标网络计划，如图 5-39 所示。该计划执行到第 5 周末检查实际进度时，发现工作 A 和 B 已经全部完成，工作 D、E 分别完成计划任务量的 20%和 50%，工作 C 尚需 4 周完成，试用前锋线进行实际进度与计划进度的比较。

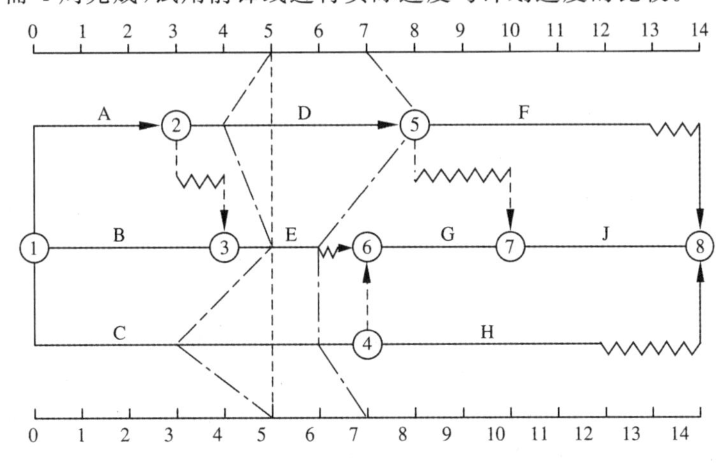

图 5-39 某工程前锋线比较图

根据第 5 周末实际进度的检查结果，用点划线连起来，形成实际进度前锋线；第 5 周末检查日期处垂直的虚线为计划进度线，如图 5-39 所示。通过比较第 5 周末实际进度前锋线和计划进度线，可以看出以下三点。

(1) 工作 D 总时差为 1 周，实际进度比计划进度拖后 1 周，不影响总工期；

(2) 工作 E 总时差为 1 周，实际进度与计划进度相同，既不影响总工期，也不影响其后续工作的正常进行；

(3) 工作 C 为关键线路，总时差为零，实际进度拖后 2 周，从而影响总工期 1 周。

综上所述，如果不采取措施加快进度，该工程总工期将延长 1 周，施工进度对比分析汇总，如表 5-9 所示。

表 5-9 施工进度对比分析汇总

工作名称	超前(+)/拖延(-)(周)	原有总时差(周)	尚有总时差(周)	对工期影响
D	-1	1	0	无
E	0	1	1	无
C	-2	0	-1	影响 1 周

根据第 7 周末实际进度的检查结果，还可形成第 7 周末的实际进度前锋线。对比第 6 周末和第 7 周末两条前锋线的进展情况，可以计算当前各项工作的作业能力。

作业 D：$B_{2-5}=\frac{8-4}{7-5}=2.00$

作业 E：$B_{3-6}=\frac{6-5}{7-5}=0.50$

作业 C：$B_{1-4}=\frac{6-3}{7-5}=1.50$

从以上三项工作的作业能力的分析可知，其中 E 工作当前作业能力仅达计划要求能力的 50%；而 D 工作和 C 工作的作业达到 150%和 200%。因此，可进一步做原因调查、分析，并根据完成日期的预测,决定是否需要采取措施。

各项工作预测完成日期为:

作业 D:$R_{1-3}=7+\frac{0}{2.0}=7$(天)

作业 E:$R_{2-5}=7+\frac{0}{0.5}=7$(天)

作业 C:$R_{2-4}=7+\frac{1}{1.5}=7.67$(天)

不难看出,工作 D 和工作 E 维持当前能力对工期及后续工作无影响,均没有超过最迟完成时间。主要问题是作业 C 会影响施工工期,应采取相应措施加快进度。

2. 挣值法

挣值法(EVA,Earned Value Analysis)是评价工作费用消耗和进展之间关系的一种方法。通过测量和计算计划工作费用,得到有关计划实施的进度和投资偏差,从而达到衡量施工费用执行情况的目的。它是目前国际上通用的较成熟的工程投资和进度控制方法之一,能全面衡量工程施工进度、成本状况、资源和工程绩效情况。

1) 挣值法的费用参数

挣值法需要计算下列三个基本参数,并随时间进展可以形成三条函数曲线。挣值法基本参数及函数曲线,如图 5-40 所示。

(1) 计划工作的预算费用(*BCWS*)

$$BCWS=\text{计划工作量}\times\text{预算单价} \tag{5-26}$$

BCWS 是根据批准认可的进度计划计算的截至某一点应当完成的工作所需投入费用的累积值。*BCWS* 曲线是综合进度计划和费用后得出的,其含义是在计划的周期内,将工程施工计划消耗的资源(包括费用),按时段(通常按月) 进行分配;然后逐时段累加,即可生成项目的 *BCWS* 曲线。*BCWS* 曲线是进度控制的基准曲线。

(2) 已完工作的预算费用(*BCWP*)

$$BCWP=\text{已完成工作量}\times\text{预算单价} \tag{5-27}$$

BCWP 反映了工程施工的实际进度。按规定时段统计已完工作量,并将此已完工作量的值乘以预算单价累加后,即可生成工程施工的 *BCWP* 曲线。*BCWP* 是测量工程施工实际进展所取得的绩效的尺度。

(3) 已完工作的实际费用(*ACWP*)

$$ACWP=\text{已完成工作量}\times\text{实际单价} \tag{5-28}$$

ACW 是指已完工作量实际上消耗的费用,表示某个时点已完成的工作量所实际花费的总费用。随着时间进展逐项记录实际消耗的费用,并进行累加,即可生成 *ACWP* 曲线。

挣值法分析主要是通过上述三个基本值的相互关系来实现对施工进度与费用的偏差分析。这三个值实际上是关于时间的函数,在不同的检查点可以分别得到不同的值,再将这组数值反映在直角坐标系上,即得到 *BCWS* 曲线、*BCWP* 曲线和 *ACWP* 曲线。挣值法基本参数及函数曲线,如图 5-40 所示。从图 5-40 中三条曲线(*BCWS*、*BCWP*、*ACWP*)说明了计划预算值、挣得值、已完工的实际值之间的关系,并可直观地看出进度偏差(*SV*)和费用偏差(*CV*)。

2) 挣值法的分析指标

在工程施工过程中,计划预算值、挣得值、已完工的实际值三者之间发生的偏离值,通常用以下指标来衡量。

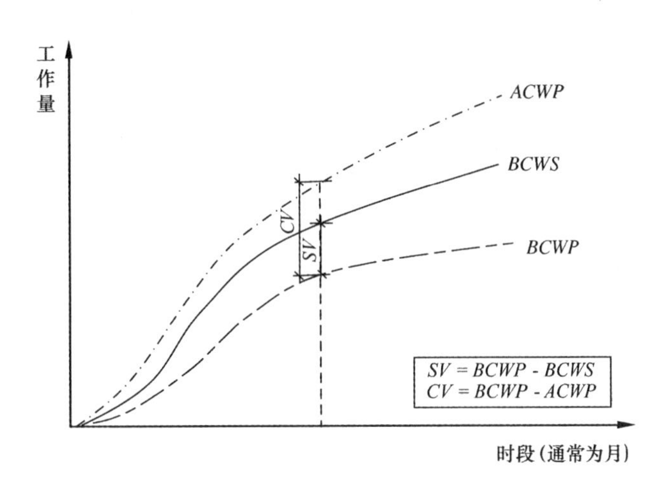

图 5-40 挣值法基本参数及函数曲线

(1) 费用偏差(*CV*)——指在某个检查时点上 *BCWP* 与 *ACWP* 之间的差异。

$$CV=BCWP-ACWP \tag{5-29}$$

当 $CV<0$ 时,表示执行效果不佳,实际费用超过预算费用,即超支;当 $CV>0$ 时,表示实际费用低于预算值,即有节余。

(2) 进度偏差(*SV*)——指在某个检查时点上 *BCWP* 与 *BCWS* 之间的差异。

$$SV=BCWP-BCWS \tag{5-30}$$

当 $SV>0$ 时,表示进度提前;当 $SV<0$ 时,表示进度延误。

(3) 费用绩效指数(*CPI*)——即在某一时点工程挣得值与实际费用之比。

$$CPI=BCWP/ACWP \tag{5-31}$$

当 $CPI>1$ 时,表示实际费用低于预算费用;当 $CPI<1$ 时,表示实际费用高于预算费用。

(4) 进度绩效指数(*SPI*)——即在某一时点工程挣得值与预算费用之比。

$$SPI=BCWP/BCWS \tag{5-32}$$

当 $SPI>1$ 时,表示进度提前,即实际进度比计划进度快;当 $SPI<1$ 时,表示进度延误,即实际进度比计划进度慢。

3) 挣值法的费用预测

假定工程施工保持目前的进展状态,则可对后期发展趋势的指标进行预测。

(1) 工程施工完工费用预测值

$$EAC=ACWP+(BAC-BCWP)/CPI \tag{5-33}$$

式中 *BAC*——施工项目的总预算费用。

(2) 工程施工完工时间预测值

$$ETTC=ATE+(OD-ATE\times SPI)/SPI \tag{5-34}$$

式中 *ATE*——从开工到检查日期已经过去的时间;

OD——施工项目最初计划工期。

在实际施工操作过程中,最理想的状态是 *BCWP*,*BCWS*,*ACWP* 三条曲线靠得很紧密,平稳上升,预示着施工的进展趋势良好。如果三条曲线的偏离和离散度很大,则表示工程施工中有重大的问题隐患,应作进一步的原因分析。

【例 5-6】 某工程项目施工预算费用为 74 337 万元,计划于 2014 年 3 月初开工,至 2015

年6月末完成,计划施工工期为16个月。前8个月工程施工项目时间费用一栏表,如表5-10所示。

表 5-10 前8个月工程施工项目时间费用一栏表

工期(月)	1	2	3	4	5	6	7	8
BCWS(万元)	1180	3203	6429	10226	14107	18907	25709	32287
工期(月)	9	10	11	12	13	14	15	16
BCWS(万元)	35613	43485	50773	56463	62242	67332	72239	74337

在工程施工过程中,根据每月完成的工作量,对已完成工作的实际费用(ACWP)和挣得值(BCWP)进行统计。其中,在工程开工后第1—8月所形成的已完成工作实际费用(ACWP)和挣得值(BCWP)计算数据,如表5-11所示。

表 5-11 工程开工后1~8月 ACWP 和 BCWP 计算数据

工期(月)	1	2	3	4	5	6	7	8
ACWP(万元)	715	2449	4890	6852	9949	12701	15795	20197
BCWP(万元)	760	2604	5199	7285	10577	13503	16792	21472

由表5-10、表5-11提供的数据,可得到工程开工后1~8月施工时间和费用曲线,如图5-41所示。

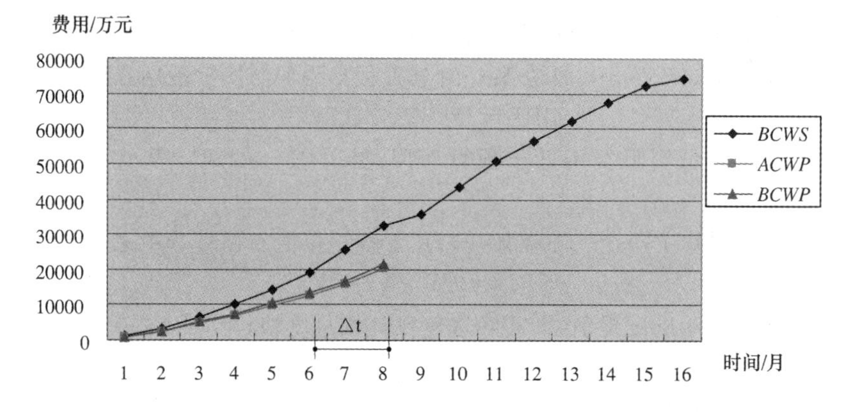

图 5-41 工程开工后1~8月施工时间和费用曲线

根据表5-10、表5-11提供的8月份 BCWS、BCWP 和 ACWP 数据,以及图5-41的施工时间和费用曲线,可计算工程进行至第8月时采用挣值法分析的各项指标。

$CV=BCWP-ACWP=21472-20197=1275$(万元)$>0$

$SV=BCWP-BCWS=21472-32287=-10815$(万元)$<0$

$CPI=BCWP/ACWP=21472/20197=1.063$(万元)$>1$

$SPI=BCWP/BCWS=21472/32287=0.665$(万元)$<1$

$EAC=ACWP+(BAC-BCWP)/CPI=20197+(74337-21472)/1.063=69929$(万元)

$ETTC=ATE+(OD-ATE\times SPI)/SPI=OD/SPI=16/0.665=24.1$(月)

根据以上数据对工程成本与进度进行如下分析:

(1) 当工程进行到第8个月时,挣得值(BCWP)为21472万元,实际工程费用(ACWP)是20197万元,两者的差值(CV)仅为1275万元,为工程施工费用的盈余值同理，由于计划工作的预算费用(*BCWS*)为32287，则进度偏差(*SV*)为−10815万元，进度拖延。按平均速度折算成时间约有2.3个月的滞后(10815/74337×16=2.3)，在图7-6中用标注有“Δt”的线段表示。这2.3个月是与计划工期相比的绝对差异，占比14.38%(2.3/16=14.38%)，实际计划完成程度只有71.25%((8−2.3)/8=71.25%)。

(2) 按照当前的进度，当工程施工完工时的费用预测值为69929万元，低于预算费用(74337万元)约4408万元，占施工预算费用的5.93%；进度预测值为24.1月，比计划施工工期16个月会拖延8.1月，占计划施工工期的50.63%，存在严重的工期延误，应寻求对策予以解决。

综上所述，工程进行到8个月时，实际费用仅为计划费用的66.5%，从根本上说是由于工期拖后，实际没有完成工期计划造成的，并不是由于节约或其他原因造成的。

5.5.3 施工进度控制要素

根据长期工程实践经验的总结，施工进度控制实施过程中重点环节如下：

1. 关键性控制节点的确定

施工网络计划计划中关键线路上的事件称为关键性控制节点或里程碑事件，通常是那些施工难度大、施工周期长、受客观影响因素多的施工内容。关键性控制节点的全部实现意味着关键线路的实现。

关键性控制节点的提取方法是从总进度计划的关键线路上选择重要事件。关键性控制节点除了必须满足在关键线路上这个必须具备的条件外，还要考虑参与单位、空间分布、协调难度、风险大小等因素。

例如，某国际机场扩建工程从施工总进度计划中提炼出48个关键性控制节点，按区分解为：航站区工程14个、飞行区工程12个、综合配套工程14个、西货运区工程6个，其他2个，并将按年度分配，得到年度关键性控制节点。其中，飞行区工程关键性控制节点一览表，如表5-12所示。

表5-12 飞行区工程关键性控制节点一览表

分区工程	分区节点序号	关键性控制节点	
飞行区工程(12个)	1	2005年7月	东货运区竣工验收
	2	2005年9月	第三跑道地基处理试验总结、方案确定
	3	2005年12月	第四跑道堆载预压完工
	4	2006年1月	航站楼站坪场道及助航灯光工程开工、第三跑道地基处理开工
	5	2006年8月	航站楼站坪航油管网完工
	6	2006年9月	第三跑道地基处理完工
	7	2006年10月	第三跑道场道工程及助航灯光工程开工、西货运机坪航油管线开工
	8	2006年12月	西货运机坪地基处理工程开工、航站楼站坪具备登机桥安装施工条件
	9	2007年6月	完成航站楼站坪工程
	10	2007年9月	完成第三跑道主体工程
	11	2007年10月	完成南进场市政道路(地道段)主体工程
	12	2007年12月	完成第三跑道、西货运机坪工程竣工及初验

2. 目标进度计划审查

根据施工总进度目标计划,编制各参与方的施工进度目标分解计划,年末上报下一年度的施工进度计划。经审批后,再按年度计划任务编报月度进度计划,按月度进度计划编报旬/周施工进度计划,将责任目标进一步分解到月、旬、日和作业队、班、组和作业面,形成了以旬保月,以月保年的目标管理体系。

在审批月、旬施工进度计划时,不仅是审查时间进度的安排,还要对施工单位的质量管理、安全控制、人员到位情况、设备运行状态、原材料供应及施工方法等认真检查。

目标进度计划审查的主要内容包括:

(1) 审查计划工作项目是否齐全、有无漏项;

(2) 各项工作的逻辑关系是否正确、合理,是否符合施工程序;

(3) 各项目的完工日期是否符合合同规定的各个中间完工日期和最终完工日期(关键性控制节点);

(4) 计划的施工效率和施工强度是否合理可行,是否满足连续性、均衡性的要求,与之相应的人员、设备和材料以及费用等资源是否合理,能否保证计划的实施;

(5) 与外部环境是否有矛盾,如与业主提供的设备条件和供货时间有无冲突,与其他承包商施工有无干扰。

在审查过程中发现的问题,应及时向承包商提出,并协助承包商修改施工目标进度计划。

3. 进度协调与沟通

在施工计划实施过程中,不同层次、不同平面、不同区域之间进度方面的矛盾和冲突是不可避免的。例如,设计与施工之间的矛盾,施工和供应之间的矛盾,总包和分包之间的矛盾,有时是简单的,有时是非常复杂的;可以是一对一的矛盾,或者是多重关系矛盾。对工程施工的实际进度都有着直接的影响,如果不加以协调,势必会造成工程施工秩序混乱,不能按期完成施工任务。

建立现场协调制度,通过采取不定期的现场例会、专题协调会的形式,业主、监理、设计单位、供应单位和施工单位等相互沟通和交流,一起解决施工中存在的各种进度问题。例如,某国际机场扩建工程存在着各工程分区之间、各施工过程之间的协调关系。工程各分区之间的协调关系,如图5-42(a)所示;工程各施工过程之间的协调关系,如图5-42(b)所示。

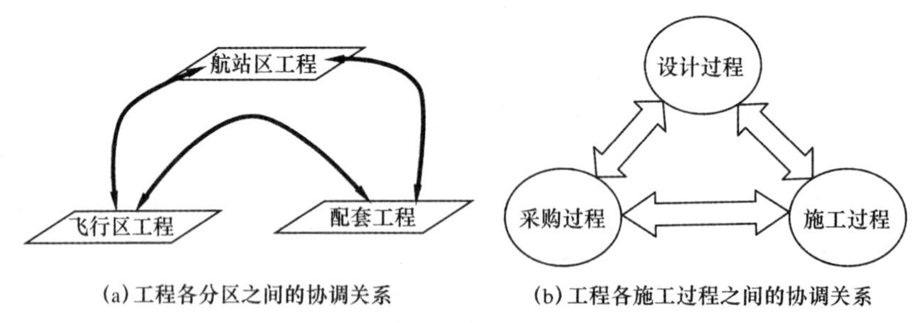

(a)工程各分区之间的协调关系　　(b)工程各施工过程之间的协调关系

图5-42　工程施工过程中的协调关系

施工进度计划协调与沟通的通常做法首先是对问题进行系统梳理,并进行深入分析,必要时进行专题研究,确定问题的真正症结所在和分析不同方案之间的利弊。某国际机场扩建工程总进度计划控制中的问题梳理表,如表5-13所示。然后先由问题涉及各部门自行一起协商解决问题;如果协商不成,则由上一层次的综合管理部门出面协调;如果再协调不成,即在各方不能妥协的情况下，则呈报工程施工管理最高领导部门决策。

表5-13　　某国际机场扩建工程总进度计划控制中问题梳理表

序号	所属范围	问题在WBS中的定位或名称	问题描述	关联部门	协商(协调)时间和结果
1	航站区	综合布线系统安装及调试	信息部要求七月份完成，而设备部的计划为九月份	设备部、信息部	
2	飞行区	第三跑道工程 附属设施工程	工程计划完工时间太晚，不能满足自验收时间的要求	飞行部、总工办	
3	综合配套区	综合配套工程 4#35kV外线工程	由于唐镇站至机场红线外排管未完成，可能会造成工程延误	配套部	
4	西货运区	货站主体工程 主体钢结构制作及吊装	需要保证施工道路畅通，但配套部有困难	货运部、配套部	
	……	……	……	……	

工程施工进度的协调与沟通是施工参与各方共同解决矛盾的过程，尽管耗时、费劲，但却是一项保证施工进度计划实施的必不可少的基本工作。

4. 业绩考核与奖惩

为确保工程施工按期完工，在落实一系列进度管理措施的同时，制定奖惩措施。按照批准的年度进度计划和月进度计划，对施工参与单位的计划完成实物工程量、节点工期和各分项工程形象进度等指标进行进度考核。

例如，某大学城工程建设指挥部专门成立了综合考评工作组和综合考评委员会，定期对市政、建筑、设备安装等施工单位进行综合考评，内容主要是对市政、建筑、设备安装等施工单位所施工项目(标段或组团)的资源投入、工程质量、工程进度、安全生产、文明施工、工程资料、综合治理等七项管理工作实绩进行考评。采用百分制评分方法，由综合考评委员会成员评定各单位各项应得分和“优、中、差”等级。

5. 控制措施

进度控制主要包括组织措施、技术措施、合同措施、经济措施和信息控制措施等。

1) 组织措施

组织措施主要包括：落实施工进度控制的部门及具体人员，进行控制任务和管理职责的分工；进行项目详细分解，建立进度计划编码体系；确定施工进度协调工作制度，包括会议制度、协调制度、统计报告制度等；分析影响进度目标实现的风险因素，采取控制预案和对策；合理的组织资源投入，有节奏的组织均衡施工，提高生产效率。

2) 技术措施

技术措施主要是落实施工方案的部署，尽量采取新技术、新工艺、新材料，缩短关键线路上各工作工期，加快施工进度。

3) 合同措施

合同措施主要是合理划分施工界面，明确施工参与各方的任务和职责，保证施工现场条件的落实、手续完备、图纸资料齐全、材料设备供应及时，合理处理工期索赔和争议事件。

4）经济措施

经济措施主要是确定进度款的支付条件和方式，规定相应的奖惩措施，保证施工资金的供应。

5）信息管理措施

信息管理措施主要是落实施工进度信息收集、储存、检索和发布制度，按规定完成进度计划的修改和审批，定期(每月、旬或日)进行各层次、各方面的计划进度与实际进度的动态比较，分析施工进度影响因素，提供施工进展报告。

第 6 章　工程施工平面图设计

施工平面图是工程项目施工组织设计的一项重要内容，是对一个建筑物或构筑物的施工现场的平面规划和空间布置，是现场管理、实现文明施工的依据。实践证明，合理的施工平面布置对于顺利执行施工进度计划是非常重要的，对现场的文明施工、工程成本、工程质量和安全生产都会产生直接的影响。

6.1　施工平面图概述

根据施工范围的大小，施工平面图设计可分为施工总平面图设计和单位工程施工平面图设计。施工总平面图指整个工程建设项目（如拟建的工业建设项目或民用建筑小区项目）的施工场地总平面布置图，是全工地施工部署在空间上的反映；单位工程施工平面图是针对单位工程施工而进行的施工场地平面布置。施工总平面图和单位工程施工平面图的设计原则、内容和详尽程度等不尽一致。根据工程进度的不同阶段区分，施工平面图又可划分为土方开挖、基础施工、上部结构建筑施工、装修施工和设备安装等分部分项工程各阶段的施工平面图。

6.1.1　设计原则

施工总平面图上除绘有各种永久建筑物和构筑物（包括已建的和拟建的）外，还需绘有施工阶段所需设置的各项临时设施。按照施工部署、施工方案和施工总进度计划，将各项生产、生活设施（包括房屋建筑，临时加工预制场、材料仓库和堆场、给排水系统、电网、通信线路、动力管线和临时运输道路等）在现场平面上进行周密规划和布置。许多大型建设项目，由于施工工期较长或受场地所限，施工现场面貌随工程进展而不断发生改变。因此，应按不同阶段分别绘制不同的施工总平面图，根据施工现场的变化，及时调整和修正总平面图，以便满足不同阶段施工的要求。单位工程施工平面图是单位工程施工组织设计的重要组成部分，是施工准备工作的一项重要内容。单位工程施工平面图的绘制比例一般比施工总平面图的比例大，内容更具体、详细。如果工程建设项目由多个单位工程组成，则单位工程施工平面图属于全工地性施工总平面图的一部分，应受到施工总平面图的约束和限制。

设计原则包括如下六点。

(1) 减少施工用地。结合施工方案和施工进度计划的要求，尽量减少施工用地面积，充分利用山地、荒地、重复使用空地。

(2) 降低运输费用。保证运输方便，减少两次搬运，合理布置仓库、附属企业和运输道路，使仓库和附属生产企业尽量靠近需用中心，并且选择正确的运输方式。

(3) 降低临时建筑费用。在满足施工需要的情况下，尽量降低临时设施的修建费用。充分利用各种永久建筑、管线、道路，利用暂缓拆除的原有建筑物。

(4) 有利于生产和生活。合理布置生活福利方面的临时设施，居住区至施工区的距离要近。

(5) 符合法规要求。符合劳动保护、技术安全及消防、环保、卫生、市容等国家有关规定和法规要求。合理布置易燃物仓库的位置,设置必要的消防设施。为保证生产上的安全,在规划道路时尽量避免交叉。

(6) 满足安全和环境要求。在改、扩建工程施工时,应考虑企业生产活动的正常开展,采取安全、环境保障措施。

6.1.2 设计内容和步骤

施工平面图设计主要包括以下的内容。

(1) 建筑现场的红线,可临时占用的地区,场外和场内交通道路,现场主要入口和次要入口,现场临时供水供电的入口位置。

(2) 测量放线的标桩、现场的地面大致标高。地形复杂的大型现场应有地形等高线,以及现场临时平整的标高设计。需要取土或弃土的项目应有取、弃土地区位置。

(3) 现场已建并在施工期内保留的建筑物、地上或地下的管道和线路;拟建的地上建筑物、构筑物。如先作管网时应标出拟建的永久管网位置。

(4) 现场主要施工机械加塔式起重机、施工电梯或垂直运输龙门架的位置。塔式起重机应按最大臂杆长度绘出有效工作范围,移动式塔式起重机应给出铁轨位置。

(5) 材料、构件和半成品的堆场。

(6) 生产、生活用的临时设施。包括临时变压器、水泵、搅拌站、办公室、供水供电线路、仓库和堆场的位置。现场工人的宿舍应尽量安置在场外,必须安置在场内时应与现场施工区域有分隔措施。

(7) 消防入口、消防道路和消火栓的位置。

(8) 平面图比例,采用的图例、方向、风向和主导风向标记。

由于施工总平面图和单项工程、单位工程施工平面图属于不同层次的施工现场布置图,其考虑对象的规模和范围不同、粗细程度不同,因此设计步骤也有所不同,主要表现在第一个内容上面。施工总平面图场外运输线路的走向,决定了施工现场内部的布局;而单项工程和单位工程施工平面图需要首先确定起重机械的位置,其他设施尽可能围绕起重机的回转半径安排。

(1) 施工总平面图设计步骤:确定场外运输线路→布置仓库和堆场→布置场内临时道路→布置行政和生活临时设施→布置临时水、电管网和其他动力设施。

(2) 单位工程施工平面图设计步骤:确定起重机械的位置→确定搅拌站、加工棚和材料、构件堆场的位置→布置运输道路→布置临时设施→布置临时水电管网。

对于高层建筑施工应进行施工立体设计。施工立体设计是指设计一个能满足高层建筑施工中结构、设备和装修等不同阶段施工要求的供水供电、废物排放的立体系统。过去未进行立体设计时,结构阶段施工完毕,其供水供电系统将会妨害装修,不得不拆除,而由装修单位另行设置供水供电系统。这种各行其是的方式造成了很大的浪费,延误工期。而立体设计是考虑了各个阶段供水、供电以及废物排放的要求,把各种临设安排在不影响施工的位置。避免浪费,方便使用。如将施工用电的干线设置在电梯井的墙内的适当位置,并在每层或每隔一层留出接口,这种方法可满足所有阶段的施工而无须重复设置临时供电设施,待工程结束后将此线路封闭即可。供水以及废物排放的设计原理也与此类同。

6.1.3 设计技术方法

施工平面布置是一件复杂、费力的工作,需要具有长期的工程实践经验和知识积累。施工场地规划的方法一般没有明文规定,大多保存在有经验工程师的头脑里。本节介绍几种工业领域中普遍适用的生产平面布置的方法,希望对于工程施工平面布置有所借鉴和启发。

1. 作业相关图法

作业相关图法,是由理查德·缪瑟(Richard Muther)提出的一种系统性平面布置方法(SLP,Systematic Layout Planning)。它首先通过图解关系矩阵判别生产现场各作业单位之间的关系,然后根据关系密切程度布置各作业单位的位置,并将作业单位实际占地面积与位置关系图结合起来,形成作业单位面积相关图;通过进一步的修正和调整,得到可行的布置方案,最后采用加权评价等方法对得到的方案进行优选评估。该方法适用于对功能部门和功能区域进行平面布置。

采用作业相关图法绘制平面布置图,通常有如下四个步骤。

(1) 调查或估计各作业单位的工作流程和功能设置,划分功能区域。例如,某预制构件施工生产现场根据工艺要求,分为接受和发运处、成品库、工具车间、整理车间、生产车间、中间备件库、餐间和管理办公室8个生产和管理部门。

(2) 绘制作业关系矩阵图。作业关系矩阵图是一种反映各种作业或功能部门之间相互关系及其紧密程度的矩阵图表,图中用事先规定的字符表示相关的紧密程度,用数字表示紧密程度的原因。

通常,作业关系矩阵图中英文字母表示各种作业或功能部门之间关系密切程度,分六个等级,用字母代码A、E、I、O、U、X来表示(表6-1);为了进一步分析,也可将各种作业或功能部门之间关系密切程度的原因列出,用数字代码1～9代表(表6-2)。

表6-1　各种作业或功能部门之间关系密切程度及代码

等级	关系密切程度	代码
1	绝对密切	A
2	特别密切	E
3	密切	I
4	一般	O
5	不密切	U
6	不希望靠近	X

表6-2　各种作业或功能部门之间关系密切程度原因及代码

密切程度原因	代码	密切程度原因	代码
共同信息	1	工艺流程连续	6
共用人员	2	做类似工作	7
共用场地	3	共用设备	8
人员接触	4	其他	9
文件接触	5		

图6-1表示某预制构件施工生产现场工厂8个生产和管理部门之间的作业关系矩阵图。图上左侧是8个部门的名称,右侧的大三角形被分成许多棱形小方格,在每方格上方,用字符A、E、I、O、U分别表示两两相交单位间的紧密程度,X表示不希望靠近,其含义在该图的右上侧说明。每个方格下方的数字1,2,3,4,5,6,7,8,9表示关系的理由。

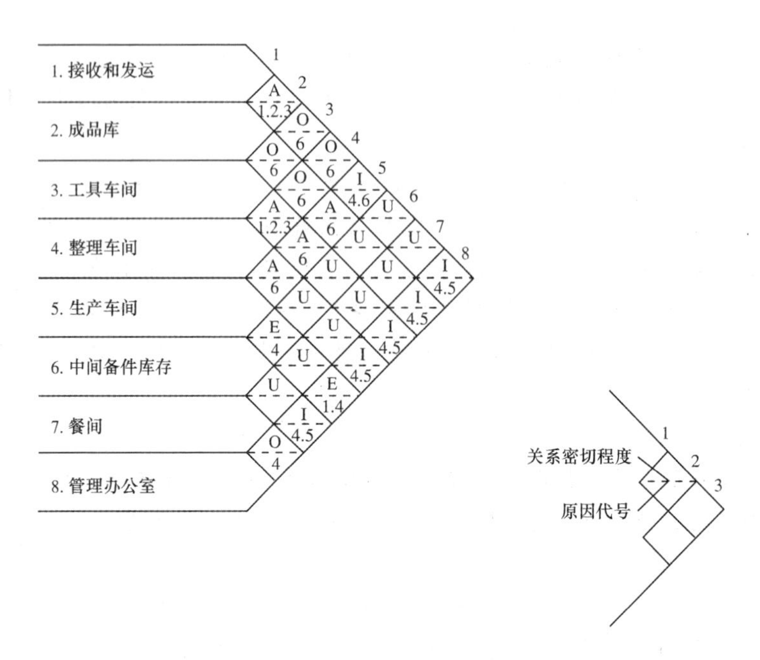

图 6-1 作业关系矩阵图

(3) 分析作业关联程度。在作业关系矩阵图的基础上,可以进一步分析各生产和管理部门之间的逻辑关系,得出关联程度信息表,如图 6-2 所示;也可将作业关系矩阵图表示的关系表达在形状大小相同的卡片上,注明部门名称、代码、与其他部门的相互关系等信息,关联程度信息表,如表 6-3 所示。

1. 接收与发运处	2. 成品库	3. 工具车间	4. 整理车间
A-2 I-5、8 O-3、4 U-6、7	A-1、5 I-8 O-3、4 U-6、7	A-4、5 I-8 O-1、2 U-6、7	A-1、5 I-8 O-1、2 U-6、7

5. 生产车间	6. 中间备件库	7. 餐厅	8. 办公室
A-2、3、4 E-6、8 I-1 U-7	E-5 I-8 U-1、2、3、4、7	O-8 U-1、2、3、4、5、6	E-5 I-1、2、3、4、6 O-7

图 6-2 关联程度信息图

表 6-3 关联程度信息表

密切程度	部门							
	1	2	3	4	5	6	7	8
A	2	1、5	4、5	3、5	2、3、4			
E					6、8	5		5
I	5、8	8	8	8	1	8		1、2、3、4、6
O	3、4	3、4	1、2	1、2			8	7
U	6、7	6、7	6、7	6、7	7	1、2、3、4、7	1、2、3、4、5、6	
X	—	—	—	—	—	—	—	—

（4）绘制平面位置图。根据各生产和管理部门关联程度信息，排列卡片的平面位置，初步整理出部门平面位置图。

排列原则：必须按相关程度的紧密性从大到小的顺序依次排列卡片的位置。先布置“A”关系数量最多的一块卡片（如有两块卡片“A”关系同样多，则取其中“E”关系数量多者，以此类推）；A 布置完之后，再布置剩下卡片中关系“E”最多的卡片，依次类推。经分析，5 的“A”关系最多，为 3 个，应布置在中央；然后 2、3、4 的关系紧密程度一样，应同时布置；其次布置 1；再次，6 和 8 的“E”关系个数一样，而 8 的“I”关系个数多于 6，则应先布置 8 再布置 6；最后布置 7。本案例应按照 5→2、3、4→1→8→6→7 的顺序来排列。

排列方法：本例应首先取卡片 5（生产车间）。然后，取与 5 有一个“A”关系，而与其他卡片“A”关系最多的卡片，放在 5 旁边。本例中 2、3、4 的紧密程度大小一样，但是根据表 6-2 和图 6-4 可知，3 与 4 共用信息、人员和场地、2 与 3 和 4 有工艺流程连续，则 2、3、4 应布置紧凑一些，4 应与 2、3 挨着布置。

接下去布置 1，1 与 2 的关系绝对密切，且共用信息、人员和场地，故应紧挨着 2 布置。然后，8 和 6 与 5 的关系都特别密切，8 又与 1、2、3、4、6 的关系密切，并有人员和文件接触。平面位置分析图，如图 6-3 所示。

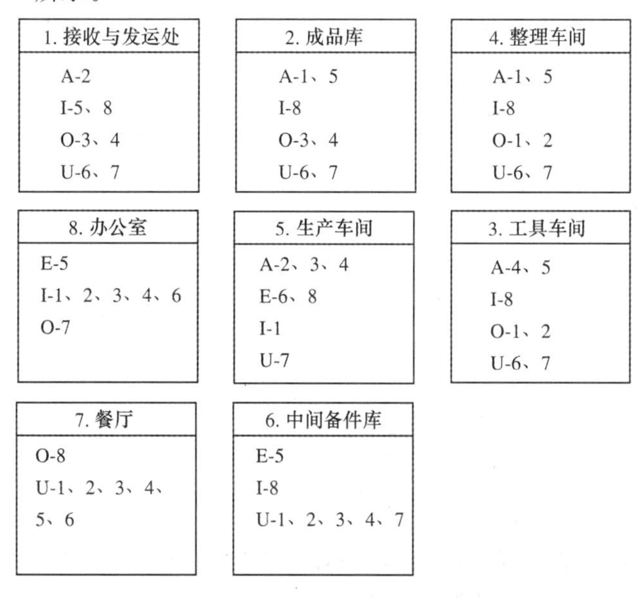

图 6-3 平面位置分析图

根据现场生产条件和实际需要，确定各部门的场地面积，按一定比例制作反映各部门面积大小的卡片，并适当调整相对位置，形成现场平面布置图。现场平面图布置图，如图 6-4 所示。

在实际工程的设计中需要针对各种细节进行深入的分析，才能得出符合实际要求的布置方案。此外，在得到可行的布置方案之后，还应采用优缺点比较、加权比较和成本分析比较等方法进行方案评估，以选择出最优方案。

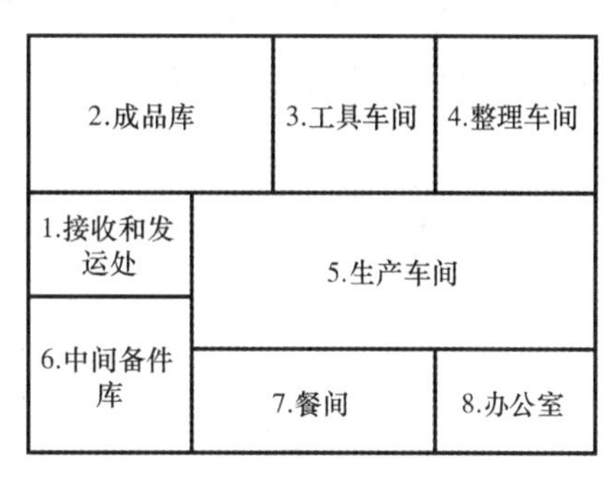

图 6-4 现场平面图布置图

2. 区域叠合优化法

施工现场的生产和生活设施是为全工地服务的。因此,它们的位置应力求居中,使其到达各服务点的距离大致相等,让各服务点均衡受益。一般可通过计算施工现场多边形图形的重心点,确定这些设施的位置。

根据物理学中对平面薄片重心求法:Ω 是一均匀薄片时其重心坐标计算公式为:

$$\tilde{x}=\frac{\iint\limits_D x\rho(x,y)\mathrm{d}\sigma}{\iint\limits_D x\rho(x,y)\mathrm{d}\sigma}=\frac{\iint\limits_D x\rho(x,y)\mathrm{d}\sigma}{M};\quad \tilde{y}=\frac{\iint\limits_D y\rho(x,y)\mathrm{d}\sigma}{\iint\limits_D \rho(x,y)\mathrm{d}\sigma}=\frac{\iint\limits_D y\rho(x,y)\mathrm{d}\sigma}{M} \tag{6-1}$$

如果薄片是均匀的,即密度是一常数,则 $M=\rho S$,S 是薄片的面积。那么公式(7-1)简化为:

$$\tilde{x}=\frac{\iint\limits_D x\,\mathrm{d}\sigma}{S};\quad \tilde{y}=\frac{\iint\limits_D y\,\mathrm{d}\sigma}{S} \tag{6-2}$$

已知三角形$\triangle A_1A_2A_3$的顶点坐标 $A_i(x_i,y_i)(i=1,2,3)$。它的重心坐标为

$$x_g=\frac{\sum\limits_{i=1}^{3}x_1+x_2+x_3}{3},\quad y_g=\frac{\sum\limits_{i=1}^{3}y_1+y_2+y_3}{3} \tag{6-3}$$

三角形的面积为:

$$S=\pm\frac{1}{2}\begin{bmatrix}x_1 & y_1 & 1\\ x_2 & y_2 & 1\\ x_3 & y_3 & 1\end{bmatrix} \tag{6-4}$$

$$y_g=\frac{\iint\limits_D y\,\mathrm{d}\sigma}{S}=\frac{\sum\limits_{i=1}^{n}y_i\sigma_i}{\sum\limits_{i=1}^{n}\sigma_i} \tag{6-5}$$

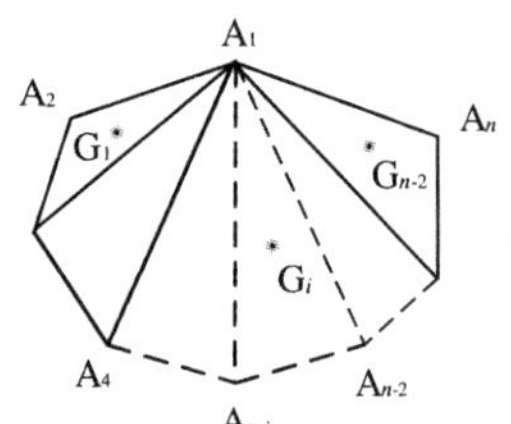

图 6-5 多边形分割

由此,可以得出求离散数据点所围多边形的一般重心公式:以 $A_i(x_i,y_i)(i=1,2,\cdots,n)$为顶点的任意 n 边形 $A_1A_2\cdots A_n$,将它划分成 $n-2$ 个三角形(图 6-5)。每个三角形的重心为 $G_i(\tilde{x}_i,\tilde{y}_i)$,面积为 σ_i。那么多边形的重心坐标 $G(\tilde{x}_2,\tilde{y}_2)$为:

$$\tilde{x}_2=\frac{\sum\limits_{i=2}^{n-1}(x_1+x_i+x_{i+1})\begin{bmatrix}x_1 & y_1 & 1\\ x_i & y_i & 1\\ x_{i+1} & y_{i+1} & 1\end{bmatrix}}{3\sum\limits_{i=2}^{n-1}\begin{bmatrix}x_1 & y_1 & 1\\ x_i & y_i & 1\\ x_{i+1} & y_{i+1} & 1\end{bmatrix}}\quad \tilde{y}_2=\frac{\sum\limits_{i=2}^{n-1}(y_1+y_i+y_{i+1})\begin{bmatrix}x_1 & y_1 & 1\\ x_i & y_i & 1\\ x_{i+1} & y_{i+1} & 1\end{bmatrix}}{3\sum\limits_{i=2}^{n-1}\begin{bmatrix}x_1 & y_1 & 1\\ x_i & y_i & 1\\ x_{i+1} & y_{i+1} & 1\end{bmatrix}} \tag{6-6}$$

在实际工作中，确定这类临时设施的位置可采用区域叠合法，其操作步骤如下。

(1) 在施工总平面图上将各服务点的位置一一列出，按各点所在位置画出外形轮廓图；

(2) 将画好的外形轮廓图，选择一个方向进行第一次折叠。折叠的要求是：折过去的图形部分最大限度地与其余面积重合。

(3) 将折叠的图形展开，将折过去的图形面积用颜色或阴影区分，并标折叠线。

(4) 将图形转换一个方向，按以上述方法进行第二次折叠、涂色。

(5) 如此重复 n 次，形成有 n 条折叠线的凸区域，即为最适合的布点区域。

【例 6-1】 某工地的大型临时生活区区域叠合法确定食堂最佳位置示意图，如图 6-6 所示。现拟修建一个职工食堂。试采用区域叠合法确定职工食堂合适的平面位置。

本例区域叠合法的步骤如下。

(1) 首先，确定大型临时生活区的外轮廓线。

(2) 沿某一方向(如 DE 边方向)折纸，使其最大限度重合在其他区域中，将折叠线用点划线画出，如图 6-6 中的点划线 1。

(3) 从其他方向继续折纸，依次将纸的折叠线画出，如图 6-6 中的点划线 2、3、4、5。

(4) 各条折叠线围成的核心区域即为职工食堂的最合适选点位置，如图 6-6 所示。中的阴影区域。这块阴影区域对应于大型临时生活区布局中的 OPRST 区域，如图 6-6 所示。根据现场情况，为避开原有建筑屋，可以考虑将职工食堂安排在 K 位置上。

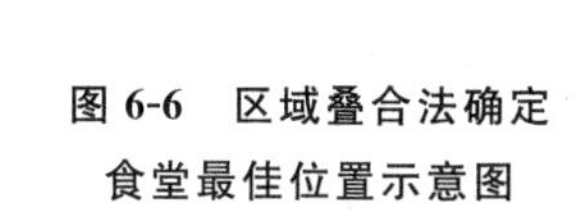

图 6-6 区域叠合法确定食堂最佳位置示意图

3. 最小树选线优化法

施工总平面设计中，在布置给排水、蒸汽、动力、照明等线路时，为了减少动力损耗、节约建设投资、加快临时设施建造速度，可采用最小树方法，确定最短线路。

最小树问题，可以抽象成如下形式：设有一网络，由节点 $1,2,\cdots,m$ 及边 (i,j) 组成，如果边 (i,j) 存在，则记边 (i,j) 的权函数为 d_{ij}。

如果这一网络的全部节点及一部分边组成的子网络满足：(1)子网络中任何两个节点之间都可以找到一条路；(2)这种路不存在任何闭圈，即从任一节点到本身不存在回路。那么，就称这一子网络是原网络的一个生成树。

在特殊情况下，在网络的一切生成树中，某一生成树上边的权函数之和取得最小值，则称它是一个最小生成树。

【例 6-2】 某工程施工现场要埋设电缆，把中央控制室与 5 个控制点连通，如图 6-7 所示。图 6-7 中的各线段标出了允许挖电缆沟的地点和距离(O—中央控制室、A，B，…，E—控制点)。如果电缆线 100 元/m，挖电缆沟(深 1m、宽 0.6m)土方 30 元/m^3，其他材料和施工费用 50 元/m，试确定最优的电缆布线线路，并计算施工成本。

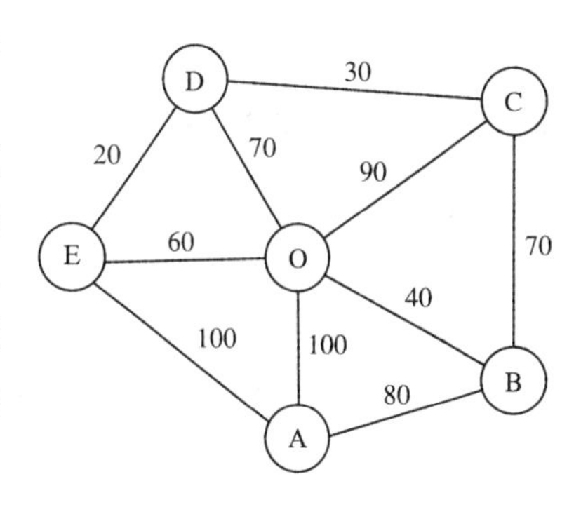

图 6-7 电缆布线网络图

该问题可归结为先寻找电缆布线网络的最小生成树，确定最优电缆布线方案；然后计算相应的施工成本。最小生成树可采用破圈法求解。

第1步:逐个破圈,留小破大。在图6-8(a)中有多个闭圈,例如O—E—A—O,权函数分别为60、110、100。选最大值110,在其边上加上"//",划去边(E,A),以示破圈。对闭圈O—A—B—O,选max(100,80,40)=100,划去边(O,A)。接着,再在闭圈O—B—C—O和O—C—D—O中分别划去边(O,C)和(O,D),得到图6-8(b)所示的子网络。

第2步:再次破圈,留小破大。图6-8(b)中尚有一个闭圈O—E—D—C—B—O,最大权函数为70,破掉其边(C,B)。至此,不再存在任何闭圈,最小生成树如图6-8(c)所示。

破圈法的原理可以归结为:在原网络中,抓住闭圈,破掉最大权函数的边;在余下的子网络中,抓住闭圈,破掉最大权函数的边,直至余下的子网络不再含有闭圈,也就得到了最小生成树。

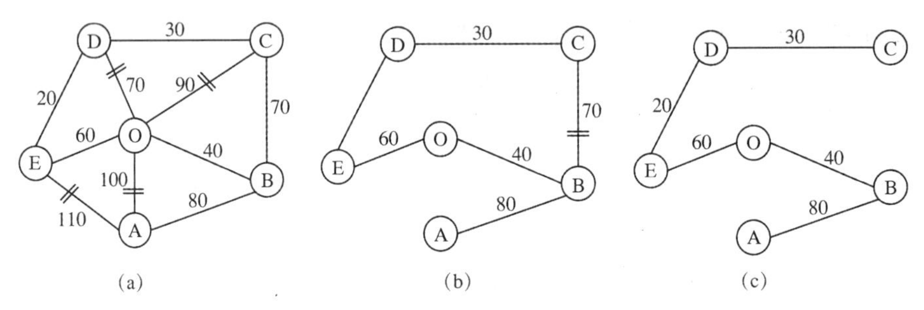

图6-8　破圈法求解过程

因此,该工程的最优的电缆布线线路为C—D—E—O—B—A,电缆总长度为最小(30+20+60+40+80=230m),费用23000元;电缆沟土方量为230×1×0.6=138m³,费用为138×30=4140元;其他材料和施工费用为230×50=11500元。因此,总预算成本为38640元。

其实,逆破圈法的思路,也可以得到求最小生成树的方法——先取出原网络中的节点,划去所有的边。每步从边中选取最小权函数的边,使已添上的边不构成闭圈。这就是逆破圈法又叫加边法,所得优化结果是相同的。

6.2　大型临时设施的计算和布置

施工现场大型临时设施包括临时仓库和堆场、临时建筑物、临时供水和临时供电等。由于大型建设项目临时设施规模大、投资比较多,工程施工条件也比较复杂,因此,需要事先做出统筹安排和计划。

6.2.1　临时仓库和堆场

根据工程规模、施工场地条件、运输方式等,一般可设置下列几种仓库:①转运仓库。一般是设置在货物转运地点的仓库;②中心仓库。用于储存供整个工地范围所需现场材料的仓库。中心仓库可设在工地内,亦可设在工地外;③工地仓库。专为某一工程服务的仓库。

按保管材料的方法,建筑工地上临时性仓库可以分为:①露天仓库。用于堆放不因自然气候影响而损坏质量的材料。如石料、砖瓦等;②库棚。用于储存防止雨雪阳光直接侵蚀的材料。如油毡、瓷砖、细木板等;③封闭式仓库。用于储存防止大气侵蚀而发生变质的建筑材料、贵重材料以及易损坏或散失的材料,如水泥、石膏、五金零件等。

临时仓库和堆场的计算和布置工作一般如下：

1. 材料设备储备量的确定

建筑工地仓库中，材料储备的数量，既应保证工程连续施工需要，又要避免储备量过大，造成材料积压，使仓库面积扩大而投资增加。因此，应结合具体情况确定适当的材料储备量。一般对于施工场地狭小、运输方便的工地可少储存一些；对于加工周期长、运输不便、受季节影响的材料可多储存些。

对经常或连续使用的材料，如砖、瓦、砂、石、水泥、钢材等可按储备期计算，计算公式如下：

$$P = T_c \frac{Q_i \cdot K_i}{T} \tag{6-7}$$

式中 P——材料的储备量(立方米或吨等)；

T_c——储备期定额(天)；

Q_i——材料，半成品等总的需要量；

T——有关项目的施工总工作日；

K_i——材料使用不均匀系数。

对于量少、不经常使用或储备期较长的材料，如耐火砖、石棉瓦、水泥管、电缆等，可按储备量计算(以年度需用量的百分比储备)。

对于某些混合仓库，如工具及劳保用品仓库、五金杂品仓库、化工油漆及危险品仓库、水暖电气材料仓库等，可按指数法计算(平方米/人或平方米/万元等)。

对于当地供应的大量性材料(如砖、石、砂等)，在正常情况下，为减少堆场面积，应适当减少储备天数。

2. 各种仓库面积的确定

确定某一种建筑材料的仓库面积，与该种建筑材料需储备的天数、材料的需要量以及仓库每平方米储存定额等因素有关。而储备天数又与材料的供应情况、运输能力以及气候等条件有关。因此，应结合具体情况确定最经济的仓库面积。

确定仓库面积时，必须将有效面积和辅助面积同时加以考虑。所谓有效面积，是材料本身占有的净面积，它是根据每平方米仓库面积的存放定额来决定的。辅助面积是考虑仓库中的走道以及装卸作业所必需的面积。仓库总面积一般可按下列公式计算：

$$F = \frac{P}{q \cdot K} \tag{6-8}$$

式中 F——仓库总面积(平方米)；

P——仓库材料储备量；

q——每 m^2 仓库面积能存放的材料、半成品和制品的数量；

K——仓库面积利用系数(考虑人行道和车道所占面积)，见表 6-5。

仓库面积的计算，还可以采取另一种简便的方法，即按指数计算法，计算公式为

$$F = \varphi \cdot m \tag{6-9}$$

式中 φ——计算指数(平方米/人或平方米/万元等)，见表 6-4；

m——计算基数(生产工人数或全年计划工作量等)，见表 6-4。

表 6-4 计算仓库面积的有关系数

序号	材料及半成品	单位	储备天数 T_c	不均衡系数 K_i	每平方米储存定额 P	有利用系数 K	仓库类别	备注
1	水泥	t	30～60	1.3～1.5	1.5～1.9	0.65	封闭式	堆高10～12袋
2	生石灰	t	30	1.4	1.7	0.7	棚	堆高2m
3	砂子（人工堆放）	m^3	15～30	1.4	1.5	0.7	露天	堆高1～1.5m
4	砂子（机械堆放）	m^3	15～30	1.4	2.5～3	0.8	露天	堆高2.5～3m
5	石子（人工堆放）	m^3	15～30	1.5	1.5	0.7	露天	堆高1～1.5m
6	石子（机械堆放）	m^3	15～30	1.5	2.5～3	0.8	露天	堆高2.5～3m
7	块石	m^3	15～30	1.5	10	0.7	露天	堆高1m
8	预制钢筋混凝土槽	m^3	30～60	1.3	0.20～0.30	0.6	露天	堆高4块
9	型板梁	m^3	30～60	1.3	0.8	0.6	露天	堆高1～1.5m
10	柱	m^3	30～60	1.3	1.2	0.6	露天	堆高1.2～1.5m
11	钢筋(直筋)	t	30～60	1.4	2.5	0.6	露天	占全部钢筋的80%
12	钢筋(盘筋)	t	30～60	1.4	0.9	0.6	封闭库或棚	占全部钢筋的20%
13	钢筋成品	t	10～20	1.5	0.07～0.1	0.6	露天	
14	型钢	t	45	1.4	1.5	0.6	露天	堆高0.5m
15	金属结构	t	30	1.4	0.2～0.3	0.6	露天	
16	原木	m^3	30～60	1.4	1.3～15	0.6	露天	堆高2m
17	成材	m^3	30～45	1.4	0.7～0.8	0.5	露天	堆高1m
18	废木料	m^3	15～20	1.2	0.3～0.4	0.5	露天	
19	门窗扇	扇	30	1.2	45	0.6	露天	堆高2m
20	门窗框	樘	30	1.2	20	0.6	露天	堆高2m
21	木屋架	樘	30	1.2	0.6	0.6	露天	
22	木模板	m^2	10～15	1.4	4～6	0.7	露天	
23	模板正理	m^2	10～15	1.2	1.5	0.65	露天	
24	砖	千块	15～30	1.2	0.7～0.8	0.6	露天	堆高1.5～1.6m
25	泡沫混凝土制件	m^3	30	1.2			露天	堆高1m

注:储备天数根据材料来源、供应季节、运输条件等确定。一般就地供应的材料取表中之低值,外地供应采用铁路运输或水运者取高值。现场加工企业供应的成品、半成品的储备天数取低值,项目部的独立核算加工企业供应者取高值。

表 6-5　　仓库面积计算系数表

序号	名称	计算基础数/m	单位	系数(φ)
1	仓库(综合)	按全员(工地)	平方米/人	0.7～0.8
2	水泥库	按当年水泥用量的 40%～50%	平方米/吨	0.7
3	其他仓库	按当年工作量	平方米万元	2～3
4	五金库	按年建筑安装工作量计算	平方米/万元	0.2～0.3
		按在建建筑面积计算	平方米/100 平方米	0.5～1
5	土建工具库	按高峰年(季)平均人数	平方米/人	0.1～0.2
6	水暖器材库	按年在建建筑面积	平方米/100 平方米	0.2～0.4
7	电器器材库	按年在建建筑面积	平方米/100 平方米	0.3～0.5
8	化工油漆危险品库	按年建筑安装工作量	平方米/万元	0.1～0.15
9	三大工具库(脚手、跳板、模板)	按在建建筑面积	平方米/100 平方米	1～2
		按年建筑安装工作量	平方米/万元	0.5～1

3. 布置仓库应注意的问题

仓库的面积确定后，还需决定仓库的结构形式，然后按建筑总平面图选定最合适的布置位置。仓库位置的选定要作方案比较，论证其技术上的可行性和经济上的合理性。布置仓库时，应注意以下四个问题。

(1) 仓库要有较宽广的场地，地势较高而平坦。

(2) 位置距各使用地点适中，以便缩短运输距离。

(3) 尽量利用永久性仓库，减少临时建筑面积。

(4) 要注意技术和安全防火的要求。如砖堆不能堆得太高；块石等铺放在沟边时要保持一定的距离，避免压垮土壁；易燃材料仓库应布置在拟建房屋的下风向，并需设消防器材；危险品仓库应设在工地边缘和人少又易保卫的地方等。

6.2.2 行政和生活临时建筑物

在工程建设期间，行政和生活临时之用建筑物指为现场管理和施工人员修建的一定数量的供行政管理和生活之用的建筑物。临时建筑物的计算和布置一般包括：①计算施工期间使用这些临时建筑物的人数；②确定临时建筑物的修建项目及其建筑面积；③选择临时建筑物的结构形式；④临时建筑物位置的布置。

1. 确定使用人数

在考虑临时建筑物的数量前，先要确定使用这些房屋的人数。建筑工地上的人员分为职工和家属两大类。

1) 职工

工地上的职工包括生产人员、非生产人员和其他人员。

(1) 生产人员。生产人员中有直接生产工人，即直接参加施工的建筑、安装工人(必要时，还应考虑生产设备安装和其他协作单位的工人)；辅助生产工人，如附属生产企业、机械动力维修、运输、仓库管理等方面的工人，一般占直接生产工人的 30%～60%；其他生产人员，如学徒工、企业内部从事科研、设计的技术人员等，一般占直接生产工人的 5%～10%。

直接生产工人数可用下式求得：

年(季)度平均在册直接生产工人=年(季)度总工作日(1+缺勤率)/年(季)度有效工作日

年(季)度高峰在册直接生产工人=年(季)度平均在册直接生产工人×年(季)度施工不均衡系数

(2) 非生产人员。非生产人员中有行政管理人员,如从事企业管理的干部、政工和行政人员;服务人员,如从事食堂、文化福利和维修等工作的人员。对非生产人员,可按企业的编制测算。

(3) 其他人员。其他人员中包括脱离岗位学习和病休六个月以上的人员,总公司一级直属勘察、设计、科研等工作人员。这些人员一般不在建筑工地生活,计算临时房屋时一般不考虑。

2) 家属

职工家属的人数与建设工期的长短有关,也与工地同建筑企业的生活基地的远近有关。应根据工地所在地区的具体情况来定,如建筑工地在城市或其郊区,则所需家属用房应少些;而边远工程、工期较长的施工项目所需家属用房应多些。

一般应通过典型调查、统计后得出适当的比例数作为规划临时房屋的依据。如可按职工人数的10%~30%估算。

2. 确定临时建筑的面积及其位置

人数确定后便可计算临时建筑所需的面积:

$$S=N\cdot P \tag{6-10}$$

式中 S——建筑面积(m^2);

N——人数;

P——建筑面积指标(行政、生活临时建筑面积参考指标,如表6-6所示)。

表6-6 行政、生活临时建筑面积参考指标(平方米/人)

序号	临时房屋名称	指标使用方法	参考指标	序号	临时房屋名称	指标使用方法	参考指标
一	办公室	按使用人数	3~4	3	理发室	按高峰年平均人数	0.01~0.03
二	宿舍			4	俱乐部	按高峰年平均人数	0.1
1	单层通铺	按高峰年(季)平均人数	2.5~3.0	5	小卖部	按高峰年平均人数	0.03
2	双层床	(扣除不在工地住人数)	2.0~2.5	6	招待所	按高峰年平均人数	0.06
3	单层床	(扣除不在工地住人数)	3.5~4.0	7	托儿所	按高峰年平均人数	0.03~0.06
三	家属宿舍		16~25平方米/户	8	子弟学校	按高峰年平均人数	0.06~0.08
四	食堂			9	其他公用	按高峰年平均人数	0.05~0.10
1	普通食堂	按高峰年平均人数	0.5~0.8	六	小型	按高峰年平均人数	
2	食堂兼礼堂	按高峰年平均人数	0.6~0.9	1	开水房		10~40
五	其他合计	按高峰年平均人数	0.5~0.6	2	厕所	按工地平均人数	0.02~0.07
1	医务所	按高峰年平均人数	0.05~0.07	3	工人休息室	按工地平均人数	0.15
2	浴室	按高峰年平均人数	0.07~0.1				

尽量利用建设单位的生活基地和施工现场及其附近已有的建筑物，或提前修建可以利用的其他永久性建筑物为施工服务。对不足的部分再考虑修建一些临时建筑物。有时大型工业建设项目的施工年限较长，如采取分期分批施工和边建设边生产时，则建设进展到一定时期，建设单位的生产工人就陆续进厂。因此，利用永久性的生活基地为土建施工长期服务的可能性很小。所以，当建设项目的建设年限在3～5年以上时，需要设置半永久性或永久性的建设工程生活基地，作为工程建设整体规划参考的一部分。

临时建筑物要按节约、适用、装拆方便的原则进行设计，要考虑当地的气候条件、施工工期的长短来确定临时建筑物的结构形式。

为了职工使用方便起见，食堂、浴室、诊疗所等可设置在工地内部；传达室、办公室、消防站、汽车库等主要应设置在工地内，或建造在与施工工地相毗邻的地带。

6.2.3 临时供水

建筑工地临时供水，包括生产用水（一般生产用水和施工机械用水）、生活用水（施工现场生活用水和生活区生活用水）和消防用水三部分。由于修建临时供水设施的投资较大，因此在考虑工地供水系统时，应充分利用永久性供水设施为施工服务。首先应建设永久性供水系统，然后在工地铺设局部的补充管网，满足工地供水需要。如果永久性供水设施不能满足工地要求时，才设置临时供水设施，并取最短线路。

建筑工地供水组织一般包括计算用水量、选择供水水源、选择临时供水系统的配置方案、设计临时供水管网和设计供水构筑物和机械设备。

1. 供水量的确定

1）一般生产用水

一般生产用水指施工生产过程中的用水，如搅拌混凝土、混凝土养护、砌砖、楼地面等工程的用水。可由下式计算：

$$q_1 = \frac{k_1 \sum Q_1 \cdot N_1 \cdot k_2}{T_1 \cdot b \times 8 \times 3600} \tag{6-11}$$

式中 q_1——生产用水量(升/秒)；

Q_1——最大年度工程量；

N_1——施工用水定额；

k_1——未预见的施工用水系数(1.05～1.15)；

T_1——年度有效工作日；

k_2——用水不均衡系数(施工工程用水 $k_2=1.5$，生产企业用水 $k_2=1.25$)；

b——每日工作班数。

2）施工机械用水

施工机械用水包括挖土机、起重机、打桩机、压路机、汽车、空气压缩机、各种焊机、凿岩机等机械设备在施工生产中的用水。可由下式计算：

$$q_2 = \frac{k_1 \sum Q_2 \cdot N_2 \cdot k_3}{8 \times 3600} \tag{6-12}$$

式中 q_2——施工机械用水量(L/s)；

Q_2——同一种机械台数(台)；

N_2——该种机械台班用水定额；

k_3——施工机械用水不均衡系数(施工机械、运输机械 $k_2=2.00$;动力设备 $k_3=1.05\sim1.10$)。

3) 施工现场生活用水

施工现场生活用水可由下式计算：

$$q_3=\frac{P_1\cdot N_3\cdot k_4}{8\times3\,600b} \tag{6-13}$$

式中 q_3——施工现场生活用水量(L/s)；

P_1——施工现场高峰人数(人)；

N_3——施工现场生活用水定额(与当地气候,工种有关,工地全部生活用水 $N_3=100\sim$ 120 升/人·日)；

k_4——施工现场生活用水不均衡系数($k_4=1.30\sim1.50$)；

b——每日用水班数。

4) 生活区生活用水

生活区生活用水可由下式计算：

$$q_4=\frac{P_2\cdot N_4\cdot k_5}{24\times3\,600} \tag{6-14}$$

式中 q_4——生活区生活用水量(L/s)；

P_2——生活区居民人数；

N_4——生活区每人每日生活用水定额；

k_5——生活区每日用水不均衡系数($k_5=2.00\sim2.50$)。

5) 消防用水

消防用水量 q_5 与建筑工地大小及居住人数有关系。消防用水量 q_5 由居民区消防用水和施工现场消防用水确定。

6) 总用水量

总用水量 Q 由下列三种情况分别确定：

(1) $(q_1+q_2+q_3+q_4)\leqslant q_5$ 时,

$$Q=q_5+\frac{1}{2}(q_1+q_2+q_3+q_4) \tag{6-15}$$

(2) 当 $(q_1+q_2+q_3+q_4)>q_5$ 时,

$$Q=q_1+q_2+q_3+q_4 \tag{6-16}$$

(3) 当工地面积小于 5hm^2,且 $(q_1+q_2+q_3+q_4)<q_5$ 时,

$$Q=q_5 \tag{6-17}$$

2. 水源的选择

选择建筑工地的临时供水水源时,应尽量利用现场附近已有的供水系统。如果现有供水系统不能满足施工现场最大用水量时,可以利用其一部分作为生活用水,生产用水可以使用天然水源。如果缺少现有的供水系统,则必须选择其他水源。天然水源有地面水(江河水、湖水、水库水等)和地下水(泉水和井水)。

选择水源时应注意：

(1) 水量要充足可靠,能满足最大用水量的要求；

(2) 水质要符合生活饮用水、生产用水的水质要求；

(3) 取水、输水、净水设施要安全可靠,经济可行;

(4) 施工、运输、管理、维护方便。

3. 临时供水系统的配置

利用永久性管网是最经济的方案。临时管网的工程量大,投资多,所以,应尽量利用已有的和提前修建的永久线路。当不能利用永久性管网进行供水时,则应对临时供水管网系统进行合理配置。

根据上述总用水量的计算,便可计算管径,其计算公式为

$$D=\sqrt{\frac{4Q}{1000\pi \cdot v}} \tag{6-18}$$

式中 D——管径(m);

Q——总用水量(L/s);

v——管网中的流速(m/s)。

配置临时供水系统应注意如下事项:

1) 与土方平整统一规划

临时管网布置应与土方平整统一规划,避免因土方开挖而使管道暴露,避免管道过浅而被开挖破坏。同时,应避免因填土而使管道深埋,影响正常使用,导致管道重新埋置,造成返工浪费。

2) 合理选择管网布置方式

临时供水管网通常有环状和枝状两种布置方式。环状布置是管道干线围绕施工对象环形布置。环状布置的供水能力最可靠,保障连续供水。但其管网的总长度较大;枝状布置是布置一条或若干条干线,从干线到各使用地点用支线连接。枝状布置的管道总长度最小,其缺点是管道中任一点发生故障,则有断水的危险。

混合布置具有枝状布置和环状布置的优点,总管采用环状布置,支管采用枝状布置,可以保证供水能力。

【例 6-3】 施工临时用水量计算。某高层建筑施工分为地下基础、主体结构、装修和设备安装施工三个阶段。周密、合理地布置施工现场及生活区临时施工用水,确保施工用水安全合理及消防的需要。

1) 现场施工用水量计算

$q_1 = K_1 \sum Q_1 \cdot N_1 \cdot K_2/(T_1 \cdot t \cdot 8 \times 3600)$

$= 1.05 \times (48494 \times 300 + 9415 \times 200 + 2295.58 \times 30) \times 1.5/340 \times 2 \times 8 \times 3600$

$= 1.33(\text{L/s})$

2) 现场机械用水量计算

$q_2 = K_1 \sum Q_2 \cdot N_2 \cdot K_3/(8 \times 3600)$

$= 1.05 \times 3 \times 60 \times 2/(8 \times 3600) = 0.01(\text{L/s})$

3) 现场生活用水量计算

$q_3 = P_1 \cdot N_3 \cdot K_4/(t \times 8 \times 3600)$

$= 1000 \times 40 \times 1.4/(2 \times 8 \times 3600) = 0.97(\text{L/s})$

4) 生活区用水量计算

$q_4 = P_2 \cdot N_4 \cdot K_5/(24 \times 3600)$

$= 1000 \times 100 \times 2.0/(24 \times 3600) = 2.31(\text{L/s})$

5）消防用水量

取 $q_5=10(L/s)$

6）总用水量(Q)计算

由于 $q_1+q_2+q_3+q_4=1.33+0.01+0.97+2.31=4.62(L/s)<q_5$

所以 $Q=q_5+(q_1+q_2+q_3+q_4)/2=10+4.62/2=12.31(L/s)$

管径的选择，取 v=1.6m/s，经计算：

$$D=\sqrt{\frac{4Q}{1000\pi \cdot v}}=\sqrt{\frac{4\times 12.31}{1000\times 3.14\times 1.6}}=0.099\text{m}$$

选取主水管直径 $d=0.1$m，能够满足现场施工及生活用水的需要。

6.2.4 临时供电

在建筑工地施工中广泛使用电能，随着施工机械化和自动化程度的不断提高，建筑工地上用电量越来越多。为了保证正常施工，必须做好建筑工地临时供电的设计。临时供电组织工作主要包括：用电量计算，电源选择，变压器确定，供电线路布置，导线截面计算。

1. 用电量计算

建筑工地临时用电，包括施工用电和照明用电两个方面。

1）施工用电

民用建筑工程的施工用电主要指土建用电，工业建筑工程的施工用电除土建用电外还包括设备安装和部分设备试运转用电(当永久性供电系统还未建成，需利用临时供电系统时)。施工用电量按下式计算：

$$P_c=(1.05\sim 1.10)(k_1\sum p_1+k_2\sum p_2) \tag{6-19}$$

式中 P_c——施工用电量(kW)。

k_1——设备同时使用时的系数。当用电设备(电动机)在10台以下时，$k_1=0.75$；10～30台时，$k_1=0.7$；30台之上时，$k_1=0.60$。

P_1——各种机械设备的用电量(kW)，以整个施工阶段内的最大负荷为准。

k_2——电焊机同时使用系数，当电焊机数量10台以下时，$k_2=0.6$；10台以上时，$k_2=0.5$。

P_2——电焊机的用电量(kW)。

2）照明用电

照明用电指施工现场和生活福利区的室内外照明和空调用电。

照明用电量按下式计算：

$$P_o=1.10(k_2\sum p_3+k_3\sum p_4) \tag{6-20}$$

式中 P_0——照明用电量(kW)；

k_2——室内照明设备同时使用系数，一般用0.8；

P_3——室内照明用电量(kW)；

k_3——室外照明设备同时使用系数，一般用1.0；

P_4——室外照明用电量(kW)。

最大电力负荷量，按施工用电量与照明用电量之和计算。当采用单班工作时，可不考虑照明用电。

2. 电源选择

建筑工地临时用电电源通常有以下三种。

(1) 完全由工地附近的电力系统供给;

(2) 工地附近的电力系统只能供给一部分,工地需增设临时电站以补不足;

(3) 工地附近没有电力系统,电力完全由临时电站供给。

至于采用哪种方案,要根据具体情况进行技术经济比较后确定。一般是将附近的高压电通过设在工地的变压器引入工地,这是最经济的方案。受供电半径限制,在大型工地上,需设若干个变电站,当一处发生故障,不致影响其他地区的施工。当采用380/220V低压线路时,变电站供电半径为300~700m。高压线路电压、输送半径及输送容量的关系如表6-7所示。

表6-7 高压线路电压、输送半径及输送容量的关系

编号	电压/kV	输送半径/km	每条线上的送电容量/kW
1	6	5	3500
2	10	8	5500
3	35	40	17500

3. 变压器的选用

考虑变压器(尤其是大型变压器)技术参数,应以变压器整体的可靠性为基础,综合考虑技术参数的先进性和合理性,结合损耗评价的方式,提出技术经济指标。同时还要考虑可能对系统安全运行、运输和安装空间方面的影响。

变压器的功率可按下式计算:

$$P=\frac{K\sum P_{max}}{\cos\varphi} \tag{6-21}$$

式中 P——变压器的功率(kVA);

K——功率损失系数,可取1.05;

$\sum p_{max}$——变压器服务范围内的最大计算负荷(kW);

$\cos\varphi$——功率因数,一般采用0.75。

根据计算所得的容量以及高压电源电压和工地用电电压,可以从变压器产品目录中选用相近的变压器。通常要求变压器的额定容量 $P_{额}\geqslant P$。一般工地常用电源多为三相四线制,380V/220V。具体可参考表6-8选用。

表6-8 变压器选择表

序号	型号	额定容量/kVA	额定电压		总重量/kg
			高压/kV	低压/V	
1	SL_1-20/10	20	10,6.3,6	400	225
2	SL_1-50/10	50	10,6.3,6	400	390
3	SL_1-100/10	100	10,6.3,6	400	590
4	SL_1-200/10	200	10,6.3,6	400	965
5	SL_1-500/10	500	10,6.3,6	400	1880
6	SL_1-1000/10	1000	10,6.3,6	400	3440
7	SL_1-100/35	100	35	400	955

续表

序号	型号	额定容量/kVA	额定电压		总重量/kg
			高压/kV	低压/V	
8	SL_1-500/35	500	35	400	2550
9	SJL_1-20/10	20	10,6.3,6	400	200
10	SJL_1-50/10	50	10,6.3,6	400	340
11	SJL_1-100/10	100	10,6.3,6	400	570
12	SJL_1-200/10	200	10,6.3,6	400	940
13	SJL_1-500/10	500	10,6.3,6	400	1820
14	SJL_1-1000/10	1000	10,6.3,6	400	3440
15	SJL-20/10	20	10	400	290
16	SJL-50/10	50	10	400	460
17	SJL-100/10	100	10	400	690
18	SJL-500/10	500	10	400	1180
19	SJL-30/6	30	6	400	315

4. 导线截面选择

导线截面的选择,应满足下列要求:先根据电流强度进行选择,保证导线能持续通过最大的负荷电流而其温度不超过规定值;再根据容许电压损失选择;最后对导线的机械强度进行校核。

5. 配电线路的布置

配电线路的布置与给水管网相似,可分为环状、枝状及混合式三种。其优缺点与给水管网相似。工地电力网,一般3~10kV的高压线路采用环状;380/220V的低压线采用枝状。工地临时总变压站应设在高压线进入工地处,避免高压线穿过工地;如果工地没有临时发电设备,则应布置在现场中心,或者布置在主要用电区域。

为方便架设线路,并保证电线的完整及重复使用,工地上一般采用架空线路。在跨越主要道路时,则应改用电缆。

6.2.5 临时道路

临时道路规划需要考虑下列因素。

1. 建筑工地物流量的确定

建筑工地物流主要由场外物流的流入、场内物料的流出等组成。流入的物料有施工需用的建筑材料、半成品和构建。如填土土方、砂、石、砖、瓦、石灰、水泥、钢材、木材、混凝土拌合物、金属构件、钢筋混凝土构件、木制品等等。这些物料通常约占建筑工程总货运量的75%~80%。对选择运输方式、决定运输工具及设置运输道路起决定作用。流出的物料主要由运出的弃土土方、建筑废料及生活废料等等。

根据主要建筑材料、半成品及构件需要量综合一览表,可以确定年度货运量。利用下式可以计算出每昼夜货运量。

$$h_d = h \cdot k / t \tag{6-22}$$

式中 h_d——每昼夜的货运量;

h——建筑材料、半成品及构件等的总运输量；

t——相关施工项目的施工总工作日；

k——运输工作的不均衡系数，对于铁路运输可取 1.5，汽车运输可取 1.2，拖拉机运输可取 1.1，对于设备搬运可取 1.5～1,8。

上述货运量应分别组成货流，并分别确定各种货物的收发地点，货物运输量分配汇总表，如表 6-9 所示。

表 6-9　　货物运输量分配汇总表

项次	工程货物名称	货物等级	单位	货物运输量			装卸货地点		运输量分配						备注
									场外运输			场内运输			
				数量	单位重（吨）	总重（吨）装货站	卸货站	汽车（吨）	运输公里	…	汽车（吨）	运输公里	…		
1	2	3	4	5	6	7	8	9	10	11	…	23	24	…	36

2. 运输方式与运输工具的选择

运输方式的确定，必须充分考虑到各种影响因素。例如材料的性质，运输量的大小，运输的距离及期限。在保证完成任务的条件下，通过对采用不同运输方式的运输成本的比较，选择最合适的运输方式。

一般运输方式可以采用水路运输、铁路运输、汽车运输、人工运输等。

运输方式确定以后，就可以计算运输工具的需用量。在一定的时间内（工作班内）所需要的运输工具数量可以采用下式求得：

$$n=n_d/(c \cdot b \cdot k) \tag{6-23}$$

式中　n——运输工具的数量；

n_d——每昼夜的货运量；

c——运输工具的台班产量；

b——每昼夜的工作班数；

k——运输工具使用不均衡系数（包括修理停歇等时间），对于 1.5～2t 汽车运输可取 $k=0.6$～0.65，对于 3～5t 汽车运输可取 $k=0.7$～0.8。

3. 场内临时道路的设置

设场内的临时道路，主要使场内运输通畅，保证工程进度按期完成。道路的设置可按下列原则进行：

(1) 尽量利用永久性道路，在施工前可先期筑成（或筑成基本路面），减少临时设施费用。

(2) 场地较大时，临时道路要筑成环形或纵横交错型。该方案适用于多工种多单位联合施工。

(3) 道路的设置要满足工地消防的要求。车道宽度不小于 3.5m，并要求通畅。端头道路要设置 12m×12m 的回车场。

临时简易公路技术要求表、各类车辆要求路面最小允许半径，如表 6-10 和表 6-11 所示。

表 6-10　　简易公路技术要求表

指标名称	单位	技术要求
设计车速	km/h	≤20
路基宽度	m	双车道 6～6.5;单车道 4.4～5;困难地段 3.5
路面宽度	m	双车道 5～5.5;单车道 3～3.5
平面曲线最小半径	m	平原、丘陵地区 20;山区 15;回头弯道 12
最大纵坡	—	平原地区 6%;丘陵地区 8%;山区 9%
纵坡最短长度	m	平原地区 100;山区 50
桥面宽度	m	木桥 4～4.5

表 6-11　　各类车辆要求路面最小允许半径

车辆类型	路面内侧最小曲线半径(m)			备注
	无拖车	有一辆拖车	有两辆拖车	
小客车	6	/	/	
一般二轴载重汽车:单车道	9	12	15	
一般二轴载重汽车:双车道	7	/	/	
三轴载重汽车、重型载重汽车、公共汽车	12	15	18	
超重型载重汽车	15	18	21	

6.3 单位工程施工平面图设计

单位工程施工平面图即针对单位工程(如一幢建筑物或构筑物)的施工现场布置图,单位工程是施工组织设计的重要组成部分。单位工程施工平面图是施工方案在现场空间上的体现,反映已建工程和拟建工程之间,以及各种临时建筑、设施之间的空间关系。

如果单位工程是拟建建筑群或工程项目的组成部分之一,则单位工程施工平面图就属于全工地性施工总平面图的一部分,应受到施工总平面图的约束,并且比施工总平面图的内容更具体。

6.3.1 设计依据

单位工程施工平面图应根据施工方案和施工进度计划的要求进行设计。设计时依据的资料如下。

(1) 施工合同及招投标文件;

(2) 施工图设计文件和现场地形图、地质勘察资料;

(3) 工程技术规范、标准和法律文件;

(4) 一切已建和拟建的地上地下管道布置资料;

(5) 可用的房屋及设施情况、周边交通条件、水、电供应条件等;

(6) 施工组织总设计(如施工总平面图等);

(7) 单位工程的施工组织设计文件(如施工方案、施工方法、施工进度计划及各项资源需用量计划等);

(8) 有关安全、消防、环境保护、市容卫生方面的文件及法规。

6.3.2 设计程序

单位工程施工平面图设计的内容和步骤如下。

1. 确定起重机械的位置

起重机械的位置直接影响仓库、材料、构件、道路、搅拌站及水电线路的布置，因此要首先在单位工程施工平面图中予以考虑。

起重机械包括塔吊(有轨式、固定式)、井架、龙门架及汽车等几种。选用塔吊时，首要的是选择参数合适的自升塔吊。在诸参数中，最重要的是主参数：幅度、最大幅度起重量和起升高度。但是，在确定主参数时，还要确定选用何种形式塔吊：是内爬式塔吊，还是附着式塔吊；是俯仰变幅动臂式塔吊，还是小车变幅水平臂架式塔吊。

目前，国产自升塔吊多为小车变幅水平臂架自升塔吊，仅少数工厂生产少量俯仰变幅动臂式塔吊。因此，从供货货源来看，以选用水平臂架塔吊较为方便。但是，在高层建筑如林的环境中，俯仰变幅动臂式塔吊乃是合理的选择。因为压杆臂架可以俯仰自如，吊臂既不会在邻近高层建筑上空挥舞，也不会与周围高层建筑相碰撞。

下面主要分析塔吊平面布置时，需要考虑的因素。

1) 塔吊的平面位置

塔吊的平面位置主要取决于建筑物的平面形状和四周场地条件。有轨式塔吊一般应在场地较宽的一侧沿建筑物的长度方向布置，布置方法有：沿建筑物单侧布置、双侧布置和跨内布置三种。固定式塔吊一般布置在建筑物中心，或建筑物长边的中间；多个固定式塔吊布置时应保证塔吊范围能覆盖整个施工区域。

塔吊的平面位置还应根据建筑物的施工现场条件及吊装工艺来确定，使塔吊的起重臂在活动范围内能将材料和构件运至任何施工地点，避免出现“死角”。建筑物处在塔吊范围以外的阴影部分，称为“死角”。塔吊布置的“死角”位置示意图，如图 6-9 所示。最佳的塔吊布置是不出现“死角”。如果出现“死角”，应将塔吊吊装的最远构件的超出服务范围的距离控制在 1m 内。否则，需采用其他辅助措施(如布置井架，楼面水平运输工具等)运输“死角”范围内的构件，保证施工顺利进行。布置塔吊时还要考虑塔吊与工程间的安全距离，以便搭设安全网，又不影响塔吊的运输。

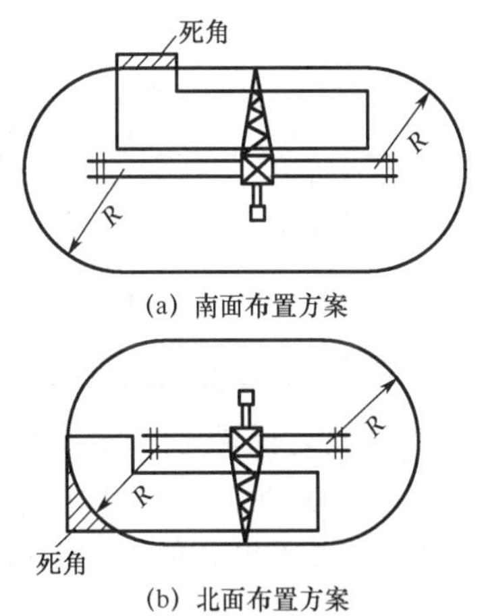

图 6-9 塔吊布置的“死角”位置示意图

2) 塔吊的服务范围

有轨式塔吊服务范围，如图 6-10 所示。塔吊范围包括以轨道两端有效行驶端点的轨距中点为圆心，最大回转半径划出的两个半圆形，以及沿轨道长度和最大回转半径组成的面积。

当多台塔吊围绕着一个工程项目施工时，相邻两台塔吊相近部位间最小安全操作距离，我国一般规定为 5m，国外有些国家规定两台相邻塔吊相互间的最小距离为 2m，塔吊所吊运的构件底部距相邻塔吊最高点(塔顶尖部)最小的净空距离亦为 2m。

3) 塔吊的起重量

塔吊在最大工作幅度和最小工作幅度范围内，其起重量是有变化的。塔吊选型的时候，还

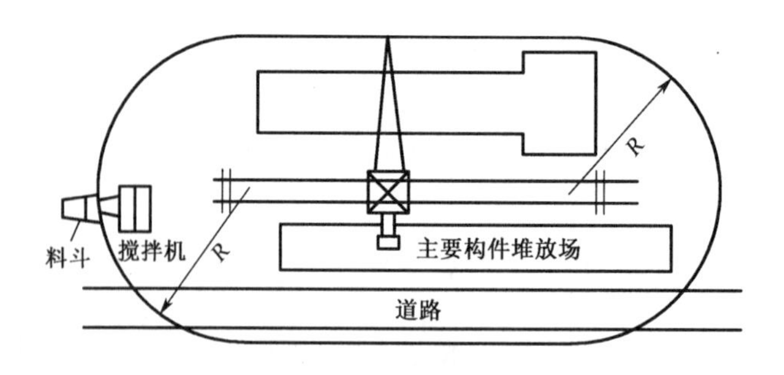

图 6-10 有轨式塔吊服务范围

要考虑塔吊吊运最重的物体和最远的物体时,是否满足在最大起重量和最小起重量的要求,并进行验算。

常用的液压自升式塔吊的技术性能参数,如表 6-12 所示。

表 6-12 常用的液压自升式塔吊的技术性能参数

主要指标	单位	QTZ63C	TC5610	QTZ80C
额定起重力矩	kN·m	630	710	800
最大起重量	t	6.0	6.0	6.0
最大幅度额定起重量	t	1.1	1.009	1.2
工作幅度	m	3～52	3～36	3～55
起升高度	m	40/150	41/151	45/150
起升速度	m/min	34.36/51.64/104.36	34.36/51.64/104.36	12/40/80
		17.18/25.82/52.18	17.18/25.82/52.18	6/20/40
变幅速度	m/min	20/40	22/44	22/44
回转速度	r/min	0～0.62	0～0.64	0.45/0.7
顶升速度	m/min	0.5	0.4	0.4
工作温度	℃	－20℃～＋40℃		
工作电压	v	380V±5%50HZ		
最大工作风压	N/m²	250		

2. 确定搅拌站、加工棚和材料、构件堆场的位置

搅拌站、加工棚和材料、构件堆场的位置应尽量靠近使用地点或在起重机能力范围内,并考虑到运输和装卸的方便。基础施工用的材料可堆放在基坑(槽)四周,但不宜离基坑(槽)边缘太近,以防土壁坍塌。

1) 搅拌站的布置

搅拌站应尽可能布置在垂直运输机械附近,以减少混凝土及砂浆的水平运距。当采用塔吊方案时,混凝土搅拌机的位置应使吊斗能从其出料口直接卸料并挂钩起吊。

搅拌站要与砂石堆场、水泥库一起考虑布置,既要互相靠近,又要便于这些体积大的原材料的运输和装卸。搅拌站应设置在施工道路旁边,使小车、翻斗车运输方便。为减少混凝土运输的距离,在浇筑大型混凝土基础时,可将混凝土搅拌站直接设在基础边缘,待基础混凝土浇好后再转移。

2) 加工棚的布置

木材、钢筋、水电等加工棚应设在建筑物四周,并要有相应的原材料和成品堆场。石灰及

淋灰池可根据情况布置在砂浆搅拌机附近。沥青熬制锅应布置在较空旷的场地，远离易燃品仓库和堆场，并且布置在下风向，在施工平面图上明确定点。尽量减少热沥青的水平运输距离，保证施工质量和安全。

3）仓库和堆场的布置

首先根据需求，计算仓库和堆场的面积，然后根据各施工阶段的需要和材料设备使用的先后顺序来进行布置。尽可能提高场地使用的周转效率，使同一场地在不同时间堆放不同的材料和构件。

（1）仓库的布置。水泥仓库应选择地势较高，排水方便，靠近搅拌机的地方；木材、钢筋及管线等仓库，应该靠近各自的加工棚位置，便于就近取材进行加工；油料仓库、乙炔仓库等易燃材料仓库，应按与其他建筑的安全距离设置，并且在施工平面图上明确标明。易燃品仓库与其他建筑物的安全距离，如表6-13所示。

表6-13　　易燃品仓库与其他建筑物的安全距离

建筑类别	永久性建筑物和构筑物	福利建筑和工人宿舍	非燃烧材料仓库	易燃材料仓库	锅炉房、厨房等用火处	各类木材堆场	废料堆及草帘等
离易燃品仓库安全距离/m	20	20	15	20	25	20	30

（2）材料堆场的布置。各种材料堆场的布置，应根据材料用量的多少，使用时间的长短，供应与运输情况等综合确定。布置的原则是用量大、使用时间长、供应与运输方便的材料，在保证施工进度和流水施工的情况下，考虑分期分批进场，尽量减小堆场所需面积，达到降低损耗，节约施工费用的目的。

模板、脚手架等周转材料，应选择在方便材料的安装、拆卸、整理和运输的地方，靠近拟建工程。

砖和砌块材料用于基础施工时，应布置在拟建工程四周，并距基坑（槽）不小于1m，防止土方边坡塌方。砖和砌块材料用于底层结构以上时，可布置在井架等垂直运输设备的附近，也可布置在塔吊的服务范围内。

（3）构件堆场的布置。装配式厂房和房屋的各种构件应根据吊装方案及方法，绘制平面布置图，确定构件堆场的合理布置。

构件一般应布置在起重机服务范围或回转半径内，以便直接挂钩起吊，避免二次转运。采用井架运输的构件应尽可能靠近井架布置。小型构件搬运方便，堆场地点可以距离垂直机械远一些。构件堆场的面积应根据构件尺寸、施工进度、运输能力、现场条件等因素确定，构件实行分期分批配套进场，一般根据楼层或施工段划分构件进场的批次，节省堆放面积。

3. 布置运输道路

现场道路布置时，应沿仓库和堆场进行布置，使道路通到各个仓库和堆场，并要注意保证行驶畅通，使运输工具有回转的可能性。尽可能利用永久性道路，或者先建好永久性道路的路基，在土建工程结束之前再铺路面，这样可以节约施工时间和费用。

现场道路应满足消防要求，使道路靠近建筑物、木料场等易发生火灾的地方，以便车辆能直接开到消防栓处。消防车道宽度不小于3.5m。

汽车单行道的现场道路最小宽度为3m，双行道的最小宽度为6m。平板拖车单行道的现场道路最小宽度为4m，双行道为8m。道路上架空线的净空高度应大于4.5m。

为提高车辆的行驶速度和通行能力,应尽量将道路布置成环行。施工道路应避开拟建工程和地下管道等地方。否则,这些工程后期施工时,将切断临时道路,给施工带来不便,并且增加成本。

4. 置临时设施

为单位工程服务的临时设施可分为生产性和生活性两类。如果单位工程属于建设项目的一个,则大多数临时设施在施工组织总设计中统一考虑,少数小型临时设施可根据单位工程的实际情况再考虑。如果单位工程属于一个独立的建设项目,则需要全面考虑。

由于为单位工程服务的临时设施一般很少,主要包括现场办公室、休息室、会议室、门卫室、加工棚、工具库等。因此,单位工程的临时设施布置时,应考虑使用方便,不妨碍施工,并符合防火保安要求。临时设施应尽可能采用活动式、装拆式结构。

5. 布置临时水电管网

1) 临时供水的布置

临时供水管网布置时,应力求管网总长度最短。管径的大小可根据工程规模确定。根据经验,一般面积在5 000～10 000m^{2}的单位工程施工用水的总管用直径为100mm管,支管用38mm管,或者用25mm管,再配100mm管供消火栓。

根据当地的气温条件和使用期限等因素,将管道埋于地下,或者铺设在地面上。现场应设消防水池、消防栓、灭火机等消防设施。

为防止供水意外中断,可在建筑物附近设置简单蓄水池。如果水压不足时,则应设置高压水泵。

施工现场的排水管道最好与永久性排水系统结合,特别应注意防洪、防暴雨等地面水涌入施工现场的可能性。

2) 临时供电的布置

临时供电布置时,应先进行用电量和导线等计算,然后进行布置。单位工程的临时供电一般采用三级配电两级保护。变电器应布置在现场边缘高压线接入处,并设有明显的标志,不要布置在交通道口处。

总配电箱设在靠近电源的地方;分配电箱则设在用电设备或负荷相对集中的地区。配电箱布置在室外时,应有防雨措施,严防漏电、短路及触电事故。

供电线路应布置在起重机的回转半径之外,否则应设防护栏。现场机械较多时,可采用埋地电缆代替架空线,减少互相干扰。供电线路跨过材料、构件等堆场时,应有足够的安全架空距离。

针对复杂单位工程的施工平面图,应按不同施工阶段和进度安排分别布置施工平面图。在整个单位工程施工期间,施工平面图中的管线、道路及临时建筑一般不作随意变更。在工业厂房的施工平面图中还要考虑设备安装的用电和临时设施,其中,要适当划分土建和设备的施工用地。

6.3.3 案例分析

某高层商住楼,总建筑面积为12047.91m^2,地上13层,地下1层。集底商、住宅于一体,一、二层为底商,三层至十三层为住宅。钢筋混凝土阀板基础,钢筋混凝土框支剪力墙结构,共设三部乘客电梯,每单元楼梯间内各设一部。由于每户均有错层,层高不一,结构施工难度较大。工程主体结构施工平面图,如图6-11所示。

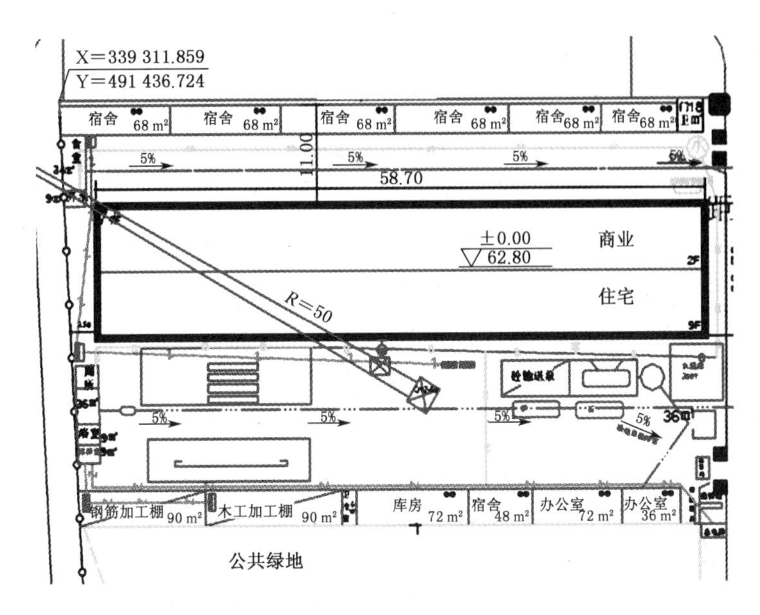

图 6-11 工程主体结构施工平面图

1. 施工现场大门及道路

本工程拟建在某小区院内，东北、西北方均有固定院墙。施工道路自小区北大门直接进入。现场道路因无法循环，故在建筑物北侧及南侧各设一条单项进出道路。道路均做硬化处理；临时道路两侧设置排水沟，并确定排水坡向，自北、西向东、南排水，排水坡度 5‰。

2. 生产、生活临时设施

考虑到施工场地较狭窄，建筑物北侧距院墙仅 11m，南侧场地为 32m，西侧距墙为 3.5m，东侧相邻小区道路。其生产区、办公区及材料存放地均在南侧设置；北侧只设置部分职工宿舍(每房间最多按 15 人考虑)，不能满足劳动力资源需要(最高峰人数约 320 人)，其余劳动力资源只得靠就近租赁居住。施工现场生产、生活临时设施，如表 6-14 所示。

表 6-14 施工现场生产、生活临时设施

序号	临时设施	占地面积		备注
1	办公室	2×6×18	216m²	
2	工人宿舍	2×68×6	916m²	宿舍按 15 人/间计
3	库房	8×9	72m²	
4	卫生室		9m²	现场临时应急病房
5	水泥棚	6×6	36m²	按 200t 计
6	厕所(男/女)	4×9	36m²	
7	门卫室	3×6	18m²	
8	标养室	3×3	9m²	
9	搅拌站	4×5	20m²	
10	木工加工棚	4.5×20	90m²	
11	钢筋加工棚	4.5×20	90m²	
12	食堂	4×9	36m²	
13	浴室	3×3	9m²	

3. 现场临电计算

依据主要机械设备用量表(见表6-15),现场最高峰值用电量为389.2kW。

表6-15 主要机械设备用量表

序号	设备名称	规格型号	数量	定额功率(kW)	合计功率(kW)
1	塔式起重机	QTZ125	1	120	120
2	混凝土泵	HBT80A	1	90	90
3	强制式混凝土搅拌机	J_4-375(移动)	1	10	10
4	电焊机	BX3-300	3	26kVA	78
5	调直切断机	GT4-14	2	7.5	15
6	钢筋切断机	FGQ	2	5.5	11
7	弯曲机	GW40A	1	4.0	4.0
8	电平刨	MB574	2	7.5	15
9	压刨	MB106	1	7.5	7.5
10	台钻	LQ41-16	1	1	1
11	电锯	MJ-500	2	4.5	9
12	砂轮机	GT-400	2	1.5	3
13	夯实机	—	2	1.1	2.2
14	水泵	—	1	3.5	3.5
15	振捣器	HZ6Z-50	10	1.1	11
16	室外电梯	SCD-200	2	4.5	9
17	合计	—	34	—	389.2

其用电量计算如下:

$$P=1.10\left[K_1\left(\sum\frac{P_1}{\cos\psi}\right)+K_2\sum P_2\right](r+1) \tag{6-24}$$

式中 P——供电设备总需要容量(kVA);

P_1——电动机额定功率(kW),$P_1=311.2$kW;

P_2——电焊机额定容量(kVA),$P_2=78$kVA;

r——照明用电量占总用电量的比率,$r=0.1$;

$\cos\psi$——电动机的平均功率因数,$\cos\psi=0.75$;

K_1、K_2——电需要系数,K_1、$K_2=0.6$。

由上可得:

$$\begin{aligned}P&=1.10\times\left[0.6\times\left(\frac{311.2}{0.75}\right)+0.6\times78\right]\times(0.1+1)\\&=1.10\times(248.96+46.8)\times1.1\\&=396.3\text{kVA}\end{aligned}$$

配电导线的选择:

$$S=\frac{\sum P\cdot L}{C}=\frac{396.3\times40}{77}=205.9\text{mm}^2$$

式中 C——导线系数,按三相五线制取77;

L——现场送电线路的距离。

经查表，现场截面 120mm 的铜芯电缆，可满足施工要求。

4. 临时供水计算

本工程施工、生活、消防用水均来自小区临时市政上水管线，连接管径为 DN100。

1）施工现场用水量 q_1

本工程从基础垫层均采用商品混凝土，现场搅拌混凝土量很小，现场用水量仅限于混凝土养护、泵车清洗等。为充分利用市政水压，减少管线敷设量特设置一台增压泵。满足高层水压要求。

2）现场生活用水量 q_2

$$q_2=\frac{P_1\cdot N_3\cdot K_4}{t\times 8\times 3\,600} \tag{6-25}$$

式中 P_1——施工现场高峰昼夜人数，$P_1=320$ 人；

N_3——施工现场生活用水定额（一般 20～60L/人·班），取 $N_3=50L$/人·班；

K_4——施工现场用水不均匀系数，取 $K_4=1.4$；

t——每天工作班数，$t=1.35$。

$$q_2=\frac{320\times 50\times 1.4}{1.35\times 8\times 3\,600}=0.58(\mathrm{L/s})$$

3）消防用水量 q_3

因施工现场面积 $S=(74+66.5)\times 66\div 2=4\,636.5\mathrm{m}^2=0.46\mathrm{hm}^2$，小于 $5\mathrm{hm}^2$，所以取消防用水量 $q_3=10\mathrm{L/s}$。

4）用水量 Q

$q_1+q_2=0.58\mathrm{L/s}<10\mathrm{L/s}$，并且占地面积小于 $5\mathrm{hm}^2$，所以取 $Q=q_3$，将计算出的总用水量增加 10%，以补偿不可避免的水管漏水损失，即 10+10×10%=11L/s。

5）供水管径 d

$$d=\sqrt{\frac{4Q}{\pi\cdot V\times 1000}} \tag{6-26}$$

式中 Q——耗水量，$Q=11\mathrm{L/s}$；

V——管网中水流速度，取 $V=1.4\mathrm{m/s}$。

$$d=\sqrt{\frac{4\times 11}{3.14\times 1.4\times 1000}}=0.1\mathrm{m}$$

因此干管选 $DN100$，施工现场生产、生活分支管选用 $DN20$、$DN25$ 镀锌钢管，即能满足要求。

5. 塔吊的布置

为最经济合理地利用塔吊，拟将塔吊布置在建筑物最大长度（约 60m）的中心线上，距建筑物外边线 6.5m（图 6-12），保证塔吊能够覆盖整个建筑物所需的最小臂长为 r：

$$r=\sqrt{(60+2)^2+(22.7+6.5)^2}=41.86\mathrm{mm}，按 42\mathrm{m} 计。$$

在本工程中需要塔吊垂直运输的主要物资为钢筋和模板，最大起重量不超过 $8t$。完成模板安装所需塔吊的最小高度 H：

$$\begin{aligned}H&=建筑物总高+工程最小高度+吊装绳索最小高度\\&=42.3(含屋面水箱高度)+4.8+4=51.1\mathrm{m}\end{aligned}$$

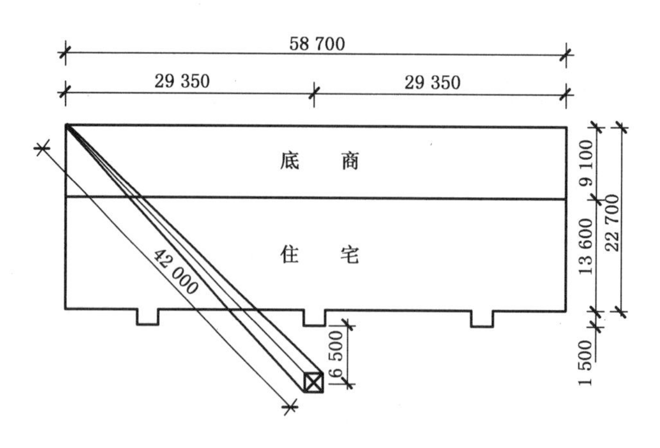

图 6-12 塔吊最小臂长计算示意图

经以上分析,确定选用 QTZ125 自升塔式起重机,该塔吊完全能够满足本工程的需要,该型号塔吊的主要工作参数,如表 6-16 所示。

表 6-16 塔吊的主要工作参数

主要工作参数	QTZ125 塔式起重机	实际需要值	备注
最大起重高度	55m	51.1m	
最大起重重量	8t	4t	
最大回转半径	20m	42m	
远端最大允许起重量	2t	1.1t	

6.4 施工现场 5S 管理

整理(Seiri)、整顿(Seiton)、清扫(Seiso)、清洁(Seiketsu,亦可称为规范)和素养(Shitsuke,亦可称为自律、习惯)这五个词在日语中罗马拼音的第一个字母都是 S,因此简称为 5S。5S 管理是指对生产现场的生产要素(主要是物的要素)所处状态不断地进行 5S 的活动。

6.4.1 5S 的具体含义

1. 整理(Seiri)

整理是指明确区分完成工作所需的必要与不必要的物品,舍弃后者,并将必需品的数量降低到最低程度,放在一个方便的地方。

整理现场的作用:

(1) 可以改善和增大作业面积;

(2) 现场无杂物,道路通畅、提高工作效率;

(3) 减少磕碰的机会,保障安全,提高质量;

(4) 消除管理上的混放、混料等差错事故;

(5) 有利于减少库存量,节约资金;

(6) 使员工心情舒畅,工作热情高涨。

整理实施的步骤分为以下四步:

(1) 进行现场检查。可通过定点摄影、取得数据或历史资料,对现场进行记录,以便对改善前后进行印证对比。

(2) 区分必需品和非必需品。

(3) 清理非必需品。清理非必需品时，把握的原则是看该物品现在有没有使用价值，而不是原来的购买价格。

(4) 非必需品的处理。对非必需品的处理方法，如图 6-13 所示。

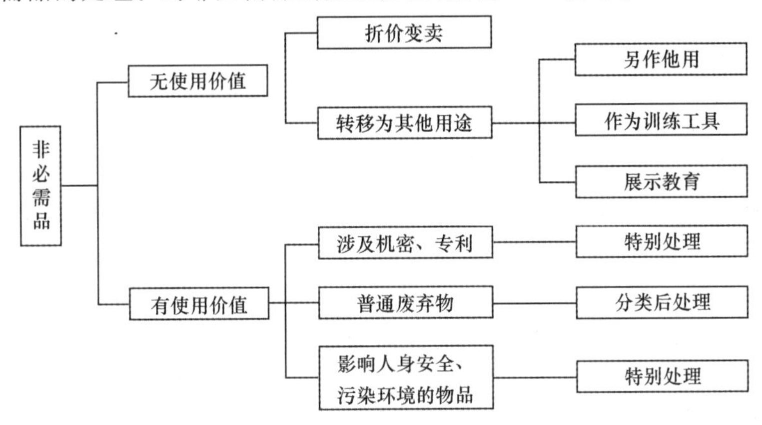

图 6-13　对非必需品的处理方法

2. 整顿(Seiton)

所谓整顿，就是"定位管理"，将要留用的物品按使用频率，结合目视管理、颜色管理两大工具，进行适当的定位，标识清楚。整顿的目的，是让物品各就其位，可以快速、正确、安全地取得所需物品，使工作更有效率。

推行整顿的步骤如下.

(1) 分析现状。分析人们取放物品的时间长短。

(2) 物品分类。根据物品各自的特征，把具有相同特点、性质的物品划为一个类别，并制定标准和规范，为物品统一命名、准确标识。

(3) 决定储存方法即进行定位管理。对于物品的存放，通常采用的是定位管理。定位管理是根据物流运动的规律性，按照人的生理、心理、效率、安全的需求，科学地确定物品在工作场所的位置，实现人与物的最佳结合的管理方法。定位管理的基本形式包括固定位置、自由位置和标识。

3. 清扫(seiso)

清扫是指经常清除工作场所内的脏污，并防止脏污的再次发生，保持工作场所干净亮丽。要注意的是，维持干净不是清扫的唯一目的，清扫真正的目的，是通过清扫活动，让人与环境有更密切的接触，从而发现环境的细节问题，以促进后续的改善活动。

4. 清洁(seikeetsu)

所谓清洁，不单是干净、整洁的意思，而且是指维护和巩固前三项活动获得的结果，保持生产现场任何时候都整齐、干净，并防止污染源的产生，创造一个良好的工作环境，使职工能愉快地工作。

整理、整顿、清扫(3S)的发展阶段，如表 6-17 所示。从表中可以得出，清洁实际上是将上面的 3S 制度化、规范化，并贯彻执行及维持提升。

表 6-17 整理、整顿、清扫(3S)的发展阶段

3S / 阶段	整理	整顿	清扫
没有进行 3S	必需品和非必需品混放	找不到必需品	工作场所到处都是脏污、灰垢
↓ 将 3S 习惯化	消除非必需品	用完的物品放回原处	清扫脏污
↓ 将 3S 制度化(清洁)	不产生非必需品的机制	存取方便的机制	不会脏污的机制

5. 素养(shitsuke)

素养指提高人员的素质,养成自觉遵守规章制度的习惯和作风。这是 5S 管理的核心和精髓。没有人员的高素质,各项活动就不能顺利展开,展开也坚持不了。所以,开展 5S 管理,要始终着眼于提高人的素质。5S 管理始于素质,也终于素质。

在前面四个阶段,都有各自应遵守的手册与规定,到了素养阶段则是要培养全员改善的责任,让每个人都自主自动地去进行过改善。本阶段的着眼点,除了维护整理、整顿所改善的成果,并透过清扫发现问题作持续性的改善之外,如何结合清洁的制度去做好预防,也是在素养阶段的重点活动。

6.4.2 5S 管理要素

5S 管理以素养为始终,即 5S 的核心是"素养"。在 5S 之间的关系图中,整理、整顿、清扫、清洁的对象是"场地"和"物品"。素养的对象则是人,而人是企业最重要的资源。5S 管理要素之间的关系,如图 6-14 所示。

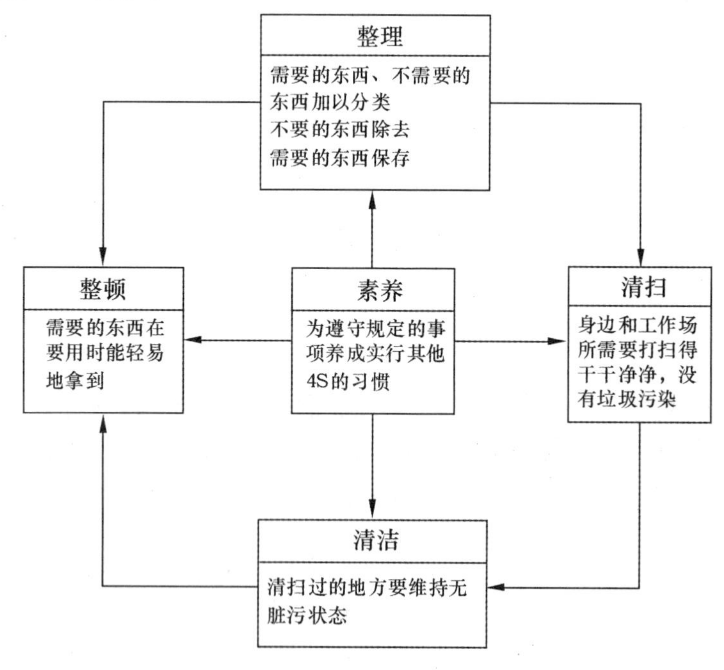

图 6-14 5S 管理要素之间的关系

素养就是人的素质的综合体现,在这里是指养成严格执行各种规章制度、工作程序和各项作业标准的良好习惯和作风,这是 5S 管理的核心。没有人员素质的提高,各项活动就不能顺

利开展，也难以长期坚持下去。

5S 管理的五大效用可归纳为 5 个 S，即 Sales、Saving、Safety、Standardization、Satisfaction。

(1) 5S 管理是最佳推销员（Sales）。

(2) 5S 管理是节约家（Saving）。5S 管理降低材料、工具的浪费，减少寻找工具、材料等的时间，提高工作效率。

(3) 5S 管理对安全有保障（Safety）。

(4) 5S 管理是标准化的推动者（Standardization）。“3 定”、“3 要素”原则规范作业现场，大家都按照规定执行任务，程序稳定，品质稳定。“3 定”是指定点、定容、定量。定点即放在哪里合适；定容即用什么容器、颜色；定量则规定合适的数量。“3 要素”是指场所、方法、标识。场所即物品的放置场所、原则上要 100%设定；方法即物品放置的方法比较易取；标识即放置场所和物品原则上要一一对应。

(5) 5S 管理形成令人满意的职场（Satisfaction）。创造明亮、清洁的工作场所，使员工有成就感，能造就现场全体人员进行改善的气氛。

6.4.3 5S 管理的实施

5S 管理一般不要同时推进，除非有一定规模和基础，否则都要从整理、整顿开始。开始整理、整顿后，可进行部分清扫。清扫到了一定程度，就可以导入清结的最高形式——标准化和制度化。形成全体员工严守标准的良好风气后，素养也会得到相应提高。5S 管理推进示意图，如图 6-15 所示。

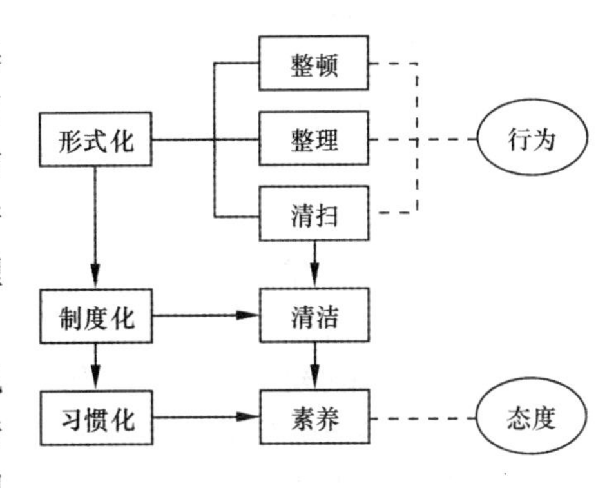

图 6-15 5S 推进示意图

在 5S 管理推进过程中，要成立一个专门的组织机构（5S 推进领导小组、推进办公室），明确各部门负责人和部门 5S 管理代表的职责。5S 管理组织机构与职责，如表 6-18 所示。

表 6-18 5S 管理组织机构与职责

层次	组成	职责
1	5S 推进领导小组	制订 5S 推进的目标、方针； 任命推进办公室负责人； 批准 5S 推进计划书和推进办公室的决议事项； 评价活动成果
2	推进办公室	制订 5S 推进计划，并监督计划的实施； 组织对员工的培训； 负责对活动的宣传； 主导全公司 5S 管理的开展
3	各部门负责人	负责本部门 5S 管理的开展，制订 5S 管理规范； 负责本部门人员的教育和对活动的宣传； 制订部门内的改善主题，并组织改善活动的实施； 指定本部门的 5S 代表
4	部门 5S 代表	协助部门负责人对本部门 5S 管理进行推进； 作为联络员，在推进办公室和所在部门之间进行信息沟通

5S管理活动的一般分为三个阶段：

(1) 序化阶段。由企业统一制订标准，使员工养成遵守这个标准的习惯，逐步使企业达到现代化水平。

(2) 优化阶段。通过推进各种改善活动，使每个员工都能主动地参与，使得企业上下都充满着生机、活力，形成一种良好的氛围。各种管理手段和措施公开化、透明化，形成一种公平竞争的局面，使每位员工都能通过努力而获得自尊和成就感。

(3) 巩固阶段。5S管理活动贵在坚持，是一个常抓不懈、持之以恒的工作。要靠5S管理的一整套完善的制度将其固定化、习惯化，形成企业的长效机制，渗入于企业文化之中，从而奠定企业现场管理的牢固基石。

6.5 施工平面布置评价

为了评估施工平面图的设计质量，可以通过对有关指标进行考核，并进行综合评价。有关考核评价指标如下所述：

6.5.1 设施费用指标

设施费用指标按下式计算：

$$C=\alpha_1(\sum k_1\cdot L+\sum k_2\cdot A+\sum k_3\cdot S) \tag{6-27}$$

式中 C——临时设施费用(元)；

k_1——各项线性临时设施的单位长度的费用(元/米)；

L——各项临时管线、道路等线性临时设施的长度(米)；

k_2——临时建筑的单位造价(元/平方米)；

A——各项临时生产、生活设施的建筑面积(平方米)；

k_3——各种堆场及仓库设施的单位费用(元/平方米)；

S——各种堆场及仓库的面积(平方米)；

α——不可预见系数，可取1.05～1.1。

按照预算定额或其他资料可以计算出工程项目的临时设施费用的社会平均水平G，则临时设施费用的节省率B为

$$B=1-\frac{C}{G} \tag{6-28}$$

式中，G为临时设施费用的社会平均值(元)。

在保证现场正常施工需要的条件下，临时设施费用的节省率愈大，说明施工成本就能更加减少，盈利可能进一步增加。

如果已经计算出工程造价T，则临时设施的投资率R为

$$R=\frac{C}{T} \tag{6-29}$$

式中，T为工程总造价(元)。

当工程项目的临时设施费用以包干费或开办费形式进行评价时，临时设施的投资率就具有非常重要的意义。

6.5.2 施工占地的利用率

施工平面图设计时，施工占地及工程用地范围一般已经落实或基本确定。因此，评价施工平面图的布置是否合理，就应该评价已经占用的场地是否为施工服务，并尽可能减少荒地、废角。

施工占地系数为

$$H=\frac{A_c}{A_0} \tag{6-30}$$

式中 H——施工占地系数；

A_c——施工占地面积(m^2)；

A_0——工程项目全场性占地的有效面积(m^2)。

施工占地的利用率 D，按下式计算：

$$D=\frac{\sum a_1+\sum a_2+\sum a_3+\sum a_4}{A_0-A_P} \tag{6-31}$$

式中 D——施工占地利用率(%)；

A_P——永久性设施建筑的占地面积(m^2)；

a_1——各项临时建筑的占地面积(m^2)；

a_2——各项临时道路和其他临时性设施的占地面积(m^2)；

a_3——各项堆场及仓库的占地面积(m^2)；

a_4——其他为施工服务的临时占地面积(m^2)。

6.5.3 场内运输量指标

场内运输量指标 Z 反映各项临时设施、堆场和仓库位置及运输线路的布置是否经济合理。计算公式如下：

$$Z=\sum_{i=1}^{n} Q_i \cdot L_i \tag{6-32}$$

式中 Z——场内运输量(t·km)；

Q_i——各项材料、构件、设备等在施工现场内部运输的重量(t)；

L_i——各项材料、构件、设备等在施工现场内部运输的距离(km)。

也可以由场内运输费用 I 描述场内运输量的大小，按下式计算：

$$I=\sum_{i=1}^{n} Q_i \cdot L_i \cdot e_i \tag{6-33}$$

式中 I——场内运输费用(元)；

e_i——各项材料、构件、设备等在场内运输的吨公里运输费(元/t·km)。

如果场内运输费的控制预算费用为 E，则场内运输费用的节省率 P 按下式计算：

$$P=1-\frac{I}{E} \tag{6-34}$$

式中 P——施工场内运输费用的节省率(%)；

E——场内运输费用的控制预算(元)。

6.5.4 场地管理效率

施工平面图的设计还涉及施工现场的一些管理和安排，如场地平整、多余土方的处理方案、场内积水的处理等。可由场地管理效率 M 衡量这些现场管理措施和方案的优劣。计算公式如下：

$$M=\frac{1}{3}(C_1+C_2+C_3) \tag{6-35}$$

式中 M——场地管理效率；

C_1——施工现场剩余土方、废料和垃圾等的处理方案系数；

C_2——施工现场的平整方案系数；

C_3——场内积水的处理方案系数。

当现场管理措施和方案切实可靠可行时，系数 C_1，C_2，C_3 可取 0.7～1.0；当方案可行，但不是非常理想时，系数 C_1，C_2，C_3 可取 0.3～0.5；当缺少相应方案时，C_1，C_2，C_3 取 0。

6.5.5 综合评价指标

综合上述各项评价指标，就可以对施工平面图设计的方案进行综合评价。计算公式如下：

$$V=(\alpha_1 \cdot B+\alpha_2 \cdot D+\alpha_3 \cdot P+\alpha_4 \cdot M) \tag{6-36}$$

式中 V——施工平面图设计的综合评价系数，$0\leqslant V\leqslant 1$；

α_1，α_2，α_3，α_4——相应指标的权重系数，可分别取 0.3，0.25，0.3，0.15。

综合评价指标 V 越大，说明施工平面设计的效果越好。一般情况下，当 $V>0.4$ 时，施工平面图设计方案为优良；当 $V>0.3$ 时，施工平面图设计方案为一般；当 $V\leqslant 0.25$ 时，施工平面图设计方案较差，需加以调整和改进。

第7章 工程施工质量、安全和环境管理

工程施工质量是项目目标，施工安全是项目保障，施工环境是项目管理的底线。工程施工质量、安全和环境管理，重在过程流程化、规范化、系统化，强调输出结果可控，坚持PDCA循环的思想，实事求是、预防为主、注重实效、持续改进。本章介绍了施工质量管理基本理论和工具，分析了工程施工安全管理组织、制度、教育、培训和措施，提出了施工环境管理体系和模式。

7.1 工程施工质量管理

质量是指反映实体满足明确或隐含需要能力的特性之总和。工程施工质量是国家现行的有关法律、法规、技术标准、设计文件及工程合同中对工程的安全、使用、经济、美观等特性的综合要求。建设工程项目，资金投入大、建设运营时间长，只有合乎标准的工程质量，才能发挥其经济社会效能。工程施工质量管理，是指为了保障和提高工程施工质量，综合采用专业的技术和方法，运用一整套质量管理体系所进行的系统管理活动。

7.1.1 施工质量管理基本理论

工程施工质量的形成过程有其客观规律，质量管理也只有在一系列科学原理指导下才能取得成效。现代质量管理理论经过多年的发展与完善，已成功跨越质量检验阶段、统计质量控制阶段以及全面质量管理阶段，形成了一套较为完整的理论体系。本节将选取零缺陷、六西格玛、质量成本、顾客满意度、全面质量管理以及质量功能展开理论作简单的介绍。

1. 零缺陷理论

“零缺陷”(Zero Defect)的概念最早由美国质量管理专家克洛斯比(Philip. B . Crosby)首次提出的。1961年，克洛斯比作为潘兴导弹项目的质量经理，注意到导弹发射前，通常会出现10个左右的小缺陷，并由此提出了“第一次就将事情作好”和“零缺陷”的概念。

克洛斯比提出：“出错数是人们置某一特定事件之重要性的函数，人们对一种行为的关心超过另一种，所以人们学着接受这样一个现实：在一些事情上，人们愿意接受不完美的情况，而在另一些事情上，缺陷数必须为零。”由于“没有第一次把事情做好”，产品不符合质量标准，而形成了缺陷。美国许多公司经常耗用相当于营业总额15%～20%的资金去消除缺陷。因此，在质量管理中既要保证质量又要降低成本，其结合点是要求每一个人“第一次就把事情做好”(Do it right at first time)，亦即人们在每一时刻、对每一作业都需满足工作过程的全部要求。只要这样，那些浪费在补救措施上的时间、金钱和精力就可以避免，这就是“质量是免费的”(Quality is free)的含义。

克洛斯比还总结出质量管理的四条定理，其中定理一强调“质量是符合标准”，定理三指出“工作标准必须是零缺陷的”。狭义的产品质量只要“符合标准”即可，并不一定要追求“零故障”、“零波动”和“零缺陷”。产品精度要视情况而定，否则会产生不经济的生产状态。而过程的工作质量却要求是“零缺陷”的。

在质量构成的认识上，“零缺陷”的理念与朱兰(Juran)的质量管理理论是不谋而合的。在

理解“零缺陷”时,必须注意产品质量与工作质量在概念上的区别:“缺陷”属过程工作质量的范畴;而产品质量不仅是由质量特性体现的,而且是通过过程工作质量形成的。所以克洛斯比的“零缺陷”理论为后来的六西格玛管理指明了工作方向。

2. 六西格玛理论

在20世纪80年代美国制造业面临日益激烈的国际竞争背景下,摩托罗拉公司率先提出六西格玛(6σ)管理方法。这一方法的中心内容是在统计学原理基础上,对生产运行质量指标提出了一套新颖实用的度量系统。在概率统计学里,希腊字母σ(sigma)的含义为标准偏差,是用来表示任意一组数据或过程输出结果的离散程度的指标,是一种评估产品和生产过程特性波动大小的统计量。σ数从1到6,表示质量控制水平的数量级依次提高,6σ要求每100万个活动或操作中,失误或次品数不超过3.4个,即DPMO(Defects per million opportunities)等于或小于3.4。

6σ质量管理的基本步骤为D-M-A-I-C五个阶段,即定义阶段(Define)、测量阶段(Measure)、分析阶段(Analyze)、改进阶段(Improve)、控制阶段(Control)。这五个阶段共同构成了6σ解决问题的一套科学而规范流程。6σ质量管理D—M—A—I—C五个阶段内容,如表7-1所示。

表7-1 6σ质量管理D—M—A—I—C五个阶段内容

	内容
确定问题(Design)	1. 确定实体的关键质量(CTQ'S)值 2. 认可的实体图表 3. 高水平的过程图纸
测量(Measure)	4. 实体(目标)Y值 5. 标准的Y值 6. 实体数据的收集计划与有效的测量系统 7. 记录实体Y值 8. 用实体Y值进行过程能力分析 9. 不断改善达到实体目标Y值
分析(Analysis)	10. 先将所有自变量x值列出来 11. 列出具有重要特性的x值 12. 最后量化计算出P值
改进(Improve)	13. 发现问题 14. 解决问题 15. 持续改善
控制(Control)	16. 保持过程稳定性 17. 实体文件化 18. 将P值转换成Z值

6σ管理强调通过设计、调整并最终优化过程工作质量来形成保证顾客满意的产品质量特性,以“关注过程”为手段,最终实现“关注顾客”的目标。6σ管理的对象主要是过程的工作质量,而不仅仅是直接针对产品质量的。6σ质量水平是表征过程工作质量缺陷率的追求目标,而不单是产品质量特性值不合格率的标尺。否则,对大多数产品而言,这是一种不经济的加工制造状态。

目前，6σ的系统和方法因其良好的经济性和可操作性，已被广泛地接受和采用。对于工程施工的质量管理，其核心是过程输出阶段结果的验证和预防措施的制定与实施。工程施工过程中并没有采取纠正质量缺陷措施的机会，如果出现质量问题，后果是毁灭性的。因此，对于工程项目施工这种一次性过程，尤其需要应用克洛斯比的“零缺陷”理论及六西格玛管理方法。

3. 质量成本理论

质量成本理论是西方国家在20世纪60年代以后形成的一个新的质量成本概念，是质量管理学的一个重要组成部分。在市场经济条件下，企业提高产品质量为的是增加利润。但是，随着产品质量的上档次，成本也会相应上升，从而影响利润，如何定位一个合适的质量水平，即使质量有所提高，又使质量成本开支最小，这就有必要对质量成本做深入研究。

质量成本是指为保证或提高产品质量的管理活动所支出的费用和由于质量故障所造成损失费用的总和。质量成本分广义和狭义。广义质量成本包括设计质量成本、制造质量成本和检验质量成本；狭义质量成本仅指制造质量成本。如仅从制造质量成本来看，主要包括以下内容。

(1) 故障成本。又分为内部故障成本和外部故障成本。

内部故障成本：指产品出厂前，由于自身缺陷而造成的损失，加上为处理缺陷所发生费用的总和。包括废品损失、返修损失、复检费用、停工损失、事故分析处理费、产品降等级损失等。

外部故障成本：指产品在销售、运输和使用过程中，因质量问题而支付的一切费用。包括索赔费用、退货损失、保修费用、折价损失等。

(2) 鉴定成本。指在一次交验合格情况下，按照计划对原材料、零部件进行质量检验或试检验所支出的费用。包括进货检验费、工序检查费、产品评级费、破坏性测试成本、检验设备维护费等。

(3) 预防成本。指为使产品质量不低于标准的开支费和提高质量水平的活动费。包括质量计划筹划费用、检验计划工作费用、新产品评审费、工序能力研究费、质量审核费、质量情报费、质量培训开支、质量资料费、质量奖励费等。

上述故障成本、鉴定成本、预防成本的产品质量成本曲线，如图7-1所示。纵坐标代表成本、横坐标代表质量合格率，三条曲线之和为产品质量成本曲线。

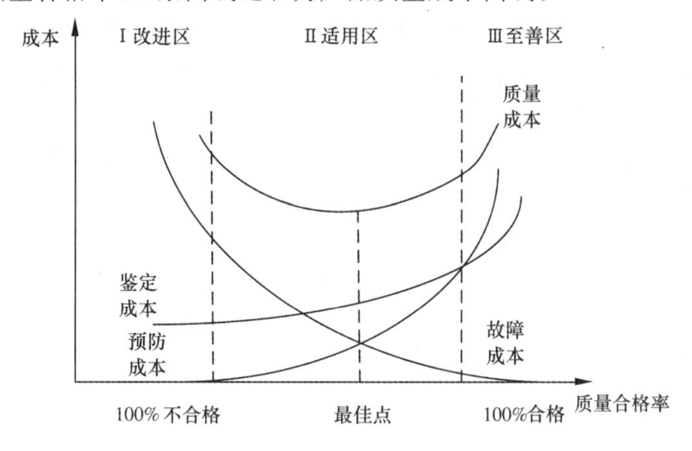

图7-1　产品质量成本曲线

质量成本与产品的符合性质量水平是互为条件、互为因果的。从图7-1中可以看出，内部和外部故障成本的曲线，一般随着质量的提高，呈现出由高到低的下降趋势；而鉴定成本和预防成本曲线,则随着质量的提高,呈现出由低到高的上升趋势。质量成本曲线的最低点所对应的产品质量合格率,是产品最佳质量控制点,其对应的成本称为“最佳质量成本”。

合理调控工程施工中质量成本的比例结构和成本分布,可以寻求到一个适宜的质量成本区域。这样,就能使工程施工既能有效地降低质量成本总额,又能保证施工质量符合设计规定要求,从而提高质量成本投入的经济性和合理性,取得良好的经济效益。

4. 顾客满意度理论

市场的竞争主要表现在对顾客的全面争夺,而是否拥有顾客取决于企业与顾客的关系,取决于顾客对企业产品和服务的满意程度。顾客满意度是评价质量管理体系业绩的重要手段。

顾客满意度(Customer Satisfaction,CS)是指顾客对所购买商品的综合质量及购买期间所受到的服务最终所能够达到其期望和要求的程度。追求顾客满意度的基本思想是企业在整体经营活动中要以顾客的满意度为标准,在产品功能、质量及价格设定、销售环节的建立及完善售后服务系统等方面都要以便利顾客为原则,最大限度地满足顾客的希望和要求。ISO9001:2000 的 8.2.1 条中指出:“组织应监控顾客满意和或不满意的信息,作为对质量管理体系业绩的一种测量。”

顾客满意度是一种心理状态,是一种自我体验。心理学家认为情感体验可以按梯级理论进行划分若干层次,相应地可以把顾客满意程度分成七个级度或五个级度。为了能定量地评价顾客满意程度,可给出每个级度得分值,并根据每项指标对顾客满意度影响的重要程度确定不同的加权值,这样即可对顾客满意度进行综合的评价。

5. 全面质量管理(TQC)理论

在费根堡的《全面质量管理》一书中对全面质量管理(Total Quality Control)定义为:为了能够在最经济的水平上并考虑到充分满足顾客要求的条件下进行市场研究设计、制造和售后服务,把企业内部部门的研制质量、维持质量和提高质量的活动构成一体的一种有效的体系。

全面质量管理的核心是“三全”管理,即全过程、全员和全企业的质量管理。

(1) 全过程的质量管理。一个工程项目从立项、设计、施工到竣工验收直至回访保修的全过程。全过程管理就是对每一道工序都要有质量标准,严把质量关,防止不合格产品流入下一道工序。

(2) 全员的质量管理。每道工序质量都符合质量标准,必然涉及每一名员工,员工必须有强烈的质量意识和优秀的工作质量。因此,全员质量管理要强调企业的全体员工用自己的工作质量来保证每一道工序质量。

(3) 全企业的质量管理。主要是从组织管理来解释。在企业管理中,每一个管理层次都有相应的质量管理活动,不同层次的质量管理活动不同。上层侧重于决策与协调,中层侧重于执行其质量职能,基层(施工班组)侧重于严格按技术标准和操作规程进行施工。

全面质量管理的基本方法为 PDCA 循环。美国质量管理专家戴明把全面质量管理活动的过程分为计划、实施、检查、处理四个阶段,即按这四个阶段周而复始地进行质量管理。PDCA 循环阶梯图,如图 7-2 所示。

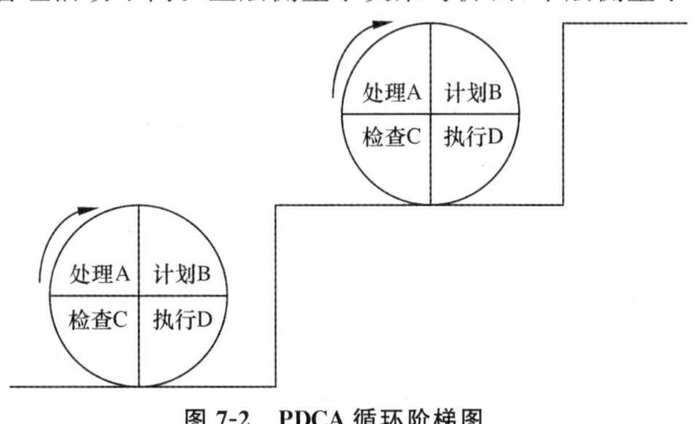

图 7-2 PDCA 循环阶梯图

第一阶段P:计划阶段(Plan)。按照使用者的要求并根据生产技术条件的实际可能,进行工程生产安排和组织计划。

第二阶段D:实施阶段(Do)。按照第一阶段制定的计划组织生产,并且要全面保证产品质量符合国家标准要求。

第三阶段C:检查阶段(Check)。对已经实施的执行情况进行检查和评定。

第四阶段A:处理阶段(Action)。按照使用单位的意见和检查阶段中评定意见进行总结处理。凡属合理部分编成标准,以备将来再次执行。

6. 质量功能展开理论

质量功能展开于20世纪60年代起源于日本,那个时候日本工业逐渐从二战时的模仿生产发展模式过渡到基于创新的产品发展。QFD在日本汽车、电器领域获得了广泛应用,使得日本产品占领了全世界的市场(特别是美国和西欧的汽车、电器市场),被认为是日本式质量管理最重要的特点。

质量功能展开(QFD,Quality Function Deployment)就是把客户对产品的需求进行多层次演绎分析,转化为产品设计要求、零部件特性、工艺要求、生产要求的质量策划、分析、评估的工具,可用来指导产品的设计和保证生产质量。QFD早在产品或服务设计成为蓝图之前,就已经引进了许多无形的要素,使质量融入生产和服务及其产品设计之中。

QFD的基本原理就是用“质量屋”(House of Quality)的形式,量化分析顾客需求与生产措施间的关系度,经数据分析处理后找出对满足顾客需求贡献最大的生产措施(即关键措施),从而指导设计人员抓住主要矛盾,开展稳定性优化设计,开发出顾客满意的产品。一个完整的质量屋结构通常包括如下六个部分。质量屋结构示意图,如图7-3所示。

(1) 顾客需求及其权重。即质量屋的“什么”(What)。顾客需求大多都是要直接对顾客用问卷做市场调查,并将顾客的声音(voice of customer)转换成顾客真正的需要,再将顾客需求转换成产品特性。

(2)技术需求(最终产品特性)。即质量屋的“如何”(How)。

(3)关系矩阵。即顾客需求和技术需求之间的相关程度关系矩阵。

(4)技术需求相关关系矩阵。质量屋的屋顶。

(5)评价矩阵。站在顾客的角度,对本企业的产品和市场上其他竞争者的产品在满足顾客需求方面进行评估。

(6)技术评估。对技术需求进行竞争性评估,确定技术需求的重要度和目标值等。

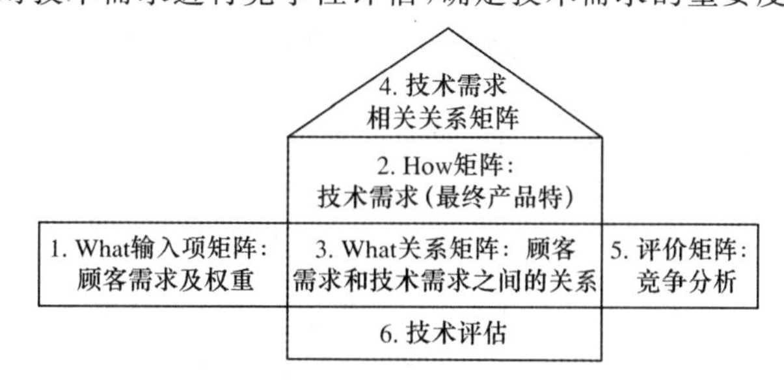

图7-3 质量屋结构示意图

7.1.2 施工质量特征及影响因素

1. 工程施工质量变异特征

施工过程是在一定的组织管理状态下，劳动主体的作业技术能力和劳动手段、劳动资料的有机结合过程，在各种因素的影响下，其结果所形成的作业质量或产品质量，特征值往往与标准规定的目标值会有一定的差异，这称为质量变异，按照数理统计，将影响质量变异的因素分为偶然因素和系统因素两大类。

1）偶然因素产生的质量变异

偶然因素又称随机性因素。偶然因素会对工程质量产生影响，使工程质量在允许偏差的范围内产生微小的波动，这种波动是正常波动，引起的质量变异为正常变异。质量的这种波动是不可避免的。因此，偶然因素是无法或难以控制的因素。这类因素如原材料的规格型号符合要求的情况下，材质不均匀，温度湿度变化、工艺方法或操作者能力的偶然误差等。

在抽样检验中，当样本数量达到一定要求时，认为样本检验质量特征值服从正态分布，并取其数学期望值 μ 加减 3 个标准偏差 σ 作为控制界限，其合格率的控制能力达到 99.73%，如图 7-4 所示。

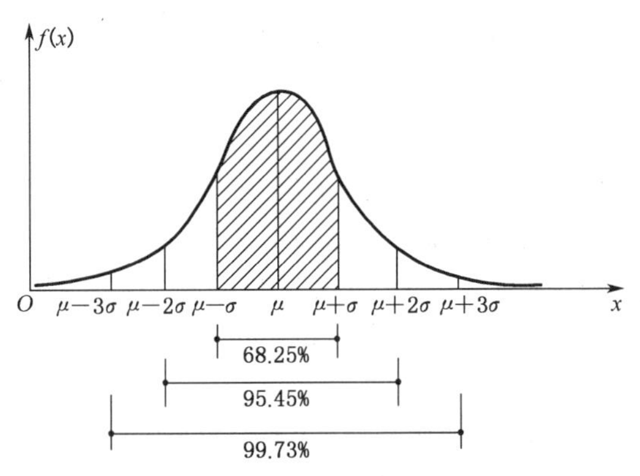

图 7-4 质量特征值的正态分布

2）系统因素产生的质量变异

系统因素是指由系统内在原因诱发的影响因素，对质量影响大，有一定的规律性，可被人们所认识，并能采取措施加以防范和消除，如材料规格错误、技术方法或作业程序失当、设计或配方差错、计量器具不准等等。因此，系统因素所造成的质量变异属于非正常变易，是质量控制的主要方面。

质量控制的目的就是要查找异常波动的原因（即系统性因素）并加以排除，使质量只受随机性因素的影响。

2. 工程施工质量影响因素分析

在工程施工中，影响工程施工质量的因素主要有（4M1E）：人（Man）、材料（Material）、机械（Machine）、方法（Method）和环境（Environment）五个方面。

1）人的控制

人是工程建设的实施者。工程实体质量是在施工中各类组织者、指挥者、操作者共同努力下形成的。人的素质、管理水平、技术、操作水平高低都将最终影响工程实体质量的好坏。施工现场对人的控制，主要措施和途径如下。

(1) 以项目经理的管理目标和职责为中心，合理组建项目管理机构，贯彻岗位责任制，配备合适的管理人员。

(2) 严格实行分包单位的资质审查，控制分包单位的整体素质，包括技术素质、管理素质、服务态度和社会信誉等。严禁分包工程或作业的转包，以防资质失控。

(3) 坚持作业人员持证上岗，特别是重要技术工种、特殊工种、高空作业等，做到有资质者上岗。

(4) 加强对现场管理和作业人员的质量意识教育及技术培训，开展作业质量保证的研讨交流活动等。

(5) 严格现场管理制度和生产纪律，规范人的作业技术和管理活动的行为。

(6) 加强激励和沟通活动，调动人的积极性。

2) 材料的质量控制

材料(包括原材料、成品、半成品、构配件)是工程施工的物质条件，材料质量是保证工程施工质量的必要条件之一，材料是组成工程实体的基本单元"基本单元质量构成工程实体质量，每一单元材料质量都应满足有关标准和设计的要求，工程实体质量才能够得到充分保证。因此，材料事前控制非常重要。实施材料的质量控制应抓好以下环节：

(1) 材料采购。承包商采购的材料都应根据工程特点、施工合同、材料的适用范围和施工要求、材料的性能价格等因素综合考虑。采购材料应根据施工进度提前安排，项目部或企业应建立常用材料的供应商信息库并及时追踪市场。必要时，应让材料供应商呈送材料样品或对其实地考察，应注意材料采购合同中质量条款的严格说明。

(2) 材料检验。材料质量检验的目的是事先通过一系列的检测手段，将所取得的材料数据与其质量标准相比较，借以判断材料质量的可靠性，能否用于工程。业主供应的材料同样应进行质量检验，检验方法有书面检验、外观检验、理化检验和无损检验四种，根据材料信息和保证资料的具体情况，其质量检验程序分免检、抽检和全部检查三种。抽样检验是建筑材料常见的质量检验方式，应按照国家有关规定的取样方法及试验项目进行检验，并对其质量作出评定。

(3) 材料仓储和使用。运至现场或在现场生产加工的材料经过检验后应重视对其仓储和使用的管理，避免因材料变质或误用造成质量问题，如水泥的受潮结块、钢筋的锈蚀、不同直径钢筋的混用等。为此，一方面，承包商应合理调度，避免现场材料大量积压，另一方面坚持对材料应按不同类别排放、挂牌标志，并在使用材料时现场检查督导。

3) 机械设备的质量控制

机械设备的性能、效率、质量、数量对工程质量也将产生影响。通过施工现场条件、工程特点、结构形式、机械设备性能、施工工艺和方法、施工组织管理能力综合分析，对施工机械设备合理装备、配套使用，并处于良好的可用状态。

(1) 设备选择与采购。除参考前面材料采购外，尚应指派相关专业人员专门负责，大型设备如无定型产品，还需联系厂家定制；有的设备还需相应政府部门审批。有设备供应分包商时，应特别注意设备供应分包合同的管理。

(2) 设备运输。设备生产厂家距工程项目施工地点可能很远，甚至从国外进口，为此，应对运输过程中的设备保护特别重视，并通过运输投保转移风险。当然，如果设备供应分包负责运至工地，总承包商就不存在上面的问题了。

(3) 设备检查验收。承包商对运至现场的设备应会同有关人员开箱检查，主要检查设备外观、部件、配件数量、书面资料等是否合格齐全,同时注意开箱时避免破坏设备。

(4) 设备安装。设备安装应符合有关技术要求和质量标准;由于设备安装通常以土建工作为先导,并经常交叉作业,所以应特别注意两者的交叉作业;设备安装通常进行专业分包,所以选择合适的分包单位和对之有效的管理就显得非常重要。

(5) 设备调试。设备调试是设备正常运转并保证其质量的必经环节,应按照要求和一定步骤顺序进行,对调试结果分析以判断前续工作效果。

4) 施工方法的控制

施工方法是实现工程施工的重要手段,无论施工方案的制定、工艺的设计、施工组织设计的编制、施工顺序的开展和操作要求等,都必须以确保质量为目的。施工方法的控制包括工程施工所采取的技术方案、工艺流程、检测手段、施工组织设计等的控制。

施工方案应随工程施工进展而不断细化和深化。选择施工方案时,应拟定几个可行的方案,突出主要矛盾,对比主要优缺点,以便反复讨论和比较,选出最佳方案。

对主要项目、关键部位和难度较大的项目,如新结构、新材料、新工艺、大跨度、高耸的结构部位等,制订方案时要充分估计到可能发生的施工质量问题,并制订处理方法。

5) 环境因素的控制

影响工程施工的环境因素较多,有自然环境因素如工程地质、水文、气象等,也有管理环境因素如质量保证体系、管理制度等,还包括劳动作业环境因素如作业面、劳动组合等。

(1) 自然环境的控制。主要是掌握施工现场水文、地质和气象资料信息,以便在制订施工方案、施工计划和措施时,能够从自然环境的特点和规律出发,建立地基和基础施工对策,防止地下水、地面水对施工的影响,保证周围建筑物及地下管线的安全;从实际条件出发做好冬雨季施工项目的安排和防范措施;加强环境保护和建设公害的治理。

(2) 管理环境控制。主要是根据承发包的合同结构,理顺各参建施工单位之间的管理关系,建立现场施工组织系统和质量管理的综合运行机制。确保施工程序的安排以及施工质量形成过程能够起到相互促进、相互制约、协调运转的作用。此外,在管理环境的创设方面,还应注意与现场近邻的单位、居民及有关方面的协调、沟通,做好公共关系,以取得他们对施工造成的干扰和不便给予必要的谅解和配合。

(3) 劳动作业环境控制。首先,做好施工平面图的合理规划和管理,规范施工现场的机械设备、材料构件、道路管线和各种大临时设施的布置;其次,落实现场安全的各种防护措施,做好明显标识,注意确保施工道路畅通,安排好特殊环境下施工作业的通风照明措施。再次,加强施工作业场所的落手清工作,每天下班前应留出时间进行场所清理收拾。

3. 质量控制点设置

质量控制点是工程施工质量控制的重点,设置质量控制点就是根据工程项目的特点,抓住影响工序施工质量的主要因素。设置施工质量控制点是事前控制的一项重要内容。

可作为质量控制点的对象可能是技术要求高、施工难度大的部位,也可能是影响质量的关键工序、操作或某一环节。概括说来,应当选择那些保证质量难度大的、对质量影响大的或者是发生质量问题时危害大的对象作为质量控制点。具体说,包括如下内容。

(1) 施工过程中的关键工序或环节以及隐蔽工程。例如,预应力结构的张拉工序,钢筋混凝土结构中的钢筋架立。

(2) 施工中的薄弱环节,或质量不稳定的工序、部位或对象。例如,地下防水层施工。

(3) 对后续工程施工质量或安全有重大影响的工序、部位或对象。例如,预应力结构中的预应力钢筋质量、模板的支撑与固定等。

(4) 采用新技术、新工艺、新材料的部位或环节。

(5) 施工上无足够把握的、施工条件困难的或技术难度大的工序或环节。例如，复杂曲线模板的放样等。

工程质量控制点的设置位置，如表7-2所示。

表7-2 工程质量控制点的设置位置

分项工程	质量控制点
工程测量定位	标注轴线桩、水平桩、龙门板、定位轴线、标高
地基、基础	基坑(槽)尺寸、标高、土质、地基承载力，基础垫层标高、基础位置、尺寸、标高，预埋件、预留洞孔的位置、规格、数量，基础标高、杯口弹线
砌体	砌体轴线，皮数杆，砂浆配合比，预留洞孔、预埋件的位置、数量，砌块排列
模板	位置、标高、尺寸，预留洞孔位置、尺寸，预埋件的位置，模板的强度、刚度和稳定性。模板内部清理及润湿情况
钢筋混凝土	水泥品种、强度等级，砂石质量，混凝土配合比，外加剂比例，混凝土振捣，钢筋品种、规格、尺寸、搭接长度，钢筋焊接、机械连接，预留洞孔及预埋件规格、位置、尺寸、数量，预制构件吊装或出场(脱模)强度，吊装位置、标高、支承长度、焊缝长度
吊装	吊装设备的起重能力、吊具、索具、地锁
钢结构	翻样图、放大样
焊接	焊接条件、焊接工艺
装修	视具体情况而定

在施工过程中，应按照前面过程控制和纠偏控制的内容和方法对质量控制点实施动态控制与跟踪管理。

可以说，凡是影响所设置质量控制点的因素都可以作为质量控制点的对象。因此，人、材料、机械设备、施工环境、施工方法等均可作为质量控制点的对象，但对特定的质量控制点，它们的影响作用是不同的，这就要对重要因素重点设防。

进行质量预控时，质量控制点的选择是关键，应准确有效，一般由有经验的工程技术人员进行选择。选择时应根据对重要的质量特性进行重点控制的要求，选择质量控制的重点部位、重点工序和重点的质量因素作为质量控制点，进行重点控制和预控。

7.1.3 施工质量控制基本制度

1. 设计交底和图纸会审

图纸会审的目的：一是明确设计意图和各项技术条件，二是澄清和纠正图纸中的问题和错误，专业之间的矛盾等，保证工程质量和施工顺利进行。

图纸的会审工作一般应由建设单位负责组织，设计单位、监理单位、政府质量监督部门和各专业施工单位参加。图纸会审是一项极其严肃和重要的技术工作，认真做好图纸会审对于减少施工图纸中的差错，保证和提高工程质量，有重要作用。

图纸会审前，必须组织施工人员学习施工图纸，熟悉图纸的内容要求和特点，并由设计单位进行设计交底，以达到弄清设计意图，发现问题，消灭差错的目的。设计单位交底的内容一般包括：①设计意图和设计特点以及应注意的问题；②设计变更的情况以及相关要求；③新设备、新标准、新技术的采用和对施工技术的特殊要求;④对施工条件和施工中存在问题的意见;⑤其他施工注意事项等。

图纸会审的要点是:全部设计图纸及说明是否齐全、清楚、明确、有无矛盾;施工的新技术及特殊工程和复杂设备的技术可能性和必要性;重点工程和具有普遍性工程的推行方法是否妥当;设计文件中提出的概算是否合理。

图纸会审内容如下。

(1) 设计是否符合国家有关的技术政策、经济政策和有关规定。

(2) 设计是否符合因地制宜、方便取材的原则。设计方案、技术措施能否满足质量要求,保证安全施工。对设计文件推荐的施工方案,进行充分讨论,补充完善。

(3) 有无特殊材料(包括新材料)要求,其品种、规格、数量来源能否满足需要。

(4) 构造物或构造物结构安装之间有无重大矛盾。

(5) 图纸及说明是否齐全、清楚、明确,图纸中结构尺寸、坐标、标高、工程数量、材料数量等有无差错。

(6) 对设计提出的合理化建议与技术改进意见。

图纸会审后,有关人员应在图上签章,将发现的问题和遗漏之处在图上更正补充或作变更设计处理。会审后,应填写图纸会审记录表并存查,必要时还要写成文件,抄送有关单位。图纸未经会审不得施工。

2. 现场调查与测量复核

设计交底后,项目经理部应组织有关技术人员进行现场调查核对和测量复核,为施工总体部署和编制实施性施工组织设计做好技术准备。

现场调查的主要内容有:自然条件调查(包括气象、地形、地质、水文等条件),交通运输条件调查,特殊材料设备资源调查,供排水、供电通讯等调查,劳动力调查等。现场调查的具体内容应包括如下内容。

(1) 水文、工程地质、气象、地形、地貌等环境条件;自采加工材料的分布、数量、质量、运距和运输道路状况;当地材料来源及外购材料来源;运输线路及运输方式、道路状况等。

(2) 当地劳动力资源及可利用的劳务分包单位,修理、制配机加工能力,机具设备、车辆、船只的租赁情况、施工污染影响等。

(3) 工程与当地农田水利、航道、铁路、公路、电讯、电力、管道、地下古迹及其他建筑物的互相干扰情况及解决办法。

(4) 标书文件中编列的临时便桥、便道、房屋、电力、电讯设备、总体施工方案、主要施工设备、临时给排水设施等是否恰当。

测量复核是对原水准点、基线桩、标志桩等主要控制点进行复核,并加以保护。测量复核的测量资料报经监理工程师认可后方可作为施工的依据。

在现场详细调整及核对过程中发现有问题,应及时研究整理,报业主或监理工程师审批。未经批准,施工单位无权随意变动。

3. 施工组织设计编制与审批

工程施工开工之前,施工组织设计文件必须报施工企业总工程师及相关职能部门组织审查批准后,作为施工部署、落实施工生产要素和指导现场施工的依据。

施工组织设计的编制与审批一般按照下列情况执行。

(1) 大型项目的施工组织设计由公司总工程师主持,项目工程师及技术、生产计划、机械、物资等部门的技术人员共同参加编制。编制前，项目经理应提出对工程总体布局、重点项目和关键工序环节的总体安排思路，并纳入实施性施工组织设计编制的总体内容。在征求主管生产的公司领导意见并经公司总经理审查后报驻地监理工程师审批，同时报业主备案。

（2）重大特殊工程项目（注：重大特殊工程项目系指施工单位从未施工过的新技术、新工艺、新结构的单位工程）的施工技术方案，由总工程师主持会同项目工程师及施工技术、质量管理部门的有关技术人员确定，并纳入实施性施工组织设计的总体内容。

（3）中、小型工程项目的施工组织设计原则上由项目主任工程师或专责工程师主持，会同技术、计划、机械、物资、质检有关专业技术人员共同参加编制，经项目经理审定后报监理工程师审批。

（4）劳务分包单位应在项目施工的总体部署下，负责编制分包工程的实施性施工组织设计，经审查后纳入项目总体施工组织设计。

经审批后的施工组织设计及各项技术组织措施原则上不得随意变更，如因特殊情况确需变更的，必须按规定程序办理审批手续。

4. 开工报告

在完成各项规定的施工技术准备工作、取得建筑工程施工许可证以后，施工单位应按监理工程师要求的程序和内容提交开工报告，由监理工程师下达施工令后方可施工。

工程开工报告表式，如表7-3所示，一般施工报告需附以下主要技术资料：现场材料试验、半成品材料检验、混合料配合比组成设计试验；恢复定线和施工测量放样记录；主要机具设备、测量试验仪器设备到场情况；拟施工分项或分部工程项目的施工组织设计等资料。

表7-3　工程开工报告表式

<table>
<tr><td>工程名称</td><td colspan="3"></td><td>施工单位</td><td></td></tr>
<tr><td>工程地址</td><td colspan="3"></td><td>监理单位</td><td></td></tr>
<tr><td>占地面积(m^2)</td><td></td><td>建筑面积(m^2)</td><td></td><td>中标价格(万元)</td><td></td></tr>
<tr><td>定额工期(d)</td><td></td><td>计划开工日期</td><td></td><td>计划完工日期</td><td></td></tr>
<tr><td>开工
条件
具备
情况</td><td colspan="5">附：主要技术资料</td></tr>
<tr><td colspan="6">上述准备工作已就绪，定于正式开工，请建设(监理)单位于前进行审核，特此报告。

施工单位：

项目经理：(公章)　　　　年　　月　　日</td></tr>
<tr><td colspan="6">审核意见：

总监理工程师(建设单位项目负责人)：(公章)　　　　年　　月　　日</td></tr>
</table>

5. 技术交底

技术交底是指把图纸设计的主要内容和关键问题、施工组织措施和工期安排、施工质量验收规范和安全操作规程、施工工艺及应注意的问题等，通过一定形式自上而下逐层向基层施工人员进行贯彻宣传的一种过程。

技术交底是一项技术性很强的工作，对于贯彻设计意图、严格实施技术方案、按图施工、循规操作、保证施工质量和施工安全至关重要。技术交底必须满足合同文件，施工技术规范、规程，工艺标准，质量检验评定标准的要求。技术交底必须以书面形式进行，按规定程序进行。参与交底的单位负责人应履行签字手续。对特殊隐蔽工程和工程质量事故与工伤事故的多发、易发工程部位，以及影响制约工程进度的关键工序环节，应重点进行技术交底并明确所采取的技术组织措施和防范对策。

工程施工前，为了使参与施工的技术管理人员及工人了解所承担的工程任务的技术特点、施工方法、施工程序、质量标准、安全措施等，必须实施技术交底制度，认真做好交底工作。技术交底工作不仅要针对技术干部，而且要把它交给所有从事施工的操作工人，从而提高他们自觉研究技术问题的积极性和主动性，为更好地完成施工任务和提高技术水平创造条件。

技术交底按技术责任制的分工，分级进行。分级交底时，都应做好记录，作为检查施工技术执行情况和检查技术责任制的一项依据。

交底内容主要是施工项目的内容和质量标准及保证质量的措施，一般包括以下内容：施工项目的内容和工程量；施工图纸解释(包括设计变更和设备材料代用情况及要求)；质量标准和特殊要求；保证质量的措施；检验、试验和质量检查验收评级依据；施工步骤、操作方法和采用新技术的操作要领；安全文明施工保证措施，职业健康和环境保护的要求保证措施；技术和物资供应情况；施工工期的要求和实现工期的措施；施工记录的内容和要求；降低成本措施；其他施工注意事项。

分包单位的技术负责人，应将本单位承担工程项目的施工方法、劳动组合、机具配备等，向全体班组人员进行交底。

6. 技术复核

为了避免施工准备、施工过程中各种关键问题如技术资料、图纸、试验、检验数据以及现场测量放线、原材料使用、配制材料的配合比等发生失误或差错，必须建立严格的技术复核制度，以保证技术基准的正确性。

对于形成的报表、文件、图纸等技术资料，发出前要求做到有制作者和复核者共同签字，否则接受单位有权拒绝。施工过程中，技术复核的主要内容如下。

(1) 测量。基准桩的保护和复核、定位、高程测量，放线工作等。

(2) 基础及设备基础。土质、位置、标高、尺寸、埋设件、预留孔、地脚螺栓固定架。

(3) 模板及其支架。尺寸、位置、标高、预埋件、预留孔牢固程度、模板内部的清理、湿润情况。

(4) 钢筋。受力筋级别、规格、数量、位置、锚固长度、焊接试验报告，抗震构造要求。

(5) 混凝土。配合比、砂、石、水泥材质检验，预制构件的位置、标高、型号、搭接长度、吊装构件强度等。

(6) 砖砌体。墙身轴线，皮数杆、砂浆配合比。

(7) 大样图。各种构件大样尺寸、形状、预制位置等。

(8) 管道工程。各种管道的标高及其坡度，化粪池、检查井底标高及各部尺寸。

(9) 电气工程。预埋管线的走向、变、配电位置，高低压进出口方向，电缆沟的位置和方向，送电方向，开关插座的位置、标高等。

(10) 市政工程。路槽、路基、路面、排水坡度、各项断面尺寸及市政排水工程的各项技术复核。

(11) 工业设备。仪器、仪表的完好程度、数量及规格，以及根据工程需要指定的复核项目。

技术复核工作，应以自复为主，使人人养成工作细致、谨慎负责的习惯。各级技术负责人应严格执行技术复核制度，无论是室内的或是现场的技术工作，尽可能做到有专人复核，或由各级技术负责人亲自复核。

7. 工程变更

工程变更主要包括设计变更、工程量变动、施工时间的变更、施工合同文件的变更等。

一般工程变更的程序包括：提出工程变更的申请—监理工程师审查工程变更—监理与业主、承包商协商—监理审批工程变更—编制变更文件—监理工程师发布变更指令。工程变更管理的基本程序，如图7-5所示。

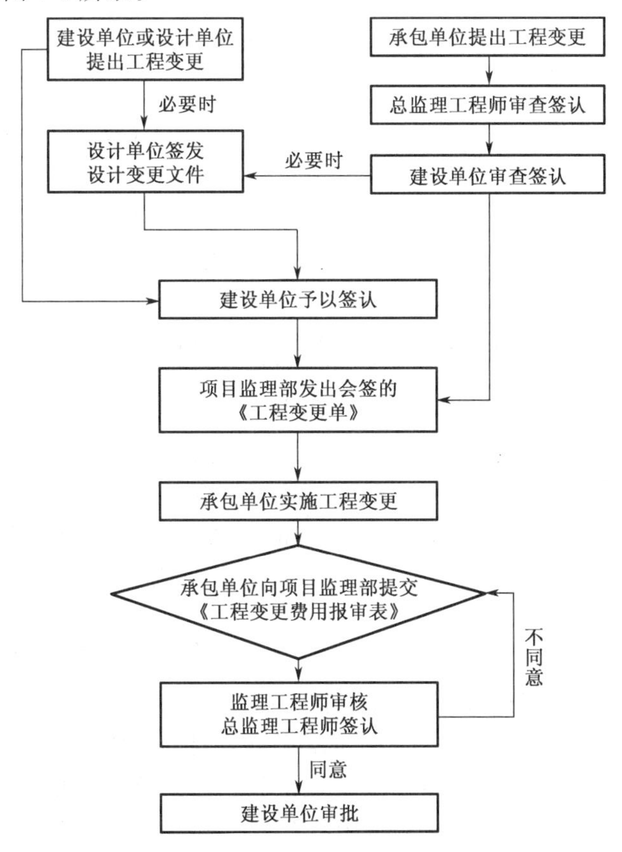

图7-5 工程变更管理的基本程序

工程变更可能导致项目的工期、成本或质量的改变，因此，必须加强对工程变更的控制和管理。在工程变更实施控制中，一是要分析和确认各方面提出的工程变更的因素和条件；二是要做好管理和控制那些能够引起工程变更的因素和条件；三是当工程变更发生时，应对其进行管理和控制；四是分析工程变更而引起的风险。

8. 隐蔽工程验收

隐蔽工程是为后续的工序或分项工程所覆盖、包裹、遮挡的前一分项工程。如房屋建筑工程中的基础工程,混凝土工程中的钢筋工程,地下防水工程,屋面防水工程,给排水及采暖通风工程中的管网隐蔽等等工程都必须经过检查验收,符合规定方可进行隐蔽,避免造成质量隐患,影响结构安全和使用功能。

在每项工程开工前,结合工程的实际情况,施工单位在编制施工组织设计时就应针对工程的重点、难点,根据相关验收规范,制定工程验收规划,这其中很重要的一个内容就是隐蔽工程验收计划。就房屋建筑工程而言,《建筑工程质量验收统一标准》中的九个分部工程中都有各自的隐蔽工程,在工程验收时都要提供隐蔽工程验收记录,有的分部工程还对隐蔽工程的验收提出了具体的要求。如《混凝土结构工程施工质量验收规范》(GB 50204—2002)中在混凝土浇筑前对钢筋工程的以下内容进行隐蔽验收:①纵向受力钢筋的品种、规格、数量、位置等;②钢筋的连接方式、接头位置、接头数量、接头面积百分率等;③箍筋、横向钢筋的品种、规格、数量间距等;④预埋件的规格、数量、位置等。隐蔽工程验收的主要内容,如表7-4所示。

表7-4　　隐蔽工程验收的主要内容

项目	检查验收内容
基础工程	图纸情况、基坑尺寸、标高、桩位数量、打桩记录、人工地基试验记录
钢筋工程	品种、规格、数量、位置、形状、焊接尺寸、接头位置、预埋件的数量及位置等
防水工程	屋面、地下室、水下结构物的防水层数、措施和质量情况
上下水、暖暗管	位置、标高、坡度、试压、通水试验、焊接、防锈、防腐、保温及预埋件等
暗配电气线路	位置、规格、标高、弯度、防腐、接头、电缆耐压绝缘试验、地线、接地电阻等
其他	完工后无法进行检查的工程,重要结构部位和有特殊要求隐蔽工程

实践证明,坚持隐蔽工程验收制度是防止质量隐患、保证工程项目质量的重要措施。隐蔽工程验收应按照既定的工作程序办理。隐蔽工程验收记录应列入工程档案。《建设工程文件归档整理规范》(GB/T 50328—2001)中规定,隐蔽工程检查记录,除建设、施工单位长期保存外,还要送城建档案馆保存。可见,隐蔽工程检查记录的重要性。对于隐蔽工程验收中提出的不符合质量标准的问题,应认真处理;未经隐蔽工程验收或验收不合格不得进行下道工序施工。

9. 工程测量和检验试验

施工测量工作的任务是将图纸上的建筑物或构筑物的位置、形状几何尺寸(包括平面坐标、轴线、高程、方位等)正确地测设在实地上或建筑物本身的各部位上,包括控制测量、定位测量、轴线的校正测量,各种贯通测量、竣工验收测量等工作,要求准确无误。测量放样工作应依据测量复核定线后的文件资料进行,必须遵循两人两次、两种方法的测量原则。

检验试验是指对建筑钢材及焊接、水泥、沙、石、防水材料、建筑石灰、石膏、墙地砖及瓦检验等各种原材料、砌体、结构构件、砼试块、砂浆试块及各种设备等按要求进行检验试验,从源头上杜绝各种不合格的原材料、构配件和设备用于工程。

根据材料和设备信息和保证资料的具体情况,检验试验的程度分免检、抽检和全检三种。材料的检验方法有书面检验、外观检验、理化检验和无损检验等四种。其中书面检验是通过对提供的材料质量保证资料、试验报告进行审核,取得确认后方能使用。外观检验是对材料从品种、规格、标志、外形尺寸等进行直观检查,看其有无质量问题。理化检验是借助试验设备和仪器对材料样品的化学成分、机械性能等进行科学鉴定。无损检验是在不破坏材料样品的前提下,利用超声波、X射线、表面探伤仪等进行的检测。

例如,混凝土工程中使用的水泥应检验其细度、强度、凝结时间、体积安定性等理化指标,如果达不到标准,就是不合格产品;或者因保管不妥,放置时间过久,受潮结块的水泥就会失效,使用不合格或失效的劣质水泥,就会对工程质量造成危害。按同一生产厂家、同一等级、同一品种、同一批号且连续进场的水泥,袋装水泥不超过200t为一批,散装水泥不超过500t为一检验批。取样应在同一批水泥的不同部位等量采集,取样点不少于20个点,并应具有代表性,且总质量不少于12kg。

例如,热轧钢筋按同牌号、同炉罐号、同规格、同交货状态,重量不大于60t的钢筋为一个检验批。从每批钢筋中抽取5%进行外观检查。力学性能试验从每批钢筋中任选两根钢筋,每根取两个试样分别进行拉伸试验(包括屈服点、抗拉强度和伸长率)和冷弯试验。某建筑材料测试中心的检验业务流程,如图7-6所示。

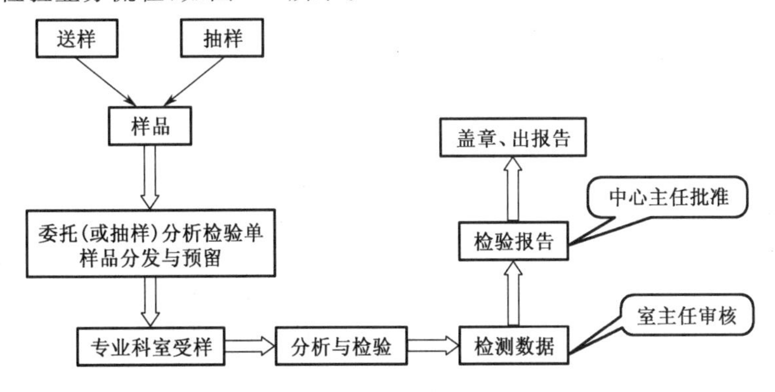

图7-6 某建筑材料测试中心的检验业务流程

对于电力变压器、高低压成套配电柜、动力照明配电箱、高压开关、低压大型开关(2000A以上)、电机(随设备)、蓄电池、应急电源等电气设备和母线、电线、电缆、电线导管线槽、桥架、灯具、开关插座、水泥电杆、变压器油、蓄电池用电解液、低压设备等电气材料进场后,一般抽检10%,数量少时应全部检查。电气工程的主要设备、材料的检验、试验内容有外观检查、现场抽样检测等。根据国家公布的实施强制性产品认证的电工产品目录,设备、材料具有认证证书。

10. 工程竣工验收

竣工验收是工程建设的一个主要阶段,是工程建设的最后一个程序,是全面检验工程建设是否符合设计要求和施工质量的重要环节。竣工验收是一项综合性很强的工作,涉及各个方面。

根据建设项目的规模大小和复杂程度,可分为初步验收和正式验收两个阶段。规模大的建设项目,一般指大、中型工业交通建设项目,较复杂的建设项目应先进行初验,然后进行全部建设项目的竣工验收。规模较小、较简单的建设项目,可一次进行全部建设项目的竣工验收。验收委员会一般由建设单位、监理单位、施工单位、设计单位及使用单位组成。

建设工程竣工验收应具备下列条件。

(1) 完成建设工程设计和合同约定的各项内容;

(2) 有完整的技术档案和施工管理资料;

(3) 有工程使用的主要建筑材料、构配件和设备的进场试验报告;

(4) 有工程勘察、设计、施工、工程监理等单位分别签署的质量合格文件;

(5) 有施工单位签署的工程保修书。

竣工验收程序如下。

(1) 竣工验收准备。施工单位提交工程竣工申请报告,要求组织工程竣工验收。施工单位的竣工验收准备,包括工程实体的验收准备和相关工程档案资料的验收准备。其中设备及管道安装工程等,应经过试压、试车和系统联动试运行检查记录。

(2) 初步验收。监理机构收到施工单位的工程竣工申请报告后,应就验收的准备情况和验收条件进行检查。对工程实体质量及档案资料存在的缺陷,及时提出整改意见,并与施工单位协商整改清单,确定整改要求和完成时间。

(3) 正式验收。当初步验收检查结果符合竣工验收要求时,监理工程师应将施工单位的竣工申请报告报送建设单位,建设单位组织竣工验收会议。

建设单位应当自建设工程竣工验收合格之日起15日内,将建设工程竣工验收报告和规划、公安消防,环保等部门出具的认可文件或准许使用文件,报建设行政主管部门或者其他相关部门备案。

备案部门在收到备案文件资料后15日内,对文件资料进行审查,符合要求的工程,在验收备案表上加盖"竣工验收备案专用章",并将一份退回建设单位存档。

7.1.4 常用质量控制工具

质量控制中应用现代统计方法,对质量缺陷和检测数据加以统计分析,不仅为质量控制提供了定量方法和形象化的图表方法,还为定性分析工程质量状况提供了依据。通过分析,可以发现和判断质量问题的影响因素和因果关系,找出关键问题,确立监管的重点。

一般说来,"老七种工具"的特点是强调用数据说话,重视对制造过程的质量控制;而"新七种工具"则基本是整理、分析语言文字资料(非数据)的方法,着重用来解决全面质量管理中PDCA循环的P(计划)阶段的有关问题。本节重点介绍分层法、排列图法、因果分析法、直方图法、关联图法、系统图法、控制图法等。

1. *分层法*

分层法是质量管理中常用的整理数据的方法之一。所谓分层法,就是把收集到的原始质量数据,按照一定的目的和要求加以分类整理,以便分析质量问题及其影响因素的一种方法。分层的目的是要把性质相同、在同一条件下收集的数据归在一起,以利展开分析。因此,在分层时,应使一层内的数据波动幅度尽可能小,而各层之间的差别则尽可能大,这是应用分层法进行质量问题及其影响因素分析的关键。

过程控制中进行分层的标志常有:操作者、设备、原材料、操作方法、时间、检测手段、缺陷项目等等。

【例7-1】 钢筋焊接质量的调查分析,共检查了50个焊接点,其中不合格17个,不合格率为34%。存在严重的质量问题,试用分层法分析治理问题的原因。

现已查明这批钢筋的焊接是由A、B、C三个人操作的,而焊条是由甲、乙两个厂家提供的。因此,分别按操作者和焊条生产厂家进行分层分析,即考虑一种因素单独的影响。按操作者分层和按供应焊条厂家分层,如表7-5和表7-6所示。

表 7-5　　按操作者分层

操作者	不合格	合格	不合格率
A	5	11	31%
B	4	12	25%
C	8	10	44%
合计	17	33	34%

表 7-6　　按供应焊条厂家分层

工厂	不合格	合格	不合格率
甲	10	15	40%
乙	7	18	28%
合计	17	33	34%

由表 7-5 分析可见，操作者 B 的质量较好，不合格率为 25%；由表 7-6 分析可见，不论是采用甲厂还是乙厂的焊条，不合格率都很高。为了找到问题之所在，再进一步采用综合分层进行分析，即考虑两种因素共同影响的结果。综合分层分析焊接质量，如表 7-7 所示。

表 7-7　　综合分层分析焊接质量

操作者	焊接质量	甲厂		乙厂		合计	
		焊接点	不合格率	焊接点	不合格率	焊接点	不合格率
A	不合格	5	50%	0	0%	5	31%
	合格	5		6		11	
B	不合格	0	0%	4	36%	4	25%
	合格	5		7		12	
C	不合格	4	33%	4	67%	8	44%
	合格	8		2		10	
合计	不合格	10	40%	12	48%	22	44%
	合格	15		13		28	

从表 7-7 的综合分层法分析可知，在使用甲厂的焊条时，应采用操作者 B 的操作方法为好；在使用乙厂的焊条时，应采用操作者 A 的操作方法为好，这样会使合格率大大提高。

2. 排列图法

排列图又称主次因素分析图，也称为或帕累托(Pareto)图。帕累托(Vilfredo Pareto)是意大利经济学家，有关收入分布的帕累托法则创立者。这一法则揭示了“关键的少数和无关紧要的多数”的规律。这一法则后来被广泛应用于各个领域，并被称为 ABC 分析法。美国质量管理专家朱兰博士把这一法则引入质量管理领域，成为寻找影响产品质量主要因素的一种有效工具。

排列图由两个纵坐标、一个横坐标、几个顺序排列的直方块和一条累计百分率曲线所组成，见图 7-7。排列图横坐标表示影响产品质量的因素或项目。按其影响程度由大到小依次排列；左纵坐标表示频数(影响程度)，如件数、金额、工时、吨位等；右纵坐标表示频率；直方块的高度表示该因素或项目的频数，即影响程度；累计百分率曲线表示各影响因素影响程度比重的累计百分率，称为帕累托曲线。

作图分析时,把影响质量的因素分为A、B、C三类:A类,累计百分率在80%以内的诸因素,主要因素;B类,累计百分率在80%~90%中的诸因素,次要因素;C类,累计百分率在90%~100%的诸因素,一般因素。

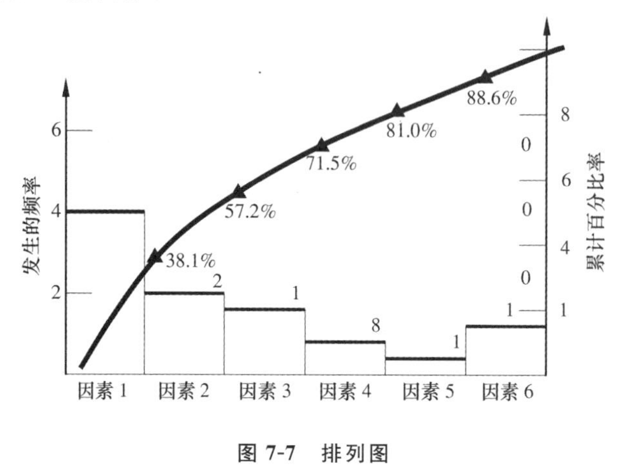

图 7-7 排列图

3. 因果分析法

因果分析图又称特性要因图、树枝图和鱼刺图,主要用于整理和分析产生质量问题的因素及各因素与质量问题之间的因果关系。因果分析图由质量问题和影响因素两部分组成,图中主干箭头指向质量问题,主干枝上的大枝表示影响因素的大分类,一般为操作者、设备、物料、方法、环境等因素,中枝、小枝、细枝等表示诸因素的依次展开,构成系统展开图。某海塘板桩施工工效低、质量不理想的因果分析图,如图7-8所示。

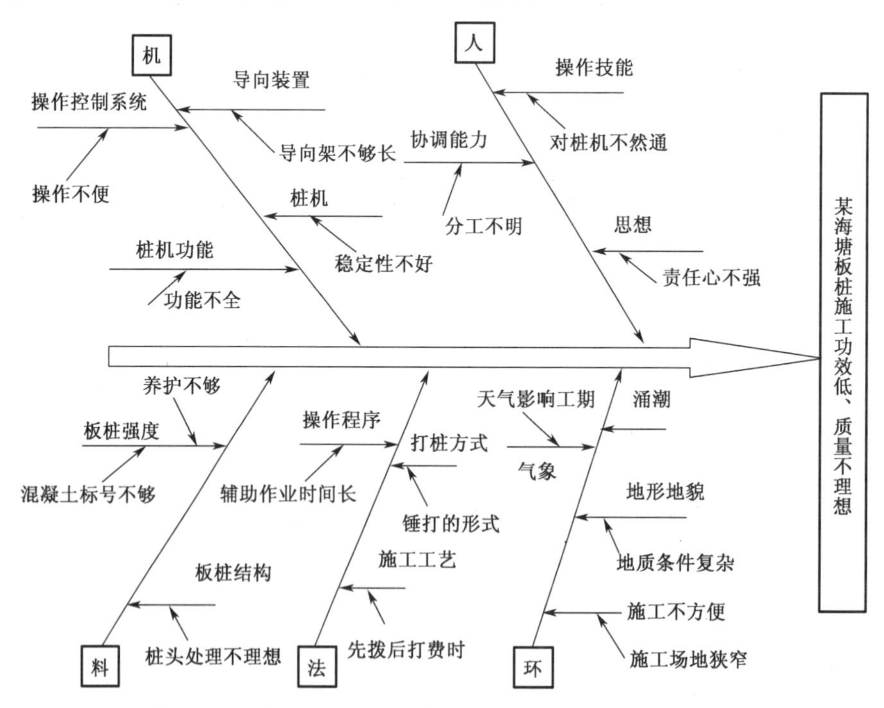

图 7-8 某海塘板桩施工工效低、质量不理想的因果分析图

因果分析图法,是从产生的质量问题出发,由大类因素找起,一直展开到中因素、小因素直至找到最终原因。然后针对根本原因,制定和采取有效的对策。显然,因果分析图法是一种系

统分析方法。

4. 直方图法

直方图法又称质量分布图法，是通过对测定或收集来的数据加以整理，来判断和预测生产过程质量和不合格品率的一种常用工具。直方图是由直角坐标系中若干顺序排列的长方形组成。各长方形的底边相等，为测定值组距，各长方形的高为测定值落入各组的频数。各组上界值直方图，如图7-9所示。

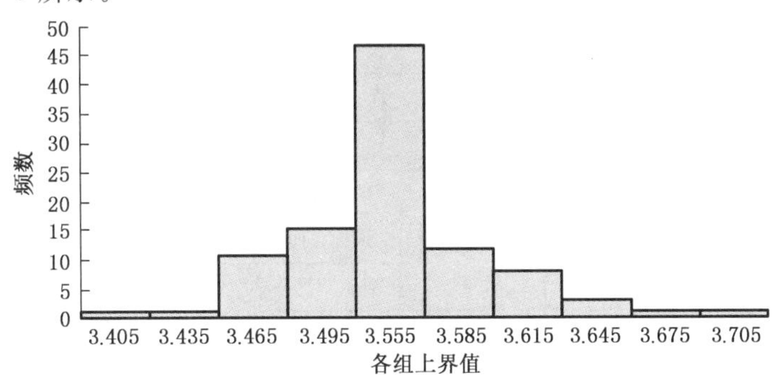

图7-9 直方图

直方图的绘制方法如下。

(1) 收集 n 个测定值。

(2) 找出 n 个测定值中的最大值 x_L、最小值 x_s。

(3) 确定测定值的分组数(参考：$n=50\sim100$，$k=7$；$n=101\sim200$，$k=8$；$n=201\sim250$，$k=9$；$n>250$，$k=10\sim20$)。

(4) 确定组距 h。$h=(x_L-x_s)/k$，按最后一位有效数取整。

(5) 确定组界值。将 x_s 减去最后一位有效数的1/2作为第一组的下界值，加上组距成为第一组的上界值和第二组的下界值，依次可得到各组的组界，最后一组应包含 x_L。

(6) 作频数表。将各组组界依次列入频数表中，将测定值计入各组，计算频数。

(7) 作图。横坐标轴上表明测定值分组的各组组界，纵坐标表示频数。以各组组界为底边，以测定值落入各组的频数为高，画长方形。在图的右上方记上测定值的总的个数并在图上表明规范界限。

5. 关联图法

用箭线表示事物之间因果关系的图形称为关联图。利用关联图来整理、分析、解决在原因、结果、目的和手段等方面存在的复杂关系问题的方法即称为关联图法。它用箭线的形式在逻辑上把质量问题各因素之间的“原因—结果、手段—目的”关系表示出来，从而暴露和展开其各个侧面，以利于最终从综合角度来处理问题。

关联图的作图步骤：首先，以所要解决的质量问题为中心展开讨论，分析原因及其子原因，以及各因素的因果关系或目的与手段关系，列出全部因素；然后，使用简单而贴切的语言，简明扼要地表达出这些因素；再把因果关系用箭头加以连接；进一步归纳出重点因素或项目；针对重点因素或项目采取对策。

【例7-2】 某构件装配合格品率偏低，产生不少废品。运用关联图进行探讨(如图7-10所示)，发现了教育培训不够、生产时间安排太紧、出勤率不稳定等问题，采取针对性的措施后，废品率大幅度下降

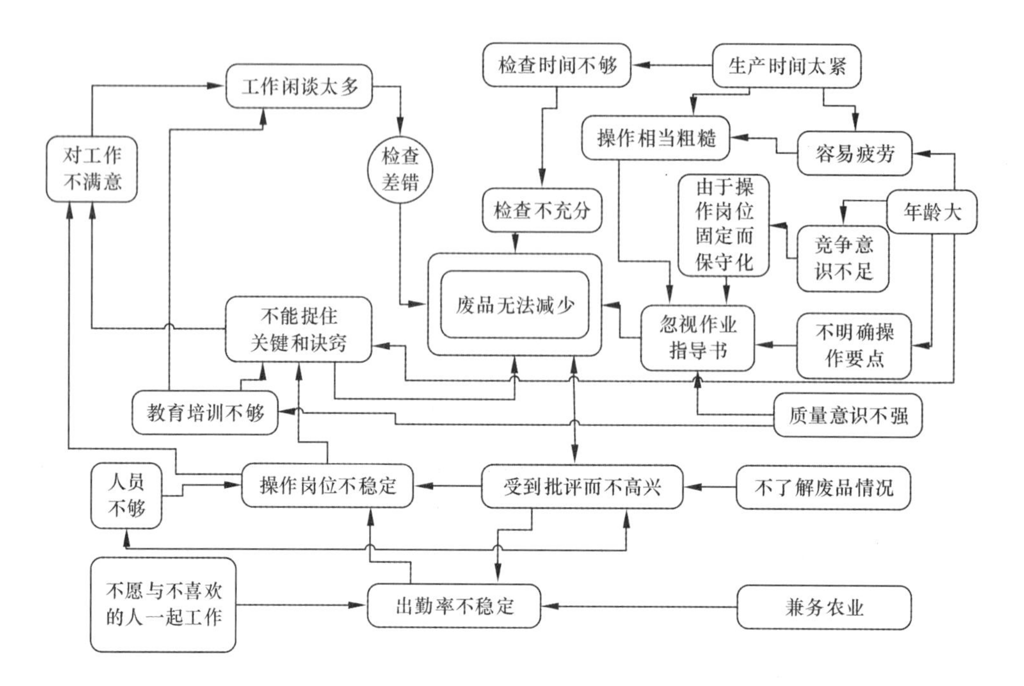

图 7-10　某构件装配合格品率偏低原因关联图

生产过程中涉及许多活动的事项往往都有机地联系在一起,关联图可以找出它们之间的有机联系,从而找出重点问题。

6. 系统图法

系统图法就是把达到目的所需的手段和方法按系统展开,然后利用系统图掌握问题的全貌,明确问题的重点,找到实现目的的最佳手段和方法。

系统图法在质量管理活动中可为管理者明确管理重点,寻求有效的改进方法。为了达到某种目的而选择某种手段,为了采取这种手段又必须考虑其下一水平的手段,这样,上一水平的手段对于下一水平的手段来说就成为目的。据此,可把达到某一目的所需的手段层层展开为图形,纵览问题的全貌,明确问题的重点,合理地寻求达到预定目的的最佳手段或策略。系统图示例,如图 7-11 所示。

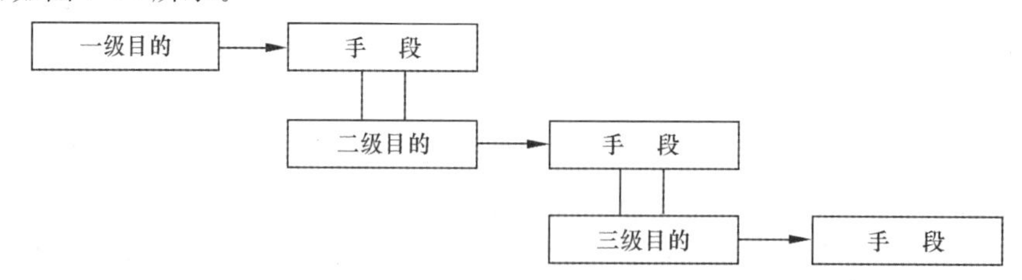

图 7-11　系统图示例

系统图法中所用的系统图大致有两类:一类是将问题的要素展开为“目的—手段”关系的“构成要素展开型”;另一类是将解决问题时所采取的手段和措施作系统展开的“措施展开型”。

系统图作图的一般步骤通常为六步法,如图 7-12 所示。

第一步,确定目的或目标。最终目的要明确、具体化、数量化。若目标有约束条件,也应一并标出。

第二步,提出手段和措施,有三种方法:

① 从所要达到的目的或目标开始，依次提出下一水平的手段和措施，一般叫目标展开；

② 从最基础、初级的手段和措施开始，逐级向上提出高一级的手段和措施，直至达到目；

③ 当分辨不清高、初级时，就针对具体目标进行分析、思考，依靠集体智慧提出手段和措施。

第三步，评价手段和措施，以决定取舍。在取舍时，对离奇的设想要特别注意，不要草率否定，它一旦被证实或实现，往往在效果上是一个大的突破。

第四步，手段措施卡片化。

第五步，目的手段系统化。一般根据三个方面展开：

① 实现这个目的需要什么手段？

② 把上一级手段看作目的，还需要什么手段？

③ 采取了这些手段，目的是否能够达到？

第六步，制定实施计划。即系统图中最末一级的手段（措施），必须逐项制定出实施计划，确定其具体内容、日程进度、责任者等。

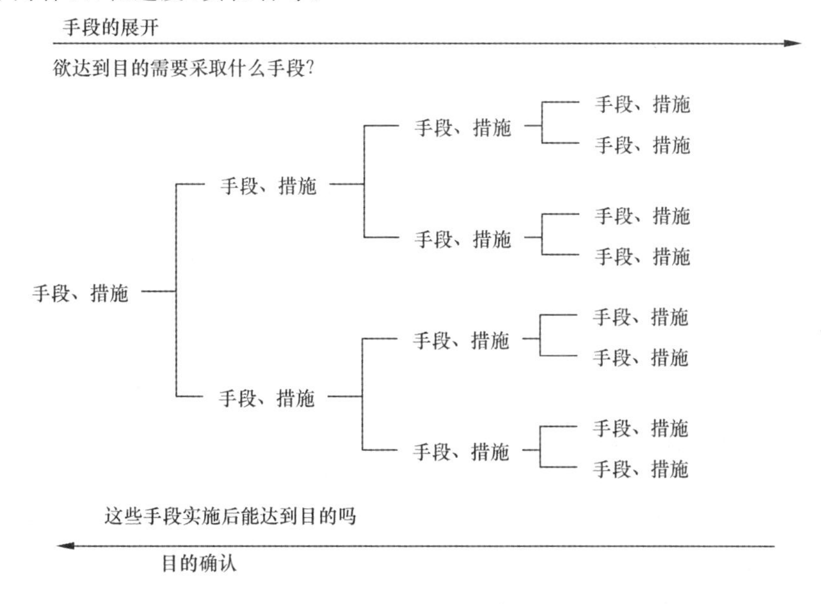

图7-12 系统图的作图步骤

7. 控制图法

控制图是用于分析和判断工序是否处于稳定状态所使用的带有控制界限的图。控制图法就是利用控制图对工序进行分析与控制的一种统计方法。

控制图中纵坐标表示质量特性值，横坐标是样本号或时间。控制图的基本形式，如图7-13所示。组成控制线的三条线中，上面的虚线叫上控制界限，用 *UCL* 表示；下面的虚线叫下控制界限，用 *LCL* 表示；中心的实线叫中心线，用 *CL* 表示。这三条线是通过抽样、收集过去一段时间内的数据计算出来的，计算的统计量依次描在控制图上，打点后得到质量波动折线，根据点子的排列情况，判断生产过程是否正常。

按照绘图法则，把控制图的控制界限定在平均值的正负三倍标准偏差(3)位置，是由于只考虑随机因素影响生产过程时，产品总体质量特性服从正态分布，如果测试1000个产品的质量特征数据(点子)，则有可能超出控制界点数为3个。在有限次数测量中，如果发现某个数据(点子)跳出控制界限，

根据“小概率事件实际不可能发生”原理，则可认为此时生产过程出现了波动，但这样做，

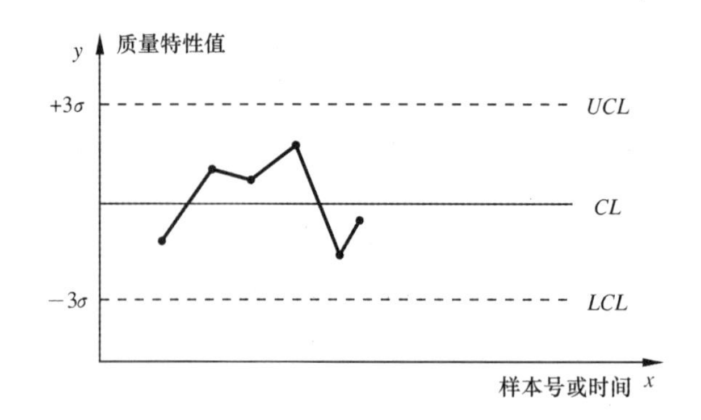

图 7-13 控制图的基本形式

却有0.3%错判的可能,因为小概率事件不是绝对不可能发生。这样工序本来正常,却误判为异常,称为第一类错误;同样工序已出现异常,但数据并未越出控制界限,则会把异常的工序判为正常,称为第二类错误。因此,控制界限确定应以两种错判总损失最小为原则。

控制界限的一般计算公式:

$$CL=\overline{X} \tag{7-1}$$

$$CL=\overline{X}+3\sigma \tag{7-2}$$

$$CL=\overline{X}-3\sigma \tag{7-3}$$

式中 $\overline{X}$——样本的均值;

σ——样本的标准偏差。

控制图的应用程序:

(1) 选取控制的质量特性。选定控制的特性应是影响产品质量的关键特性,这些特性能够计量(或计数),并且在技术上可以控制。

(2) 选择合适的控制图种类。

(3) 确定样本组数 k、样本量 n 和抽样间隔,一般样本组数不少于20~30个。

(4) 收集数据。数据的收集应使同一样本内的数据来自基本相同的生产条件,使样本内仅含有偶然性原因的影响,而系统性原因反映为样本间的差异。为此,通常采用整组随机抽样。它是按一定的时间间隔,不打乱产品的自然生产顺序,一次从中抽取连续的 n 个产品作为样本。

(5) 计算各组样本统计量,如样本均值、极差、标准差等。

(6) 计算各统计量控制界限。

(7) 画控制图,并将计算出的各组统计量在控制图上打点。

(8) 观察分析控制图,判断过程是否处于稳定状态。

7.1.5 施工质量验收

根据建筑工程施工质量验收统一标准,建筑工程质量验收划分为:检验批、分项工程、分部工程和单位工程四级。其中检验批和分项工程是质量验收的基础,分部工程是在所含全部分项工程验收的基础上进行验收的,它们在施工过程中随完工随验收;而单位工程是完整的具有独立使用功能的产品,在交付前进行最终的竣工验收。

1. 工程质量验收层次的划分

一个工程项目可能由若干单位工程组成,一个单位工程又可划分为若干分部工程,每个分部工程又划分为若干分项工程,分项工程则由各检验批组成。

1）单位工程的划分

单位工程是指具备独立施工条件并能形成独立使用功能的建筑物及构筑物。建筑规模较大的单位工程，可将其能形成独立使用功能的某一部分划分为子单位工程。子单位工程的划分一般可根据工程的建筑设计分区、结构缝的设置位置、使用功能显著差异等实际情况，在施工前由建设、监理、施工单位共同商定，并据此收集整理施工技术资料和验收。

2）分部工程的划分

建筑工程的分部工程应按专业性质、建筑部位、材料及施工特点或施工程序划分。当分部工程较复杂或由于设备系统、设备类别、安装方法等较复杂，且能形成独立的专业使用功能时，可将其划分为若干子分部工程。

建筑工程中分部工程的划分，考虑了发展和特点以及材料、设备、施工工艺的较大差异，便于施工和验收，增设了建筑幕墙分部工程，同时电气安装中将强电与弱电（自动控制）分开成为两个分部工程。

当分部工程量很大且较复杂时，将其中相同部分的工程或能够形成独立专业系统的工程划分为子分部工程，子分部工程成为一个体系，对施工和验收更能准确地判定其工程质量水平。

3）分项工程的划分

分项工程应按主要工种、施工方法及专业、系统进行划分。分项工程的划分，由各专业验收规范设定。

4）检验批的划分

分项工程可划分为若干检验批，检验批可根据施工及质量控制和验收需要按楼层、施工段、结构缝或专业系统划分。

分项工程划分成检验批分批进行验收，有助于控制工程质量，及时纠正施工中出现的质量问题。检验批的划分原则由各专业验收规范确定，应根据不同的楼层部位或专业性质划分为若干验收批，也可以在施工前由建设、监理、施工单位根据工程实际情况和验收规范的原则要求共同商定，经确定后的检验批，施工单位应按规定自检评定，建设、监理单位进行随机抽样验收。

建筑工程中主要分部、分项工程划分，见表 7-8。

表 7-8　建筑工程主要分部工程、分项工程的划分

序号	分部工程	子分部工程	分项工程
1	地基基础	土石方	土方开挖、土方回填、爆破
		基坑支护	深基础护坡柱、降水、排水、截水、地下连续墙、锚杆、土钉墙、水泥土墙、内支撑、喷锚护坡
		桩基	预制桩、沉桩或沉管、钻孔、冲孔或挖孔、钢筋及接头、混凝土或水下混凝土等
		地下防水	防水混凝土结构、水泥砂浆防水层、卷材防水层、涂膜防水层、金属板防水层、防水保护层、施工缝与变形缝
		地下钢筋混凝土	模板、钢筋、混凝土、后浇带混凝土、混凝土结构缝的处理
		地下砌体	砖砌体、混凝土砌体、料石、毛石砌体
		地下筋骨（管）混凝土	钢骨（管）焊接、铆接、螺栓连接、钢骨（管）与钢筋的连接、钢骨（管）制作、安装、混凝土
		地下钢结构	钢结构焊接、钢结构螺栓连接、钢结构制作、钢结构安装、钢结构保护层

续表

序号	分部工程	子分部工程	分项工程
2	主体结构	钢筋混凝土结构	模板、钢筋、混凝土、预应力、混凝土结构、装配式混凝土结构
		钢骨(管)混凝土结构	钢骨(管)焊接、铆接、螺栓连接、钢骨(管)与钢筋的连接、钢骨(管)制作、安装、混凝土
		砌体结构	砖砌体、混凝土砌体、料石、毛石砌体、轻质砌块砌体
		钢结构	钢结构焊接、钢结构螺栓连接、钢结构制作、钢结构安装、钢结构防水防腐蚀涂料
		木结构	木屋架和梁、柱制作、木屋架和梁.柱安装、屋面木骨架、木构件防火、防腐
		网架和索膜结构	网架制作、网架安装、索膜安装、网架防火、防腐涂料
3	门窗	木门窗安装	普通木门窗制作及安装、高档木门窗制作及安装、玻璃安装
		金属门窗安装	普通木门窗制作及安装、高档木门窗制作及安装、玻璃安装
		塑料门窗安装	全塑门窗安装、塑钢门窗安装、彩板组角钢门窗安装、玻璃安装
		特种门窗安装	防护门安装、防火门安装、无框玻璃门安装、自动门安装、旋转门安装、卷帘门安装、库房大门安装、防盗门安装、推拉式折叠门安装、铁栅门、隔音门
4	装修	抹灰	一般抹灰、装饰抹灰、清水砖墙勾缝
		吊顶	龙骨安装、板面安装、格楼面安装
		轻质隔墙	板材隔墙、骨架隔墙、活动隔墙、玻璃隔墙、铝合金隔墙
		饰面板(砖)	饰面板(砖)安装、饰面板(砖)粘贴
		涂饰	水性涂料涂饰、溶剂型涂料涂饰、清漆涂饰、美术涂饰、刷浆
		裱糊与软包	壁纸(布裱糊)、软包饰面
		细木与花饰	固定家具制作安装、暖气罩制作安装、窗帘盒制作安装、踢脚板制作安装、楼梯扶手制作安装、装饰线角制作安装、花饰制作安装
5	屋面	卷材屋面	屋面找平层、屋面保温层、屋面卷材防水、找坡层、防水保护层、变形缝
		涂膜屋面	涂抹基层、涂膜面层、油膏嵌缝、找平层、找坡层、防水保护层、变形缝
		细石混凝土屋面	细石混凝土基层、细石混凝土面层、油膏嵌缝、种植屋面
		金属屋面	薄钢板屋面、压型钢板屋面、型钢檩条
		架空隔热层	架空板、隔热层
		水落管、水落口	水落管、水落口
		瓦屋面	平瓦屋面、波形石棉瓦屋面、装饰异型瓦屋面
6	地面	整体地面	整体地面基层、水泥砂浆面层、细石混凝土、混凝土、钢筋水泥面层、棱苦土面层、水磨石面层、碎拼大理石面层、沥青混凝土、沥青砂浆面层
		板块地面	板块地面基层、普通粘土砖面层、陶瓷棉砖面层、缸砖、地面砖面层,水泥花砖面层,石材板面层,混凝土板面层,塑料板面层,地漆布面层,活动板块,预制水磨石面层,橡胶板面层
		木质地面	木质地面基层,条木地面,拼花硬木地面,块型拼花木地面,硬质纤维板地面,架空木地板地面、复合地板
		涂料地面	过氯乙烯防腐涂料面层、聚乙烯缩丁醛耐油涂料面层,环氧涂料面层,聚氨酯涂料面层
		地毯铺设地面	地毯铺设地面基层,活动式地毯铺设,固定式地毯铺设
		有水房间地面防水	涂膜防水层,卷材防水层,刚性防水层,管道根部防水

2. 工程质量验收与评定程序

工程质量验收与评定程序分为如下 4 个阶段。

1) 检验批的质量验收

检验批应按下列规定进行验收。

(1) 资料检查。建筑材料、成品、半成品、建筑构配件、器具和设备的质量证明书及进场的检(试)验报告;按专业质量验收规范规定的抽样试验报告;隐蔽工程检查记录:施工过程检查记录;质量管理资料及施工单位操作依据等。

(2) 实体质量检验。对检验批的主控项目和一般项目应根据专业工程质量验收规范规定的抽样方案,进行计量、计数等检验。各专业质量验收规范对各检验批的主控项目和一般项目的子项目合格质量都给予明确规定。主控项目是指建筑工程中对安全、卫生、环境保护和公众利益起决定性作用的检验项目。因此,主控项目的验收必须从严要求,不允许有不符合要求的检验结果,主控项目的检验具有否决权。一般项目则可按专业规范的要求处理。工程检验批质量验收记录,如表 7-9 所示。

表 7-9　工程检验批质量验收记录

<table>
<tr><td colspan="2">工程名称</td><td></td><td colspan="2">分项工程名称</td><td></td><td>验收单位</td><td></td></tr>
<tr><td colspan="2">施工单位</td><td colspan="4"></td><td>项目经理</td><td></td></tr>
<tr><td colspan="2" rowspan="2">施工依据</td><td colspan="3">企业(行业)标准名称及编号</td><td>企业标准实施日期</td><td>专业工长</td><td></td></tr>
<tr><td colspan="3"></td><td></td><td>分包单位负责人</td><td></td></tr>
<tr><td colspan="2">主控项目</td><td>质量验收规范规定
或允许偏差值</td><td colspan="4">施工单位检查评定记录</td><td>监理(建设)
单位验收记录</td></tr>
<tr><td>1</td><td></td><td></td><td colspan="4"></td><td></td></tr>
<tr><td>2</td><td></td><td></td><td colspan="4"></td><td></td></tr>
<tr><td>3</td><td></td><td></td><td colspan="4"></td><td></td></tr>
<tr><td>4</td><td></td><td></td><td colspan="4"></td><td></td></tr>
<tr><td>5</td><td></td><td></td><td colspan="4"></td><td></td></tr>
<tr><td colspan="2">一般项目</td><td>质量验收规范规定
允许偏差值及极限偏差值</td><td colspan="4">施工单位检查评定记录</td><td>监理(建设)
单位验收记录</td></tr>
<tr><td>1</td><td></td><td></td><td colspan="4"></td><td></td></tr>
<tr><td>2</td><td></td><td></td><td colspan="4"></td><td></td></tr>
<tr><td>3</td><td></td><td></td><td colspan="4"></td><td></td></tr>
<tr><td>4</td><td></td><td></td><td colspan="4"></td><td></td></tr>
<tr><td>5</td><td></td><td></td><td colspan="4"></td><td></td></tr>
<tr><td colspan="2">施工单位
检查评定
结果</td><td colspan="6">项目技术负责人:　　　　年　月　日</td></tr>
<tr><td colspan="2">施工(建设)
单位验收
结论</td><td colspan="6">监理工程师
(建设单位项目技术负责人)　　　　年　月　日</td></tr>
</table>

例如，砖砌体工程检验批质量验收时，主控项目包括砖强度等级、砂浆强度等级、斜槎留置、直槎拉结钢筋及接槎处理、砂浆饱满度、轴线位移、每层垂直度等内容；而一般项目包括组砌方法、水平灰缝厚度、顶(楼)面表高、表面平整度、门窗洞口高度、窗口偏移、水平灰缝的平直度以及清水墙游丁走缝等内容。

合理的抽样方案的制定对检验批的质量验收有重要的影响。在制定检验批的抽样方案时，应考虑合理分配生产方风险概率(或错判概率)α 和使用方风险概率(或漏判概率)β。主控项目，对应于合格质量水平的 α 和 β 均不宜超过 5%；对于一般项目，对应于合格质量水平的 α 不宜超过 5%，β 不宜超过 10%。

2) 分项工程质量验收

项目应根据专业工程质量验收规范规定的抽样方案；分项工程的验收在验收批的基础上进行。一般情况下，两者具有相同或相近的性质，只是批量的大小不同而已。因此，将有关的验收批汇集即可构成分项工程。分项工程合格质量的条件比较简单：只要构成分项工程的各验收批的验收资料文件完整，并且均已验收合格，则分项工程就合格验收。

(1) 分项工程质量验收的内容组成。其评定内容由保证项目、基本项目、允许偏差项目三部分组成。

保证项目。保证项目的条文是必须达到的基础，是保证工程安全或主要使用功能的重要检验项目。条文中采用“必须”或“严禁”用词表示。保证项目中包括的主要内容有：①重要材料、构件及配件、成品及半成品的质量；设备性能及附件的材质、技术性能等；②结构的强度、刚度和稳定性等检验数据、工程性能的检测。

基本项目。基本项目是保证工程安全或使用功能的基本要求，条文中采用“应”、“不应”用词表示。其指标分为“合格”及“优良”两个等级。基本项目与保证项目相比，虽不像保证项目那么重要，但对结构安全、使用功能、美观都有较大影响，是评定分项工程“优良”与“合格”的等级条件之一。

允许偏差项目。允许偏差项目是分项工程检验项目中规定有允许偏差范围的项目，条文中采用“应”、“不应”用词表示。检查点的测量结果以在允许偏差范围内所占比例作为区分分项工程合格或优良等级的条件之一。

(2) 分项工程质量等级标准。分项工程质量等级分为合格和优良二个等级。

合格标准：

a) 保证项目必须符合相应质量检验评定标准的规定；

b) 基本项目抽检的处(件)应符合相应质量检验评定标准的合格规定；

c) 允许偏差项目抽检的所占数中，建筑工程有 70%及其以上、建筑设备安装工程有 80%及其以上的实测值应在相应质量检验评定标准的允许偏差范围内。

优良标准：

a) 保证项目必须符合相应质量检验评定标准的规定；

b) 基本项目每项抽检的处(件)应符合相应质量检验评定标准的合格规定，其中有 50%及其以上的处(件)符合优良规定，该项即为优良；优良项数应占检验项数 50%及其以上；

c) 允许偏差项目抽检的点数中，有 90%及其以上的实测值应在相应质量检验评定标准的允许偏差范围内。

不合格的分项工程可按下列方法处理。

① 返工重做的分项工程，可重新评定其质量等级；

② 经加固补强未改变外形尺寸或未造成永久性缺陷，能够达到设计要求的，只能评为合格质量等级，不能评为优良等级；

③ 经法定检测单位鉴定达到设计要求的，只能评为合格质量等级，不能评为优良；

④ 经法定检测单位鉴定达不到原设计要求，但经设计单位鉴定认可，能满足结构安全及使用功能要求的分项工程工程质量可定为合格，但所在分部工程质量不能评为优良。

3）分部工程质量验收

分部（子分部）工程质量验收合格应符合下列规定。

① 分项工程的质量均应验收合格；

② 工程质量控制资料和文件应完整；

③ 地基基础、主体结构和设备安装分部等有关安全及功能的检验和抽样检测结果应符合有关规定；

④ 观感质量验收符合要求。

分部工程的验收在构成其他各分项工程验收的基础上进行。统一标准给出了分部工程验收合格的条件。

首先，构成分部工程的各分项工程必须已验收合格，且相应的质量控制资料文件必须完整，这是验收的基本条件。此外，由于各分项工程的性质不尽相同，因此作为分部工程不能简单地组合而加以验收，尚须增加以下两类检查。

涉及安全和使用功能的地基基础、主体结构、有关安全及重要使用功能的安装分部工程应进行有关见证检验或检测。这种由监理（建设）及施工两方人员现场取样交由第三方进行的检验或测试具有公正性和客观性，对校核分项工程验收结果、确定安全和重要使用功能具有重要作用。

有关方面人员参加观感质量综合评价。这类检查往往难以定量，只能以观察、触摸或简单量测的方式进行，并由各个人的主观印象判断，检查结果并不给出“合格”或“不合格”的结论，而是综合各检查人员的意见给出“好”、“一般”、“差”的质量评价。

分部工程的质量等级是由其所含的分项工程的质量等级通过统计的方法来确定的，所以分部工程评定的内容是重点检查分项工程质量检验评定的情况。分部工程的质量亦分为“合格”与“优良”两等级。分部工程质量等级，如表7-10所示。

表7-10　　分部工程质量等级标准

评定内容	质量等级	
	合格	优良
所含分项工程质量	全部合格	全部合格，其中有50%及其以上为优良（建设设备安装工程中，必须含指定的主要分项工程）

注：指定的主要分项工程，如建筑采暖卫生与煤气分部工程为锅炉安装、煤气调压装置安装分项工程；建筑电气安装分部工程为电力变压器安装、成套配电柜及动力开关柜安装、电缆线路分项工程；通风与空调分部工程为有关空气洁净的分项工程。

4）单位工程质量评定

单位工程质量是由分部工程质量等级汇总、质量保证资料核查和观感质量评分三部分来综合评定的。其中，分部工程质量等级汇总的目的是突出核查施工过程中的质量控制情况；质量保证资料核查的目的是检验建筑结构、设备性能和使用功能质量进行的综合评定，共有44

个项目名称，评定的内容基本上是能够观感到的各分项工程，并按其保证项目、基本项目和允许偏差项目，进行观感质量评定。单位工程的质量分为“合格”“优良”两个等级。

(1) 合格标准

a) 所含分部工程的质量应全部合格；

b) 质量保证资料应基本齐全；

c) 观感质量的评定得分率应达到70%及其以上。

(2) 优良标准

a) 所含分部工程的质量应全部合格，其中有50%及其以上优良，建筑工程必须含主体和装饰分部工程；以建筑设备安装工程为主的单位工程，其指定的分部工程必须优良；

b) 质量保证资料应基本齐全；

c) 观感质量的评分得分率应达到85%及其以上。

单位(子单位)工程质量竣工验收记录，如表7-11所示；质量控制资料核查记录，如表7-12所示；安全和功能检验资料核查及抽查记录，如表7-13所示；观感质量验收检查记录，如表7-14所示。

表7-11 单位(子单位)工程质量竣工验收记录

<table>
<tr><td>工程名称</td><td></td><td>结构类型</td><td></td><td>层数/建筑面积</td><td></td></tr>
<tr><td>施工单位</td><td></td><td>技术负责人</td><td></td><td>开工日期</td><td></td></tr>
<tr><td>项目经理</td><td></td><td>项目技术负责人</td><td></td><td>竣工日期</td><td></td></tr>
<tr><td>序号</td><td>项目</td><td colspan="2">验收记录</td><td colspan="2">验收结论</td></tr>
<tr><td>1</td><td>分部工程</td><td colspan="2">共部分，经查部分
符合标准及设计要求部分</td><td colspan="2"></td></tr>
<tr><td>2</td><td>安全、功能检验检测报告</td><td colspan="2">地基、基础份，符合要求份
主体结构份，符合要求份
重要设备份，符合要求份</td><td colspan="2"></td></tr>
<tr><td>3</td><td>质量控制资料检查</td><td colspan="2">共项，经审查符合要求项，
经核定和规范要求项</td><td colspan="2"></td></tr>
<tr><td>4</td><td>主要使用功能抽查结果</td><td colspan="2">共抽查项，符合要求项，
经返工处理符合要求项</td><td colspan="2"></td></tr>
<tr><td>5</td><td>观感质量验收评价</td><td colspan="2">共抽查项，符合要求项，
不符合要求项</td><td colspan="2"></td></tr>
<tr><td>6</td><td>综合验收结论</td><td colspan="2"></td><td colspan="2"></td></tr>
<tr><td rowspan="2">参加
验收
单位</td><td>施工单位</td><td>勘察设计单位</td><td>监理单位</td><td colspan="2">建设单位</td></tr>
<tr><td>(公章)

单位负责人
年 月 日</td><td>(公章)

单位(项目)负责人
年 月 日</td><td>(公章)

总监理工程师
年 月 日</td><td colspan="2">(公章)

单位项目负责人
年 月 日</td></tr>
</table>

表 7-12　单位(子单位)工程质量控制资料核查记录

工程名称			施工单位		
序号	项目	资料文件名称	份数	检查意见	检查人
1	建筑	图纸会审、变更设计洽商记录			
2		工程定位测量、放线记录			
3		原材料出厂合格证书及进场检(试)验报告			
4		施工试验报告			
5		隐蔽工程验收记录			
6		施工记录			
7		预制构件、预制混凝土合格证			
8		地基、基础、主体结构检验及抽样检测文件			
9		分项、分部工程质量验收记录			
10		单位工程竣工质量验收记录			
11		工程质量事故及事故调查处理文件			
12		新材料、新工艺施工记录			
1	暖卫与燃气	图纸会审、变更设计及洽商记录			
2		材料、配件出厂合格证及进场检验报告			
3		管道、设备强度试验、严密性试验记录			
4		隐蔽工程验收记录			
5		系统清洗、灌水、通水、通球试验记录			
6		施工记录			
7		分项、分部工程验收记录			
1	电气	图纸会审、变更设计及洽商记录			
2		材料、配件出厂合格证及进场检验报告			
3		设备调试记录			
4		绝缘接地、电阻测试记录			
5		隐蔽工程验收记录			
6		施工记录			
7		分项、分部工程验收记录			
1	通风与空调	图纸会审、变更设计及洽商记录			
2		原材料出厂合格证书及进场检验报告			
3		管道试验及测试检测记录			
4		隐蔽工程验收记录			
5		施工记录			
6		分项、分部工程验收记录			
1	电梯	图纸会审、变更设计及洽商记录			
2		设备出厂合格证及开箱检验记录			
3		隐蔽工程验收记录			
4		施工记录			
5		接地、绝缘电阻测试记录			
6		负荷试验、安全装置检查记录			
7		分项、分部工程验收记录			

表 7-13　　单位(子单位)工程安全和功能检验资料核查及抽查记录

工程名称			施工单位			
序号	项目	功能检查项目	份数	核查意见	抽查结果	检查人
1	建筑	屋面漏水试验记录				
2		地下室防水效果检查记录				
3		有防水要求房间蓄水试验记录				
4		建筑物垂直度、标高、全高测量记录				
5		抽气(风)道检查记录				
6		幕墙及外窗气密性、水密性、耐风压检测报告				
7		建筑物沉降观测测量记录				
8		节能、保湿测试记录				
1	暖卫与燃气	给水管道通水试验记录				
2		暖气管道、散热器压力试验记录				
3		卫生器具满水实验记录				
4		消防管道、燃气管道压力试验记录				
5		排水干管通球试验记录				
1	电气	照明全负荷试验记录				
2		大型灯具牢固性试验记录				
3		避雷接地电阻测试记录				
4		线路、插座、开关接地检验记录				
1	通风与空调	通风、空调系统试运行记录				
2		风量、湿度测试记录				
3						
1	电梯	电梯运行记录				
2		电梯安全装置检测报告				
核查结论：						

表 7-14　　单位(子单位)工程观感质量验收检查记录

工程名称			施工单位			
序号	项目		抽查质量状况	质量评价		
				好	一般	差
1	建筑	室外墙面				
2		结构缝、水落管				
3		屋面				
4		室内墙面				
5		室内顶棚				
6		室内地面				
7		楼梯踏步				
8		门窗				
1	暖卫与燃气	管道接口、坡度、支架				
2		卫生器具、支架、阀门				
3		检查口、扫除口、地漏				
4		散热器、支架				
1	电气	配电箱、盘、板、接线盒				
2		照明器具、开关、插座				
3		防雷				
1	通风空调	风口、风阀				
2		风机、空气处理室、机组				
1	电梯	运行、平层、开关门				
2		层门、信号系统				
3		机房				
观感质量综合评价						
验收结论	总监理工程师 (建设单位项目负责人)　　年　月　日					

注:质量评价为差的项目,应返修达到合格质量要求。

3. 工程质量验收与评定的组织

根据不同阶段的工程质量验收与评定要求,其相应的组织方式如下。

1) 检验批和分项工程质量的评定

检验批及分项工程应由监理工程师或建设单位(项目)技术负责人组织施工单位工程项目技术负责人等进行验收。

《建筑工程质量管理条例》第三十七条规定:“……未经监理工程师签字……施工单位不得进行下一道工序的施工。”对没有实行监理的工程,可由建设单位(项目)技术负责人组织施工单位工程项目技术负责人等进行验收。施工过程的每道工序,各个环节每个检验批对工程质量的把关的作用,首先应由施工单位的项目技术负责人组织自检评定,在符合设计要求和规范规定的合格质量要求后,应提交监理工程师或建设单位项目技术负责人进行验收。

分项工程施工过程中,应对关键部位随时进行抽查。所有分项工程施工,施工单位应在自检合格后,填写分项工程报验申请表,并附上分项工程评定表。属隐蔽工程,还应将隐检单报监理单位,监理工程师必须组织施工单位的工程项目负责人和有关人员严格按每道工序进行检查验收。合格者,签发分项工程验收单。

2) 分部工程质量的评定

分部工程应由总监理工程师或建设单位项目负责人组织施工单位项目负责人和技术、质量负责人等进行验收。地基基础、主体结构、幕墙等分部工程的勘察、设计单位工程项目负责人和施工单位技术、质量部门的负责人也应参加相关分部工程验收。

(1) 分部工程完成并经施工单位项目负责人组织自检评定合格后,向监理单位(或建设单位项目负责人)提出分部工程验收的报告,其中地基基础、主体工程、幕墙等分部,还应由施工单位的技术、质量部门配合项目负责人作好检查评定工作,监理单位的总监理工程师(或建设单位项目负责人)组织施工单位的项目负责人和技术、质量负责人等有关人员进行验收。

(2) 鉴于地基基础、主体结构和幕墙等分部工程结构技术性能要求严格,技术性强,关系到整个单位工程的建筑结构安全和重要使用功能,这些分部工程的勘察、设计单位工程项目负责人和施工单位的技术、质量部门负责人也应参加相关分部工程质量的验收。

3) 单位工程质量的评定

单位工程完工后,施工单位应自行组织有关人员进行检验评定并向建设单位提交工程竣工报告,由建设单位负责人组织施工(含分包单位)、设计、监理等单位负责人及技术、质量负责人、总监理工程师进行竣工验收。

单位工程有分包单位施工时,分包单位对所承包的工程项目应按标准规定的程序检验评定,总包单位应参加检验评定合格后,将工程有关资料交总包单位。

4. 工程质量保修

建筑工程质量保修制度是指建筑工程在办理交工验收手续后,在规定的保修期限内因勘察设计施工材料等原因造成的质量缺陷,应由责任单位负责维修的制度。所谓质量缺陷是指工程不符合国家或行业现行的有关技术标准设计文件以及合同中对质量的要求。

1) 工程质量保修范围

《建筑法》第62条的规定,建筑工程的保修范围应当包括地基基础工程、主体结构工程、屋面防水工程和其他土建工程,以及电气管线、上下水管线的安装工程,供热、供冷系统工程等项目。建设工程承包单位在向建设单位提交工程竣工验收报告时,应当向建设单位出具质量保修书。质量保修书中应明确建设工程的保修范围、保修期限和保修责任等。

根据《建设工程质量管理条例》第四十条,在正常使用条件下,建设工程的最低保修期限规定如下。

(1) 基础设施工程、房屋建筑的地基基础工程和主体结构工程,为设计文件规定的该工程的合理使用年限;

(2) 屋面防水工程、有防水要求的卫生间、房间和外墙面的防渗漏,为5年;

(3) 供热与供冷系统,为2个采暖期、供冷期;

(4) 电气管线、给排水管道、设备安装和装修工程为2年。

其他项目的保修期限由发包方与承包方约定。

建设工程的保修期，自竣工验收合格之日起计算。建设工程在超过合理使用年限后需要继续使用的，产权所有人应当委托具有相应资质等级的勘查、设计单位鉴定，并根据鉴定结果采取加固、维修等措施，重新界定使用期。

2）工程质量保修费用承担

保修费用应由质量缺陷的责任方承担，通常情况可做以下几种处理：

(1) 施工单位未按国家有关规范标准和设计要求施工造成的质量缺陷，由施工单位负责返修并承担经济责任。

(2) 由于设计方面的原因造成的质量缺陷，由设计单位承担经济责任。可由施工单位负责维修，其费用按有关规定通过建设单位向设计单位索赔，不足部分由建设单位负责。

(3) 因建筑材料构配件和设备质量不合格引起的质量缺陷，属于施工单位采购的或经过验收同意的由施工单位承担经济责任；属于建设单位采购的由建设单位承担经济责任。

(4) 因使用单位使用不当造成的损坏问题由使用单位自行负责。

(5) 因地震、洪水、台风等不可抗力所造成的损坏问题，施工单位、设计单位则不应承担经济责任。

7.2 工程施工安全管理

在工程建设中除了对工程项目的施工成本、施工进度和施工质量进行严格控制外，还必须对安全与环境进行管理。建筑生产的特点决定了在施工生产过程中危险性大、不安全因素多，预防难度高、环境影响大。因此，提高安全生产工作和文明施工的管理水平，预防伤亡事故的发生，确保职工的安全和健康，实现安全管理工作的标准化和规范化是一项十分重要和艰巨的工作。

按系统安全工程观点，安全是指生产系统中人员免遭不可承受危险的伤害。工程施工过程是个危险大、突发性强、容易发生伤亡事故的生产过程，工程施工安全目标控制的任务就是在明确的安全目标条件下，通过行动方案和资源配置的计划、实施、检查和监督，防止发生人身伤亡和财产损失等工程事故，消除或控制危险有害因素，保障人身安全与健康、设备和设施免受损坏，环境免遭破坏。

7.2.1 施工安全组织与制度

施工安全管理的工作目标，主要是避免或减少一般安全事故和轻伤事故，杜绝重大、特大安全事故和伤亡事故的发生，最大限度地确保施工中劳动者的人身和财产安全。能否达到这一安全管理的工作目标，关键问题是需要安全管理组织和制度来保证。

1. 施工安全监督体系

施工安全监督，是指住房城乡建设主管部门依据有关法律法规，对房屋建筑和市政基础设施工程的建设、勘察、设计、施工、监理等单位及人员等工程建设责任主体履行安全生产职责，执行法律、法规、规章、制度及工程建设强制性标准等情况实施抽查并对违法违规行为进行处理的行政执法活动。

施工安全监督机构应当具备以下条件：①具有完整的组织体系，岗位职责明确；②具有符合规定的施工安全监督人员，人员数量满足监督工作需要且专业结构合理，其中监督人员应当占监督机构总人数的75%以上；③具有固定的工作场所，配备满足监督工作需要的仪器、设备、工具及安全防护用品;④有健全的施工安全监督工作制度,具备与监督工作相适应的信息化管理条件。

施工安全监督主要包括以下内容:①抽查工程建设责任主体履行安全生产职责情况;②抽查工程建设责任主体执行法律、法规、规章、制度及工程建设强制性标准情况;③抽查建筑施工安全生产标准化开展情况;④组织或参与工程项目施工安全事故的调查处理;⑤依法对工程建设责任主体违法违规行为实施行政处罚;⑥依法处理与工程项目施工安全相关的投诉、举报。

监督机构实施工程项目的施工安全监督,应当依照下列程序进行:①受理建设单位申请并办理工程项目安全监督手续;②制定工程项目施工安全监督工作计划并组织实施;③实施工程项目施工安全监督抽查并形成监督记录;④评定工程项目安全生产标准化工作并办理终止施工安全监督手续;⑤整理工程项目施工安全监督资料并立卷归档。

监督机构实施工程项目的施工安全监督,有权要求工程建设责任主体提供有关工程项目安全管理的文件和资料;进入工程项目施工现场进行安全监督抽查;发现安全隐患,责令整改或暂时停止施工;发现违法违规行为,按权限实施行政处罚或移交有关部门处理;向社会公布工程建设责任主体安全生产不良信息。

2. 施工安全的组织保证体系

施工安全的组织保证体系是负责施工安全工作的组织管理系统,安全组织机构组成人员应包括业主、设计、勘察、施工、设备供应等全部相关单位的主管领导机构、专职管理机构的设置和专兼职安全管理人员的配备(如企业的主要负责人、专职安全管理人员,企业、项目部主管安全的管理人员以及班组长、班组安全员)。《建设工程安全生产管理条例》的规定,施工项目的第一负责人就是安全施工的第一责任人,负责安全工作重大问题的组织研究和决策。要做好施工安全生产工作,减少伤亡事故的发生,就必须牢固树立“以人为本”的思想,形成与施工范围相适应的完整的安全组织保证体系。

例如,某国际机场扩建工程参建单位多,又涉及航站楼工程、飞行区工程、综合配套工程、货运区工程等施工内容。因此,建立严密的安全管理组织体系。某国际机场扩建工程安全管理组织体系,如图7-14所示。将安全管理工作分解落实到各个标段,是做好安全管理工作的前提。在扩建工程安全生产领导小组的统一指挥下,机场安全管理工作小组由总工办、飞行部、航站部、综合配套工程部和货运部组成。每个工程部门又根据所负责的工程区域,将各施工单位、监理单位一起纳入以该工程区域为核心的安全管理工作中。通过安全管理组织体系的建立,建设指挥部将安全管理工作落实到每个工程标段,确保了安全管理工作的落实。

《建筑施工安全检查标准》(JGJ 59—99)规定:“施工现场凡职工人数超过50人的,必须设置专职安全员;建筑面积1万平方米以上的,必须设置2~3名专职安全员”。《注册安全工程师管理规定》第六条规定:“从业人员300人以上的煤矿、非煤矿矿山、建筑施工单位和危险物品生产、经营单位,应当按照不少于安全生产管理人员15%的比例配备注册安全工程师;安全生产管理人员在7人以下的,至少配备1名。”

安全组织机构的职责有:①负责制定和完善项目施工过程中的安全管理制度;②负责组织安全管理知识和实际操作技能的学习和培训;③负责监督、检查和指导施工单位的安全施工情况;④负责查处施工过程中的违章、违规行为;⑤负责对安全事故进行调查分析及相应处理。

3. 施工安全管理制度

针对施工过程中的安全风险,建立安全管理制度是安全管理的一项重要内容。施工安全管理制度是为贯彻执行安全生产法律、法规、强制性标准、工程施工设计和安全技术措施,确保

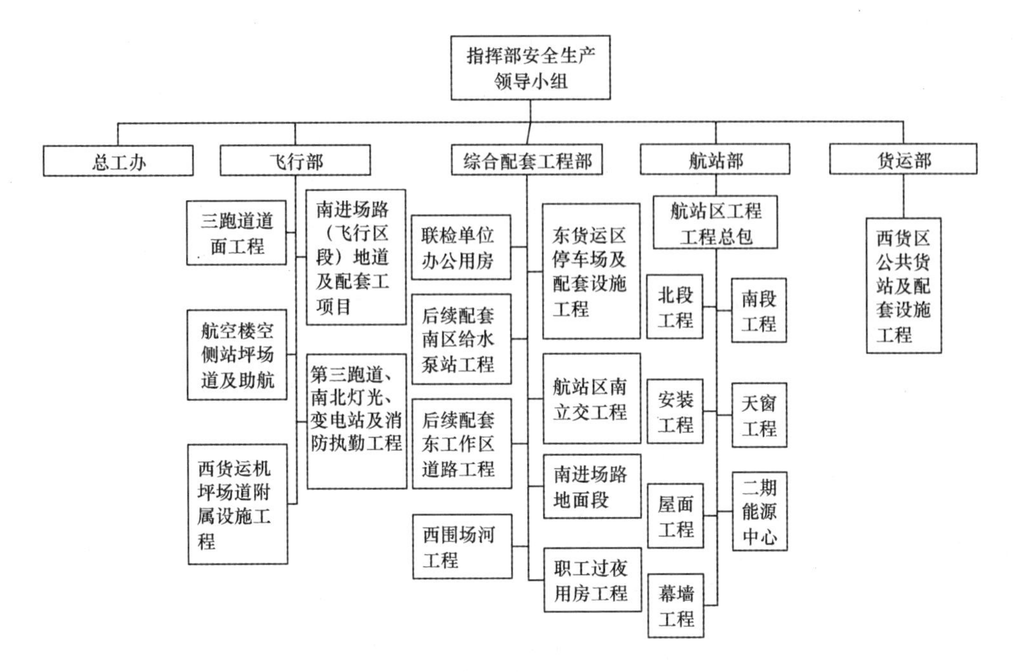

图 7-14　某国际机场扩建工程安全管理组织体系

施工安全而提供的支持与保证体系。全面建立健全各岗位安全管理责任制——安全生产组织制度、安全生产责任制度、安全生产教育培训制度、安全生产奖惩制度等，明确责任，层层建制，级级落实，才能保证施工安全生产的有效实施。施工安全管理制度主要包括如下内容。

(1) 施工安全管理目标责任制，以责任书形式将目标责任逐级分解到施工分包方、项目组和作业岗位。

(2) 施工组织设计编制审查制度。对工程专业性较强的项目，如打桩、基坑支护与土方开挖、支拆模板等，必须要求施工单位编制专项施工组织设计，审查通过后准许开工。

(3) 安全技术交底制度。施工安全技术交底是在建设工程施工前，由上级技术主管部门向下级生产作业单位逐层进行有关工程安全施工的详细说明，并由双方签字确认。安全技术交底一般由项自总工程师向项目技术负责人或技术员交底，技术负责人向施工队各专业施工员交底，施工队各专业施工员向班组长及工人交底。交底要有文字资料，内容要求全面、具体、针对性要强。交底人、接受人均应在交底资料上签字，并注明交底日期。

(4) 班前安全活动和安全教育制度。按要求做好记录和保存档案。

(5) 安全检查制度。项目部、施工队定期进行安全检查，平时进行不定期检查，每次检查都要有记录，对查出的事故隐患要限期整改。对未按要求整改的要给单位或当事人以经济处罚，直至停工整顿。

(6) 安全管理文档制度。包括：针对危险源的运行控制编制的项目安全管理程序文件和作业文件，如《用火作业安全管理》、《临时用电安全管理规定》等；针对具体操作岗位制定的作业指导书，如《起重作业操作规程》；针对重大的、不可预测的风险制定应急预案，如《火灾事故应急预案》等。在工程施工安全管理策划中都应明确下来，以保证施工过程中对风险的有效控制。

7.2.2　施工危险源的识别

危险源是指“可能导致伤害或疾病、财产损失、工作环境破坏或这些情况组合的根源或状态”。按照《生产过程危险和有害因素分类与代码》(GB/T 13861—2009),危险源分为物理性、化学性、生物性、心理生理性、行为性和其他共六类。危险源可概括划分为两大类:第一类是人的行为,尤其是作业人员的行为;第二类是物的状态,而物的状态又受到管理人员的行为的影响。多数情况下,事故的原因是人的不安全行为和物的不安全状态的组合。

危险源的识别和控制是一项预防措施,现场施工只有事前进行有效的风险控制才能避免和减少事故的发生。因此,承包企业经理要组织各参与方安全工程师对各自的单位工程或分部(分项)工程的危险源进行识别和评价,确定有效的控制措施,是安全管理的一项重要的基础工作。

据国家建设主管部门统计,2013 年全国建筑施工伤亡事故类别仍主要是坍塌、高处坠落、起重伤害等。这些事故的死亡人数共 320 人,分别占全部事故死亡人数的 54%、18%、5%,总计占全部事故死亡人数的 77%。2013 年建筑施工安全事故类别统计图,如图 7-15 所示;在洞口和临边作业发生事故的死亡人数占总数的 15.51%;在各类脚手架上作业发生事故的死亡人数占总数的 11.86%;安装、拆卸塔吊事故死亡人数占总数的 11.86%;模板事故死亡人数占总数的 6.82%。各类型事故发生部位死亡人数比例图,如图 7-16 所示。

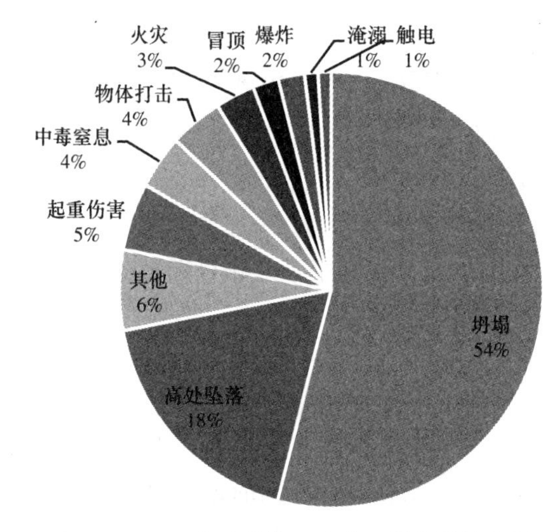

图 7-15 2013 年建筑施工安全事故类别统计图

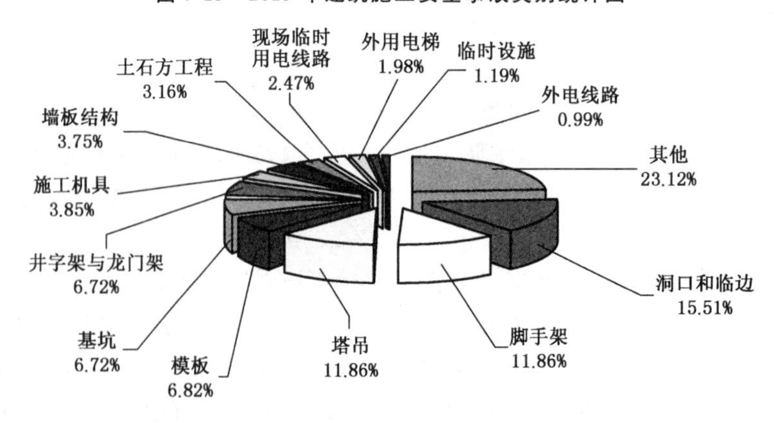

图 7-16 各类型事故发生部位死亡人数比例图

一种简单易行的危险源定量评价方法是“LEC 法”,即作业条件危险性评价法。这种方法考虑构成危险源的三种因素——发生事故的可能性(L)、人体暴露在危险环境中的频繁程度

(E)和一旦发生事故会产生的后果(C),取三者之积来确定风险值(D),并规定不同风险值所代表的风险等级。

危险源识别包括:

(1) 生产生活过程中存在的、可能发生意外释放的能量或危险物质,如台风、地震;

(2) 造成能量和危险物质约束或限制措施破坏、失效的因素,如物的故障、人的失误和环境因素三个方面。

① 物的故障表现为:发生故障或误操作时的防护、保险、信号等装置缺乏、缺陷;设备、设施在强度、刚度、稳定性、人机关系上有缺陷。

② 人的失误包括人的不安全行为和管理失误等。

③ 环境因素指生产环境中的温度、湿度、噪声、振动、照明或通风换气等方面。

危险源识别应考虑:①常规和非常规的活动。如设备吊装、非正常停电等;②所有进入工作场所人员的活动,包括员工、业主人员、访问者和施工分包方人员。

风险等级不同、作业内容不同,采取的控制措施也不相同。既有管理方式的措施,也有技术方面的措施。不管采取什么控制措施,都必须尽可能使风险消除,或降低到可接受的程度。按照采取措施的先后顺序,控制措施可为三类:①消除风险,这是最理想的控制措施;②降低风险,使之达到可接受的程度;③个体防护,这是一种相对比较被动的措施。当采取前两项措施仍不能达到可接受的程度时,可使用个体防护。

危险源和控制措施一经确定,就必须纳入管理范围及时传达到施工作业区的每名工作人员,同时设置危险源安全标志牌。要高度重视本区域安全动态,危险源若发生变化,尤其是升级时,应采取有效措施,保证人身和机械设备的安全。危险源的撤离和警告消除必须在确定无安全隐患时才能实施。

7.2.3 施工安全教育与培训

对职工进行安全教育与培训,能增强职工的安全生产意识,提高安全生产技能,有效地防止在施工活动中的不安全行为,减少失误;安全教育培训是进行人的行为控制的重要手段,进行安全教育必须适时,内容要合适,有针对性,并形成制度。

1. 施工现场管理人员安全教育

对施工单位的主要负责人、项目经理、技术负责人、专职安全员等所有管理人员进行定期培训、教育,让他们知法、守法、用法,严格执行强制性标准,坚持持证上岗,尽快提高各级安全管理人员队伍的技术素质。

安全教育的内容主要包括:①工程的基本情况、现场环境、施工特点、可能存在的不安全因素、危险源;②项目安全管理方针、政策、法规、标准、规范、规程和安全知识;③项目安全施工管理程序和规定;④文明施工要求和安全纪律;⑤从事施工必备的安全知识、机具设备及安全防护设施的性能和作用教育;⑥本岗位安全操作规程;⑦劳动保护意识和内容。

2. 进场作业人员安全培训

进场前必须对进场作业人员进行公司、项目部、班级的“三级”安全教育。针对因季节、自然环境变化引起的生产环境、作业条件的变化及时进行安全教育,增强安全意识,减少因环境变化而引起的人为失误,经考核合格后才能进入操作岗位。

3. 日常安全教育

督促和要求各施工单位坚持班前安全活动制度,把经常性的安全教育贯穿于安全管理的全过程。施工前的安全教育应强调施工中应该注意的安全事项,消除不安全因素和隐患。施工中及时发现安全问题,并对相关人员进行教育和培训。施工后要及时总结,并将经验传递到下一个分项工程或分部工程。

4. 特种作业人员安全培训

垂直运输机械作业人员、安装拆卸工、爆破作业人员、起重信号工、登高架设作业人员等特种作业人员,必须按照国家有关规定经过专门的安全作业培训,并取得特种作业操作资格证书后,方可上岗作业。

5. “四新技术”专项安全教育

采用新技术、新设备、新材料和新工艺之前制订有针对性、行之有效的专门安全技术措施,对有关人员进行相应的安全知识、技能、意识的全面教育,并严格按照制定的操作规程进行作业。

通过安全培训提高各级生产管理人员和广大职工搞好安全工作的责任感和自觉性,增强安全意识,掌握安全生产的科学知识,不断提高安全管理水平和安全操作技术水平,增强自我防护的能力,杜绝安全事故的发生。

7.2.4 施工安全规定和措施

在长期的施工安全管理过程中,经过不断地总结经验和教训,逐渐形成了一系列行之有效的施工安全操作规定,其中有“三宝”及“四口”防护、安全生产六大纪律、起重吊装“十不吊”、气割、电焊“十不烧”等。

1. “三宝”及“四口”防护

“三宝”主要指安全帽、安全带、安全网的使用;“四口”主要指楼梯口、电梯井口、预留洞口(坑、井)、通道口等各种洞口的防护。由于不重视“三宝”而发生的事故较为普遍,应强调按规定使用“三宝”。“四口”的防护必须做到定型化、工具化,并按施工方案进行验收。

2. 安全生产六大纪律

(1) 进入现场必须戴好安全帽,扣好帽带,并正确使用个人劳动防护用品;

(2) 2米以上的高处、悬空作业,无安全设施的,必须戴好安全带、扣好保险钩;

(3) 高处作业时,不准往下或向上乱抛材料和工具等物件;

(4) 各种电动机械设备必须有可靠有效的安全接地和防雷装置,方能开动使用;

(5) 不懂电气和机械的人员,严禁使用和玩弄机电设备;

(6) 吊装区域非操作人员严禁入内,吊装机械必须完好,把杆垂直下方不准站人。

3. 起重吊装“十不吊”规定

(1) 起重臂和吊起的重物下面有人停留或行走不准吊;

(2) 起重指挥应由技术培训合格的专职人员担任,无指挥或信号不清不准吊;

(3) 钢筋、型钢、管材等细长和多根物件必须捆扎牢靠,多点起吊,单头“千斤”或捆扎不牢不准吊;

(4) 多孔板、积灰斗、手推翻斗车不用四点吊或大模板外挂板不用卸甲不准吊,预制钢筋混凝土楼板不准双拼吊;

(5) 吊砌块必须使用安全可靠的砌块夹具,吊砖必须使用砖笼,并堆放整齐,木砖、预埋件等零星物件要用盛器堆放稳妥,叠放不齐不准吊;

(6) 楼板、大梁等吊物上站人不准吊;

(7) 埋入地面的板桩、井点管等以及粘连、附着的物件不准吊;

(8) 多机作业，应保证所吊重物距离不小于 3m，在同一轨道上多机作业，无安全措施不准吊；

(9) 6 级以上强风区不准吊；

(10) 斜拉重物或超过机械允许荷载不准吊。

4. 气割、电焊“十不烧”规定

(1) 焊工必须持证上岗，无特种作业人员安全操作证的人员，不准焊、割；

(2) 凡属一、二、三级动火范围的焊、割作业，未经办理动火审批手续，不准进行焊、割；

(3) 焊工不了解焊、割现场周围情况，不得进行焊、割；

(4) 焊工不了解焊件内部是否安全时，不得进行焊、割；

(5) 各种装过可燃气体、易燃液体和有毒物质的容器，未经彻底清洗，排除危险性之前不准进行焊、割；

(6) 用可燃材料作保温层、冷却层、隔热设备的部位，或火星能飞溅到地方，在未采取切实可靠的安全措施之前，不准焊、割；

(7) 有压力或密闭的管道、容器，不准焊、割；

(8) 焊、割部位附近有易燃易爆物品，在未作清理或未采取有效的安全措施之前，不准焊、割；

(9) 附近有与明火作业相抵触的工种在作业时，不准焊、割；

(10) 与外单位相连的部位，在没有弄清有无险情，或明知存在危险而未采取有效的措施之前，不准焊、割。

施工安全技术措施是在施工项目生产活动中，根据工程特点、规模、结构复杂程度、工期、施工现场环境、劳动组织、施工方法、施工机械设备、变配电设施、架设工具以及各项安全防护设施等，针对施工中存在的不安全因素进行预测和分析，找出危险点，为消除和控制危险隐患，从技术和管理上采取措施加以防范，消除不安全因素，防止事故发生，确保施工项目安全施工。

主要的分部分项工程，如土石方工程、基础工程(含桩基础)、砌筑工程、钢筋混凝土工程、钢门窗工程、结构吊装工程及脚手架工程等都必须编制单独的分部分项施工安全技术措施。

编制施工组织设计或施工方案时，在使用新技术、新工艺、新设备、新材料的同时，必须考虑相应的施工安全技术措施。对于有毒、有害、易燃、易爆等项目的施工作业，必须考虑防止可能给施工人员造成危害的安全技术措施。

另外，针对季节性施工的特点，必须制定相应的安全技术措施。夏季要指定防暑降温措施；雨期施工要制定防触电、防雷、防坍塌措施；冬期施工要制定防风、防火、防滑、防煤气和亚硝酸钠中毒措施。常用的施工安全措施如下。

(1) 基坑支护

在基坑施工前，必须进行勘察，制定施工方案；对于较深的沟坑，必须进行专项设计和支护；对于边坡和支护应随时检查，发现问题及时采取措施消除隐患；不得在坑槽周边堆放物料和施工机械，如需要堆放时，应采取加固措施。

(2) 脚手架

脚手架是建筑施工的主要设施，从脚手架上坠落的事故占高处坠落事故的 50%，脚手架事故主要有两方面的原因：脚手架倒塌和脚手架上缺少防护设施。脚手架严禁钢木混用和钢竹混用。严格控制脚手架上的荷载，结构架 3 000N/m²，装修架 2 000N/m²，工具式脚手架 1 000N/m²。脚手架的形式不同，检查的内容不同。

例如,落地式脚手架一般搭设高度在25m以下应有搭设方案,绘制架体与建筑物拉结作法详图;搭设高度超过25m时,不允许使用木脚手架;使用钢管脚手架应采用双立杆及缩小间距等加强措施,并绘制搭设图纸及说明脚手架基础作法;搭设高度超过50m时,应有设计计算书及卸荷方法详图,并说明脚手架基础施工方法。

(3) 模板

在模板施工前,要进行模板支撑设计、编制施工方案,并经上一级技术部门批准;模板设计要有计算书和细部构造大样图,详细注明材料规格尺寸、接头方法、间距及剪刀撑设置等;模板方案要说明模板的制作、安装及拆除等施工程序、方法及安全措施;模板工程安装完后必须由技术部门按照设计要求检查验收后,方可浇筑混凝土;模板支撑的拆除须待混凝土的强度达到设计要求时经申报批准后方可进行,且要注意拆除模板的顺序。

(4) 施工用电

施工现场临时用电必须按建设部《施工现场临时用电安全技术规范》要求做施工组织设计,健全安全用电管理的内业资料;施工现场临时用电工程必须采用TN-S系统,设置专用的保护零线;临时配电线路必须按规范架设整齐。施工机具、车辆及人员应与内、外电线路保持安全距离和采用可靠的防护措施;配电系统采用“三级配电两级保护”,开关箱必须装设漏电保护器,实行“一机一闸”,每台设备有各自专用的开关箱的规定,箱内电器必须可靠完好,其选型顶值要符合规定,开关箱外观应完整,牢固防雨、防尘,箱门上锁;现场各种高大设施,如塔吊、井字架、龙门架等,必须按规定装设避雷装置;临时用电必须设专人管理,非电工人员严禁乱拉乱接电源线和动用各类电器设备。

(5) 机械施工

常用的机械施工包括物料提升机(龙门架、井字架)、外用电梯(人货两用电梯)、塔吊。

① 物料提升机.物料提升机必须经过设计和计算,设计和计算要经上级审批;专用厂家生产的产品必须有建筑安全监督管理部门的准用证;限位保险装置必须可靠,缆风绳应选用钢丝绳,与地面夹角为45°~60°,与建筑物连接必须符合要求,使用中保证架体不晃动、不失稳;楼层卸料平台两侧要有防护栏杆,平台要设定型化、工具化的防护门,地面进料口要设防护棚,吊篮要设安全门;安装完后技术负责人要负责验收,并办理验收手续。

② 外用电梯。每班使用前按规定检查制动、各限位装置、梯笼门和围护门等处的电器联锁装置是否灵敏可靠,司机要经过专门培训,持证上岗,交接班办理交接手续;地面吊笼出入口要设防护棚,每层卸料口要设防护门;装拆要制订方案,且由取得资格证书的队伍施工;电梯安装完毕后组织验收签证,合格后挂上额定荷载(载上数)牌和验收合格牌、操作人员牌(上岗证)方可使用。

③ 塔吊。按规定装设安全限位装置,如力矩、超高、边幅、行走限位装置,吊钩保险装置和卷筒保险装置,并保持灵敏;按规定装设附墙装置与夹轨钳;安装与拆卸要制定施工方案,且作业队伍须取得资格证书,安装完毕要组织验收且有验收资料和责任人签字;驾驶、指挥人员持有效证件操作,做到定机、定人、定指挥,挂牌上岗,准确、及时、如实地做好班前例保记录和班后运转记录。

7.2.5 施工安全检查

在施工过程中通过对实体人、机、料、法、环等实体的检查和检验,防止不安全设施和设备的非预期使用,消除不安全因素,防止施工安全事故发生。

1. 施工安全检查的分类

从检查手段上，施工现场安全检查可分为现场观察法、安全检查表法和仪器检验法。

(1) 现场观察法。安全管理人员到施工现场，通过感观对作业人员行为、作业场所条件和设备设施情况进行的定性检查，此法完全依靠安全检查人员的经验和能力，对安全检查人员个人素质要求较高。

(2) 安全检查表法。事先对施工现场各系统进行剖析，列出各层次的不安全因素，确定检查项目并按顺序编制成表，以便进行检查和评审。

(3) 仪器检验法。通过专门仪器对机器设备内部的缺陷和作业环境状况进行量化的检验和测量。

从检查形式上可分为常规性检查、特殊性大检查、定期检查和不定期抽查。

(1) 常规性安全检查。施工场区生产环境复杂，工作面多、工序繁杂、施工机械的性能和施工人员的技术等级、文化素质参差不齐，因此施工活动场所内进行常规性安全检查应为做好安全工作的基础，安检人员进行常规监督检查、督促、指导.可以及时发现和解决问题。

(2) 特殊性安全大检查。在某一特定时段和区域进行，参加人员层次多、检查范围广，有时带有针对性。

(3) 定期检查。施工项目在日常施工活动中制定的一项检查制度，有固定的时间属于例行。

(4) 不定期检查。虽然不是制度化的检查，但带有突击检查的性质。在没有预先通知的情况下，不定期检查反应的安全问题更客观。

2. 施工安全检查内容

安全检查的主要内容有：

(1) 施工单位安全管理组织、安全职责的落实；

(2) 安全承包责任制和岗位责任制的执行情况；

(3) 项目安全管理计划和施工现场文明施工管理制度的实施情况；

(4) 各类施工人员的上岗资格检查；

(5) 现场在用机械设备的安全状态；

(6) 消防设施的设置及其状态，现场安全宣传气氛；

(7) 在用脚手架、防护架等设施的安全状态等。

3. 施工安全检查记录和评价

施工安全监督检查的标准应执行国家《建筑施工安全检查标准》(JGJ59—99)。特殊专业的施工项目还应执行特殊专业的相关要求。

安全检查应认真、详细地做好记录，特别是检测数据是安全评价的依据，同时还应将每次对各单项设施、机械设备的检查结果分别记入到单项工程安全台账，目的是可以根据每次记录情况对其进行安全动态分析，预测安全状况和强化安全管理。

安全检查后，安全检查人员要根据检查记录全面、认真地进行分析，定性定量地进行安全评价。明确哪些项目已达标，哪些项目需要进行完善，存在哪些隐患，及时提出整改要求，下达隐患整改通知书。隐患整改要写明隐患的部位、严重程度和可能造成的后果及查出隐患的日期。有关单位、部门必须及时按“三定”(即定措施、定人、定时间)要求，落实整改。责任单位和人员完成整改工作后，要及时向安全检查人员汇报，安检人员应进行复查验证。安全管理检查评分表，如表7-15所示。

表 7-15　　安全管理检查评分表

序号	检查项目		扣分标准	应得分数	扣减分数	实得分数
1		安全生产 责任制	未建立安全责任制的扣 10 分 各级各部门未执行责任制的扣 4～6 分 经济承包中无安全生产指标的 10 分 未制定各工种安全技术操作规程的扣 10 分 未按规定配备专(兼)职安全员的扣 10 分 管理人员责任制考核不合格的扣 5 分	10		
2		目标管理	未制定安全管理目标(伤亡控制指标和安全达标、文明施工目标)的扣 10 分 未进行安全责任目标分解的扣 10 分 无责任目标考核规定的扣 8 分 考核办法未落实或落实不好的 5 分	10		
3		施工组 织设计	施工组织设计中无安全措施,扣 10 分 施工组织设计未经审批,扣 10 分 专业性较强的项目,未单独编制专项安全施工组织设计,扣 8 分 安全措施不全面,扣 2～4 分 安全措施无针对性,扣 6～8 分 安全措施未落实,扣 8 分	10		
4	保 证 项 目	分部(分项)工程 安全技术交底	无书面安全技术交底扣 10 分 交底针对性不强扣 4～6 交底不全面扣 4 分 交底未履行签字手续扣 2～4 分	10		
5		安全检查	无定期安全检查制度扣 5 分 安全检查无记录扣分 5 分 检查出事故隐患整改做不到定人、定时间、定措施扣 2～6 分 对重大事故隐患整改通知书所列项目未如期完成扣 5 分	10		
6		安全教育	无安全教育制度扣 10 分 新入厂工人未进行三级安全教育扣 10 分 无具体安全教育内容扣 6～8 分 变换工种时未进行安全教育扣 10 分 每有一人不懂本工种安全技术操作规程扣 2 分 施工管理人员未按规定进行年度培训的扣 5 分 专职安全员未按规定进行年度培训考核或考核不合格的扣 5 分	10		
		小计		60		

续表

序号	检查项目		扣分标准	应得分数	扣减分数	实得分数
7	一般项目	班前安全活动	未建立班前安全活动制度,扣10分 班前安全活动无记录,扣2分	10		
8		特种作业持证上岗	一人未经培训从事特种作业,扣4分 一人未持操作证上岗,扣2分	10		
9		工伤事故处理	工伤事故未按规定报告,扣3～5分 工伤事故未按事故调查分析规定处理,扣10分 未建立工伤事故档案,扣4分	10		
10		安全标志	无现场安全标志布置总平面图,扣5分 现场未按安全标志总平面图设置安全标志的,扣5分	10		
		小计		40		
检查项目合计				100		

7.3 施工环境管理

环境问题是关系到人民生命安危的大问题。环境污染的最直接和最明显的后果便是对人民群众生命、健康的损害。环境问题也是关系到经济可持续发展的大问题。资源和环境是人类赖以生存和发展的基本条件。《21世纪议程》提出了"可持续发展"这个人类发展的总目标及实现这一目标所应采取的一系列行动计划。保护环境、节省资源,为后代留下必要的生存空间,这是每一个当代人的责任。工程施工环境管理水平,关系到人类对自然环境和生活质量的影响,关系到建筑施工的安全。

7.3.1 环境管理体系与法规

环境指的是存在于以中心事物为主题的外部周边事物的客体。以人类社会为主体的周边事物环境,是由各种自然环境和社会环境的客体构成。自然环境是人类生产和生活所必需的、未经人类改造过的自然资源和自然条件的总体,包括大气环境、水环境、土地环境、地质环境、生物环境等。社会环境则是经过人工对各种自然因素进行改造后的总体,包括工农业生产环境、聚落环境、交通环境和文化环境等。

1. ISO14000环境管理体系

ISO14000环境管理体系是国际标准化组织(ISO)在总结了世界各国的环境管理标准化成果,并具体参考了英国的BS7750标准后,于1996年底正式推出的一整套环境系列标准。它是一个庞大的标准系统,由环境管理体系、环境审核、环境标志、环境行为评价、生命周期评价、术语和定义、产品标准中的环境指标等系列标准构成。本标准的目的是支持环境保护和污染预防,协调它们与社会需求和经济需求的关系,指导各类组织取得并表现出良好的环境行为。

在全球范围内通过实施ISO14000系列标准,可以规范所有组织的环境行为,降低环境风险和法律风险,最大限度地节约能源和资源消耗,从而减少人类活动对环境造成的不利影响,维持和改善人类生存和发展的环境。

环境管理体系及其审核有关的五个标准是：

(1) ISO14001 环境管理体系——规范及使用指南；

(2) ISO14004 环境管理体系——原则、体系和支持技术指南；

(3) ISO14010 环境审核指南——通用原则；

(4) ISO14011 环境审核指南——审核程序、环境管理体系审核；

(5) ISO14012 环境审核指南——环境审核员资格要求。

ISO14001 标准是 ISO14000 系列标准中最关键的一个标准。它不仅是对环境管理体系进行建立和审核、评审的依据，而且也是制定 ISO14000 系列其他标准的依据。ISO14001 的规范部分是对环境管理的要求，即建立环境管理体系必须达到的要求，但这些要求仅仅是一个完善的环境管理体系框架，没有对环境绩效提出绝对要求。组织要达到怎样的绩效水准，完全取决于其环境方针和它为自己设计的目标和指标。

ISO14004 标准与 ISO14001 是姊妹标准，都是关于环境管理体系的标准。但 ISO14004 则属于指南性标准，标准的内容仅供组织作为自愿使用的内部管理工具，不能用于对环境管理体系的审核和认证，也不是要求组织必须做到的。制定本标准的目的是为组织实施和改进环境管理体系提供帮助。标准对环境管理体系要素逐项进行阐述，并以实用指导、典型示例、检查表等方式提出了如何描述相关要素，如何有效地建立、改进和保持环境管理体系。

其余的三个审核标准 ISO14010、ISO14011 和 ISO14012 是与 ISO14001 标准配套使用的。它们为开展环境管理体系审核认证准备了统一的国际准则。GB/T24001—ISO14001 标准总体结构及内容，如表 7-16 所示。

表 7-16　GB/T24001—ISO14001 标准总体结构及内容

项次	体系标准的总体结构	基本要求和内容
1	范围	本标准适用于任何有愿望建立环境管理体系的组织
2	引用标准	目前尚无引用标准
3	定义	共有 13 项定义
4	环境管理体系要求	
4.1	总要求	组织应建立并保持环境管理体系
4.2	环境方针	最高管理者应制定本组织的环境方针
4.3	规划(策划)	4.3.1 环境因素
		4.3.2 法律与其他要求
		4.3.3 目标与指标
		4.3.4 环境管理方案
4.4	实施与运行	4.4.1 组织结构和职责
		4.4.2 培训、意识和能力
		4.4.3 信息交流
		4.4.4 环境管理体系文件
		4.4.5 文件控制
		4.4.6 运行控制
		4.4.7 应急准备和响应

续表

项次	体系标准的总体结构	基本要求和内容
4.5	检查和纠正措施	4.5.1 监测和测量
		4.5.2 不符合,纠正与预防措施
		4.5.3 记录
		4.5.4 环境管理体系审核
4.6	管理评审	内容包括:审核结果;目标和指标的实现程度;面对变化的条件与信息,环境管理体系是否具有持续的适用性;相关方关注的问题

2. 环境管理法规体系和制度

我国现行环境管理法规体系,如图 7-17 所示。

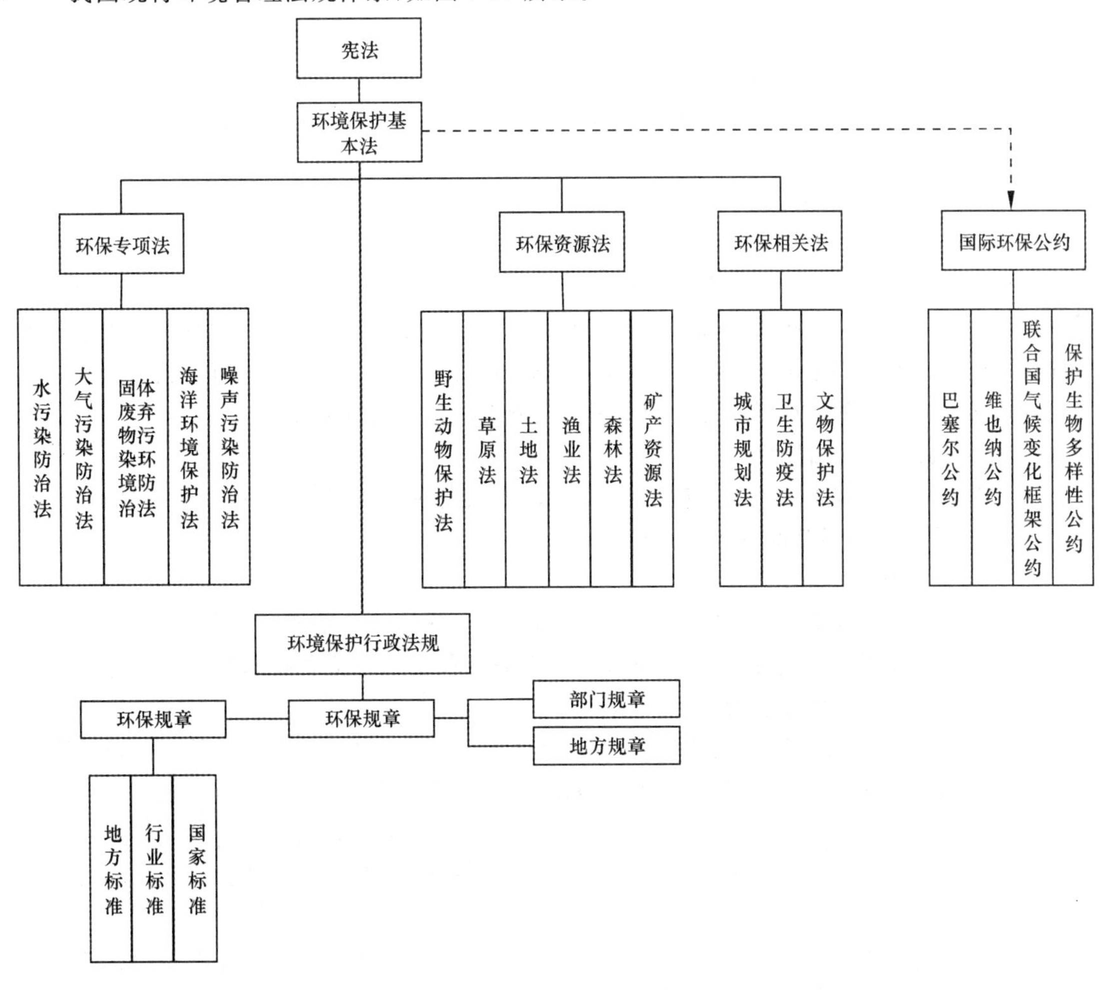

图 7-17 我国现行环境管理法规体系

我国现行的环境管理制度主要内容如下。

1) 环境影响评价制度

环境影响评价制度是指为了严格控制新污染,对可能影响环境的工程建设、开发活动和各种规划项目,在工程兴建以前,对它的规划选址、设计以及在建设施工过程中和建成投产以后可能对环境造成的影响,进行调查、预测和评价,提出环境影响及防治方案报告,经主管当局批准后,进行建设的制度。

2)“三同时”制度

建设项目需要配套建设的环境保护设施,必须与主体工程同时设计、同时施工、同时投产使用的制度。

3)征收排污费制度

对一切向环境排放污染物的单位和个体生产经营者,依照国家和地方法律和标准的规定,实行排污征收费用的制度。征收排污费的污染物包括污水、废气、固体废物、噪声、放射性等5大类。

4)限期治理制度

指国家为了保障人民利益,对现已存在危害环境、并位于环境敏感区域的污染源,或位于非敏感区域,造成严重污染或潜在严重污染的污染源,由法定机关做出决定,强令其在规定的期限内完成治理任务并达到规定要求的制度。限期治理的期限由决定限期治理的机构根据污染源的具体情况、治理的难度、治理能力等因素来确定。其最长期限不得超过3年。

5)排污申报登记制度

由排污者向环境保护行政主管部门申报其污染物的排放和防治情况,接受监督管理的一项法律制度。该制度规定:现有的排污单位,必须按所在地环境保护行政主管部门指定的时间,填报《排污申报登记表》,并提供必要的资料。凡在建筑施工中使用机械、设备,其排放噪声可能超过国家规定的环境噪声工场界排放标准的,应当在工程开工15日前向当地人民政府环境保护行政主管部门提出申报,说明工程项目名称、建筑者名称、建筑施工场所及施工期限、可能排到建筑施工场界的环境噪声强度和所采用的噪声污染防治措施等。

6)环境保护许可证制度

从事有害或可能有害环境的活动之前,必须向有关管理机关提出申请,经审查批准,发给许可证后,方可进行该活动的一整套管理措施。

3. 环境管理标准

环境标准通常指为了防治环境污染、维护生态平衡、保护社会物质财富和人体健康、保障自然资源的合理利用,对环境保护中需要统一规定的各项技术规范和技术要求的总称。施工现场涉及的几个主要环境标准为:

(1)《污水综合排放标准》(GB 8978—96),适用于现有单位水污染物排放管理。以及建设项目的环境影响评价,建设项目环境保护设施设计、竣工验收及其投产的排放管理。

(2)《环境空气质量排放》(GB 3096—1996),适用于全国范围的环境空气质量评价。

(3)《大气污染物综合排放标准)(GB 16297—1996),标准中规定33种大气污染物的排放限值。

(4)《城市区域环境噪声标准》(GB 3096—93),适用于我国城市区域和乡村生活区域。

(5)《工业企业厂界噪声标准》(GB 12348—90),适用于工厂及有可能造成噪声污染的企事业单位的边界。

上述两个标准的功能分区和噪声标准值,如表7-17所示。

表 7-17　　功能分区和噪声标准值　　单位:dB

适用区域	城市区域环境噪声标准			工厂企业厂界噪声标准	
	类别	昼间	夜间	昼间	夜间
疗养区、高级别墅区、高级宾馆区等特别需要安静的区域,以及城郊和乡村区域	0	50	40	—	—
居住、文教机关为主的区域,乡村居住环境可参照执行	1	55	45	5	4
居住、商业、工业混杂区	2	60	50	—	—
工业区	3	65	55	—	—
城市中道路交通干线道路两侧区域,穿越城区的内河航道两侧区域,穿越城区的铁路住、次干线两侧区域的背景噪声限值	4	70	60	70	60

注:夜间突发噪声,其最大值不准超过标准值 15dB(A)

(6)《建筑施工场界噪声限值》(GB12523-90),适用于城市建筑施工期间施工场地产生的噪声。不同施工阶段作业噪声限值,如表 7-18 所示。

表 7-18　　不同施工阶段作业噪声限值　　单位:dB

施工阶段	主要噪声源	噪声限值	
		昼间	夜间
土石方	推土机、挖掘机、装载机等	75	55
打桩	各种打桩机等	85	禁止施工
结构	混凝土搅拌机、振捣棒、电锯等	70	55
装修	吊车、升降机等	65	55

注:表中噪声值是指与敏感区域相应的建筑施工场地边界线处的值。

7.3.2　施工环境保护管理模式

基于 ISO14001 的要求,施工环境保护管理模式,如图 7-18 所示的。其具体内容如下。

1. 成立环保管理组织

为建立和推行 ISO14001 环保管理体系,首先应成立有关环保管理组织,如委任环保经理,设立环保管理委员会等。

2. 初步环境评估

按照 ISO14001 的要求,在建立和实施环保管理工作体系前,对整个企业全部活动、产品和服务中的环境状况、环境因素、环境影响、环境行为,有关法律及相关情况进行的全面调查和分析评估。

评估报告一般包括:评估当前环保政策和实践情况;企业环保定位;简单的输入—输出分析,定义出带来环境影响的产品过程、法律要求等;评估过去、现在和将来表现;环保问题的看法、SWOT(即:强势、弱势、机会及威胁)分析和 PEST(即:政治、经济、社会和技术)分析等。

3. 环境管理策划

策划阶段是指由"环保政策"至"项目环保管理计划"的过程,是整个循环周期最关键性的一环。在制定环保管理计划时,企业需确定环境因素和评估相关的环境影响、法律要求、环保

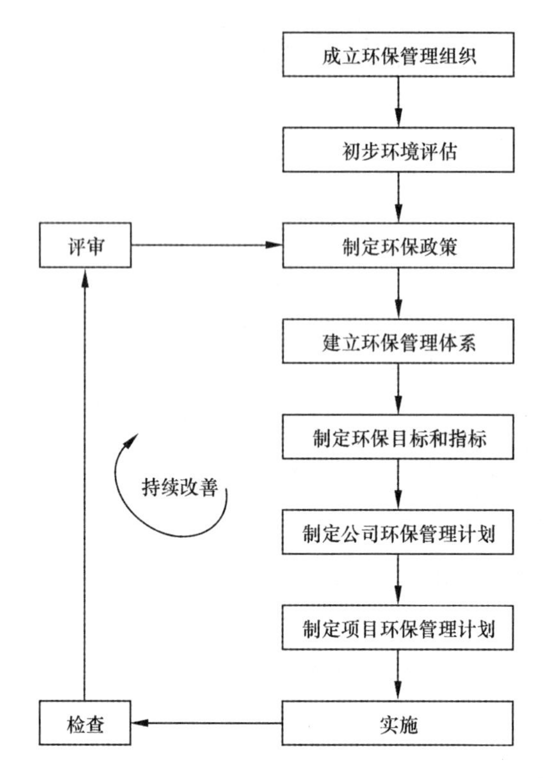

图 7-18 施工环境保护管理模式

政策、内部表现准则、环保目标和指标以及环保管理方案等。

(1) 制定环保政策。制定企业环保政策,主要基于以下原因:表明企业对改善其环保表现的承诺,将企业对环境保护的使命和决心向员工和外界表现出来,提供一个企业环保工作总的原则,亦作为评定企业环保表现的准则。因此,环保政策须反映企业领导对遵循有关法律和保证持续改进的承诺。环保政策是企业长远的环保目标,也是制定每年环保目标和指标的基础,必须定期检讨,以配合不断变的环境影响相一致,并须形成文件,付诸实行,予以保持及传达到全体员工。

(2) 建立环保管理体系。建立企业的环保管理体系,包括手册、程序、作业指导书和记录等。ISO14001 要求企业制定适当程序,以确定人所应遵守的法律及其他要求,并提供获得这些法律和要求的途径。

(3) 制定环保目标和指标。环保目标及指标有下列要求:企业应为其有关部门和级别建立和维持书面的目标及指标;企业在制定和检讨目标时,应考虑法律及其他要求,主要环境因素,可用技术方案,财政、运作及商业因素,有关人士的意见等因素;目标及指标须与环保政策一致,包括对防止环境污染的承诺。

(4) 制定环保管理计划。环保管理计划就是为达到目标而制定的具体计划。通过实施这一计划,改善与主要环境因素有关的环保表现。该计划应说明如何实现环保指标,包括时间进度和负责实施的人员。环保管理计划应定期予以修订,以反映企业环保目标和指标的变化及达到改进环保表现的目的。

4. 环境管理实施

为了有效地推行环保管理体系,企业需有足够能力和支持机制,以达到环保政策、目标和指标要求。对工程施工而言,工程中标后,项目负责人应立即着手申请法律要求的环保牌照或许可证，确定与主要环境因素有关的各项工作，并指派合适人员编制项目环保管理工作计划，确定适用的运行控制措施，报环保经理审批。工地须按照批准的项目环保管理工作计划及企业环保管理计划进行运行控制。

5. 环境管理检查

检查有助于企业衡量其环保绩效，以确保企业按照其所制定环保管理计划开展工作。此阶段的工作包括以下各项环节：监察和量度（持续进行）；不符合情况、纠正及预防措施；环保管理体系记录和信息管理；环保管理体系的内部审核等。

6. 环境管理评审

企业定期对环保管理体系进行有系统的评审，以确保该环保管理体系的持续适用性、充分性和有效性。每年评审应根据环保管理体系审核的结果、环保法律的更新、不断变化的客观环境和持续改进的承诺，检讨环保政策、目标以及环保管理体系的其他要素的修改需要。评审阶段企业必须以改善其整体环保表现为目标，不断检讨和改进其环保管理体系。

7.3.3 施工环境保护的措施

工程施工现场的噪声、粉尘、有毒有害废弃物、生产和生活污水、光污染等环境因素均会对作业生产人员和周围居民产生不同程度的影响。工程施工现场的环境因素对生产人员和周围居民的影响，如表7-19所示。

表7-19 工程施工现场的环境因素对生产人员和周围居民的影响

序号	环境因素	产生的地点、工序和部位	环境影响
1	噪声的排放	施工机械、运输设备、电动工具运行中	影响人体健康、居民休息
2	粉尘的排放	施工场地平整、土堆、砂堆、石灰、现场路面、进出车辆车轮带泥沙、水泥搬运、混凝土搅拌、木工房锯末、喷砂、除锈、衬里	污染大气、影响居民身体健康
3	运输的遗撒	现场渣土、商品混凝土、生活垃圾、原材料运输当中	污染路面、影响居民生活
4	化学危险品、油品的泄漏或挥发	试验室、油漆库、油库、化学材料库及其作业面	污染土地和人员健康
5	有毒有害废弃物排放	施工现场、办公区、生活区废弃物	污染土地、水体、大气
6	生产、生活污水的排放	现场搅拌站、厕所、现场洗车出、生活区服务设施、食堂等	污染水体
7	光污染	现场焊接、切割作业中、夜间照明	影响居民生活、休息和邻近人员健康
8	离子辐射	放射源储存、运输、使用中	严重危害居民、人员健康
9	混凝土防冻剂（氨味）的排放	混凝土使用当中	影响健康
10	混凝土搅拌站噪声、粉尘、运输遗撒污染	混凝土搅拌站	严重影响了周围居民生活、休息

为了防止上述环境因素的影响和危害，《建设工程施工现场管理规定》要求施工单位采取相应的防止措施。

1. 施工现场水污染防治

施工现场水污染的防治要点有：

(1) 搅拌机前台、混凝土输送泵及运输车辆清洗处应设置沉淀池，废水未经沉淀处理不得直接排入市政污水管网,经二次沉淀后方可排入市政排水管网或回收用于洒水降尘。

(2) 施工现场现制水磨石作业产生的污水,禁止随地排放。作业时要严格控制污水流向,在合理位置设置沉淀池,经沉淀后方可排入市政污水管网。

(3) 对于施工现场气焊用的乙炔发生罐产生的污水严禁随地倾倒,要求专用容器集中存放,并倒入沉淀池处理,以免污染环境。

(4) 现场要设置专用的油漆油料库,并对库房地面做防渗处理,储存、使用及保管要求采取措施和专人负责,防止油料泄漏而污染土壤水体。

(5) 施工现场的临时食堂,用餐人数在100人以上的,应设置建议有效的隔油池,使产生的污水经过隔油池后再排入市政污水管网。

(6) 禁止将有害废弃物做土方回填,以免污染地下水和环境。

2. 施工现场噪声污染防治

施工现场环境噪声的长期监测,要有专人监测管理,并做好记录。凡超过国家标准《建筑施工场界噪声限值》(GB12523—90)标准的,要及时进行调整。

(1) 施工现场的搅拌机、固定式混凝土输送泵、电锯、大型空气压缩机等强噪声机械设备应搭设封闭机械棚,并尽可能远离居民区设置,以减少噪声的污染。

(2) 尽量选用低噪声或备有消声降噪设备的机械。

(3) 凡在居民密集区进行强噪声施工作业时,要严格控制施工作业时间,晚间作业不超过22时,早晨作业不早于6时。特殊情况下需昼夜施工时,应尽量采取降噪措施,并会同建设单位做好周围居民的工作,同时报工地所在地的环保部门备案后方可施工。

(4) 施工现场要严格控制人为的大声喧哗,增强施工人员防噪声扰民的自觉意识。

3. 施工现场空气污染防治

施工现场空气污染的防治要点有:

(1) 施工现场外围设置的围挡不得低于1.8m,以便避免或减少污染物向外扩散。

(2) 施工现场的主要运输道路必须进行硬化处理。现场应采取覆盖、固化、绿化、洒水等有效措施,做到不泥泞、不扬尘。

(3) 应有专人负责环保工作,并配备相应的洒水设备,及时洒水,减少扬尘污染。

(4) 对于多层或高层建筑物内的施工垃圾,应采取封闭的专用垃圾道或容器吊运,严禁随意凌空抛洒造成扬尘。现场内还应设置密闭式垃圾站,施工垃圾和生活垃圾分类存放。施工垃圾要即时消运,消运时应尽量洒水或覆盖减少扬尘。

(5) 水泥和其他易飞扬的细颗粒散体材料应密闭存放,使用过程中应密闭存放,使用过程中应采取有效的措施防止扬尘。

(6) 对于土方、渣土的运输,必须采取封盖措施。现场入口处设置冲洗车辆的设施,出场时必须将车辆清洗干净,不得将泥沙带出现场。

(7) 在城区、郊区城镇和居民稠密区、风景旅游区、疗养区及国家规定的文物保护区内施工的工程,严禁使用敞口锅熬制沥青。凡进行沥青防潮防水作业时,要使用密闭和带有烟尘处理装置的加热设备。

4. 施工现场固体废弃物处理

施工现场产生的固体废弃物主要有三种,包括拆建废物、化学废物及生活固体废物。

(1) 拆建废物,包括渣土、砖瓦、碎石、混凝土碎块、废木材、废钢铁、飞起装饰材料、废水泥、废石灰、碎玻璃。

(2) 化学废物，包括废油漆材料、废油类(汽油、机油、柴油等)、废沥青、废塑料、废玻璃纤维等。

(3) 生活固体废物，包括炊厨废物、丢弃食品、废纸、废电池、生活用具、煤灰渣、粪便等。

在工程建设中产生的固体废弃物处理，必须根据《中华人民共和国固体废弃物污染环境防治法》的有关规定执行，制定并实施施工场地废弃物管理计划：分类处理现场垃圾，分离可回收利用的施工废弃物，将其直接再应用于施工过程中，或通过再生利用厂家回收进行再加工处理。采用如下公式计算施工废弃物回收比例，进行评价。

$$\beta=\frac{\text{施工废弃物实际回收量(t)}}{\text{可回收利用的施工废弃物总量(t)}}\times 100\% \tag{7-4}$$

废物处理是指采用物理、化学、生物处理等方法，将废物在自然循环中，加以迅速、有效、无害地分界处理。根据环境科学理论，可将固体废物的治理方法概括为无害化、安定化和减量化三种。

(1) 无害化(亦称安全化)。是将废物内的生物性或化学性的有害物质，进行无害化或安全化处理。例如，利用焚化处理的化学法，将微生物杀灭，促使有毒物质氧化或分解。

(2) 安定化。是指为了防止飞舞中的有机物质腐化分解，产生臭味或衍生成有害微生物，将此类有机物质通过有效的处理方法，不再继续分解或变化。如，以厌氧行的方法处理生活废物，使处理后的残余物完全腐化安定，不再发酵腐化分解。

(3) 减量化。大多废物疏松膨胀、体积庞大，不但增加运输费用，而且占用堆填处置场地大。减量化废物处理是将固体废物压缩或液体废物浓缩，或将废物无害焚化处理，烧成灰烬，使其体积缩小至1/10以下，以便运输堆填。

第8章　工程施工信息管理

施工现场不仅是信息产生的重要源头之一，而且也是信息的汇合点，各方决策的信息在施工现场得到贯彻实施。对施工现场的生产和管理进行综合的描述和反映构成了施工现场的基本信息，施工现场信息也是工程项目管理的基础信息。施工现场信息管理是最基层的信息管理，是管理各层面决策的基础，因此施工现场信息的处理要及时、准确和完整。对施工现场信息规范化管理可促使施工阶段的目标更好地实现。

8.1　工程施工信息及信息管理

8.1.1　工程信息及信息管理的相关概念

1. 信息的含义

关于信息的定义，尚没有定论。信息一词的出现已有很长时间。在英文中，information 一词来自 inform，而 inform 的本意是“通知”、“告知”，所以其原始含意是与“通信”、“交流”紧密结合在一起的。

一般认为，信息是由具有确定含义的一组数据组成的。信息对决策者有用，它服务于决策，对决策行为有现实意义或潜在价值。信息并非客观事物的特性、变化情况和运动规律的本身，而只是对它们的某些可能观察、探测、接收到的认识。只是可供接受者据以分析、判断该事物的特性、变化情况和运动规律的一些原始的根据材料。数据是表示客观事物的符号，它可以是文字、数值、语言、声音、图像、图表或味道。数据与信息既有联系又有区别，数据是原材料，当数据置于特定的事件之中，经过处理、解释后，使接受者了解其含义，对决策或行为产生了影响时，才成为信息。数据和信息的关系，如图8-1所示。

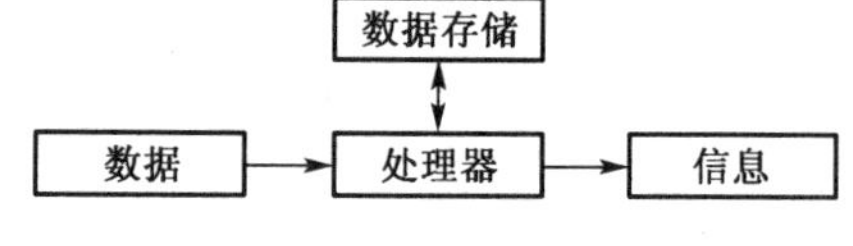

图8-1　数据与信息的关系

2. 信息的特征

信息具有以下一些基本属性。

(1) 事实性。事实是信息的中心价值，不符合事实的信息不仅没有价值，而且可能价值为负，既害别人也害自己。所以事实是信息的第一和基本的性质。事实性是信息收集时最应当注意的性质。

(2) 等级性。组织是分等级的，不同等级的组织需要和产生不同等级的信息。组织的下层需要具体和执行的信息，组织的上层需要浓缩和宏观的信息。

(3) 可压缩性。可压缩性是说信息能够被浓缩，对信息进行集中、综合和概括，而不会丢失信息的本质。压缩信息在实际工作中很有必要，一般很难收集一个事物的全部信息，也没有必要储存越来越多的信息，应提取和浓缩有用的信息，正确舍弃其他信息。

(4) 共享性。信息只能分享，不能交换。给别人传递一个信息，自己并不失去它。信息的共享性使信息可能成为管理的一种资源，利用信息进行目标的规划和控制。

(5) 增值性。用于某种目的的信息，随着时间的推移，可能逐渐失去其价值。但对另一目的可能又显示用途。利用信息的增值性，我们可从信息废品中提炼有用的信息，在司空见惯的信息中分析出重要的趋势。

3. 信息资源

信息资源是信息生产者、信息、信息技术的有机结合体。信息管理的根本目的是控制信息流向，实现信息的效用与价值。但是，信息并不都是资源，要使其成为资源并实现其功能和价值，就必须借助人的智力和信息技术等手段。

4. 信息活动

信息活动是指人类社会围绕信息资源的形成和利用而开展的管理与服务活动。信息资源的形成阶段以信息的产生、记录、收集、传递、存储、处理等活动为特征，目的是形成可以利用的信息资源。信息资源的开发利用阶段以信息资源的传递、检索、分析、选择、吸收、评价、利用等活动为特征，目的是实现信息资源的价值。

5. 信息技术

凡是能够用来扩展人的信息功能的技术都是信息技术，主要有感测与识别技术(信息获取)、通信与存取技术(信息传递)、计算与智能技术(信息认知与再生)、控制与显示技术(信息执行)等。信息技术的应用包括计算机硬件和软件，网络和通信技术，应用软件开发工具等。人是控制信息资源、协调信息活动的主体要素，而信息的收集、存储、传递、处理和利用等信息活动过程都离不开信息技术的支持。没有信息技术的强有力作用，要实现有效的信息管理是不可能的。

信息管理的目的就是通过有组织的施工信息流通，使决策者能及时、准确地获得相应的信息。因此，信息管理在工程施工管理工作中具有十分重要的作用，它是控制工程施工四大目标的基础。现代意义上的工程施工项目，不但内部组织庞大、分工复杂，而且外部市场竞争也日趋激烈，从而对信息的需求不但在数量上大幅度增加，而且也要求不断提高其正确性、精确性、相关性和时间性。传统的手工或机械式信息处理系统已无法适应现代管理的需要，以电子计算机及现代通信系统为基础的管理信息系统为了满足上述需要而飞速发展起来，它的出现使工程施工管理发生了根本性的变革。

8.1.2 工程施工信息管理的职能

美国信息资源管理学家马钱德(D. A. Marchand)等人在20世纪80年代初就指出，信息资源与人力、物力和财力等自然资源一样，都是企业的重要资源，因此应该像管理其他资源那样管理信息资源。

工程施工信息管理是一种组织管理活动。一方面，信息管理的基本职能是计划、组织、领导与控制，与组织管理活动的基本职能相一致，因此信息管理本身就是一种组织管理活动；另一方面，信息资源与组织的人、财、物一样是其经营与发展的重要资源，因此，组织的管理活动包括信息管理活动。

工程施工信息管理的职能体系，如图8-2所示。信息管理的计划、组织、领导和控制四大职能彼此联系、协同作用，构成个完整的体系，其共同目的是实现组织预定的信息管理目标。

1. 计划职能

信息管理的计划职能是围绕信息活动的整个管理过程，通过调查研究，预测未来，根据信息战略规划所确定的信息管理目标，分解出子目标和阶段任务，并规定实现这些目标的途径和

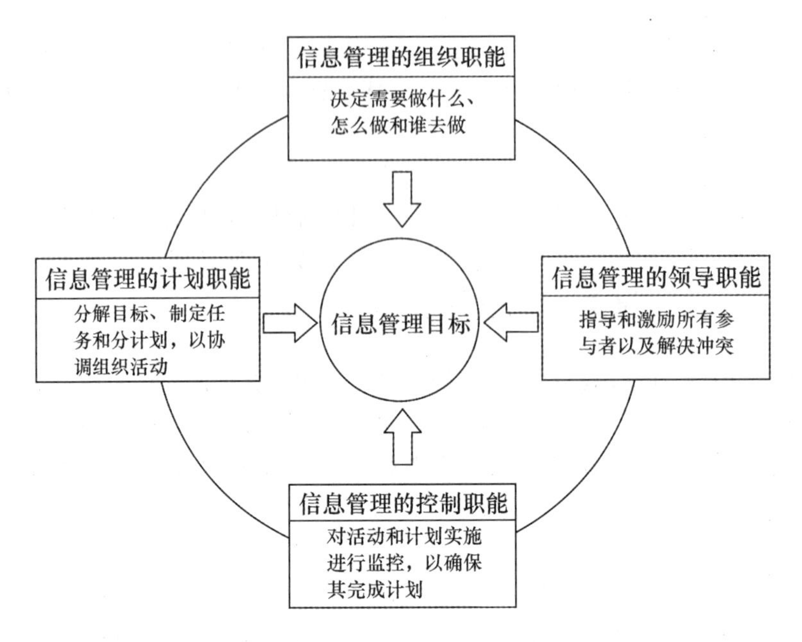

图8-2 信息管理的职能体系

方法，制定出各种信息管理计划，从而把已确定的总体目标转化为全体组织成员在一定时期内的信息行动指南，指引组织未来的信息行为。

2. 组织职能

保障信息管理计划的顺利实施，需建立信息管理组织并规定职能。信息管理组织不仅要承担信息系统组建、保障信息系统运行和对信息系统的维护更新，还要向信息资源使用者提供信息、技术支持和培训等。

3. 领导职能

信息管理的领导职能指的是首席信息官(CIO)对组织内所有成员的信息行为进行指导或引导和施加影响，使成员能够自觉自愿地为实现组织的信息管理目标而工作的过程。

4. 控制职能

信息管理的控制职能是指为了确保信息管理目标和信息管理计划能够顺利实施，对信息管理工作进行衡量、测量和评价，并在出现偏差时进行纠正。

施工现场信息管理是指对施工的各个过程中产生的信息进行统一的规划，编制信息手册，对现场的信息进行收集、传递、加工、储存、维护和使用，为现场的施工服务，为各层的管理者进行决策服务。施工现场信息管理的任务如下。

(1) 信息的收集

信息的收集又称为信息的采集，即把施工的客观的事实以某种方式加以收集并放入一个数据处理系统中。根据信息手册，明确各类信息的收集部门、收集人，规定信息的规格、形式，何时收集信息等。要保证信息收集的准确、完整、可靠和及时。

(2) 信息的加工

信息的加工指信息的分类、排序和压缩等。管理者的层面不同，对信息的详细程度要求也不同，信息加工者把信息加工分为不同类别、不同形式的信息，信息加工完成后以不同的报告形式分送到不同层面的管理者。

(3) 信息的传递

在施工现场,保存在三种不同的信息流。自上而下的信息流,自下而上的信息流和横向间的信息流。信息的传递与现场的实施单位和组织结构有关。根据所确定的信息流程,明确各类信息在何时传递给何地、何人和用何种传输方式。

(4) 信息的储存

信息储存的目的是将信息保存起来以备将来使用。现场应明确信息保存制度,由谁负责保存,保存多长时间,存在什么介质上,介质包括纸张、照片、微型胶片、光盘、硬盘等。

(5) 信息的维护与使用

保护信息处于合用状态叫信息维护。信息维护的主要目的在于保证信息的准确、及时、安全和保密。信息的使用包括信息的有效期、使用的目的、信息的权限和信息的存档。

8.2 施工现场信息管理方法

8.2.1 信息分类

1. 信息分类原则

信息分类的原则主要有下列四个方面:

(1) 完整性和准确性。这是信息分类最基本的要求。完整性是指分类所反映的信息不应出现遗漏;准确性是指所反映的信息在内涵上不应出现冗余。

(2) 系统性。系统性是指将选定的事物或概念的属性或特征按一定顺序予以系统化,并形成一个合理的分类体系。在体系中每一个对象都占有一个位置,并且在体系中反映了分类对象彼此之间的一定关系。

(3) 科学性。科学性是指信息分类的客观依据,通常是选取事物或概念最稳定的属性或特征作为分类的基础和依据。

(4) 标准化。对信息的分类进行标准化处理,使得在系统代码体系中具有“共同语言”,以满足系统内部及外部各种不同信息交换的需要。

2. 信息分类的方法

根据类与类之间的关系,信息分类的方法有两种。线分类法和面分类法。

1) 线分类法

线分类法是将初始的分类对象所选定的若干属性或特征,逐级地形成相应的若干个层次目录,并构成一个有层次的、逐级展开的分类体系。该体系又称树型结构,其上位类结构与下位类结构为 $1:n$ 结构,即上位类的 1 对应 n 个下位类。

2) 面分类法

面分类法是将所选用分类对象的若干特征视为若干个“面”。每个“面”中又可分成彼此独立的若干个类目。编制代码表明,可将这些“面”代表的类目组合起来,形成一个多“面”的复合类目体系。该体系又称面型结构,其上位类结构与下位类结构为 $m:n$ 结构,即 m 个上位类对应 n 个下位类。

3. 信息分类标准

信息技术标准化可以看作是信息技术的开发、信息产品的研制和信息系统建设与管理等一系列标准化的总称。信息技术的标准化是在对知识的管理中发展起来的。标准化的图书分类系统为施工现场信息分类提供了借鉴,下面介绍几个比较有影响的信息分类标准:DDC 分类法、LCC分类法和ICS分类法。

1) DDC分类法

杜威十进分类法(DDC)是美国知名的图书馆学家D. 杜威于1876年编辑出版的分类法，现已出版到20版。这是一种数字列举式十进分类法，标记符号全部使用阿拉伯数字，分十个大类。大类之后还可细分，并附有几种复分表，供与主表类号组配用。该分类法还附有相关索引，处理某些学科与其他相关学科的相互关系。DDC分类法目前通行于北美和英国大多数公共图书馆。

在杜威十进分类法的基础上，国际文献联合会开发了国际十进分类法(UDC)。西方国家的一些图书馆和情报机构多使用UDC分类标准标引馆藏，是目前出版文种最多的分类法。

2) LCC分类法

美国国会图书馆分类法(LCC)是美国国会图书馆于1901年推出的一种字母数字混合式分类法。大类按26个拉丁字母区分。LCC适用于馆藏多样的综合性大型图书馆，现在除美国国会图书馆使用外，美国的一些大学图书馆也普遍使用。

3) ICS分类法

国际标准分类法(ICS)是在国际化标准组织ISO中央秘书处主持下制订的分类法。ICS由三级类目组成。一级类目包含40个大类，二级类目由三位数字组成335个数目，三级类目由二位数字组成。ICS分类法大类如代码"45"表示铁路工程，"91"表示建筑材料和建筑物，"93"表示民用工程，"95"表示军用工程。

8.2.2 信息编码设计

信息分类编码可认为是以一种成为系列的符号体系，表示一定信息内容的过程。编码首先需要一套基本的符号表，然后利用符号表中的符号，按照一定的规则组成一定的符号体系，最后用这一符号体系表示一定的信息。编码中所用的一套基本符号表一般称之为字母表。符号体系的组合规则，则称之为编码规则，所形成的符号序列则称之为码。

信息分类编码是信息系统的基础工作。没有编码，信息系统就无法进行信息的存储和传递，信息就不能存在。在现代的信息系统中，由于广泛地采用了计算机技术和现代化的通信技术，从而使得信息编码工作显得更为重要，其原因是在现代化信息系统的传递过程中，不但有人与人之间的信息传递，还增加了人与机器和机器与机器之间的信息传递。在信息的传递过程中，特别是人与机器、机器与机器之间的信息传递，必须通过严格的标准化的编码体系才能进行。

设计一个代码结构体系，一方面考虑便于计算机处理，另一方面也要兼顾到方便于人工处理信息的要求。代码设计的要求如下：

信息代码的种类很多，以下是六种有代表性的常用代码：

1. 顺序码

顺序码是一种最简单、最常用的代码。它属于无含义码，是将顺序的自然数或字母赋予编码对象。顺序码的优点是代码简短，易于扩展和管理。缺点是当编码空间较大时不便于记忆。

2. 系列顺序码

这种码是将顺序码分为若干段，并与分类编码对象的分段意义对应，给每段分类编码对象赋予一定的顺序码。例如《中央党政机关、人民团体及其他机构名称代码》(GB4657-95)就是采用了三位数字的序列顺序码，如：

301—399 表示国务院各部、委名称代码；

410—499 表示国务院直属各局、办公机构、事业单位及各部、委的国家局和机构的名称代码；

……

711—799 表示全国性的人民团体的名称代码。

系列顺序码的优点和缺点与顺序码大致相同。

3. 数值化字母顺序码

此种代码是将所有的编码对象按其名称的字母排列顺序排列，然后分别赋予不断增加的数字码。

4. 层次码

层次码常用线分类体系，它是按分类对象的从属、层次关系为排列顺序的一种代码。编码时，将代码分成若干层级，并与分类对象的分类层级相对应，代码自左至右表示的层级由高至低，代码的左端为最高位层级代码，右端为最低位层级代码，每个层级的代码可采用顺序码或系列顺序码。层次代码结构，如图 8-3 所示。

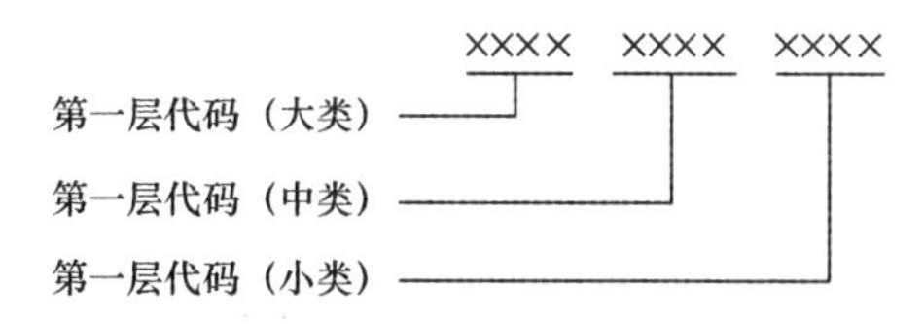

图 8-3 层次代码结构图

层次码的优点是明确表示出分类对象的类别，代码结构有严格的隶属关系。层次码的缺点是弹性较差，当层次较多时，代码位数较长。

5. 特征组合码

特征组合码常用于面分类体系。它是将分类对象按其属性或特征分成若干个“面”，每个“面”内诸类目按其规律分别进行编码。因此“面”与“面”之间的代码没有层次关系，也没有隶属关系。使用时，根据需要选用各“面”中的代码，并按预先确定的“面”的顺序将代码组合，以表示类目。例如，对机制螺钉可选用材料、螺钉直径、螺钉头形状及螺钉表面处理状况四个“面”，每个“面”内又分成若干个类目，并分别编码。特征代码目录，如表 8-1 所示。

表 8-1 特征代码目录

第一面	第二面	第三面	第四面
1—不锈钢 2—黄铜 3—钢	1—ϕ0.5 2—ϕ1.0 3—ϕ1.5	1—圆头 2—平头 3—六角形头 4—方形头	1—未处理 2—镀铬 3—镀锌 4—上漆

例如，2342 即表示黄铜 ϕ1.5 方形头镀铬螺钉。

特征组合码的优点是代码结构具有一定的柔性，适于机器处理。特征组合码的缺点是代码容量利用率低，不便于求和、汇总。

6. 复合码

复合码是一种应用较广的有含义代码。其特点是往往由两个以上具有完整的、独立的代码组成。例如，将“分类部分”和“标志部分”组成复合码，由它构成编码对象的代码。美国的物资编目代码结构即是一种复合码。复合代码结构图，如图 8-4 所示：

信息的分类与编码是信息技术标准化的一个重要方面。信息技术标准化是在信息技术广为开发利用的形势下发展起来的。人们普遍认识到，电子计算机在信息处理的过程中，只能处

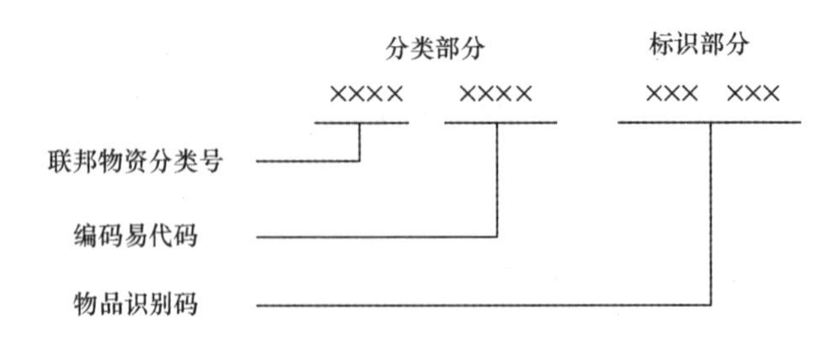

图 8-4　复合代码结构图

理标准化的数据,使用标准化的程序语言和标准化的通信协议。信息技术标准化的主要目标是:在开发和利用信息技术的活动中,通过制订、修订和贯彻实施各种信息技术标准,以便实现在信息活动的整个过程中,能达到统一化、规范化和信息资源共享。

8.2.3　信息管理手册

对施工现场信息统一规划,编制信息管理手册是现场信息管理的具体体现。施工现场信息管理手册对现场信息进行整体的描述。其内容包括编制信息目录,对信息进行分类和编码;建立和确定信息的流程;建立现场报告制度,如分包商向总承包商的报告,总承包商向业主和监理的报告;建立现场会议制度,如工程例会和专题会议;建立现场组织及文档管理制度等。

1. 工程概况

在工程概况中应介绍项目简况,包括建筑面积、结构形式及各项指标,以及开工日期及总工期等信息。

2. 工程分解及编码

大型建设工程组成多,建设过程中要进行标示,建立起共同的语言,以便于工程和文档的分类及文档的存档与阅读。例如,某国际会展中心首期工程的分解及编码,如图 8-5 所示。

在工程分解编码之前,要明确分解的层面、层面与层面之间的关系和编码的方法。

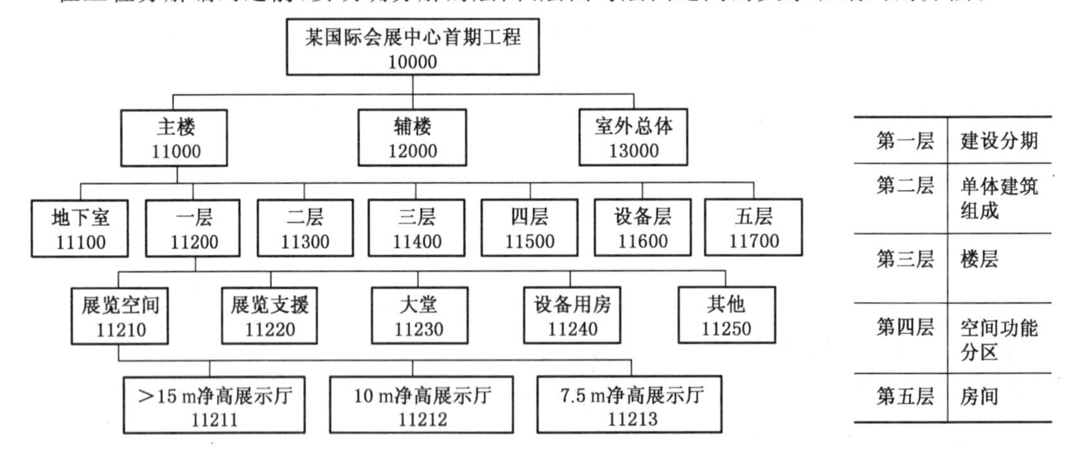

图 8-5　某国际会展中心首期工程分解及编码

3. 现场的组织

现场的信息传递依赖于现场的管理组织,每一个单位都有自己的组织结构,整个项目有项目的组织结构。因此信息管理手册要描述整个现场的组织结构,组织结构发生变化时信息管理手册的内容相应地调整。

4. 信息目录及信息流程

信息目录规定了信息的类型、信息传递的时间、信息的提供者和信息的接受者。信息目录,如表8-2所示。

表8-2 信息目录

信息类型	时间	提供信息者	信息接受者		
施工组织设计	工程开工前	技术部	业主	监理	…
技术核定单	工程变更前	技术部	业主	监理	…
周计划	上周末	工程部	业主	监理	…
…	…	…	…	…	…

信息流程包括项目部内部的流程和项目部外部的流程。如隐蔽工程验收单由分包商负责质量的人员提出,呈报给总承包商的质量部检查,当隐蔽工程验收单上所注明的隐蔽内容被总承包检查合格并签署意见后上报给监理,监理对隐蔽单注明的内容进行检查,检查合格签署意见后把隐蔽工程验收单返还给总承包,监理留底。若监理检查不合格,要求总承包对所隐蔽工程的内容进行整改,直至质量达到标准时监理签署合格意见。

5. 报告制度和会议制度

现场有多种报告,分包商向总承包商的报告,总承包商向业主和监理的报告,监理向业主的报告,业主向政府部门的报告等。报告按日期可分为定期报告和非定期报告。定期报告如日报、周报、月报和年报。按照内容可分为质量报告、进度报告和成本报告,尚有特殊的专题报告。

报告的作用包括多个方面,可反映工程的状况,分析和评价过去的工作,提出工作存在的问题和解决问题的建议和方法供领导决策,对下一步的工作做出安排。

现场的会议可分层面和专业,如业主委托监理主持召开的现场例会,总承包商主持召开的生产例会。专题例会如安全例会、质量例会、进度例会和方案论证会等。

6. 文档管理制度

文档管理是指作为信息载体的资料进行有序的收集、加工、分解、编目、存档,并为现场有关方面提供专用和常用的信息的过程。施工现场文档管理制度就是对施工文档管理的一系列规范、标准和规则 8.2.4 建筑数据标准(IFC)。

IFC(Industry Foundation Classes)是国际协同联盟(the International Alliance for Interoperability,IAI)建立的工业基础类的缩写标准名称。通过IFC,在建筑项目的整个生命周期中提升沟通、生产力、时间、成本和质量,为全球的建筑专业与设备专业中的流程提升于信息共享建立一个普遍意义的基准。如今已经有越来越多的建筑行业相关产品提供了IFC标准的数据交换接口,使得多专业的设计、管理的一体化整合成为现实。

IFC标准是开放的建筑产品数据表达与交换国际标准,是建筑工程软件交换和共享信息的基础。IFC是一个计算机可以处理的建筑数据表示和交换标准,其目标是提供一个不依赖于任何具体系统的,适合于描述贯穿整个建筑项目生命周期内产品数据的中性机制,可以有效地支持建筑行业各个应用系统之间的数据交换和建筑全生命期的数据管理。IFC使用形式化的数据规范语言EXPRESS来描述建筑产品数据。EXPRESS语言的重点是实体(Entity)的定义。实体是一种数据类型,表示一类具有共同特性的对象,对象的特性在实体定义中用属性和规则来表达,每一个实体类型的说明构成了一个“类”。

基于IFC的类对象，工程施工行业的专业人员可共享工程模型，同时还允许在工程模型中创建自己定义的对象，后续人员可以使用以前定义的对象。IFC使工程施工行业的应用软件能协同工作，支持IFC的应用软件将使施工参与方共享电子格式的工程数据，保证了数据的一致性和统一管理。应用软件开发商只需要遵循这套规范对工程产品数据进行描述，或者为系统提供标准的数据输入输出接口，就可以很容易地实现与其他同样遵循IFC标准的应用系统之间的数据交换。

国际协同联盟早在1995年就提出了直接面向建筑对象的工业基础类数据模型标准，该标准的目的是促成建筑业中不同专业以及同一专业中的不同软件可以共享统一的数据源，从而达到数据的共享及交互。IFC数据模型覆盖了AEC/FM(建筑、工程、施工、设施管理)中大部分领域，并且随着新需求的提出还在不断地扩充，比如，由于新加坡施工图审批的要求，IFC加入的有关施工图审批的相关内容。IFC标准(IFC 2x platform. 版本)已经被ISO组织接纳为ISO标准，成为AEC/FM领域中的数据统一标准。

作为应用于AEC/FM各个领域的数据模型标准，IFC模型不仅仅包括了那些看得见、摸得着的建筑元素(比如梁、柱、板、吊顶、家具等等)，也包括了那些抽象的概念(比如计划、空间、组织、造价等等)。

IFC标准包含了以下9个建筑领域：①建筑领域；②结构分析领域；③结构构件领域；④电气领域；⑤施工管理领域；⑥物业管理领域；⑦暖通空调(HVAC)领域；⑧建筑控制领域；⑨管道以及消防领域。除此之外，IFC下一代标准正扩充到施工图审批系统、GIS系统等等。

8.3 施工现场文档管理

施工现场文档是项目上层管理信息系统的基础，现场文档应完整准确地描述和记录现场施工整个过程的细节。若现场文档不准确，向上反映和报告的信息就不准确，因此，就会造成上层不能正确地决策。

8.3.1 施工现场文档的分类

根据文档的重要程度，可分为永久保留的文档、长期保留的文档和短期保留的文档。由于各地区及现场情况不同，文档分类不尽相同，一般的现场文档可有如下分类：

1. 总文档的分类

(1) 招标投标类文档。包括施工总承包投标的文档，对各分包的招标投标的文档，对各种材料及设备招标和投标的文档。

(2) 合同类文档。施工总承包合同、分包合同、各种材料和设备的供货合同、保险合同以及各种合同的修改及补充等。

(3) 经济类文档。经济签证、索赔文件及报告、技术核定单、施工预决算等。

(4) 现场日常管理类文档。业主和监理的来函、提交给业主和监理及有关政府部门的各种报告、分包及供货商的来函、对分包和供货商的各种批复和指令、会议纪要、图纸会审记录、工程洽商、工程联系单等。

(5) 施工技术及管理类文档。施工技术及管理类文档的内容比较丰富，既可进行专业的分类，也可进行综合的分类。

2. 文档专业分类

施工技术及管理类文档可以按照单位工程、分部工程和分项工程以及专业进行分类，如：

(1) 建筑工程；

(2) 装修装饰工程；

(3) 安装工程；

(4) 市政工程；

(5) 园林绿化工程；

(6) 矿山工程等。

3. 文档的综合分类

综合分类是指各单位工程或专业工程的共性资料，这些资料也是最基本的资料。它们是：

(1) 材质证明；

(2) 施工实验；

(3) 施工记录；

(4) 预检；

(5) 隐检；

(6) 基础、主体结构验收；

(7) 施工组织设计；

(8) 技术交底；

(9) 质量评定；

(10) 竣工验收资料；

(11) 设计变更、洽商。

建筑工程和安装工程部分文档示例，如表8-3和表8-4所示。

表8-3　建筑工程部分文档示例

种类	文档名称
施工实验	1.砂浆试块挤压实验报告；2.砂浆强度的验收评定；3.混凝土坍落度测度报告；4.混凝土非破损测度强度报告；5.混凝土抗渗实验报告；6.混凝土抗压实验报告；7.混凝土强度的非统计评定；8.重要结构混凝土强度的；9.数理统计评定；10.钢材实验报告；11.钢化学分析实验报告；12.粗骨料实验记录；13.细骨料实验记录；14.沥青实验报告；15.特殊材料实验报告；16.水泥检验报告；17.盈利张拉报告；18.钢筋点焊实物抽查实验报告；19.钢筋对焊、预埋铁件焊接实物抽查实验报告；20.砂垫层环刀测定报告；21.砖实验报告；22.钢材质量证明单；23.水泥质量证明单；24.粗骨料质量证明单；25.细骨料质量证明单；26.砖质量证明单；27.混凝土构件合格证；28.钢门窗合格证；29.金属构件合格证
施工组织设计	1.施工组织设计审批表；2.项目汇总表；3.工程概况表；4.施工方法；5.主要技术措施；6.安全技术措施；7.混凝土、砂浆试块制作计划表；8.工程技术复核计划表；9.隐蔽工程验收计划表；10.施工总平面图；11.结构吊装方案；12.桩位布置图；13.打桩工程施工方案；14.钢板桩及井点平布布置图；15.升板提升程序图；16.施工部署；17.施工总进度计划及单位工程施工进度计划；18.精装修施工方案；19.施工预算人工汇总表；20.工程预算表；21.分部分项工程施工预算、材料汇总表；22.主要机械设备一览表；23.单位工程降低成本计划表；24.工艺及质量检测点计量网络图及计量器具配备明细表
工程质量评定	1.单位工程质量综合评定表；2.单位工程质量保证资料评定表；3.单位工程观感质量评定表；4.地基及基础分部质量评定表；5.主体工程分部工程质量评定表；6.地面与楼面分部工程质量评定表；7.门窗工程分部质量评定表；8.屋面工程分部工程质量评定表；9.装饰工程分部工程质量评定表；10.采暖卫生与煤气工程质量评定表

表 8-4　安装工程部分文档示例

种类	文档名称
采暖卫生与煤气	1. 产品、设备、材质证明、产品检验；2. 施工实验记录；3. 设备运转记录；4. 预检；5. 隐检；6. 施工组织设计方案；7. 技术交底；8. 质量评定；9. 竣工验收资料；10. 设计变更、洽商、图纸会审
电气工程	1. 产品、设备、材质证明、产品检验；2. 绝缘、接地电阻测试；3. 调试、试运作记录；4. 预检；5. 隐检；6. 施工组织设计方案；7. 技术交底；8. 质量评定；9. 竣工验收资料；10. 设计变更、洽商、图纸会审
通风空调	1. 单位工程质量综合评定表；2. 单位工程质量保证资料评定表；3. 单位工程观感质量评定表；4. 地基及基础分部质量评定表；5. 主体工程分部工程质量评定表；6. 地面与楼面分部工程质量评定表；7. 门窗工程分部质量评定表；8. 屋面工程分部工程质量评定表；9. 装饰工程分部工程质量评定表；10. 采暖卫生与煤气工程质量评定表
电梯安装	1. 设备随机文件及产品合格证；2. 绝缘、接地电阻测试；3. 半载满载超载运转记录；4. 设备检测记录；5. 自互检隐检记录；6. 方案；7. 技术交底；8. 劳动局检验报告；9. 调试报告；10. 变更文件

施工现场的文档分类要考虑与竣工档案编制与管理相结合，平时按竣工档案编制要求进行收集、分类与整理。项目竣工后，配合业主编制完整的项目文档向有关档案管理部门移交。

建筑工程和市政工程竣工档案归档范围，如表 8-5 所示。

表 8-5　建筑工程和市政工程竣工档案归档范围

种类	文档名称
建筑工程竣工档案归档范围	1. 前期文件材料；2. 设计文件材料；3. 监理文件材料；4. 施工技术文件材料；5. 安装施工技术文件；6. 幕墙部分文件材料；7. 绿化文件材料；8. 装饰部分(二次装饰)文件材料；9. 竣工文件材料；10. 竣工图；11. 工程声像材料
市政工程竣工档案归档范围	1. 立项文件材料；2. 招投标文件材料；3. 勘测文件材料；4. 设计文件材料；5. 监理文件材料；6. 施工管理文件材料；7. 施工测量复核文件材料；8. 施工实验文件材料；9. 施工用材质保文件材料；10. 施工记录文件材料；11. 施工使用功能记录文件材料；12. 施工质量检验评定材料；13. 绿化文件材料；14. 交通文件材料；15. 管线工程文件材料；16. 测绘文件材料；17. 竣工文件材料；18. 竣工图；19. 照片材料；20. 声像材料

8.3.2 施工现场文档的编制

1. 施工文档的编制

施工现场的文档面广量大而繁杂，由于现场工作繁忙，往往发生文件丢失、文件凌乱等现象，办公室里到处是文件，而需要的文件却要花费许多时间才能找到。实际上，现场的文件再多，也没有一个图书馆的资料多，在图书馆人们不需要花费许多时间就可找到所需要的书，关键在于图书馆有一个功能很强的文档系统。所以，施工现场也应建立像图书馆一样的文档系统。

(1) 明确现场有关部门文档管理的要求，建立文档管理责任制，落实专门部门和配备职人员管理文档工作，负责收集和保管施工过程中形成的各种文件；

(2) 建立文档的分类与编码，各个文档要有单一的标志，能够互相区别；

(3) 建立文档登记存档制度；

(4) 工程完工后统一装订成册。

2. 竣工档案的编制

建设工程竣工档案是指工程自立项、设计、施工、竣工到交付使用全过程中直接形成的具有保存价值的文字、图纸图表及声像等各种载体的文件材料的总称。它是工程项目建设及竣工投产、交付使用的必备条件,是对工程进行检查、维修、管理、使用、改建、扩建的依据和凭证。

工程竣工档案的编制必须按照建设工程竣工档案管理部门的编制要求进行。建设工程竣工档案的编制工作本着“谁做谁负责编制”的原则,建设单位、施工单位、监理单位根据各自承担的工作内容、范围和职责,分别进行收集、分类、整理、组卷。

建设单位负责收集、整理项目立项阶段(征地拆迁、招投标)、设计阶段(包括设计计算书)、竣工验收阶段及声像等文件材料。

监理单位负责收集、整理监理工作中形成的文件材料,并重点做好对施工单位所形成的施工文件材料进行检查审核、会签是否与工程质量一致。

各施工单位负责收集、分类、汇总、整理施工过程中形成的文件材料及竣工图的编制。施工单位是工程的建设者,从施工图到建筑物实体的落成过程中,将产生大量的施工技术文件材料,这些材料是否完整和准确,不仅反映了施工单位的施工质量、管理水平及技术水平的高低,而且直接影响今后工程的维修、管理、改建。施工单位必须按有关文件规定和施工规范要求,认真做好施工技术文件材料和竣工图的编制工作,确保文件的真实性、完整性和准确性。

3. 竣工图的编制

建设工程竣工图是指能具体和真实地记录各种地下、地上建筑物、构筑物等情况的技术文件,是工程进行交工验收的重要凭证,也是工程维护、改建、扩建的重要依据。建设工程竣工图的编制要满足所编制完成的竣工图必须真实、准确地反映建筑物、构筑物最终实际状况,确保竣工图纸与建筑实体相符。在编制过程中必须按图纸规范编制方法进行编制。

建设工程竣工图基本内容大致可以分为以下八种。

(1) 土建工程竣工图(建筑、结构);

(2) 市政工程竣工图(道路、地下管线、桥梁、涵洞等);

(3) 电力、照明电气和弱电工程竣工图;

(4) 暖通工程竣工图;

(5) 煤气工程竣工图;

(6) 设备安装和工艺流程竣工图;

(7) 绿化竣工图;

(8) 交通竣工图。

建设工程竣工图编制要求如下:

(1) 凡按图施工没有变更的,由施工单位在原施工图上加盖“竣工章”后作为竣工图。

(2) 在施工中,虽有一般性设计变更,但能将原施工图加以修改作为竣工图的,由施工单位在原施工图上按规范要求加以修改到位后,加盖“竣工章”后作为竣工图。

(3) 凡在建筑结构形式、工艺、平面布置以及其他方面有重大改变的;或者在一张图上改动部分超过三分之一;或者虽然改动不超过三分之一,但修改后图面混乱,分辨不清的个别图纸则需要重绘竣工图。

工程施工完毕后,由设计单位、施工单位或建设单位委托其他有编制资质、编制能力的单位,根据原施工图结合修改依据性文件和工程实际情况,重新编制整套工程竣工图。由施工单位或建设单位委托其他单位进行编制的,必须经过原设计院的审核,并加盖原设计院的公章。

8.4 工程施工管理信息平台

随着计算机技术软硬件水平、数据库技术、网络技术、存储技术和地理信息系统技术的不断发展,充分利用计算机来采集、存储、分析、处理和查询施工管理中涉及的大量数据、表格、指令和图形等信息,已成为当今施工管理信息管理的发展方向。

在工程施工实践中,常用的信息平台有:基于数据库的工程施工管理信息系统(CMIS)、以信息共享与协同工作为基础的项目信息门户(PIP)和以空间建模与分析为特征的地理信息系统(GIS)等。

8.4.1 工程施工管理信息化特征

工程施工信息化就是按照建筑设施信息化的总体目标,在施工过程涉及的各部门、各阶段广泛应用信息技术、开发信息资源,以促进施工技术和管理水平不断提高、施工生产效益显著增加的过程。由于信息技术渗透性强、发展快以及施工生产自身的复杂性,工程施工信息化概念的内涵极为丰富,并处于不断的发展变化之中。工程施工信息化的主要特征概括如下。

1. 信息收集自动化

在信息收集方面,基于传感技术、IC卡技术实现信息的自动采集、录入。例如,利用传感设备从施工现场采集混凝土温度、构件变形、设备运行状况等技术数据;用IC卡获取现场作业人员的个人信息等。需要人工收集的信息则实现电子记录,为各部门工作人员提供计算机图形用户界面,使必要信息能够方便地被录入和整理。此外,对于施工图纸类的图形信息,则广泛应用CAD技术进行录入、细化和修改。

2. 信息存储电子化

在信息存储方面,基于磁介质及光盘技术实现信息的海量存储。施工信息种类多、数量大,采用电子媒体可用较低的价格与极小的空间保存大量的信息。施工过程中将信息存储于计算机系统中,直观地估算,容量为1TB的电子介质可存储3.5亿页A4纸才能存储的文本信息,而价格非常便宜;施工项目竣工后,有关该项目的完整施工信息可保存于一张光盘或若干磁盘上,存档备用。

近年来,随着虚拟化技术、网络计算以及存储技术的发展,云存储技术应用日渐广泛,为企业信息存储过程带来了成本减低、访问方便、备份安全等优势。云存储是一种新兴的网络存储技术,是指通过集群应用、网络技术或分布式文件系统等功能,将网络中大量不同类型的存储设备通过应用软件集合起来协同工作,实现对外提供数据存储和业务访问功能。

3. 信息交换网络化

在信息交换方面,基于网络技术使工程施工的各协作部门间实现高效信息传递与共享。无论基于何种方式,施工过程中信息交换的需要是客观存在的。以一个项目经理部的运行为例,为完成合同签订、图纸会审、设计变更、进度与质量控制、物资与技术支持、竣工验收移交等工作,经理部须经常与建设单位、设计单位、监理单位及所属企业交换信息。若进一步考虑施工企业的整体需要以及建设、设计与监理单位之间的合作需要,则施工信息交换数量多、频度高的特点会更为突出。

信息化要求能够在网络环境下实现这些环节的部分或全部。例如,在招投标阶段实现网络数据库管理,不但可以提高工作效率,还有利于招投标工作更加客观、公正。又如,工程设计发生变更时,使设计、施工、建设三方面通过网络及时交换意见,并在施工单位内部的生产、技术、成本等环节同时得到响应。

4. 信息检索工具化

在信息检索方面,基于数据库技术可提供高效的检索工具,从而使信息的广泛利用成为可能。例如,统一的工期信息可分别为生产计划、材料供应、预算、统计部门从各自的需要出发进行检索;而数据库规模和种类的增加,使施工人员不但可以及时掌握施工项目自身的信息,还可检索到与自己工作有关的各种技术资料与管理规定,获得全面的信息支持。此外,检索结果还可加工为各种需要的格式输出,支持办公自动化。

5. 信息利用科学化

在信息利用方面,基于计算机软件技术,引入科学统计分析方法对基础信息进行自动深加工,进一步产生支持决策的有效信息。例如,可提供工期、质量、成本分析工具软件,分析比较实际工期与计划工期,排定下一阶段生产计划;发现质量通病并查找原因;及时汇总成本,找出节支或浪费发生的主要环节。又如,对于施工项目的历史信息进行综合分析,为当前投标工程提供报价、工期等方面的参考。

6. 高新技术的现代化

目前,我国工程施工技术和管理水平不断提高,ISO9000质量体系也正全面推广,形成了信息化发展的良好环境,加之信息技术自身的飞速发展和现代高新技术的综合应用必然使工程施工信息化具有极大的发展潜力。例如,应用GIS(地理信息系统)提供工程地质与施工环境信息;应用GPS(地球卫星定位系统)辅助工程测量与精确定位;应用PIP(项目信息门户)技术实现远程项目管理;将各类专家系统广泛用于辅助施工;利用近年来兴起的Intranet等等。

综上所述,工程施工信息化的意义不仅在于利用信息设备替代手工方式的信息处理作业,更重要的是高度信息化的系统具有许多手工操作无法比拟的优势。突出表现在信息检索、交换、加工等方面。信息化的发展,通过增加可利用信息的数量提高信息利用的质量,促进信息资源在施工生产中转变为现实生产力,对于施工行业的发展具有加速器与倍增器的作用。

8.4.2 工程施工管理信息系统

1. 系统的含义和作用

管理信息系统(MIS,Management Information System)是一种集成化的人机系统。它是一个以人为主导、利用计算机硬件、软件、网络通信设备以及其他办公设备、进行信息的采集、传输、加工、储存、更新和维护,为一个组织机构的作业、管理和决策提供信息支持,以提高效益和效率为目的,支持高层决策、中层控制、基层运作的集成人机交互系统。

施工管理信息系统(CMIS,Construction Management Information System)是指以电子计算机为手段,收集、存储和有关施工信息,为施工组织、规划和决策提供各种信息服务的计算机辅助管理系统,由信息源、信息获取、信息处理、信息存贮、信息接收以及信息反馈等环节组成。

CMIS能够给施工各个阶段、各个部门提供标准化的、合理的数据来源,提供满足一定时间要求的、结构化的数据,为各级施工管理提供预测、决策所需的信息。建立施工管理信息系统目标是实现施工信息的全面管理、有效管理、为施工目标控制、合同管理等服务。施工管理信息系统开发之路就是建筑业走向现代化,走向国际化的必由之路。

2. 系统的结构模型

通过对施工管理业务流程的分析,可以建立施工管理信息系统的模型。典型的施工管理信息系统的模型,如图 8-6 所示。

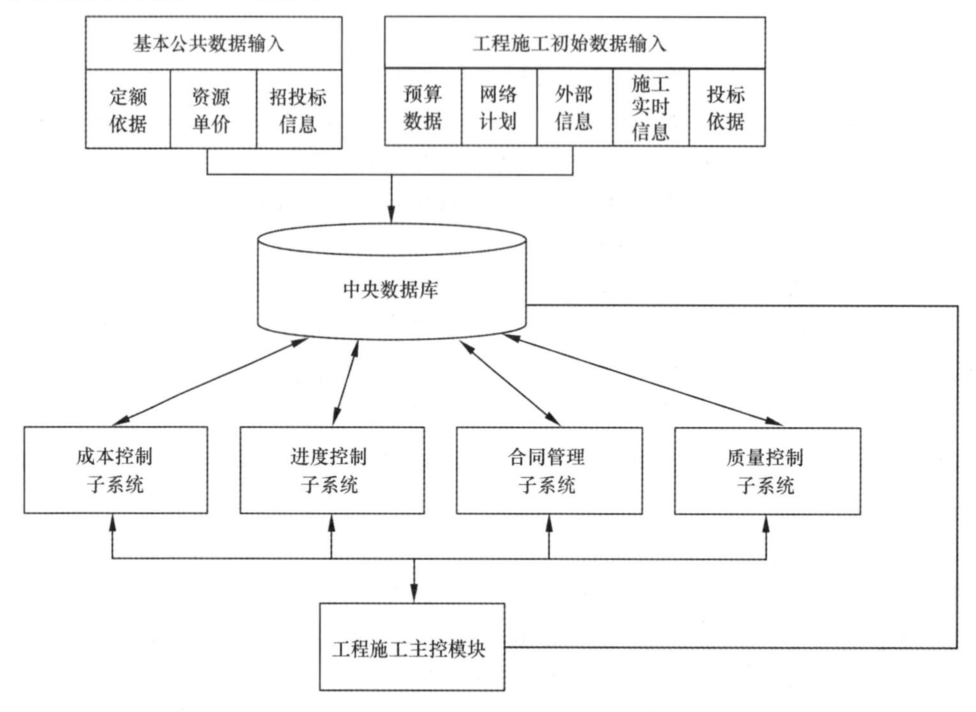

图 8-6 典型的施工管理信息系统的模型

在施工管理信息系统中,建立一个中央数据库,将它作为施工管理的信息源,首先向数据库中输入基本公共数据信息和工程施工初始数据信息,如工程特点、资源需求、预算、施工进度的初始数据等,然后利用数据库中的数据编制施工预算和施工进度计划,以此作为施工过程控制成本和进度的依据。

根据施工管理信息系统的现状及要求,其主要业务可进一步归纳为:成本控制、进度控制、质量控制、合同管理四个子系统。子系统的划分和管理机构设置密切相关,辅助相应的管理部门完成管理工作。各子系统与数据库之间进行数据的传递和交换,在组织内部实现数据的集成与共享,又接受主控模块的统一管理。这些管理过程在技术上都可采用数据库技术来实现。

3. 系统的功能模块

施工进度、投资、质量三大目标之间存在着既统一又矛盾的辩证关系,合同管理是实施施工目标控制的有效手段和保障。一般施工管理信息系统包括成本控制、进度控制、质量控制和合同管理等功能模块。施工管理信息系统的功能模块,如图 8-7 所示。

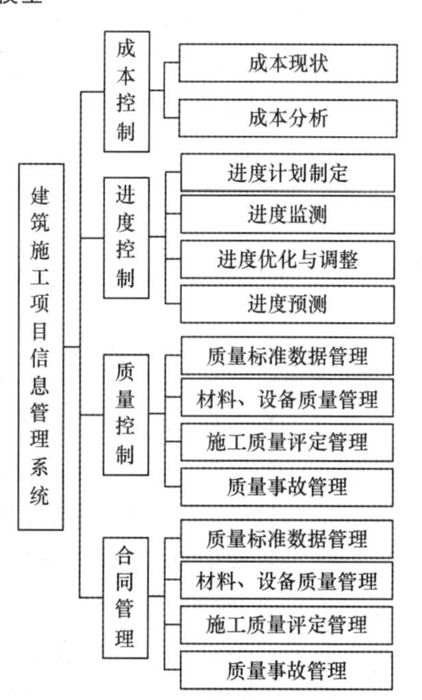

图 8-7 施工管理信息系统功能模块

(1) 成本控制。包含了施工项目人、机、料的全部动态信息,利用系统数理统计工具进行数据的统计分析,并结合财务管理软件,输出各类成本分析和统计报表,并利用赢得值原理进行费用/进度的综合控制。

(2) 进度控制。包括编制和分析施工进度计划;收集施工实际进度;比较实际进度和计划进度;在综合比较分析的基础上,及时做出决策,采取控制措施,调整进度计划;进度预测等。

(3) 质量控制。包括质量标准数据管理;材料设备质量管理;运用各种数理统计工具,提供质量分析和解决办法;施工质量评定管理;质量事故管理;还有各种电子表格制作工具和质量验、评标准表格以供调用。

(4) 合同管理。包含合同编辑、录入、查询和日常文书管理等。各种施工合同,如施工总承包合同、专业分包合同、劳务分包合同以及材料设备采购合同等的订立、实施、变更、终止均有相关详细记录,为索赔和合同纠纷的解决打下基础。

4. 系统的开发流程

施工管理信息系统的开发通常都要经历4个重要阶段:系统规划阶段、分析阶段、设计阶段和实施阶段。规划阶段的主要任务是定义工作内容和范围,进行技术和经济的可行性研究;分析阶段的目的是全面了解用户的信息需求,重点是商业需求而并非具体的计算机技术;设计阶段的主要成果是由系统分析员设计出可供实施的计算机系统解决方案;实施阶段的主要内容是进行系统的开发、测试和安装调试。施工管理信息系统开发流程,如图8-8所示。

施工管理信息系统开发每个阶段的主要目标和主要活动如下:

(1) 系统规划阶段。它的主要目标是确定新系统的作用范围,确保系统的可行性,制订进度表和资源分配计划,并进行系统预算。包括定义问题;制订系统开发进度表;确认系统的可行性;安排系统开发人员;启动系统。

(2) 系统分析阶段。它的主要目标是了解新系统的业务需求和处理要求,并制作书面文件。包括收集信息;确定系统需求;建立系统需求的原型;划分需求的优先级;产生并评估可选方案;与管理人员一起审查建议。

(3) 系统设计阶段。它的目标是设计系统的解决方案。设计阶段使用分析阶段获得的信息作为它的输入。包括设计并集成计算机网络;设计应用程序结构;设计用户界面;设计系统界面;设计并集成数据库;设计细节并原型化;设计并集成系统控制。

(4) 系统实施阶段。它的主要任务是建立、测试和安装最后的系统。这个阶段的目标不仅仅是实现一个可靠的、可以工作的信

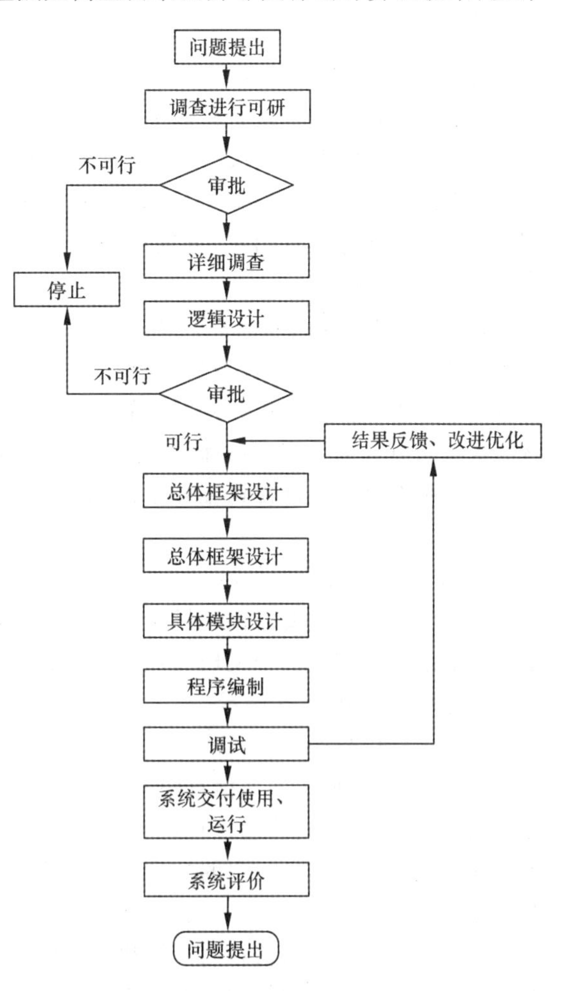

图8-8 施工管理信息系统开发流程

息系统，同时还包括对用户的培训，使用户切实能从信息系统中受益。包括构造软件部件；软件测试；转换数据；培训与文档；安装系统。

8.4.3 工程项目信息门户

门户是一个网站，或称为互联网门户站(Internet Portal Site)，它是进入万维网(World Wide Web)的入口。但是，有些是为了专门的技术领域、专门的用户群或专门的对象而建立的门户，称为垂直门户(Vertical Portal)。

1. 项目信息门户的含义

项目信息门户(PIP，Project Information Portal)属于垂直门户，不同于上述一般意义的门户。它是在对项目实施过程中参与各方产生的信息和知识进行集中式存储和管理的基础上，为项目参与各方在Internet平台上提供的一个获取个性化(按需索取)项目信息的单一入口。它是基于互联网的一个开放性工作平台，为项目各参与方提供项目信息共享、信息交流和协同工作的环境。

PIP作为一种基于Internet技术的项目信息沟通解决方案，以项目为中心对项目信息进行有效的组织与管理，并通过个性化的用户界面和用户权限设置，为在地域上广泛分布的项目参与各方提供一个安全、高效的信息沟通环境，有利于项目的信息管理和控制项目的实施。

2. 项目信息门户的类型

项目信息门户按其运行模式分类，有如下两种类型：

(1) PSWS模式(Project Specific Web Site)：为一个项目的信息处理服务而专门建立的项目专用门户网站，也即专用门户。如采用PSWS模式，项目的主持单位应购买商品门户的使用许可证，或自行开发门户，并需购置供门户运行的服务器及有关硬件设施和申请门户的网址。

(2) ASP模式(Application Service Provide)：由ASP服务商提供的为多个单位、多个项目服务的公用网站，也可称为公用门户。ASP服务商有庞大的服务器群，一个大的ASP服务商可为数以万计的客户群提供门户的信息处理服务。如采用ASP模式，项目的主持单位和项目的各参与方成为ASP服务商的客户，它们不需要购买商品门户产品，也不需要购置供门户运行的服务器及有关硬件设施和申请门户的网址。ASP模式是国际上项目信息门户应用的主流模式。

3. 项目信息门户的功能

项目信息门户主要提供项目文档管理、项目信息交流、项目协同工作以及工作流程管理4个方面的基本功能。其中文档管理，项目信息管理和协同工作是三大核心功能。项目信息门户的核心功能，如图8-9所示。

项目信息门户产生的时间较短，但其发展很快。国际上已经开发出较多的项目信息门户的产品，并各自提出了项目信息门户产品所具有的不同功能。但总的来说，这些产品的主要功能包括信息交流、文档管理、项目参与各方的共同工作、工作流管理及项目预警与决策支持5个方面。很多项目信息门户的产品还有一些扩展功能，如多媒体的信息交互、电子商务功能和在线项目管理等。

基于互联网的项目信息门户的功能结构，如图8-10所示。它涵盖了目前一些基于互联网的项目信息门户商品软件和应用服务的主要功能，是较为系统全面的基于互联网的项目信息门户的功能框架，在具体项目的应用中可以结合工程实际情况进行适当的选择和扩展。

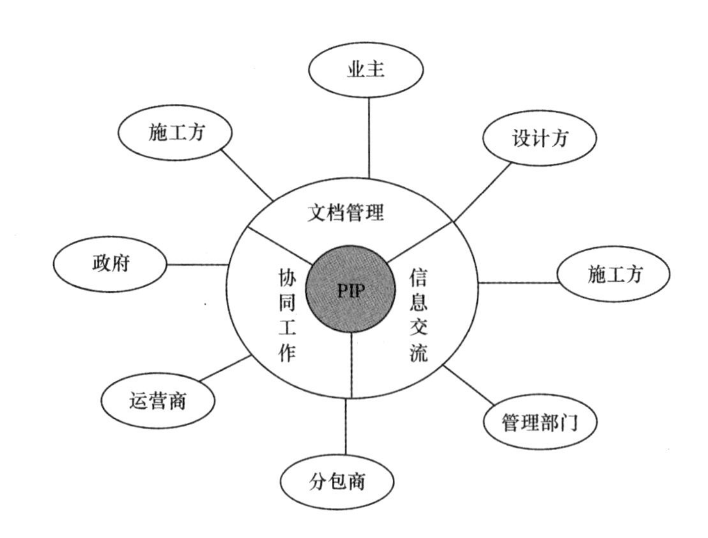

图8-9 项目信息门户的核心功能

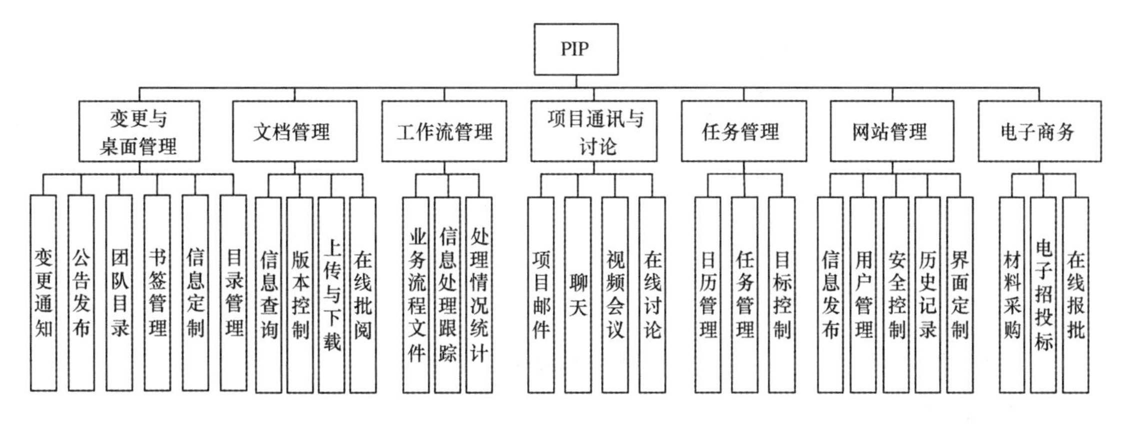

图8-10 基于互联网的项目信息门户的功能结构

对其中的功能说明如下：

(1) 桌面管理(Desktop Management)。包括变更提醒、公告发布、团队目录、书签管理等相关功能。

(2) 文档管理(Documents Management)。包括信息查询、版本控制、文档的上传和下载、在线审阅、文档在线修改，项目参与各方可以在其权限范围内通过Web界面对中央数据库中的各种格式的文档(包括CAD)直接进行修改。

(3) 工作流管理(Work flow Management)。业务流程的全部或部分自动化，即根据业务规则在参与方之间自动传递文档、信息或者任务。工作流管理也包括工程变更、处理跟踪、处理统计等工作。项目信息门户定义和组织了项目管理流程和业务处理流程，并为各个业务子系统提供接口，实现项目管理流程的控制和改进。

(4) 项目通信与讨论(ProjectMessagingandCollaboration)。或称为项目协同工作，包括项目邮件、实时在线讨论、BBS、视频会议等内容。使用同步(如在线交流)和异步(线程化讨论)手段使建设项目参与各方结合一定的工作流程进行协作和沟通。

(5) 任务管理(Task Management)。包括任务管理、项目日历、进度控制和投资控制等项目管理软件共享等内容。

(6) 网站管理(Website Administration)。或称为系统管理，包括用户管理、安全控制、历史记录、界面定制、用户帮助与培训等功能。项目信息门户有严格的数据安全保证措施,用户通过一次登录就可以访问所有规定权限内的信息源。

(7) 电子商务(E-Commerce)。包括设备材料采购、电子招投标、在线报批等功能。

此外,还包括在线录像功能。在施工现场的某些关键部位安装摄像头,使得项目参与各方能够通过 Web 界面实时查看施工现场,从而为施工问题提供解决方案、解释设计意图或者只是简单地监控现场施工。

4. 项目信息门户的意义

信息管理传统的方法是在信息的创建、加工、存储、检索、传递与利用的过程中均采用手工的方式,信息的载体以纸质为主,基于 PIP 的信息管理在信息管理的各个环节中全面实现了数字化。PIP 的出现使得项目信息点对点的沟通方式转变为集中存储和共享的沟通方式,如图 8-11 所示。

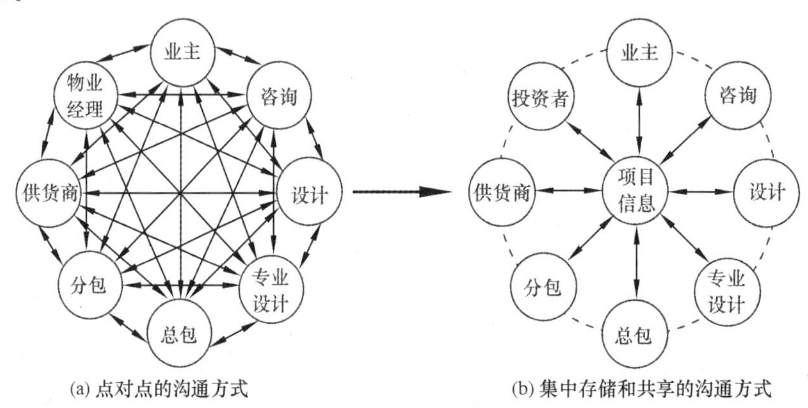

图 8-11 项目信息沟通方式的转变

项目信息门户的意义主要在于:

(1) “信息存储数字化和存储相对集中”有利于项目信息的检索和查询,有利于数据和文件版本的统一,并有利于项目的文档管理;

(2) “信息处理和变换的程序化”有利于提高数据处理的准确性,并可提高数据处理的效率;

(3) “信息传输的数字化和电子化”可提高数据传输的抗干扰能力,使数据传输不受距离限制,并可提高数据传输的保真度和保密性;

(4) “信息获取便捷”、“信息透明度提高”以及“信息流扁平化”有利于项目参与方之间的信息交流和共同工作。

项目信息门户的应用有利于提高投资项目的经济效益和社会效益,有利于实现项目建设和运营增值的目的。

8.4.4 施工地理信息系统

1. 施工地理信息系统的意义

地理信息系统(GIS,Geographic Information System)是在计算机软、硬件支持下对各种地理空间信息进行采集、存储、检索、综合分析和可视化表达的信息处理和管理系统,是一种地学空间数据与计算机技术相结合,为地理研究和地理决策服务的新型空间信息技术。

利用 GIS 特有的空间信息组织与管理方式,对空间数据按地理坐标或空间位置进行有效管理，不仅可以方便地实现工程施工管理中所涉及的水文、地质、地形，以及施工场地布置等动、静态信息的数字化，而且其强大的空间数据处理能力和空间分析能力为工程施工提供了强大的空间建模能力(如数字地形与数字地质建模、地形填挖分析等)，并且利用现有的 GIS 平台集成，可以大大缩短工程施工的开发周期及开发费用，提升工程施工信息管理的现代化水平和效率。

近年来，地理信息系统在发达国家得到迅速发展，在多个领域发挥着越来越重要的作用。GIS 与土木工程相结合也显示了强大的生命力。利用 GIS 可以对大量的空间数据进行动态管理和综合分析。从理论上讲，如果要处理的数据具有空间分布性，并且需要经常更新，那么就可以应用 GIS 卓越的空间分析功能，加快数据处理的步伐。

2. 施工地理信息系统的功能

GIS 的功能主要包括数据的输入、管理、分析和显示。通过对模拟地图数字化、键盘输入或数据格式转换等途径，将各种数据输入 GIS 后，GIS 可以快捷地对其进行管理和分析。

GIS 处理的数据包括两种，一种是空间地理数据，如建筑物的位置、地下管线的布局等；另一种是空间信息对应的属性数据，如建筑物的结构类型、管径等。GIS 可以像 DBMS(计算机数据库管理技术)、CAD(计算机辅助设计)一样对数据进行编辑、更新等操作，更重要的是可以运用其独特的空间综合分析功能，由原有信息导出新的信息。

此外，和其他开放式程序一样，GIS 还可以挂接外部专业应用程序，增强其计算分析能力。GIS 具有强大的显示功能，可以在空间域内直观地表达查询及检索结果，同时提供高质量的图文报告输出功能。在系统中，GIS 平台作为系统的核心，提供空间信息与其他信息的集成，同时兼具信息可视化查询、输出与分析的功能。GIS 系统模块结构图，如图 8-12 所示。

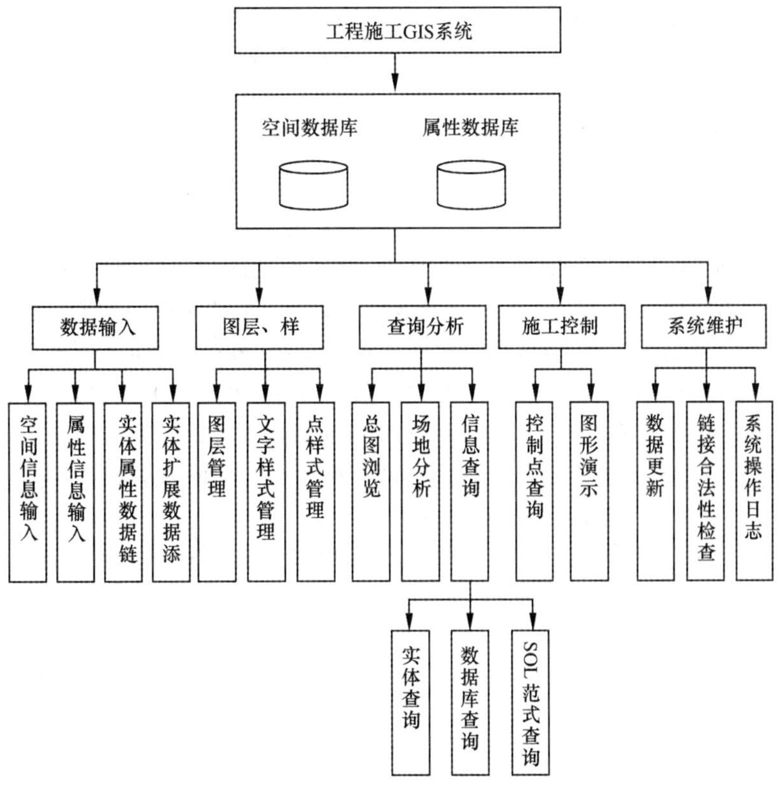

图 8-12 GIS 系统模块结构图

3. 施工地理信息系统的应用

一项重大建设工程,从规划、设计、施工,到建成后的使用、维护,需要处理大量的工程数据和工作文档,许多土木工程与空间地域相关,例如,建(构)筑物及桥梁的分布、道路及地下管线的布局等都属于空间信息范畴。人工综合处理这些复杂多样的数据,经常会带有主观性和随意性,并且工作量大、周期长。同GIS相结合解决这些问题,一方面能够快速完成工作任务,另一方面又可保证结果的客观性和可行性。目前GIS在工程监测、施工管理及震害预测的应用中都显示了优越性。

1) GIS辅助施工管理及进度监控

现代大型土木工程施工是一个复杂的系统工程,整个施工过程涉及的信息量大,周期长,并且有很多问题随时间变化。为及时了解、跟踪施工进度及施工现场情况,避免施工决策的失误,采用新技术和新方法来加强施工管理和监控。目前,在一些大型土木工程施工中已经采用了决策支持系统、可视会议等新技术,对施工进度控制及现场管理产生了很大帮助。借助GIS技术特有的空间分析及可视化表达功能,能够扩展这些管理技术的图形查询及空间信息管理能力。

例如,三峡工程决策支持系统集成指挥中心系统以GIS和数字媒体技术为基础,以三峡工程施工现场的全貌为背景,在可视化的环境下以多种媒体形式(包括数字、文字、图形图像)为决策用户提供各种施工动态、静态信息(例如工程施工和物资调配),实现了施工仿真、高度优化等决策支持功能。

2) GIS应用于建筑施工安全管理

建设项目安全管理工作在整个施工过程中具有重要作用。当前,施工项目数量剧增,而安全监督管理的人员数量相对较少的问题已日益突出。如何有效地配置现有资源,利用先进技术手段开展安全管理工作急需解决的问题。GIS技术应用在施工安全管理中,为施工部门提供了一种高效、有力的管理手段。

GIS在日常施工安全管理工作中应用,为GIS开辟了一个崭新的使用平台。即把管辖区域内的施工项目显示在地图上,对施工项目进行定位查询,就能够直观、方便的掌握施工项目的现实状况,有利于安全监管人员有目的、分重点的对施工现场实施安全监督。

同时,利用专业地理信息系统软件Map Info对区域地图和数据库的管理功能,一方面在用图形方式显示出管辖范围内的工程项目分布情况以外,项目周边的交通、电力、电信、燃气、供水管网的布局信息也可一目了然,为场地施工提供便利;另一方面把与施工项目有关的属性信息,如建设单位、设计单位、施工单位等存储在数据库中,更重要的是将施工安全手续、专职人员配备、安全人员资质、安全防范措施、临时用电、安全用品、安全资料、施工机具的安放等信息记录于数据库,用户只需要通过简单操作就可以提取、查询和使用这些数据,方便了工程施工的安全监督,又为安全管理提供了辅助决策。

借助先进的GIS技术开发一套施工管理系统,除秉承以往信息管理系统的功能之外,还具有GIS技术的强大的空间数据的处理能力,同时可以集成其他先进的信息技术,使管理的数据量更大、更全面,分析功能更强。

附录　施工组织设计案例

一、工程综合说明

(一) 工程概况

1. 地理位置及周边环境

某公司总承包的工程为某机场城市航站楼,地处静安区南京西路、常德路口西北角,基地面积 4000m^2,南侧是地铁 2 号线,西面是拟建的某城市广场,北面是城市开发备用地块(尚未拆迁),东侧是紧靠工程的轻机大厦高层,东北角为老式洋房常德公寓,属市级保护建筑。在基地内有地铁出入口及风井口(附图-1)。

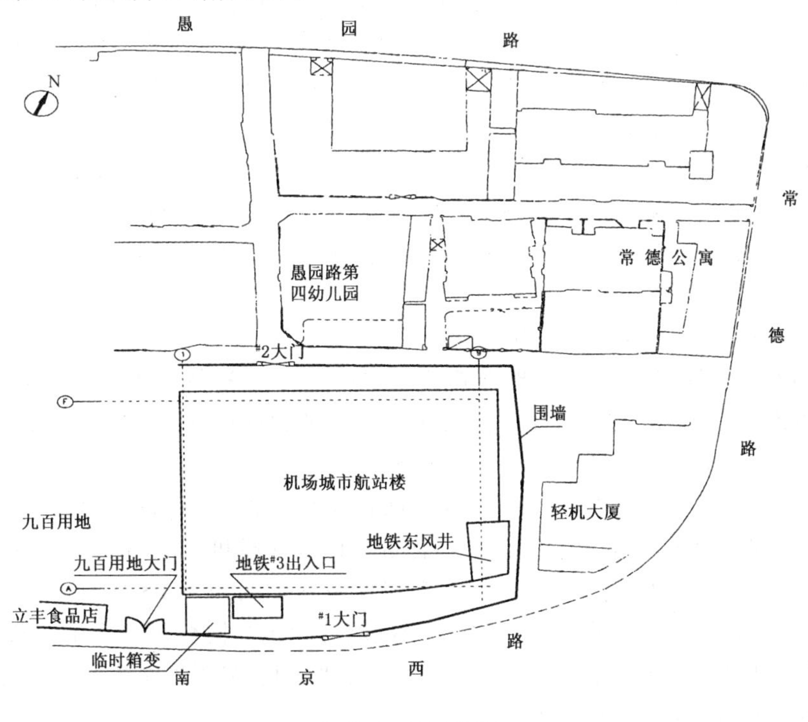

附图-1　工程位置

2. 建筑及结构概况

工程地上部分 11 层,建筑面积约 22 959m^2;地下 2 层,建筑面积约 6 377m^2,总高度 63.520m。主体结构以钢筋混凝土框架体系为主,部分剪力墙结构,主要柱网为 9.0m×8.4m。楼板采用钢筋混凝土肋梁楼板。屋顶网球场顶为钢屋架,屋面为压形钢板。±0.00 相当于绝对标高+3.95,室内外高差 750mm。

3. 工程地质条件

工程的地下水属于潜水类型,地下水位较高,埋深为 1.0～1.2m,对混凝土无腐蚀性。围护结构进入 10 土层,场地与维护结构有关的土层自上而下分为七个土层。工程力学指标,如附表-1 所示。

附表-1 土层、工程力学指标

序号	土层名称	土层厚度(m)	含水量(W%)	容重(kN/m³)	内聚力(kPa)	摩擦角
1	杂填土	1.5	17.0			
2	褐黄色粉质黏土	2.0	31.5	18.8	13	15.4°
3	灰色淤泥质粉质黏土	2.5	41.2	17.7	10	12.7°
4	灰色淤泥质黏土	10.0	48.1	17.1	10	8.8°
5	灰色黏土	5.0	41.6	17.7	11	12.1°
6	灰色粉质黏土	14.5	34.0	18.2	10	14.6°
7	暗绿色粉质黏土	3.3	41.6	20.1	11	12.1°
8	灰绿色沙质黏土	3.0	34.0	19.3	10	14.6°
9	草黄色粉沙	3.5	41.6	19.2	11	12.1°
10	灰色粉沙夹黏土	3.0	34.0	19.2	10	14.6°

4. 工程特点及施工难点

(1) 上部工程与地下结构施工协调将对总工期产生重要影响。经研究,工程地下结构施工采用“逆作法”进行施工。为此,明确了上下结构可同步施工的各项技术、施工协调措施和配合方案。

(2) 工程2～设置层东南角7～9轴、A～C轴区域和11层3～8轴、B～E轴区域内的楼面结构均为钢结构。11层网球场的屋顶也是钢屋架,因此,钢结构施工也就成了该工程的另一项重点内容。由于施工场地狭小,吊装单元的划分、制作和吊装都有一定的难度。

(3) 工程三、四层有部分结构转换大梁。这些大梁采用有黏结预应力混凝土结构,是工程主体混凝土结构的重要构件。所以,预应力结构施工也是这个工程施工的重点内容。

(4) 施工场地狭小,周边环境和施工条件较差。因此工程材料、构件的堆放及塔吊在安装拆除方面都有一定的困难。

5. 工程质量、进度、安全目标概述

(1) 质量目标:发挥公司综合管理优势,运用ISO9002标准认证体系要求组织施工,全面推行创优目标管理。确保工程达到国家质量验收标准的优良等级,同时争创“优质结构”奖;在工程竣工之后,公司将提供优质满意的保修服务。

(2) 工期目标:发挥公司在技术、管理和机械装备等方面综合优势,组织多工种、多支作业队伍施工,配备足够的劳动力和施工机械,强化目标计划管理和实施,确保在合同工期内完成施工任务;开工日期为2000年2月29日,竣工日期为2001年9月28日,共计19个月。

(3) 安全目标:公司与建设单位签订《安全风险总承包合同》,对安全生产实行风险总承包,对公司所承担的土建及水电安装承担施工安全生产责任,确保安全生产无重大事故。同时争创市“文明工地”和“标准化样板工地”。

(二) 编制依据

(1) 工程设计图纸;
(2) 逆作法维护设计图;
(3) 工程承包合同;
(4) 工程招投标文件;
(5) 地质勘探报告;
(6) 国家及地方现行的有关施工及验收规范;
(7) 国家及地方安全生产、文明施工的规定及规程。

(三) 引用的规范、规程

(1)《钢筋混凝土高层建筑设计与施工规程》(JGJ391);
(2)《混凝土结构工程施工及验收规范》(GB5020592);
(3)《钢结构工程施工及验收规范》(GB5020595);
(4)《工程测量规范》(GB5002693);
(5)《采暖与卫生工程施工及验收规范》(GBJ24282);
(6)《电气装置安装、工程接地装置施工及验收规范》(GB5016992);
(7)《通风与空调工程施工及验收规范》(GB5024397);
等等。

二、工程的施工方案

(一) 施工工艺总流程图(附图-2)及说明工艺流程图(附图-3)

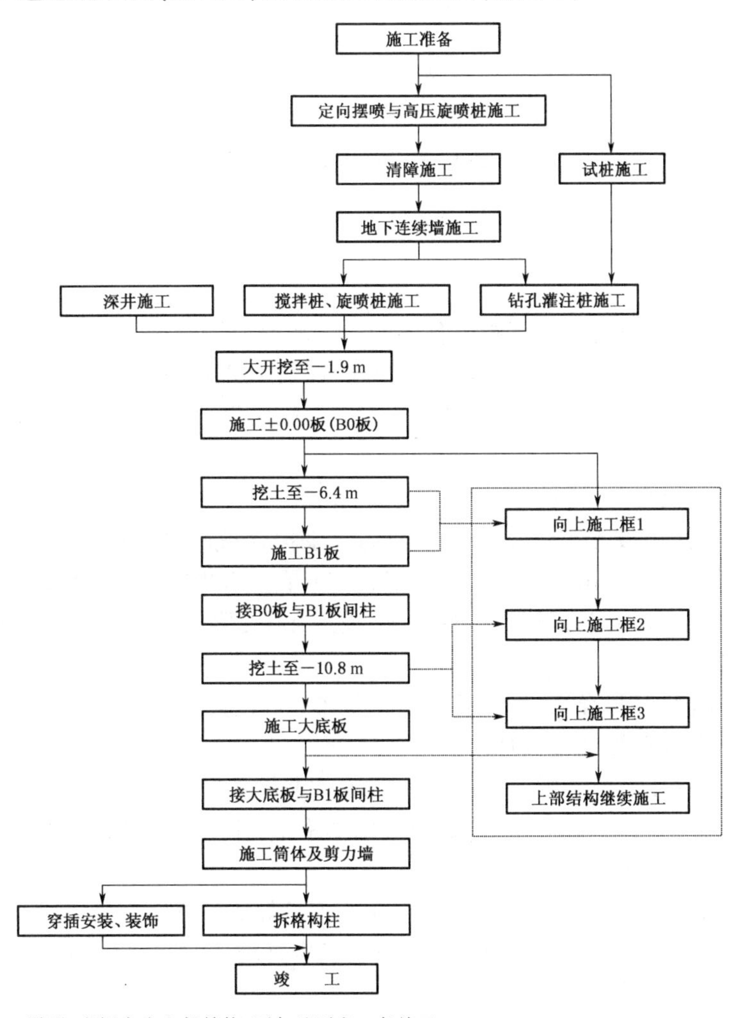

说明:虚框内为上部结构,可与地下室一起施工。

附图-2 某工程施工工艺总流程图

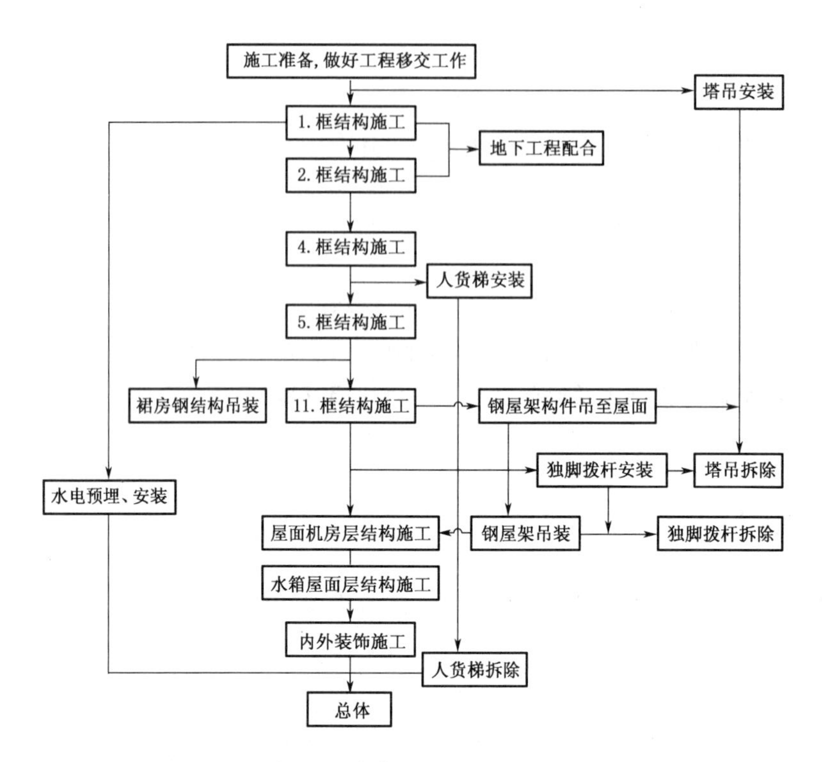

附图-3 主体结构工艺流程图

(二) 地下工程施工方案

1. 地下连续墙

工程地下连续墙既作为基坑开挖过程中挡土止水围护结构，又作为永久性地下室外墙结构，即"两墙合一"。地下连续墙工程墙厚 800mm，深度为 21m，23m 和 25m，地下墙接头形式为钢筋搭接刚性接头，共计 46 幅槽段，地下连续墙混凝土设计强度为 C30，抗渗 S8，施工强度等级为 C35。

1) 施工工艺及流程

地下连续墙采用导板式抓斗成槽施工，静态泥浆护壁；采用成槽机一次扫孔，泵吸反循环二次清孔；钢筋笼采用三点吊装，由 100t 吊车和 50t 吊车双机抬吊、整体回直下笼的方法；接头处理采用接头箱安放锁定、高压旋转泵清洗工艺；混凝土灌注采用导管法水下混凝土浇灌。

2) 施工方法

(1) 工程采用倒"L"形导墙，拆模后要求立即在导墙内设置两道 100mm×100mm 方木支撑，以确保轴线及导墙间距的准确性。

(2) 现场设置一套钢制的泥浆工厂，配备两套泥浆输送回收系统。

(3) 工程采用一条作业线施工，由成槽机成槽施工，并采用成槽机进行一次扫孔，反循环两次清孔的施工方法。

(4) 施工现场搭设两只钢筋笼平台，平台采用槽钢焊成格栅空心架组成，平台标高用水准仪校正。根据实测导墙标高来确定钢筋笼吊筋的长度，以保证结构和施工所需要的预埋件、插筋、保护铁块位置。

(5) 钢筋笼吊放采用 100t 履带吊作主机，50t 履带吊作副机，双机三点抬吊，整体下笼方法。

(6) 工程采用导管法浇捣水下混凝土的方法，标准幅槽段采用两根导管浇捣，接头箱采用顶升架顶升,吊车配合提升。

2. 深层搅拌桩方案

为确保地铁车站主体结构,沿地下连续墙在坑内侧进行深层搅拌桩和高压旋喷桩加固。

1) 工艺流程

分项工程穿插于地下连续墙及工程桩施工过程中,根据搅拌桩的工程量要求,搅拌桩施工前阶段(即地下墙施工后阶段)布置一台搅拌桩机,由一条作业线进行施工,待地下墙结束布置两台搅拌桩机由两条作业线分别施工。

具体流程为:放线定位、样槽开挖→路基平整、轨道铺设→桩架组装搭设、供浆设备等组装→桩架就位、钻头对中桩位→预搅下沉至桩底标高→配制水泥浆液、第一次喷浆提升搅拌至桩顶标高→重复搅拌下沉至桩底标高→第二次喷浆搅拌提升至地面。

2) 施工方法

(1) 测量放样、样槽开挖,深层搅拌桩移到预定桩位,对中,确保安装稳固。

(2) 固化剂浆液:按照设计,搅拌桩采用#425普通水泥作固化剂,掺量按设计要求,固化剂浆液要严格按预定的配比拌制,制备好的浆液不得离析、不得停置时间过长,超过2小时的浆液应降低标号使用。

(3) 重复搅拌下沉:深层搅拌桩喷浆提升到设计标高后,关闭灰浆泵。为使软土和浆液搅拌均匀,搅拌头再次下沉。

3. 旋喷加固桩方案

施工时产生的废泥浆不能用拉浆外运的方法,必须采用土方外运的方法,即采用现场堆置,利用旋喷桩产生的泥浆凝固较快的特点,凝固后以土方的形式运出场外。

4. 工程桩施工方案

工程桩基采用直径Φ700钻孔灌注桩,桩长31.5m,工程桩身混凝土设计强度等级为C30,其中有三组试桩,单桩垂直允许承载力1500kN。本基坑围护工程所用的立柱桩全部利用工程桩,直径为Φ700,立柱桩上部采用400×400钢格构式立柱,钢立柱插入灌注桩内大于2m。主要施工顺序为:

(1) 护筒埋设。根据桩位的定点,做好护筒埋设,护筒采用3mm钢板(格构柱桩采用10mm钢板)卷制而成,所用护筒内径为Φ750,护筒埋设应埋入原土200mm,护筒中心线与桩位中心线的允许偏差≤20mm,护筒埋设应垂直四周回填密实。

(2) 成孔施工。采用GPS-15型钻机正循环钻进成孔,钻头直径按设计及规范要求。成孔施工人员严格遵守操作规程,根据不同的地质特点,合理控制钻进参数和钻孔中泥浆密度。成孔过程中,泥浆循环沟应经常疏通,泥浆池应定期清理废浆及时处运。

(3) 清孔。清孔采用换浆清孔(2次清孔),2次清孔后,均由专人测量孔深及孔底沉渣。

(4) 钢筋笼制作:钢筋笼采用分节制作,并预留一定搭接长度,钢筋笼焊接采用点焊;为控制保护层厚度,在钢筋笼主筋上,每隔3m设置一道定位块,沿钢筋笼周围对称布置4只。

(5) 钢筋笼安放。钢筋笼吊放采用QY1-16汽车吊,分节焊接安放。

(6) 水下混凝土施工。立柱桩混凝土设计强度等级为水下C30,施工采用商品混凝土。混凝土开浇时,初灌量满足规范要求;混凝土浇灌过程中,导管埋入混凝土深度保持在3~10m。

5. 逆作法施工方案

1) 降水方案

真空深井降水在深井中用真空集水、水泵抽水以达到基坑降水和土体排水固结的目的。

在±0.00板、地下一层楼板以及大底板施工的前后10天内,保持地下水位在该层板下方1.5m深度范围左右,确保该层楼板在浇捣过程中保持稳定,下卧土层在楼板混凝土浇捣及养护期间不发生排水固结,并在降水期间跟踪施工双液注浆。

2) 挖土方案

本工程挖土采用增强基坑内的地基加固,并配合“盆式”挖土、“盆边”抽条挖土的方法,并在24h内完成抽条挖土,随捣混凝土垫层,以达到控制土体位移的目的。挖土前检查降水情况是否符合挖土条件,保证施工机械进出场道路通畅和场地排水系统贯通,落实卸土点,作好监测初始记录。

挖土施工图如附图-4所示,现作简要说明:

(1) 土方开挖顺序为1,2,3,4,5,6,7。

(2) 每一块开挖完成后必须立即浇捣混凝土垫层或架设支撑。

(3) 除第一分区外各分区土方开挖和浇捣必须在24小时内完成。

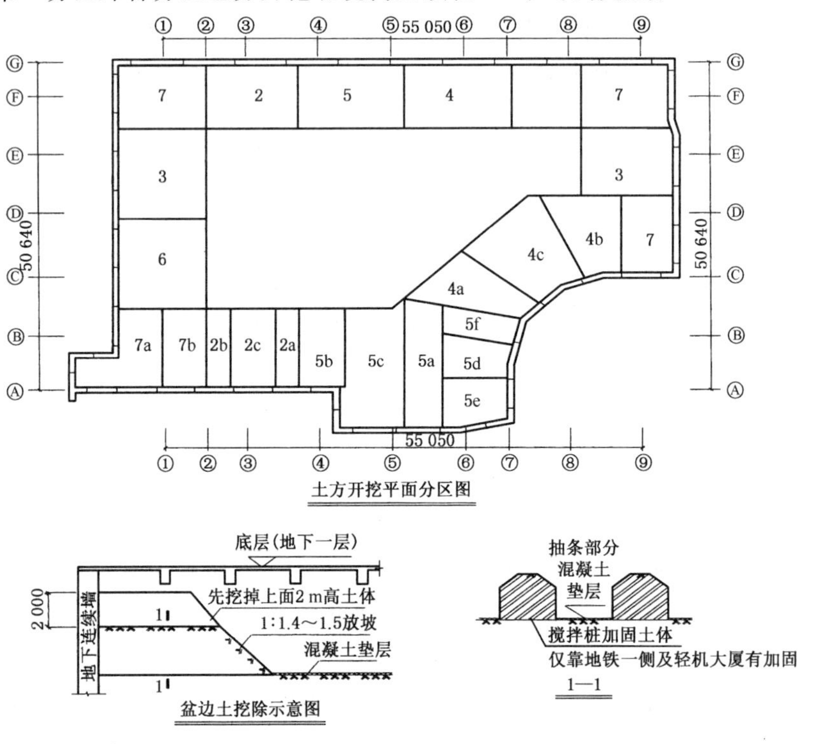

附图-4 地下工程挖土施工图

3) 模板、钢筋和混凝土方案

(1) 模板。楼板底模采用九夹板,梁侧模用小钢模,并用垫铁调整平整度,对于跨度较大的采用砌砖墩作为九夹板支撑,筒体、剪力墙、方柱采用小钢模,圆柱采用定形组合模板.

(2) 钢筋。为加快施工进度及保证施工质量,所有底板钢筋按翻样图由工厂加工成成型钢筋后运至现场,根据施工要求分批进场,用塔吊配合运输。柱、板墙的接长钢筋要垂直,间距要均匀,上下层钢筋左右要交替。楼板主筋布置按短向筋在下,长向筋在上进行,主筋搭接按图纸说明或规范要求.

(3) 混凝土。工程采用商品混凝土,用汽车泵输料,硬管布料。浇捣地下一层楼板与大底板时,充分利用逆作法先行完成的顶板的有利条件,将顶板作为布置泵车与拌车的停点。浇捣时泵管从挖土口和预留孔口进入施工部位，应按泵管的操作半径分批分段浇捣，采用斜坡薄层浇捣法，增大散热面积.

4）照明与通风

在－0.05～－1.75m 楼板混凝土强度达到设计强度时，拆除支撑排架及模板，立即安装地下一层照明和排风设备，以保证施工中的照明和通风要求。同样，在地下室各层挖土时，均要布置照明通风设备；除利用取土口及物料吊运孔作通风采光用外，再在地下室各层施工时根据操作面大小各安装大功率轴流风扇用于排风，上下用白铁风管连接，使地上地下空气形成对流，保持空气新鲜，确保施工人员身体健康。

（三）地上主体结构施工方案

工程采用逆作法施工，在地下工程完成 B1 板时即可以开始主体结构的施工，即地下工程与主体结构同时施工，但要保证在大地板即 B2 板达到设计强度前，主体结构只能进行到第 2 层，以确保施工安全。

1．模板工程

柱、梁采用小钢模，板采用九夹板木模，根据施工进度要求和建筑面积配备 3 套模板。在模板安装前，根据楼面弹线，用水泥砂浆在柱外围做好 5cm 宽的找平层。

2．钢筋工程

（1）工程钢筋由加工厂成型，厂房按照本工程提供的钢筋翻样清单及制作要求加工成型，并按工程实际进度分批供应进场，钢筋由重型运输车从#1 大门送入工地，再由塔吊吊至各工作面。

（2）柱的主筋及剪力墙竖向钢筋≥Φ20，采用电渣压力焊连接，竖向钢筋在浇捣混凝土前，经复核位置正确后，用电焊固定；平台筋进梁锚固，上皮筋在板中搭接；下皮筋在梁支座处搭接；钢筋绑扎施工时，墙和梁可先在单边支模后，再按顺序绑扎钢筋。

3．混凝土工程

（1）工程的混凝土采用商品混凝土，用混凝土搅拌车运至现场，由汽车泵或固定泵输送至各施工面。

（2）根据设计施工图纸的需要，每层的墙柱结构和平台结构分别采用两种不同强度等级的混凝土。因为施工方案要求每框结构的墙柱与平台梁板混凝土一起浇捣施工，因此每框结构混凝土浇捣均分为三个施工过程。

（3）虚线将整个结构平面分为三个区域，这三个区域内的墙柱及预应力混凝土分别由三路设备进行浇捣。

（4）在 1～4 框结构浇捣混凝土时，由于浇捣混凝土的方量达到 1000m^3 左右，拟布置 3 台汽车泵由北向南退浇；五框以上布置两台固定泵，由北向南退浇，先浇柱子及剪力墙混凝土，后浇梁板混凝土。

4．砌体工程

工程外墙及 240 厚内隔墙为 MU10 承重多孔砖，M5 混合砂浆砌筑；200mm 及 120mm 厚内隔墙为陶粒混凝土砌块，M5 混合砂浆砌筑；125 厚内隔墙为轻钢龙骨双面双层石膏板内衬岩棉轻质隔墙；电梯井、楼梯间、空调机房采用 MU7.5 多孔承重砖，M10 水泥砂浆砌筑。

5．预应力工程

（1）工程三、四层有部分结构转换大梁。大梁采用有黏结后张法预应力混凝土结构。当混凝土梁的强度达到 100％设计强度时，并在设备层结构施工完毕后，方可进行预应力筋分批

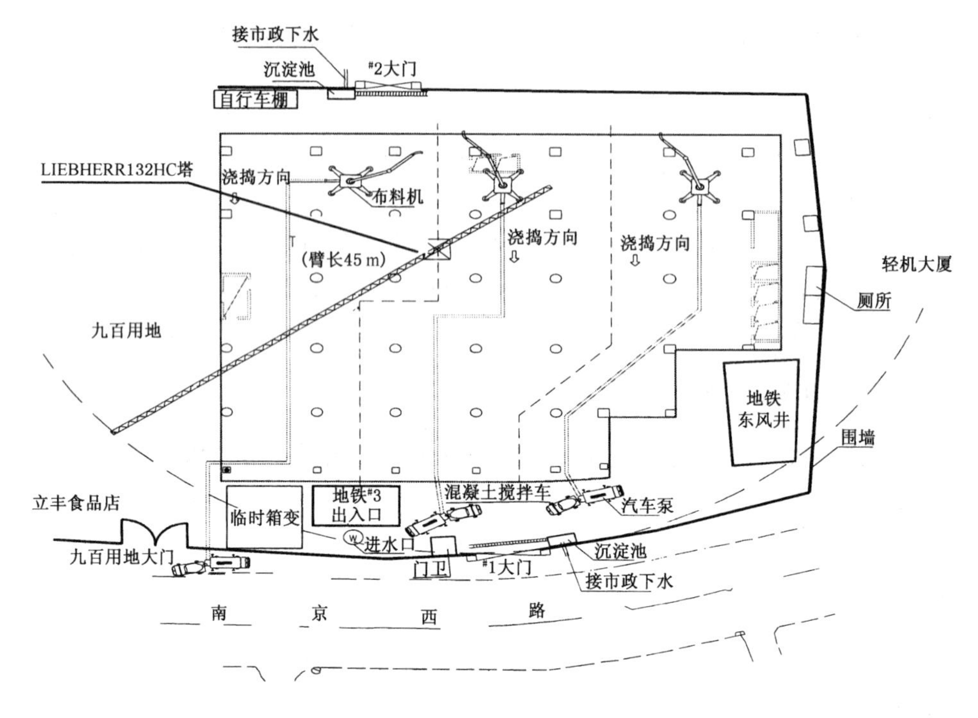

附图-5 主体结构混凝土浇捣图

张拉。为了确保模板能及时周转使用,在施工中预先将预应力梁与非预应力平台结构做成相互独立且便于分割的排架支撑系统。

(2) 预埋施工内容包括波纹管预埋、灌浆孔和排气孔预埋、端部承压板预埋以及预应力筋穿束。有黏结预应力钢绞线的穿束,采用先支梁底模,绑扎梁的非预应力钢筋。根据梁底模的标高确定波纹管的矢高,波纹管固定好以后,进行预应力筋的穿束,预应力筋穿束结束后封梁两端的侧模;

(3) 当平台梁混凝土强度达到设计要求时,并在设备层结构施工完毕时就可以进行张拉施工;

(4) 浆体在专门搅拌机内配制,用压力灌浆泵将浆体压入导管内。根据设计要求,预应力筋张拉完成后,在张拉端绑扎钢筋,浇捣 C30 混凝土。

6. 钢结构工程

工程内容包括 2 层钢梯,2 层、3 层、4 层、设备层、11 层楼面平台梁及压型板,屋顶室内网球场钢构架及屋面建筑结构。

(1) 材料加工。全部钢结构按以下要求分段:钢梯、平台梁单件出厂;屋面网球场钢管桁架分成以下几部分:钢管桁架柱、悬挑桁架上弦、斜撑、拱形桁架分为三段出厂;其余边梁、立柱、支撑均单件出厂。

(2) 钢结构安装。该工程地处繁华地段,建筑物正面紧靠南京西路,地面无构件堆场,钢结构安装时构件运输车辆只能短暂停放南京西路人行道上,必须尽快用塔吊将构件吊运到所安装的楼面。屋面网球场钢结构是大跨度的空间桁架,分单元吊运到楼面后,充分运用吊车起重能力,扩大拼装后再安装,可减少承重支架的搭设及楼面加固工作量。

7. 外脚手架方案

工程一框结构施工和五框以上施工之南立面安全防护均采用落地脚手架,其余的均采用外挑脚手架;外挑脚手架由放置在结构平面上的外挑钢梁和搭设在钢梁上的钢管扣件式脚手架组成;本工程外挑钢梁具体设置在 2 层、设备层、10 层结构平面上。钢梁内端用钢筋吊环与楼板形成固定连接;脚手架搭设时要保证超结构两排,以确保施工安全。脚手架外侧满铺绿色密目网,防止高空坠物,如附图-6 与附图-7 所示。

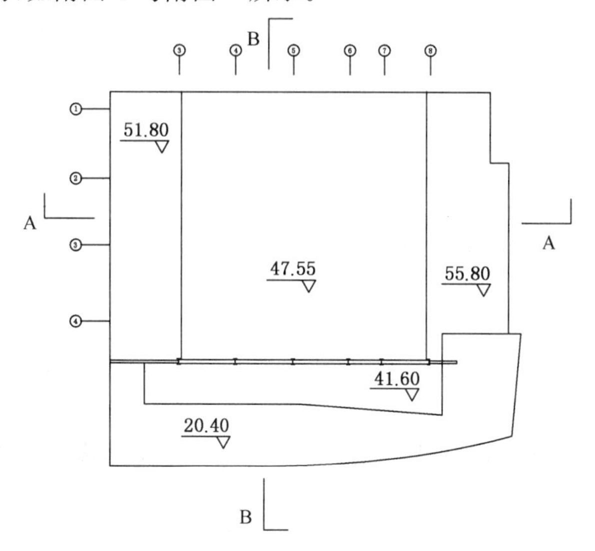

附图-6 模板工程平面及剖面图

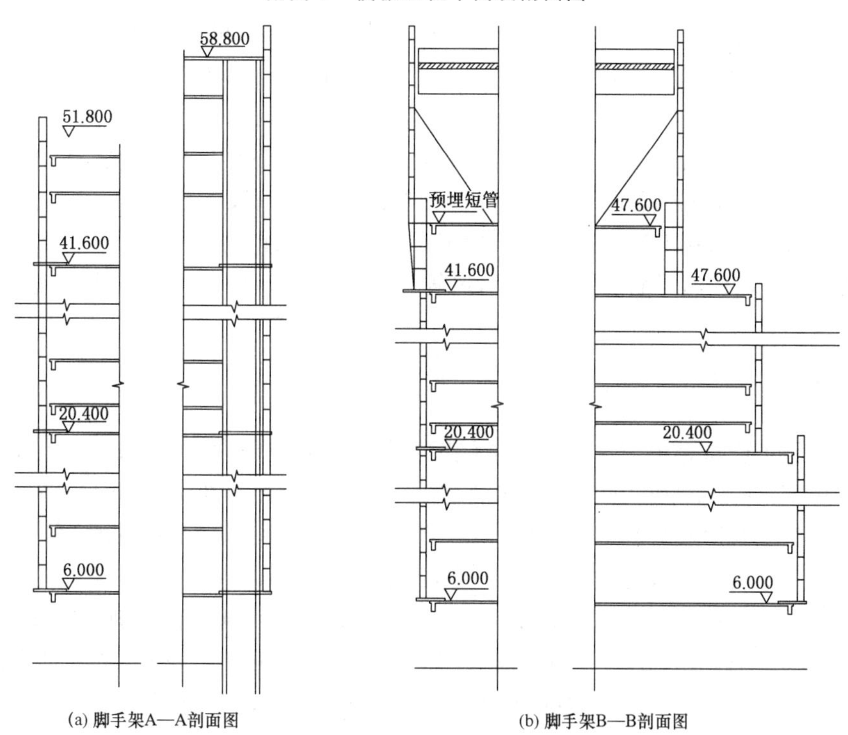

附图-7 脚手架剖面图

8. 垂直运输方案

(1) 塔吊

基于工程各方面情况考虑,拟在 D 轴—E 轴、4 轴—5 轴之间布置一台起重能力 132t・m 的 LIEBHERR132HC 塔吊,臂长 45m。采用如此大吨位的吊车主要是考虑到钢结构的吊装施工。

(2) 人货两用梯

施工人员、砌筑和装饰材料的垂直运输采用一台ALIMAK人货两用梯。人货梯在完成4框结构施工后安装。由于施工场地狭小,且南侧的#1大门是唯一的进出口通道,人货梯只能布置在建筑物北面,它的底层门开在与建筑物相邻的一侧,并在建筑物底层设置出专用的材料运输通道。

(四) 安装工程

1. 电气工程

(1) 防雷接地测试点的位置、数量、内部照明管敷设、内部防密闭预留管安装按图设置;

(2) 预埋预留完毕,进行自检、互检,认真复核,合格后办理好隐蔽验收证明。浇捣混凝土时指定专人进行监护,待模板拆除后立即进行管路疏通,清除充填物及孔洞模具。

2. 管道工程

(1) 给排水、消防系统在预埋套管、预留孔洞前,进行尺寸校对,按照正确的尺寸进行预埋预留,施工完毕进行复核;

(2) 套管预埋时与钢筋可靠地焊接,防止位移、歪斜,水平套管安装时用水平仪校正后,进行一次性焊牢;

(3) 预留孔洞的模具按照比管道直径大两档的要求进行制作,并按照模板上的标记进行放置,待混凝土强度达到30%时,及时拆除模具;

(4) 管道穿过地下室人防区域时,采用刚性防水套管,套管的直径比管道直径大两档,墙身中安装的套管长度与墙身厚度尺寸一致,楼板上的套管高出地坪大于50mm。

3. 通风工程

(1) 风管穿越人防密闭墙时需预埋管,预埋前将预埋套管锈蚀清理干净,并在内侧刷涂防锈漆;预埋管的直径与所连接的风管或密闭阀门等的直径相一致;

(2) 超压测压管采用DN15镀锌钢管预埋在混凝土楼板内;

(3) 风管穿越墙体时风管留孔尺寸为(风管宽度+100mm)×(风管高度+100mm)或按照图纸标明尺寸。

(五) 装饰工程

工程装饰施工应符合国家和地方标准《普通硅酸盐水泥》(GB 175—92)、《建筑地面工程施工及验收规范》(GB 50209—95)、《建筑装饰施工及验收规范》(JGJ 73—91)、《轻钢龙骨隔断吊顶工程设计施工及验收规程》(DBJ 08—210—95)、《铝合金建筑型材》(GB 5237—85)及《铝及铝合金加工产品的化学成分》(3190—82)等的规定。

(1) 地砖施工。基层上均匀洒水,撒素水泥;地砖背面必须满涂粘接剂。粘接剂厚度控制5~8mm;铺贴后,当砂浆较干时可洒少许水;隔日用1∶1水泥砂浆灌缝,要求灌缝密实,表面平整光洁;小面积的,可当天原浆灌缝,但要注意防止移动砖块;砖块铺贴完毕后,视气温情况隔两日铺草包或木屑浇水养护3~5天,禁止人员走动。

(2) 内墙面砖施工。墙面须清理干净,保证粘结牢固,水泥墙柱等处要凿毛;浇水润湿,做好标准塌饼,然后粉1∶3水泥砂浆,粉层厚须分层刮糙,并养护1~2天;贴瓷砖时墙面上下各做一块标准点,出墙面5cm,铺贴瓷砖,由下至上,从大面到小面,瓷砖抹灰浆须饱满。

(3) 轻钢龙骨吊顶。平顶标高线弹好后,须由现场技术员进行复核,标高线误差不大于±5mm;龙骨安装好,应按设计要求起拱;平顶封板前,必须进行隐蔽工程验收,合格才能封板;

石膏板安装应在自由状态下进行施工固定，防止出现弯棱、凸鼓现象；安装完后，必须检查其平整度，板间高低差不大于1mm；平顶开孔应避免切断主龙骨。

(4) 铝合金门窗。按图纸要求在门、窗洞口弹出门、窗位置线，在安装好铝窗、门框后须经过平整度，垂直度等的安装质量复查，再将框四周清扫干净、洒水湿润基层；铝框四周的塞灰砂浆达到一定强度后(一般需24小时)，才能轻轻取下框旁的木楔，继续补灰，然后才能进行饰面工程；安装铝门、窗框的洞口尺寸要正确，框上下、两侧要留有缝隙，并留出窗台板的位置。

三、施工进度计划

工程采用逆作法施工，在进度上可以地下与地上同时施工，从而加快施工进度，使项目尽早投入使用。工程施工工期为19个月。根据工程分级管理的要求，分别编制了施工总进度计划、地下工程施工进度计划、主体结构施工进度计划(略)、设备安装工程进度计划(略)、装饰工程施工进度计划(略)。在上述施工进度计划的基础上，编制工程总的资源需要量计划及分部工程的资源计划。现就施工总进度计划、地下工程进度计划及钢结构施工的资源安排计划说明如下：

(一) 总体工程进度说明

施工总进度计划主要包括地下连续墙施工、工程桩施工、挖土施工、主体结构施工、钢结构施工、设备安装及装饰施工等。

(1) 工程采用逆作法施工，在地下工程完成一柱一桩施工后就可以进行主体结构施工的准备活动。

(2) 在B1板施工养护阶段主体结构进行一层施工，在B2板施工养护阶段主体结构进行二层施工，在B2板养护达到设计强度时继续进行主体结构的施工，在此期间可以进行地下结构的粗装饰、设备基础施工等工作。

(3) 在B2板达到设计强度后即可进行主体3层以上的施工；在5层裙房施工完毕之后可开始屋面施工，在主楼结构完成之后15天内完成5层、11层、钢结构的五面施工。

(4) 室内粗装饰工程在屋面结束之后即可开始，为满足工期要求，在钢结构屋面结束后68天完成；在5层基本结束之后即可进行外立幕墙施工直至结束。

地下工程进度如附图-8所示。

(二) 地下工程进度说明

(1) 施工准备工作进行当中的清障施工、导墙施工、工程桩试桩施工，它们依次搭接进行，地下连续墙在导墙之后搭接施工以保证施工的连续性，在一柱一桩施工结束后进行深井施工及降水持续到大底板B2结束前10天结束。

(2) 地下工程在完成一柱一桩施工后就可以为主体结构施工的准备活动创造前提——塔吊基础施工，继而在B0板施工养护阶段进行主体结构的施工准备活动，包括塔吊的安装、材料进场、机械设备进场、人员到位等活动的安排。

(3) 在B1板施工养护阶段可以进行主体结构一层的支模、钢筋绑扎，并且要求在B1养护达到设计要求强度10天后，主体结构一层混凝土浇捣及养护完成；另外进行地下一层的粗装饰工作。

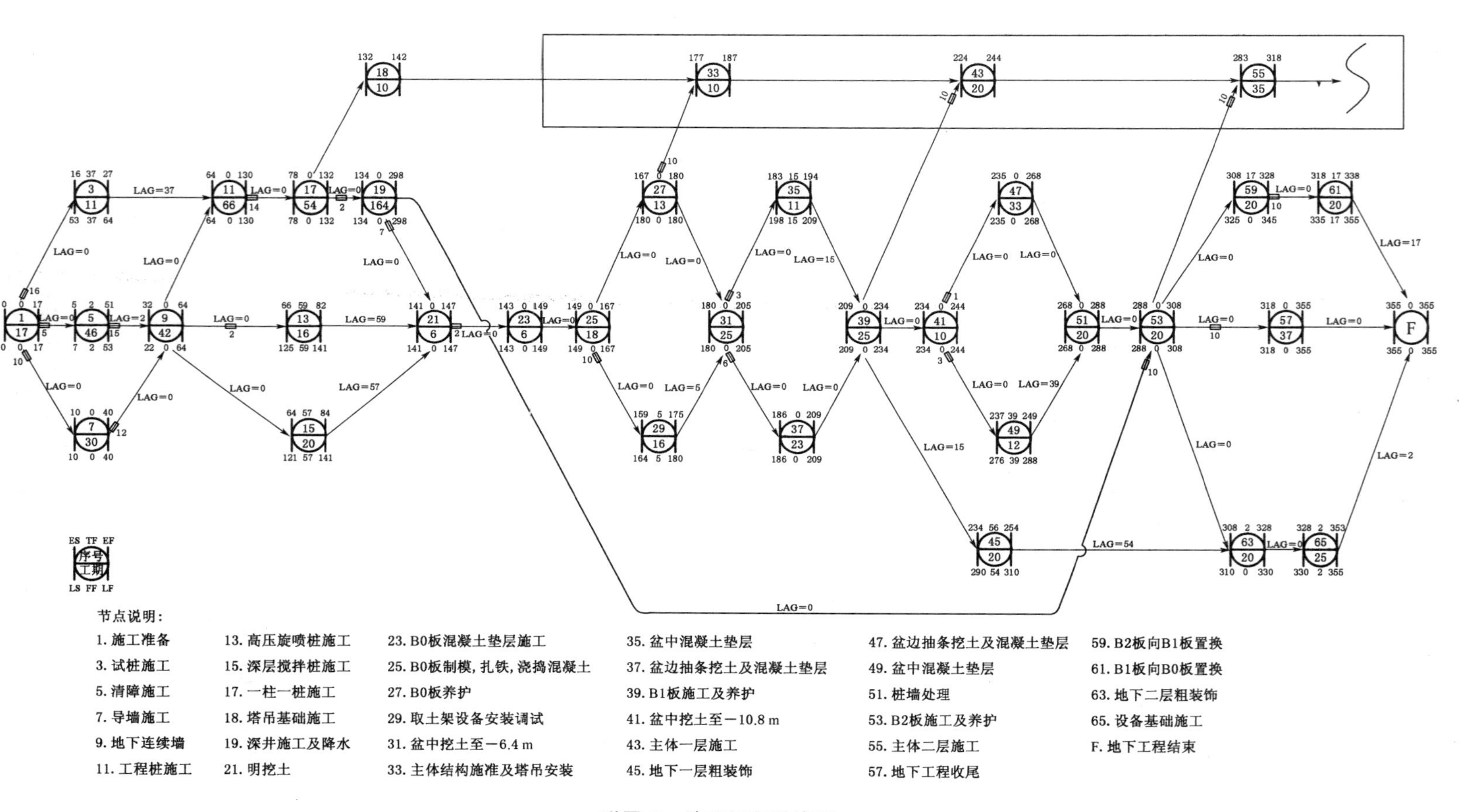
ES TF EF
序号
工期
LS FF LF
节点说明：
1. 施工准备
3. 试桩施工
5. 清障施工
7. 导墙施工
9. 地下连续墙
11. 工程桩施工
13. 高压旋喷桩施工
15. 深层搅拌桩施工
17. 一柱一桩施工
18. 塔吊基础施工
19. 深井施工及降水
21. 明挖土
23. B0板混凝土垫层施工
25. B0板制模，扎铁，浇捣混凝土
27. B0板养护
29. 取土架设备安装调试
31. 盆中挖土至－6.4 m
33. 主体结构施准及塔吊安装
35. 盆中混凝土垫层
37. 盆边抽条挖土及混凝土垫层
39. B1板施工及养护
41. 盆中挖土至－10.8 m
43. 主体一层施工
45. 地下一层粗装饰
47. 盆边抽条挖土及混凝土垫层
49. 盆中混凝土垫层
51. 桩墙处理
53. B2板施工及养护
55. 主体二层施工
57. 地下工程收尾
59. B2板向B1板置换
61. B1板向B0板置换
63. 地下二层粗装饰
65. 设备基础施工
F. 地下工程结束

附图-8 地下工程进度图

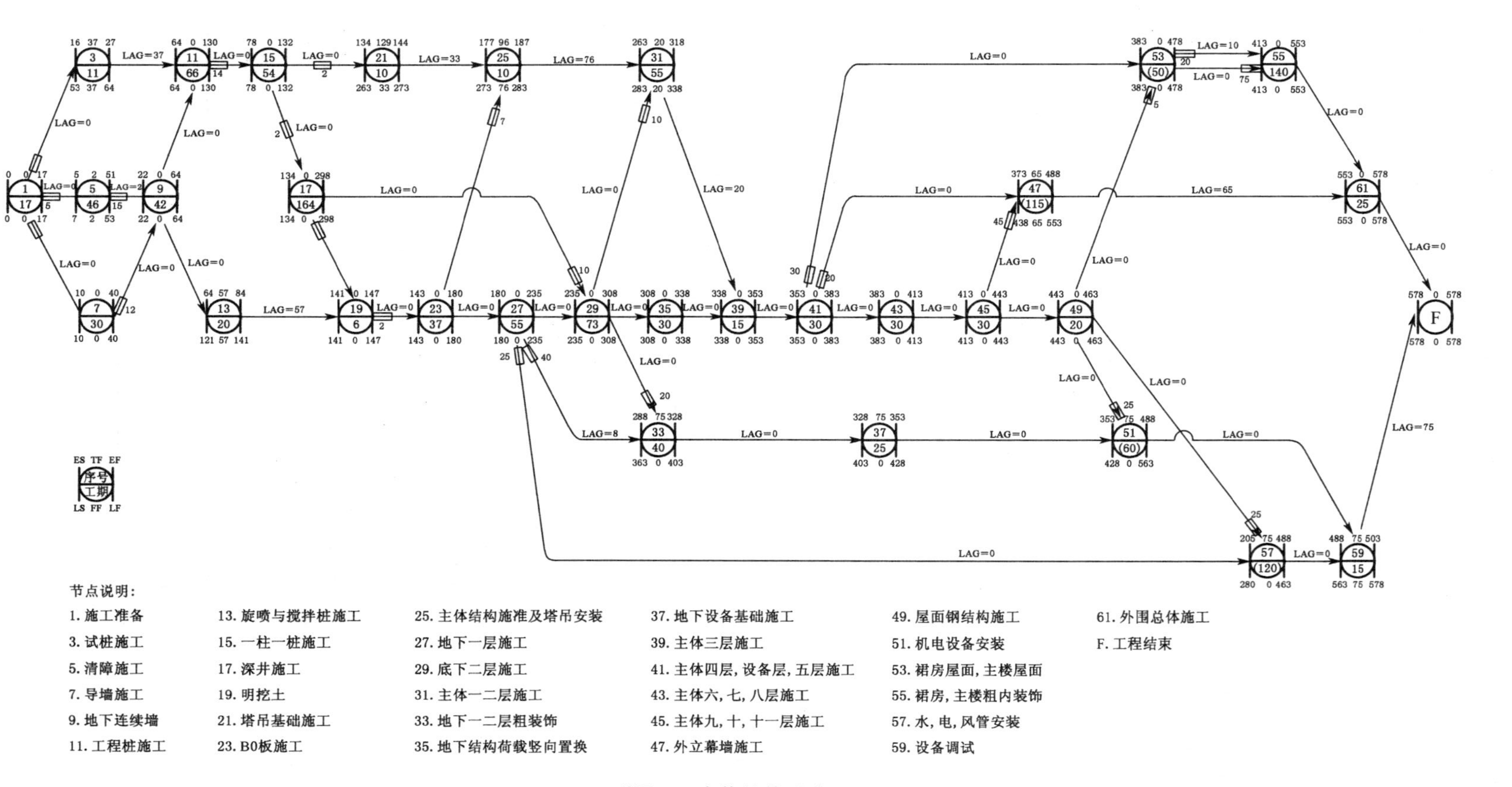
ES TF EF
序号
工期
LS FF LF
节点说明:
1. 施工准备
3. 试桩施工
5. 清障施工
7. 导墙施工
9. 地下连续墙
11. 工程桩施工
13. 旋喷与搅拌桩施工
15. 一柱一桩施工
17. 深井施工
19. 明挖土
21. 塔吊基础施工
23. B0板施工
25. 主体结构施准及塔吊安装
27. 地下一层施工
29. 底下二层施工
31. 主体一二层施工
33. 地下一二层粗装饰
35. 地下结构荷载竖向置换
37. 地下设备基础施工
39. 主体三层施工
41. 主体四层, 设备层, 五层施工
43. 主体六, 七, 八层施工
45. 主体九, 十, 十一层施工
47. 外立幕墙施工
49. 屋面钢结构施工
51. 机电设备安装
53. 裙房屋面, 主楼屋面
55. 裙房, 主楼粗内装饰
57. 水, 电, 风管安装
59. 设备调试
61. 外围总体施工
F. 工程结束

附图-9 主体结构进度图

(4) 在B2板施工养护阶段可以进行主体结构二层的支模、钢筋绑扎,并且要求在B2养护达到设计要求强度10天后,主体结构一层混凝土浇捣及养护完成;另外进行地下B2板向B1板以及B1板向B0板载荷的竖向置换和二层的粗装饰工作;粗装饰之后进行设备基础施工。

主体工程进度图如附图-9所示。

(三) 资源计划

施工资源计划由于工程内容复杂、资源较多,不能一一列举。现以钢结构工程为例,说明资源计划编制的方法和内容。

1. 主要材料需求量计划

主要材料需求量计划如附表2所示。

附表2 某机场城市航站楼钢结构工程量表

<table>
<tr><th colspan="2">工程项目</th><th>规格</th><th>单位</th><th>数量</th><th>重量(t)</th></tr>
<tr><td colspan="2">钢梯</td><td></td><td>架</td><td>1</td><td>6.383</td></tr>
<tr><td rowspan="3">平台架</td><td>钢梁</td><td></td><td></td><td></td><td>151.779</td></tr>
<tr><td>压型钢板</td><td>Ua-N,1.2mm厚</td><td>m²</td><td>1533</td><td>24.068</td></tr>
<tr><td>焊钉</td><td>φ16</td><td>颗</td><td>6228</td><td></td></tr>
<tr><td rowspan="6">钢结构</td><td>拱形桁架</td><td></td><td>榀</td><td>4</td><td>95.755</td></tr>
<tr><td>边列立柱</td><td></td><td></td><td></td><td>26.208</td></tr>
<tr><td>次梁</td><td></td><td></td><td></td><td>72.807</td></tr>
<tr><td>支撑</td><td></td><td></td><td></td><td>8.756</td></tr>
<tr><td>连接板</td><td></td><td></td><td></td><td>4.011</td></tr>
<tr><td>小计</td><td></td><td></td><td></td><td>207.537</td></tr>
<tr><td rowspan="10">屋面建筑构</td><td>天沟</td><td>3mm不锈钢</td><td></td><td></td><td>3.5</td></tr>
<tr><td>次檩</td><td>2mm镀锌C型钢</td><td></td><td></td><td>7.4</td></tr>
<tr><td>檩托</td><td>8mm钢板</td><td></td><td></td><td>1.5</td></tr>
<tr><td>拉条</td><td>φ12</td><td></td><td></td><td>0.7</td></tr>
<tr><td>螺栓</td><td>M16×40
M12</td><td>套
套</td><td>600
2000</td><td></td></tr>
<tr><td>底板</td><td>1.2mm热镀锌彩板</td><td>m²</td><td>1740</td><td>24</td></tr>
<tr><td>面板</td><td>0.6mm镀铝锌彩板</td><td>m²</td><td>1740</td><td>12</td></tr>
<tr><td>保温棉</td><td>双层50mm,48kg/m³玻纤棉</td><td>m³</td><td>170</td><td>0.82</td></tr>
<tr><td>封檐龙骨</td><td>角钢50×50×4</td><td>m</td><td>500</td><td></td></tr>
<tr><td>封檐板</td><td>氟碳涂层铝板</td><td>m²</td><td>270</td><td></td></tr>
</table>

2. 主要施工机械设备需求量计划

主要施工机械设备需求量计划如附表-3、附表-4所示。

附表-3　　起重及运输机械计划表

序号	名称	规格型号/t	数量/辆	备注
1	东风汽车	8	4	桁架运输
2	汽车	5	4	散件运输
3	双排座汽车	1.5	1	施工材料运输

附表-4　　主要施工工、机具计划表

序号	名称	规格型号	数量	备注
1	交流电焊机	BX1-300A-3	4台	
2	可控硅焊机	ZX7-250	6台	
3	栓钉熔焊机	KSM	1台	
4	空气压缩机	0.6m^3	2台	
5	面板压型机		1套	
6	底板压型机		1套	
7	电动角向磨光机	小号24、大号6	各5把	
8	超声波探伤仪	PXVT-22	1台	
9	链式葫芦	2t,5t	各4台	
10	千斤顶	10t	2个	
11	手枪电钻	Φ6	10把	
12	电钻自攻钉套筒	M6	50个	
13	电动咬边机		4台	

3. *劳动力需求量计划*

劳动力需求量计划，如附表-5所示。

附表-5　　钢结构安装工程劳动力配备计划表

序号	工种名称	人数/人
1	电焊工	10
2	安装工	15
3	起重工	10
4	测量工	2
5	电工	2
6	油漆工	4
7	架工	4
8	探伤工	2
9	辅助工	4

四、施工平面图

工程基地面积4000m^2，南侧有地铁$^{\#}$3出入口，东南角上是地铁东风井，这两个建筑距离工程地墙只有1m左右,并有围护结构与工程地墙相碰,同时地墙边线紧贴建筑红线,除去施工场地已没有多余场地塔建大量办公用房和临时生活设施。因此办公设施、生活设施、卫生设施将在基地外另外布置(已达成有关协议)。

工程基地北侧有3幢居民楼在明年1月底前不能拆除,甲方提供的由愚园路一侧开辟北侧通道,在此期间不能实施,又北侧通道较狭窄,大型施工机械的进出场非常不便,为保证工期,拟在南京西路一侧另开一扇7m宽临时大门,作为小型车辆的进出通道。

工程用电、用水线路考虑采用暗埋设法,因建设单位要求临时上水与永久上水相结合,现暂考虑与用电电缆一道设于排水沟之内,电缆沿场地周边布置,每隔30m设一电箱。工程甲方提供电源为800kVA,施工中拟分为五路线,塔吊、取土架,施工用电及生活用电各一路线,另一路备用,若建设方要求上部结构同时施工,可接至人货两用梯,用水线路从甲方提供的Φ300进水口接入,沿场地周边布置,每隔20m设一水龙头,以供施工及生活用水,在结构施工中,再接入消防用水,两条线路均单独布置,各不干扰。如上部同时施工,可以直接接至施工楼层,作为施工及消防用水。

工程位于闹市区,施工场地极为狭小,待北侧居民房拆除后,立即着手辟通愚园路的入口,根据现场踏勘情况,此段路下有排水、燃气、自来水管道,时间已较长,上空又有电线、电话线和有线电视线的穿越,道路两侧紧靠居民楼,为确保居民的生活不受影响,准备重新铺设下水管道、煤气管道和自来水管道,对上空的各种线路移位架设,最后,重新浇捣混凝土路面。

(一) 地下工程施工平面图

地下工程施工平面图,如附图-10所示。

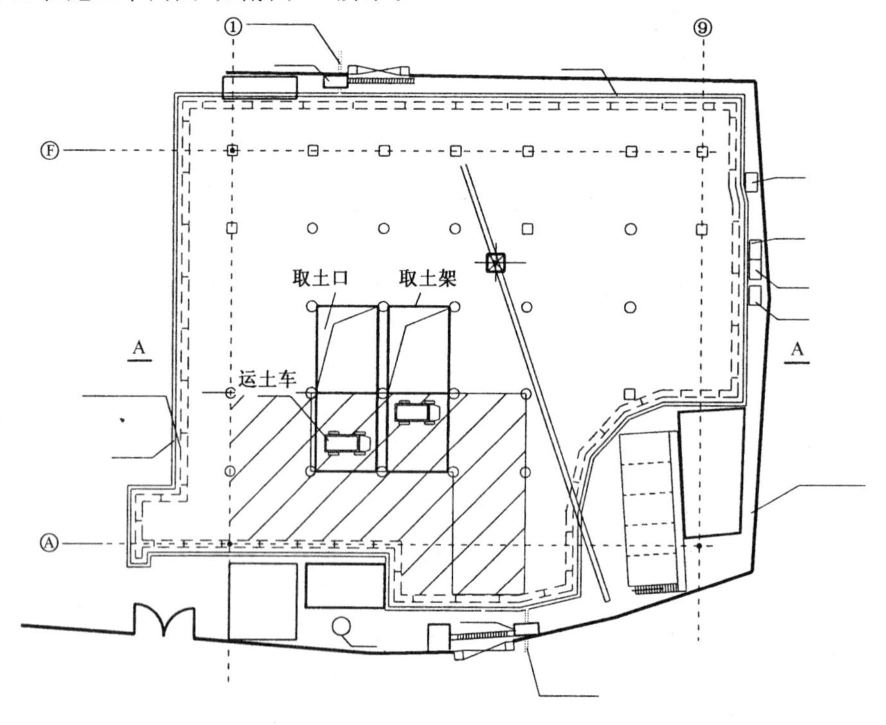

附图-10　地下工程施工平面图

(二) 主体结构施工平面图

主体结构施工平面图，如附图-11 所示。

(1) 在上部施工阶段，布置一台型号 LIEBHERR132HC 的塔吊，其起重力矩为 128t·m，臂长 45m；

(2) 由于施工场地狭小，在结构施工阶段几乎没有可堆料的场地，因此所用的大部分材料有运输车辆从#1 大门送入之后由塔吊直接吊到各施工操作面；

(3) 在完成 4 框结构施工之后布置一台 ALIMAK 人货两用电梯，电梯的门设在与建筑物相邻的一侧，同时在地层结构平台上设置专用的材料运输通道；

(4) 当完成设备层结构施工之后就将施工人员的办公用房和生活设施均安置在建筑物室内；

(5) 临时水电及排水沟均沿用基础施工阶段的设置。

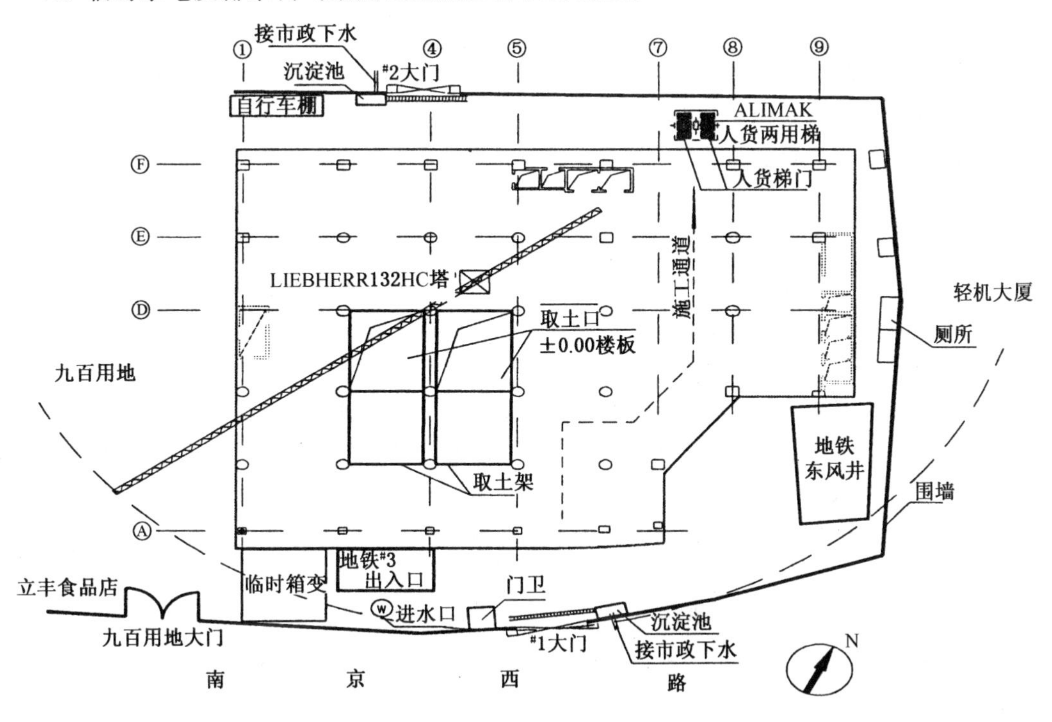

附图-11 主体结构施工平面

五、施工措施

(一) 安全施工管理措施

1. 安全管理内容

1) 安全责任

项目经理为安全施工的总责任人，具体组织实施各项安全措施和安全制度；项目工程师负责组织安全技术措施的编制和审核，安全技术的交底和安全技术教育；施工员对分管施工范围内的安全施工负责，贯彻落实各项安全技术措施；工地设专职安全管理人员，负责安全管理和监督检查；

2）安全教育

安全教育分为一般性安全教育和安全技术交底两部分。

(1）一般性安全教育包括：①全体职工进入施工现场前的入场教育；②定期安全意识教育；③新工人上岗教育；④各工种结合培训的安全操作规程教育。

(2）安全技术交底有：①具体分部分项工程及新工艺、新材料使用的技术安全交底；②每次安排生产任务的安全技术交底；③每天的上岗安全交底。

3）安全设施验收

施工现场的安全设施搭设完毕以后，经验收合格挂牌后方可投入施工使用。

4）安全检查

每月一次全面安全检查，由工地各级负责人与有关业务人员实施；每旬一次例行定期检查，由施工员实施；班组每天结合上岗安全交底进行安全上岗检查。

2. 安全措施

1）施工用电安全措施

(1）电缆线沿围墙一周用绝缘子架空，隔20～40m设一个100A的施工电箱；

(2）所使用的配电箱是符合JGJ59—99规范要求的铁壳标准电箱，配电箱电气装置做到一机一闸一漏电保护；

(3）工作接地的电阻值不大于1Ω；

(4）室外灯具距地面不低于3m，室内灯具不低于2.4m，地下室固定照明全面布置，照明电压不大于36V，并采用保护接零。

2）消防措施

(1）层层签订消防责任书，把消防责任书落实到重点防火班组、重点工作岗位；

(2）一般临时设施，每一百平方米配备两只9L灭火机，临时木工间、油漆间等每$25m^2$配一只种类合适的灭火机；

(3）划分动火区域，现场的动火作业执行审批制度，并明确一、二、三级动火作业手续，落实好防火监护人员。

3）北侧居民住宅区的保护措施

(1）塔吊回转半径为45m，居民住宅区正在其范围内。塔吊实施吊运工作时，起重货物严禁从居民区上空跨越；

(2）靠工地北面有一条居民住宅通道，为防止高空坠物伤人，拟在其上方搭设临时防护棚，保护行人安全。

(二) 文明施工管理措施

1. 场容场貌管理

(1）施工现场的场容管理，实施划区域分块包干，责任区域挂牌示意，生活区管理规定挂牌昭示全体；

(2）施工区、办公区、生活区挂标志牌，危险区设置安全警示标志；

(3）在主要施工道路口设置交通指示牌；

(4）大门、旗杆按要求设计，并按要求施行封闭式管理；

(5）确保周围环境清洁卫生，做到无污水外溢，围墙外无渣土、无材料、无垃圾堆放。

2. 临时道路的管理

（1）现场施工道路畅通；

（2）开工前做好临时便道，临时施工便道路面高于自然地面，道路外侧设置排水沟，做好排水设施，场地及道路不积水。

3. 材料堆放管理

（1）各种设备、材料尽量远离操作区域，并不许堆放过高，防止倒塌下落伤人；

（2）水泥仓库有管理规定和制度，水泥堆放10包一垛，过目成数，挂牌管理，水泥发放凭限额领料单，限额发放。

4. 施工人员的管理

（1）制定"办公室及宿舍卫生管理制度"，使施工现场做到整洁、卫生；

（2）在生活区内设置食堂，提供工人与管理人员的伙食，并按食品卫生要求执行，用餐统一在食堂进行。

5. 治安管理措施

（1）中标后，即与建设单位签订《治安承包责任协议书》，服从业主在社会治安、综合治理、计划生育、交通管理、环境保护等方面的管理规定，并与各专业分包单位层层签订治安责任协议书；

（2）广泛展开法制宣传和"四防"教育，提高广大职工群众保卫工程建设和遵纪守法的自觉性；

（3）加强对专业分包队伍的管理，设专人负责对专业队伍进行法制、规章制度教育，对参加施工的民工进行审查、登记造册，领取暂住证，发工作证，方可上岗工作，对可疑人员进行调查了解。

6. 卫生管理

（1）施工现场经常保持整洁卫生。道路平整、坚实、畅通，并有排水设施，运输车辆不带泥沙出场，并做到沿途不遗不撒；

（2）生活区室内外保持整洁有序，无污物、污水，垃圾集中堆放，及时清理。

7. 污染控制

（1）气污染。施工垃圾搭设封闭式临时专用垃圾道或采用容器吊运，适量洒水，减少扬尘；水泥等粉细散装材料，采取室内（或封闭）存放或严密遮盖；搅拌时，安设挡尘装置现场的临时道路地面做硬化处理，防止道路扬尘；

（2）水污染。进行混凝土、砂浆等搅拌作业的现场，设置沉淀池，使清洗机械和运输车的废水经沉淀后排入市政污水管线或回收用于洒水降尘；现场存放油料的库房进行防渗漏处理，储存和使用都采取措施，防止跑、冒、滴、漏，污染水体；施工现场临时食堂的用餐人数超过100人时，设置简易有效的隔油池，定期掏油，防止污染；

（3）噪声污染。施工现场遵照《中华人民共和国建筑施工场界噪声限值》（GB 肥市12523—90）制定降噪的相应制度和措施；进行强噪声作业时，严格控制作业时间；必须昼夜连续作业的，采取降噪措施，作好周围群众工作，并报有关环保单位备案后施工。

（三）质量保证措施

1. 工程质量保证体系

针对工程的特点，严格遵照ISO9002体系实施，确保各分项工程达到优良为质量策划目标，从技术的先进性、管理的科学性、配合的实际性上制定措施，确保工程质量等级，杜绝质量事故，减少返工返修，提高一次成优率，按照相应的国家标准，完善质量体系，深化质量管理。做到质量工作有章可循，有章必循，体系有效，责任落实。全面控制和提高质量，从而达到降本增效的目标。

2. 地下工程逆作法施工阶段针对性质量保证措施

1) 大体积混凝土测温措施

采用 XQC-300-J8 型电桥测温仪，配以导线。自混凝土入模至浇捣完毕的 4 天期间内每隔 2h 测温一次，以后每隔 4h 测温一次；一般 10～14 天后可停止测温，或温度梯度＜20℃时，可停止测温。当混凝土中心温度差超过 25℃时，必须采取有效技术措施；

2) 地下连续墙施工中接驳器、预埋件位置及垂直度控制

在地下连续墙施工中，由于钢筋接驳器均预埋在地墙之内，地墙位置的误差将直接会引起接驳器位置的不准从而使梁、板钢筋与接驳器无法连接。为确保梁、板钢筋能与地墙中接驳器有效连接，必须对地墙施工的精度进行控制；在地下连续墙的制作过程中，必须尽量减少地墙钢筋笼的制作误差，使之满足预定要求；成槽过程中，导杆应轻提慢放，成槽掘进速度控制在 15m/h 左右，通过经纬仪从两个方向观测机器导杆的垂直度，确保成槽的垂直度，成槽结束后，用超声波测壁仪对槽壁进行测试，做到信息化施工；在下笼过程中，通过经纬仪进行观测，使笼中心线与导墙上所弹的中心线重合，保证钢筋笼均匀垂直下沉；

3) 地下连续墙防水抗渗控制

为了提高地下墙与底板之间的施工缝抗渗要求，挖土后清理地墙面的施工缝表面的泥巴，并凿掉地墙保护层，用钢丝板刷刷清浮灰，再用清水冲洗干净，使后浇底板与地墙面有良好的接触，确保抗渗要求。另外，在地板面与地墙的交角处设置橡胶止水带，进一步确保该节点的抗渗。

4) 逆作法施工防止不均匀沉降的措施

(1) 当 B0 与 B1 板施工结束后，连接 B0 至 B1 板之间的永久柱，使 B0 与 B1 之间形成箱形体，增大结构的整体刚度，并可以通过有关量化数据进行深化；

(2) 地下连续墙与格构柱之间的沉降主要反映在连续墙的下沉和格构柱的回弹，因此逆作法施工过程适当增加格构柱的荷载对减少构构柱的回弹是十分有利的；

(3) 为减少不均匀沉降，在每一幅地墙中增设注浆管及备用注浆管，注浆管主要作用为消除地下墙的沉碴，增加地下墙的承重荷载刚度；

(4) 如果当出现格构柱之间的不均匀沉降较大时，可以采用将格构柱连成一个整体以增加格构柱之间的协调工作。

5) 按时空效应分块抽条挖土施工措施

(1) 施工中应严格控制挖土施工中基坑的变形，避免因基坑变形过大而威胁到地铁或周边管线的安全。当地面层楼板(地下一层)楼板施工完成后进行盆式挖土，挖土应在周边留有足够宽度的“盆”边土，“盆”边土外侧按 1∶14～15 比例进行放坡，利用盆边土产生的被动土压力与该层顶板共同起到水平支撑的作用(盆边土宽度除地铁侧考虑留设 8m 外，其余几侧均留 6m 宽)。当“盆”式挖土完成后，在“盆”底按设计要求随即浇捣 200 厚 C20 混凝土。

(2) 按照设计规定流程，对“盆”边土进行抽条工作(在土体加固的南侧，应先抽除未加固部分的土体)，抽条之后，马上浇捣 200 厚 C20 混凝土垫层，时间控制在 24 小时以内(地铁侧 16 小时)，新浇捣的混凝土垫层与“盆”底的垫层连接，一起形成混凝土支撑。

6）大地板抗浮措施

由于只施工地下室结构（上部结构暂不施工），当底板完成后，为了加强底板抗渗在底板完成后继续适当抽水，以减少水压力。施工中当垫层完成后，截断深井泵井管，另接出一根真空管及直径 50cm 出水管，直至上部结构施工到一定阶段，上部结构荷载足以平衡共底板浮力后，在真空管及出水管中进行注浆，随后截断真空管及降水管，最终结束抽水工作。

3. 地上主体结构质量保证措施

1）钢筋工程质量保证措施

（1）严格控制柱插筋位置，避免发生钢筋位移及规格与设计图纸不符，柱钢筋绑扎前必须清理根部的水泥浆水，清理干净后方可进行绑扎，并注意竖筋的垂直度，不得在倾斜的情况下绑扎水平筋及箍筋。柱的插筋上做一个收小的箍，将插筋上部连成一片防止任意移位及弯曲。

（2）搭接处应在中心和两端用铁丝扎牢；梁主筋与箍筋的接触点全部用铁丝扎牢，墙板、楼板双向受力钢筋的相交点必须全部扎牢；上述非双向配置的钢筋相交点，除靠近外围两行钢筋的相交点全部扎牢外，中间可按梅花形交错绑扎牢固。

（3）钢筋绑扎时如遇预留洞、预埋件、管道位置须割断妨碍的钢筋，要按图纸要求留加强筋.

（4）弧焊接。对钢筋施焊前须在相同条件下制作两个抗拉试件。试验结果大于该类别钢筋的抗拉强度时，才允许正式施焊.

（5）渣压力焊。施工前焊剂必须烘干，操作钢筋卡具随时检查，应根据钢筋直径的大小选择合适的焊接电流和通电时间。加强工序自检，并做好记录。

2）模板工程质量保证措施

（1）工程模板梁、柱、墙采用小钢模，板采用九夹板，制作安装偏差控制参照企业标准执行。

（2）加工的圆柱模应事先在地面进行预拼过，校核平面尺寸和平整度等，并检查模板的联结节点，全部合格后方可使用。

（3）孔洞、埋件等在模板翻样图上自行编号，防止错放漏放。

（4）模板拆除应根据“施工验收规范”和设计规定的强度要求统一进行，未经有关技术部门同意，不得随意拆模。现场增加混凝土拆模试块，必要时进行试块试压，以保证质量和安全。模板周转使用应经常整修、刷脱模剂，并保持表面的平整和清洁。

3）混凝土工程质量保证措施

（1）严格执行混凝土浇捣令制度。浇捣令签发前施工现场应办妥各类有关技术复核、隐蔽验收手续。

（2）及时了解天气动向，浇捣混凝土需连续施工时应尽量避免大雨天。如果混凝土施工过程中下雨，应及时遮盖，雨过后及时做好面层的处理工作。

（3）柱、混凝土不能一次下料到顶，应分皮分层进行振捣；振动器的操作要做到“快插慢拔”；每一插点要掌握好振捣时间，振动器插点要均匀排列，采用交错式的次序移动，在施工缝处增加插筋。

（4）混凝土浇捣后，根据气候条件采用洒水养护，养护时间 3～7 天。

4）墙体工程质量保证措施

（1）墙体砌筑时砖块应隔夜浇水湿润，并按规定砌筑，保证砖体与砂浆的粘结力，防止砂浆早期脱水而降低工程质量。

(2) 砌墙时应把预留拉结钢筋按规定放入墙内使其起到拉结作用。要控制水平缝厚度,消灭同缝现象,且柱边及梁底应用1∶2水泥砂浆嵌密实,防止墙面渗水。

(3) 砌筑时,应先弹出水平线和墙身线,扫清墙身部位的浮灰。用砂应用中砂,含泥量大于5%的不能使用,砂浆拌制选用砂浆搅拌机,拌制时间要保证,冬季搅拌的砂浆应比夏季搅拌时间增加一倍。

5) 钢结构工程质量保证措施

(1) 工程对原材料采购将严格按业主及设计的要求进行质量控制,健全材料和辅助材料采购、进场的检查验收制度,落实责任。

(2) 经复验合格的入库原材料,做到三清;牌号清、规格清、数量清,并做出明显色漆标记,加强保管保养,做到堆放合理,先进先出。

(3) 钢结构构件外形尺寸的允许偏差应符合国家标准《钢结构工程施工及验收规范》(GB 50205—95)的规定。拼装构件拆开运输前,应根据实际情况焊接一定数量的防变形角铁、钢板或卡具等。

(4) 焊接检验。所有焊缝应符合施工图纸确定的焊缝质量级别的要求。全熔透V形等强焊缝为二级焊缝,内部缺陷用超声波探伤,角焊缝为三级焊缝,采用渗透或磁粉探伤检验。

(5) 钢结构安装、校正时,应根据风力、温差、日照等外界环境和焊接等因素的影响,采取相应的调整措施。

(6) 楼面压型钢板安装时,必须控制楼面的施工荷载,施工荷载和冰雪荷载禁止超过梁和楼板的承载能力。

4. 特殊季节施工质量保证措施

1) 雨季及台风季节施工

(1) 雨季施工,要有一定数量(雨布、塑料薄膜等)的遮雨材料,雨量过大应暂停室外施工。雨过后应及时做好面层的处理工作。

(2) 工作场地四周排水沟要及时疏通,并备好不少于4只的抽水机。工作场地、运输道路、脚手架及钢平台应采取适当的防滑措施确保安全。

(3) 混凝土浇捣前应了解2~3天的天气预报,尽量避开大雨,而且根据结构情况的可能,适当考虑几道施工缝的留设位置,以备浇筑过程中突遇大雨造成的停工。

(4) 机电设备应采取防雨、防淹措施,安装接地安全装置,电源线路要绝缘良好,要有完善的保护接零。

(5) 在台风来临之前应对塔吊、脚手、井架等加强安全检查,确保附墙与缆风绳安全牢固,必要时要加缆风绳临时固定。

2) 夏季施工

(1) 夏季温度高,水分蒸发快,为保证水泥水化充分及防止干缩裂缝,在混凝土浇筑后8小时内覆盖并浇水养护,时间大于等于4天;

(2) 夏季施工应调整缓凝剂用量,来推迟混凝土的初凝时间。

3) 冬季施工

(1) 冬季施工浇捣混凝土,温度低于4℃时,禁止浇捣混凝土。

(2) 冬季混凝土浇捣完成后,要注意保温,采取必要的保温措施,如在混凝土面覆盖草包或塑料布等。

5. 计、测量工作质量保证措施

(1) 测量定位所用的全站仪、经纬仪、测距仪、垂准仪、水准仪等测量仪器及工艺控制质量检测设备必须经过检定合格,在使用周期内的计量器具按国家计量标准进行计量检测控制,并配备相应的专业人员进行管理。

(2) 测量基准点要严格保护,避免撞击、毁坏。在施工期间,要定期复核基准点是否发生位移。

(3) 总标高控制点的引测,必须采用闭合测量方法,确保引测结果精度。

6. 夜间施工技术措施

(1) 夜间施工要有足够的照明设施;脚手架的转角、上人梯上,各层楼梯口、电梯井口、地下室的出入口等相应安装 36V 安全照明灯。

(2) 夜间严禁进行搭、拆脚手架等高空危险作业,以确保安全。

(四) 信息管理措施

信息管理主要是文件资料管理,文件资料控制要注意如下四点。

(1) 项目经理负责对重要文件的审定和批准。

(2) 各职能部门负责对有关文件的起草与审核,与资料日常管理,包括使用与归档。

(3) 综合管理部负责文件的组织起草、审定、修改、批准、分发与回收;负责文件和资料的归档与销毁处理。

(4) 项目的受控资料为:①标准、规范;②图样:总承包、监理指令;技术核定单;③工程联系单;④质量指令(包括对分供方的质量要求);⑤图纸修改通知单纠正和预防措施表。

参考文献

[1] 曹吉鸣.工程施工组织与管理[M].上海:同济大学出版社,2011.
[2] 中国建设监理协会.建设工程进度控制[M].北京:中国建筑工业出版社,2014.
[3] 丁士昭.建设工程项目管理[M].2版.北京:中国建筑工业出版社,2014.
[4] 丁士昭.建设工程信息化[M].北京:中国建筑工业出版社,2005.
[5] 曹吉鸣,徐伟.网络计划技术与施工组织设计[M].上海:同济大学出版社,2000.
[6] 陈建国,高显义.工程计量与造价管理[M].上海:同济大学出版社,2007.
[7] 贾广社.项目总控——建设工程的新型管理模式[M].上海:同济大学出版社,2003.
[8] 上海虹桥综合交通枢纽工程建设指挥部.上海虹桥综合交通枢纽工程建设和管理创新研究与实践[M].上海:上海科学技术出版社,2011.
[9] 中国建筑业协会筑龙网.施工方案范例50篇[M].北京:中国建筑出版社,2004.
[10] 施骞,胡文发.工程质量管理[M].上海:同济大学出版社,2006.
[11] 曹吉鸣.项目进度规划与控制原理[M].北京:科学出版社,2013.
[12] 格雷戈里 T.豪根.项目进度计划与进度管理[M].北京:机械工业出版社,2006.
[13] 吴念祖.以运营为导向的浦东国际机场建设管理[M].上海:上海科学技术出版社,2008.
[14] 中国建筑学会建筑统筹管理研究会.工程网络计划技术规程教程[M].北京:中国建筑工业出版社,2000.
[15] 中华人民共和国行业标准 JGJ/T 121—99.工程网络计划技术规程[M].北京:中国建筑工业出版社,1999.
[16] 朱宏亮.项目进度管理[M].北京:清华大学出版社,2002.
[17] 尤建新,曹吉鸣.建筑企业管理[M].北京:中国建筑工业出版社,2008.
[18] 本书编委会.特大型公共建筑施工总承包管理与施工技术[M].北京:中国建筑工业出版社,2000.
[19] 全国一级建造师职业资格考试用书编写委员会.建设工程项目管理[M].北京:中国建筑工业出版社,2004.
[20] 王玉.基于项目的信息管理活动研究[M].情报科学,2007.
[21] 高茂远.中国浦东干部学院工程建设与管理[M].上海:同济大学出版社,2005.
[22] 四川二滩国际工程咨询有限责任公司.施工延误及其损害[M].北京:中国水利水电出版社,2004.
[23] 卢勇.工程项目的文档分类与编码体系[J].同济大学学报,2003(11).
[24] 陈志全.全过程动态控制的建筑工程进度管理[J].企业技术开发,2008(2).
[25] 许兰生.建筑工程质量保修制度研究[J].石油化工建设,2005(4).
[26] 李慧.基于关系理论的建筑劳务用工制度探讨[J].华东经济管理,2007(8).
[27] 陈进.建筑工程施工组织设计评价方法的研究[J].华东交通大学学报,2000(4).
[28] 孟鹏晖,齐永顺,杨玉红.施工方案评价中的多目标模糊决策技术[J].石家庄铁道学院

学报,2000(4).
[29] 陈东光.如何组织隐蔽工程验收[J].建设监理,2004(6).
[30] 周一桥,黄支金.FIDIC合同条款与帕克西桥项目的施工计划管理[J].世界桥梁,2003(4).
[31] 贾志国.浅议总承包企业的项目施工安全管理[J].化工设计,2007(5).
[32] 乐云,马继伟.工程项目信息门户的开发与应用实践[J].同济大学学报,2005(4).
[33] 封国强.项目信息门户PIP的功能分析[J].建设监理,2003(6).
[34] 沈元勤.建筑工程项目环境管理与保护技术研究[D].哈尔滨工业大学,2004(3).
[35] 王树明.工程项目进度优化管理研究[D].天津大学,2004(6).
[36] 白国平.施工项目信息管理应用实践与系统评估建议(信息流)[J].陕西建筑,2006(7).
[37] 马国丰,尤建新.关键链项目群进度管理的定量分析[J].系统工程理论与实践,2007(9).
[38] 上海机场建设指挥部.基于P3项目管理软件的浦东国际机场二期扩建工程进度管理实践[J].建筑经济,2007(7).
[39] 邱华.上海浦东国际机场二期工程施工现场平面布置浅析[J].中国市政工程,2005(2).
[40] 曹吉鸣,胡毅.国际工程咨询公司项目管理环境研究及对策分析[J].建筑经济,2005(2).
[41] 曹吉鸣等.港区工程项目管理的组织模式与运行控制[J].建筑经济,2004(9).
[42] 陈建国,贾广社.工程项目分解结构工程文档信息管理研究[J].建设监理,2003(1).
[43] 刘勇,沈吉,王建平.工程项目信息分类及编码体系浅谈[J].施工技术,2006(5).
[44] 贾广社,陈建国.基于PBS的工程文档信息分类与集成方法[J].同济大学学报,2003(4).
[45] 严小丽.基于网络平台的项目信息管理在Partnering模式中的应用(信息门户)[J].建筑经济,2007(12).
[46] 王宇静.基于项目信息门户PIP的工程项目信息管理研究[J].建筑管理现代化,2007(2).
[47] 金维新,丁大勇,李培.建设项目分解结构与编码体系的研究[J].土木工程学报,2003(9).
[48] 中国BIM门户网ChinaBIM.com.http://www.chinabim.com/school/cases/.2015.1.
[49] 中华人民共和国国家统计局.中国统计年鉴[M].北京:中国统计出版社,2014.